21 世纪

高等院校工科类各专业

数学基础辅导教材 / 主编　刘书田

概 率 统 计

专题分析与解题指导

编著者　肖筱南

北京大学出版社

PEKING UNIVERSITY PRESS

图书在版编目(CIP)数据

概率统计专题分析与解题指导/肖筱南编著. —北京：北京大学出版社,2007.9

(21世纪高等院校工科类各专业数学基础辅导教材)

ISBN 978-7-301-12112-2

Ⅰ. 概⋯　Ⅱ. 肖⋯　Ⅲ. ① 概率论-高等学校-解题 ②数理统计-高等学校-解题

Ⅳ. O21-44

中国版本图书馆 CIP 数据核字(2007)第 063851 号

书　　　　名	概率统计专题分析与解题指导
著作责任者	肖筱南　编著
责 任 编 辑	曾琬婷
标 准 书 号	ISBN 978-7-301-12112-2/O・0714
出 版 发 行	北京大学出版社
地　　　址	北京市海淀区成府路 205 号　100871
网　　　址	http://www.pup.cn
电　　　话	邮购部 62752015　发行部 62750672　理科编辑部 62752021　出版部 62754962
电 子 邮 箱	zpup@pup.pku.edu.cn
印 刷 者	北京大学印刷厂
经 销 者	新华书店
	787mm×960mm　16 开本　17.5 印张　380 千字
	2007 年 9 月第 1 版　　2015 年 1 月第 7 次印刷
印　　　数	21001—24000 册
定　　　价	35.00 元

内 容 简 介

　　本书是高等院校工科类、经济管理和财经类各专业学生学习概率论与数理统计课程的辅导书,与现行国内通用的各类统编教材《概率论与数理统计》相匹配,可同步使用.全书共分八章,内容包括:随机事件及其概率、随机变量及其分布、随机变量的数字特征、大数定律与中心极限定理、统计量及其分布、参数估计、假设检验、方差分析与回归分析等.

　　本书系统地将学习该课程时应掌握的概念与理论,重点与难点,解题的思路、方法与技巧,以及容易混淆的问题等,作了深入的阐述与精辟的分析,给出解答与指导.每章按"内容精讲与学习要求"、"释疑解难"、"典型例题与解题方法综述"、"考研重点题剖析"、"自测题"五部分内容编写.其中"内容精讲与学习要求"归纳简洁且重点突出;"释疑解难"评述深刻、中肯且思路开阔;"典型例题与解题方法综述"剖析详尽而深入,方法独特而巧妙;"考研重点题剖析"技巧性高且代表性强、适用面广;"自测题"层次分明而综合,题型精粹而全面.为了使读者更好地掌握概率论与数理统计的基本概念、理论、方法与技巧,书末附有自测题参考解答,以供读者参考.

　　本书读者对象为工科类、经济管理和财经类各专业本科大学生.作为报考硕士研究生读者的精品之选,本书还是一本很有价值的教学参考书,是一本能快速提高解题方法与技巧的无师自通的自学指导书.

《21 世纪高等院校工科类各专业数学基础辅导教材》
编审委员会

主　编　　刘书田

编　委　　（按姓氏笔画为序）

冯翠莲　　肖筱南　　胡京兴

赵慧斌　　高旅端　　阎双伦

21 世纪高等院校工科类各专业数学基础辅导教材书目

高等数学专题分析与解题指导(上册)　　　　刘书田等编著　定价 28.00 元

高等数学专题分析与解题指导(下册)　　　　刘书田等编著　估价 25.00 元

线性代数专题分析与解题指导　　　　　　　赵慧斌等编著　定价 20.00 元

概率统计专题分析与解题指导　　　　　　　肖筱南　编著　定价 25.00 元

前　言

为了满足高等院校工科类在校学生学习数学基础课的需要,我们在教学第一线的教师经集体讨论、反复推敲、分工执笔编写了《21世纪高等院校工科类各专业数学基础辅导教材》.该系列辅导教材包括《高等数学专题分析与解题指导(上、下册)》、《线性代数专题分析与解题指导》、《概率统计专题分析与解题指导》共四分册.

本书《概率统计专题分析与解题指导》的内容选取紧密结合概率论与数理统计课程的现行教材体系,系统地将学习本课程时应掌握的概念与理论,重点与难点,解题思路与技巧,以及疑惑问题等,作了深入的阐述与精辟的分析,给出解答与指导.通过对典型例题与考研重点题型的分析和研究,不仅可以帮助学生正确理解概率论与数理统计的基本概念与理论,牢固掌握解题方法与技巧,而且还可以进一步培养学生概率统计知识的综合素养,开阔学生的解题思路,提高学生综合分析与解决问题的能力,进而可以从总体上提高学生的学习水平与应试能力,为今后考研做好充分准备.

全书共分八章,每章均按"内容精讲与学习要求"、"释疑解难"、"典型例题与解题方法综述"、"考研重点题剖析"、"自测题"五部分编写.为便于读者研读,书末附有自测题参考解答.本书范例选择具有代表性、启发性、针对性、多样性和综合性,例题解法简便、分析深刻,具有技巧性、灵活性、实用性、普遍性和开拓性.阅读本书不仅提高读者数学思维能力、分析问题解决问题的能力,使读者花费较少的时间和精力,掌握求解各种题型的思路和方法,取得事半功倍之效果,而且能使读者运用已掌握的知识,实现纵向深入,横向联系,由继承性获得向创造性升华.

本书不仅对高等院校工科类、经济管理和财经类各专业本科生及报考硕士研究生者的强化训练极有帮助,而且对从事数学基础课教学工作的教师们也很具参考价值.

本套精品系列辅导教材的编写和出版,得到了北京大学出版社及厦门大学嘉庚学院的大力支持和帮助,责任编辑曾琬婷同志为本书的出版付出了辛勤劳动,在此一并表示诚挚的谢意.

限于编者水平,书中难免有不妥之处,恳请读者指正.

编　者

2007 年 6 月

目　　录

第一章 随机事件及其概率

随机事件及其概率是概率论的最基本的概念. 这部分内容主要由四个概念(随机事件、概率、条件概率及事件的独立性)、四个公式(加法公式、乘法公式、全概率公式、贝叶斯公式)和三个概型(古典概型、几何概型、独立试验概型)组成.

一、内容精讲与学习要求

【内容精讲】

1. 随机事件

对随机现象进行的观察或试验称为**随机试验**. 某事件在一次随机试验中,可能出现,也可能不出现,而在大量的重复试验中该事件的出现具有某种统计规律,这种事件称为**随机事件**.

试验的每一个可能的结果称为一个**基本事件**.

一个随机试验的所有可能试验结果组成的集合称为该试验的样本空间.

随机试验中有两种极端情况:

必然事件 即在任何一次试验中必然出现的事件,通常记做 Ω.

不可能事件 即在任何一次试验中都不可能出现的事件,通常记做 $\varnothing$.

2. 随机事件的概率

2.1 概率的公理化定义

设 Ω 是随机试验 E 的样本空间. 对于 Ω 中的任一事件 A,规定一个实数 $P(A)$ 与之对应,若 $P(A)$ 满足:

公理 1 非负性:$0 \leqslant P(A) \leqslant 1$;

公理 2 规范性:$P(\Omega) = 1$;

公理 3 可列可加性:当可列个事件 $A_1, A_2, \cdots, A_n, \cdots$ 两两互斥时,有

$$P\left(\sum_{i=1}^{\infty} A_i\right) = \sum_{i=1}^{\infty} P(A_i),$$

则称 $P(A)$ 为**事件 A 发生的概率**(简称事件 A 的概率).

2.2 概率的统计定义

对一个试验在不变的情况下重复做 n 次,事件 A 发生了 m 次,m 称为事件 A 发生的频

数，$\frac{m}{n}$ 称为事件 A 的**频率**. 当 n 充分大时，$\frac{m}{n}$ 稳定在某个常数 p 附近摆动，且 n 越大，摆动幅度越小，则称 p 为**事件 A 发生的概率**，记做 $P(A)=p$.

3. 四个公式、条件概率、独立性

3.1　加法公式

对任意事件 A,B，有

$$P(A \bigcup B) = P(A) + P(B) - P(AB). \tag{1.1}$$

当 $AB=\varnothing$（即 A 与 B 互斥）时，有

$$P(A \bigcup B) = P(A) + P(B). \tag{1.2}$$

公式(1.1)可以推广到有限个随机事件和的情形：

$$P\left(\bigcup_{i=1}^{n} A_i \right) = \sum_{i=1}^{n} P(A_i) - \sum_{1 \leqslant i < j \leqslant n} P(A_i A_j) + \sum_{1 \leqslant i < j < k \leqslant n} P(A_i A_j A_k) + \cdots$$
$$+ (-1)^{n-1} P(A_1 A_2 \cdots A_n).$$

3.2　乘法公式、条件概率、独立性

设 $P(A)>0$，在事件 A 发生的条件下，事件 B 发生的概率，称做事件 B 在已知 A 发生条件下的**条件概率**，记做 $P(B|A)$，且有

$$P(B|A) = \frac{P(AB)}{P(A)}; \tag{1.3}$$

同理有

$$P(A|B) = \frac{P(AB)}{P(B)} \quad (P(B) > 0).$$

上两式可写为

$$P(AB) = P(A|B)P(B) = P(B|A)P(A), \tag{1.4}$$

称为事件 A 和 B 的**乘法公式**.

公式(1.4)可推广到有限个事件乘积的情形：

$$P(A_1 A_2 \cdots A_n) = P(A_1)P(A_2|A_1)P(A_3|A_1 A_2) \cdots P(A_n|A_1 \cdots A_{n-1}). \tag{1.5}$$

若事件 A 发生与否与事件 B 无关，则称事件 A 与 B **相互独立**. 对于两事件相互独立有等价关系：

$$A \text{ 与 } B \text{ 相互独立} \Longleftrightarrow P(AB) = P(A)P(B) \Longleftrightarrow P(A|B) = P(A). \tag{1.6}$$

设有 n 个事件 $A_1, A_2, \cdots, A_n$，若对于任意的整数 $k(1<k \leqslant n)$ 和任意的 k 个整数 $i_1, i_2, \cdots, i_k (1 \leqslant i_1 < i_2 < \cdots < i_k \leqslant n)$，都有

$$P(A_{i_1} A_{i_2} \cdots A_{i_k}) = P(A_{i_1}) P(A_{i_2}) \cdots P(A_{i_k})$$

成立，则称这 n 个事件 $A_1, A_2, \cdots, A_n$ 相互独立.

3.3　全概率公式与贝叶斯公式

若 $B \subset \Omega = \bigcup_{i=1}^{n} A_i$，且 $A_i A_j = \varnothing (i \neq j)$，$P(A_i)>0 (i,j=1,2,\cdots,n)$，则有

$$P(B) = \sum_{i=1}^{n} P(A_i)P(B|A_i). \tag{1.7}$$

称公式(1.7)为**全概率公式**;若又有 $P(B)>0$,则有

$$P(A_j|B) = \frac{P(A_j)P(B|A_j)}{\sum\limits_{i=1}^{n} P(A_i)P(B|A_i)} \quad (j = 1,2,\cdots,n). \tag{1.8}$$

称公式(1.8)为**贝叶斯公式(逆概率公式)**.

4. 三个概型

4.1　古典概型

古典概型有如下特点:

(1) 所有可能的试验结果只有有限个,即试验的基本事件个数有限,记为 $\omega_1,\omega_2,\cdots,\omega_m$;

(2) $\omega_1,\omega_2,\cdots,\omega_m$ 发生的可能性相等;

(3) 在任何一次试验中,$\omega_1,\omega_2,\cdots,\omega_m$ 中有且仅有一个发生.

满足上述三条的事件组 $\omega_1,\omega_2,\cdots,\omega_m$ 称为**等概完备事件组**.

设 A 是具有以上古典概率特征的随机事件,它包含有 m 个试验结果(或说有 m 个基本事件对 A 有利),则事件 A 发生的概率为:

$$P(A) = \frac{A\,中包含的基本事件数}{所有可能试验的基本事件总数} = \frac{m}{n}. \tag{1.9}$$

4.2　几何概型

在古典概型中考虑的试验结果只有有限个,这在实际应用中具有很大的局限性,有时还需要考虑试验结果为无穷多个的情形,这就是几何概型. 所谓**几何概型**是指具有下列两个特征的随机试验:

(1) **有限区间、无限样本点**:试验的所有可能结果为无穷多个样本点,但其样本空间 Ω 表现为直线、平面或三维空间中具有几何度量的有限区域;

(2) **等可能性**:试验中各基本事件出现的可能性相同,且任意两个基本事件不可能同时发生.

在几何概型试验中,设样本空间为 Ω,事件 $A \subset \Omega$,则事件 A 发生的概率为:

$$P(A) = \frac{S_A}{S_\Omega} = \frac{A\,的几何度量}{\Omega\,的几何度量}, \tag{1.10}$$

其中几何度量指长度、面积、体积等.

4.3　独立试验序列概型(伯努利概型)

在概率论中,把在同样条件下重复进行试验的数学模型称为**独立试验序列概型**.

设在一次试验中事件 A 发生的概率为 $p(0 \leqslant p \leqslant 1)$,则在 n 次重复试验中,事件 A 恰好发生 k 次($k=0,1,2,\cdots,n$)的概率为

$$P(A\,恰发生\,k\,次) = \mathrm{C}_n^k p^k (1-p)^{n-k}. \tag{1.11}$$

通常有以下近似公式：

(1) 当 $np<5,n\geqslant10$ 时,用

$$P(A\text{ 恰发生 }k\text{ 次})\approx\frac{\lambda^k}{k!}e^{-\lambda}\quad(\lambda=np);\tag{1.12}$$

(2) 当 $p<\frac{1}{2},np>5$ 或 $p>\frac{1}{2},n(1-p)>5$ 时,用

$$P(A\text{ 恰发生 }k\text{ 次})\approx\frac{1}{\sqrt{2\pi}\sigma}e^{-\frac{1}{2}\cdot\frac{(k-np)^2}{\sigma^2}},\tag{1.13}$$

其中 $\sigma^2=np(1-p)$.

【学习要求】

1. 理解随机试验的特征,并能根据随机试验特征分析试验的结果,从而搞清样本空间的构成,以及对某一具体事件是由哪些试验结果构成.

2. 熟悉事件之间的关系与运算.

3. 正确理解概率的公理化定义与统计定义,熟记概率的有关性质.掌握古典概型的适用范围,并能计算古典概型的概率问题.

4. 会使用概率的加法公式.

5. 理解条件概率的含义,并会利用乘法公式和事件的独立性计算积事件的概率.

6. 了解事件的互斥(互不相容)、对立和相互独立三者之间的关系.

7. 会利用全概率公式和逆概率公式进行概率计算.

8. 会利用独立试验序列概型概率的计算公式进行概率计算.

重点 随机事件、样本空间的概念;事件的关系与运算;条件概率、独立性的概念;事件概率的计算及加法公式、乘法公式、全概率公式、贝叶斯公式的应用.

难点 古典概型下事件的概率计算;全概率公式、贝叶斯公式的应用.

二、释 疑 解 难

1. 样本空间与随机试验有什么关系? 随机事件与样本空间有什么关系?

答 随机试验决定样本空间.而随机事件是样本空间的子集,当样本空间表示必然事件时,随机事件是样本空间的子事件,即随机事件所包含的样本点都属于样本空间.

2. n 个事件的"和运算"与"积运算"有何区别? 又有何联系?

答 n 个事件的"和运算"表示 n 个事件中至少有一个发生,这好比开套锁,至少打开一把锁才能开门;n 个事件的"积运算"表示 n 个事件同时发生,就好比开保险锁,要 n 把锁同时打开才能开门.但和事件的概率可以用积事件的概率来求,反之亦然.即

(1) $P\left(\bigcup_{i=1}^{n}A_i\right)=1-P\left(\bigcap_{i=1}^{n}\overline{A}_i\right);$

(2) $P\left(\bigcap_{i=1}^{n} A_i\right)=1-P\left(\bigcup_{i=1}^{n} \overline{A}_i\right)$.

当 $\overline{A}_1,\overline{A}_2,\cdots,\overline{A}_n$ 相互独立时,采用(1)方便;当 $\overline{A}_1,\overline{A}_2,\cdots,\overline{A}_n$ 互不相容时,采用(2)方便.

3. 两事件相互独立、互不相容与互逆(互为对立)能否同时成立?三者关系如何?

答 一般不能同时成立.相互独立、互不相容与互逆是概率论中的三个非常重要的概念,决不能混淆,必须搞清它们之间的关系.

设 A,B 为试验 E 的两事件.

(1) 互不相容与互逆(互为对立事件):
$$A \text{ 与 } B \text{ 互不相容} \Longleftrightarrow AB=\varnothing;$$
$$A \text{ 与 } B \text{ 互逆} \Longleftrightarrow AB=\varnothing \text{ 且 } A\bigcup B=\Omega.$$

可见,A 与 B 互逆必互不相容,反之不然.

(2) 互不相容与相互独立:
$$A \text{ 与 } B \text{ 互不相容} \Longleftrightarrow AB=\varnothing;$$
$$A \text{ 与 } B \text{ 相互独立} \Longleftrightarrow P(AB)=P(A)P(B).$$

上式说明,两个事件相互独立,其实质是一个事件 B 出现的概率与另一事件 A 是否出现没有关系,而 A,B 互不相容,则是指 B 的出现必然导致 A 的不出现,或 A 的出现必然导致 B 的不出现,即 $AB=\varnothing$,从而 B 出现的概率与另一事件 A 是否出现密切相关.

那种认为"两事件相互独立必定互不相容"的认识是错误的.因为在 $P(A)>0,P(B)>0$ 的条件下,若 A,B 相互独立,则 $P(AB)=P(A)P(B)>0$,而若 A,B 互不相容,则 $P(AB)=0$,两种概念出现矛盾.

以上说明在 $P(A)>0,P(B)>0$ 的情况下,相互独立不能互不相容.

因此,在一般情况下,相互独立与互不相容是两个互不等价,完全不同的概念,只有当 $P(A),P(B)$ 之中至少有一个为 0 时,才有可能既互不相容又相互独立.

(3) 互逆与相互独立:与(2)同,一般情况下,互逆不一定相互独立,反之亦然.

4. "n 个事件相互独立"与"n 个事件两两独立"是否一回事?

答 不是一回事.后者是前者的条件之一,由前者可以推出后者,但反过来不行.

5. 频率与概率有何区别?

答 频率虽能反映一个事件发生的可能性大小,但它具有随机波动性,而概率是频率的稳定值,它所反映的是大量随机现象的规律性.

6. 当 n 充分增大时,事件 A 在 n 次重复试验中发生了 r 次的频率 $W(A)=\dfrac{r}{n}$ 接近概率 $P(A)$,那么 $\lim\limits_{n\to\infty}\dfrac{r}{n}=P(A)$ 成立吗?

答 不成立.若成立,则对任意给定的 $\varepsilon>0$,存在 $N>0$,当 $n>N$ 时,有 $\left|\dfrac{r}{n}-P(A)\right|<$

ε.但是,由于 A 的发生是随机的,故 $\dfrac{r}{n}$ 的值也是随机的,可见无论 N 多么大,都有可能发生

$\left|\dfrac{r}{n}-P(A)\right|\geqslant\varepsilon$，因此 $\lim\limits_{n\to\infty}\dfrac{r}{n}=P(A)$ 不成立.

7. 积事件的概率 $P(AB)$ 与条件概率 $P(B|A)$ 有何区别？它们都是 A,B 同时发生的概率吗？

答 $P(AB)$ 与 $P(B|A)$ 是不同的. 积事件的概率 $P(AB)$ 是在样本空间 Ω 中,计算 A,B 同时发生的概率,而条件概率 $P(B|A)$ 则是在 A 已经发生的条件下 B 发生的概率,即应在缩减的样本空间 Ω_A 中,计算 B 发生的概率.用古典概率公式计算,即为

$$P(B|A)=\frac{AB\text{ 中包含的基本事件数}}{\Omega_A\text{ 中包含的基本事件总数}}.$$

8. 使用概率的加法公式和乘法公式时,应注意什么？

答 使用概率的加法公式时,首先要搞清所涉及的事件是否互斥(三个以上的事件是否两两互斥);使用概率的乘法公式时,首先要搞清所涉及的事件是否相互独立.例如:

若 A,B 互斥,则

$$P(A\cup B)=P(A)+P(B);$$

若 A,B 相容,则

$$P(A\cup B)=P(A)+P(B)-P(AB);$$

若 A,B 相互独立,则

$$P(AB)=P(A)P(B);$$

若 A,B 不独立,则

$$P(AB)=P(A)P(B|A)\quad\text{或}\quad P(AB)=P(B)P(A|B).$$

9. 当 $ABC=\varnothing$ 时,能否使用公式 $P(A\cup B\cup C)=P(A)+P(B)+P(C)$？

答 不能.因为由 $ABC=\varnothing$,不能推出 $AB=\varnothing$,$AC=\varnothing$,$BC=\varnothing$,即不能说明三个事件两两互斥.为了正确使用公式,我们还要进一步搞清楚 A,B,C 三事件是否两两互斥.

10. "有放回的抽样"与"无放回的抽样"有什么区别？

答 "有放回的抽样"是指前一次抽出一个样本,观察其结果后放回总体,再进行下一次抽样.这样,前一次抽样的结果对下一次抽样的结果不会产生影响.即前后两次抽样试验是相互独立的,是无条件概率问题.

而"无放回的抽样"指的是前一次抽出一个样本不再放回总体中去就进行下一次抽样.这样,前一次抽样的结果从概率上影响到下一次抽样的结果.即前后两次抽样试验不是相互独立的,是条件概率问题.

显然,两者是不相同的.

11. 如何判断一个试验是古典概型？怎样计算古典概率？

答 判断一个试验是否为古典概型的关键是"等可能性"即"等概性",而"有限性"较容易看出.计算古典概率应按如下步骤进行:

(1) 准确分析试验的方式(判断有限性和等可能性);

(2) 弄清等概完备事件组由什么构成,确定基本事件总数 n;

(3) 求出对 A 有利的基本事件数 r;

(4) 运用古典概率公式 $P(A)=\dfrac{r}{n}$,算出 $P(A)$.

为了准确无误地把对 A 有利的基本事件数求出,这就要求我们要具有较丰富的分析想象能力,且排列、组合知识要清楚,事件间的关系及运算要熟练.

古典概型问题大体可分为三种类型:(1) 摸球问题(即产品的随机抽样问题);(2) 分房问题(即球在盒中的分配问题);(3) 随机取数问题.若能熟练地掌握以上三种典型问题的解法,则常见的大部分古典问题均可归结为这三类问题之一来处理.

12. 在实际应用中,如何判断两事件的独立性?

答　在实际应用中,对于事件的独立性,我们常常不是用定义来判断,而是由试验方式来判断试验的独立性,再由试验的独立性来判断事件的独立性.或者说根据问题的实质,直观上看一事件发生是否影响另一事件的概率来判断.例如,甲、乙两名射手在相同条件下进行射击,则"甲击中目标"与"乙击中目标"两事件是独立的.

如果对实际问题中的事件还难以判断它们是否独立,则需要利用统计资料进行分析,再来判断是否符合事件独立的条件.

13. 如何利用全概率公式和贝叶斯公式计算概率?

答　全概率公式是一个应用广泛的概率计算公式.它把不太好求的事件 A 的概率问题分解成几个比较容易计算的概率之和,看似繁琐,实则简单.在分析问题的过程中,A 可视为 $B_1 \cup B_2 \cup \cdots \cup B_n$ 的子事件,或者把 B_i 看成 A 发生的原因,A 是结果,而 $P(B_i)$ 及 $P(A|B_i)$($i=1,2,\cdots,n$)是较易求得的,从而可由"原因"求出"结果".

贝叶斯公式有时又称后验概率公式,它实际上求的是条件概率,是在已知结果发生的情况下,求导致结果的某种原因的可能性大小.例如求 $P(B_1|A)$,当 $P(A)$(常用全概率公式计算),$P(B_1)$,$P(A|B_1)$ 较易求得时,就可用贝叶斯公式,由"结果"推求出"原因".

三、典型例题与解题方法综述

为了帮助读者进一步深入理解本章内容,提高分析问题与解决问题的能力,现将本章解题方法综述如下:

1. 随机事件的表示

学习本章,读者应该首先结合实例正确理解事件的关系和运算的意义,并能对具体问题进行分析,能将某种比较复杂的事件表为一些简单事件的和或积,从而便可利用简单事件的概率去推算比较复杂事件的概率.

例 1　设 A,B,C 为三事件,用 A,B,C 的运算关系表示下列事件:

(1) A 发生,B 和 C 不发生;

(2) A,B,C 中不多于一个发生.

分析 简单事件可直接由事件运算的定义写出,例如(1).而复杂事件则需全面分析,如(2)可用以下三种分析方法:

(i) 利用图进行分析.在图 1-1 中,共有 8 块分别代表 8 个事件,其表示式已标图中."A,B,C 中不多于一个发生"这一事件应当包括 4 块:$\overline{ABC}$,$\overline{A}B\overline{C}$,$A\overline{B}\,\overline{C}$ 及 $\overline{A}\,\overline{B}\,\overline{C}$,因而是它们的和.

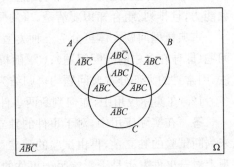

图 1-1

(ii) 将"A,B,C 中不多于一个发生"解释成为"A,B,C 中至少有两个同时不发生",再写出表达式.

(iii) 先写出它的逆事件,逆的逆就是它本身,(2)中事件的逆事件为"A,B,C 中至少有两个同时发生".

解 (1) 利用事件运算的定义,该事件可表为 $A\overline{B}\,\overline{C}$.

(2) **方法 1** 该事件可表为

$$(\overline{A}\,\overline{B}C)\cup(\overline{A}B\overline{C})\cup(A\overline{B}\,\overline{C})\cup(\overline{A}\,\overline{B}\,\overline{C}).$$

方法 2 该事件可表为 $(\overline{A}\,\overline{B})\cup(\overline{B}\,\overline{C})\cup(\overline{A}\,\overline{C})$.

方法 3 该事件可表为 $\overline{(AB)\cup(BC)\cup(AC)}$.

注 (1) 对于类似于例 1(2)中的复杂事件,通常尽量采用后两种分析方法.

(2) 例 1(2)的三种表达式是相同的.事实上,

$$(\overline{A}\,\overline{B}C)\cup(\overline{A}B\overline{C})\cup(A\overline{B}\,\overline{C})\cup(\overline{A}\,\overline{B}\,\overline{C})$$

$$= (\overline{A}\,\overline{B}C)\cup(\overline{A}B\overline{C})\cup(A\overline{B}\,\overline{C})\cup(\overline{A}\,\overline{B}\,\overline{C})\cup(\overline{A}\,\overline{B}\,\overline{C})\cup(\overline{A}\,\overline{B}\,\overline{C})$$

$$= (\overline{A}\,\overline{B}(C\cup\overline{C}))\cup(\overline{B}\,\overline{C}(A\cup\overline{A}))\cup(\overline{A}\,\overline{C}(B\cup\overline{B}))$$

$$= (\overline{A}\,\overline{B})\cup(\overline{B}\,\overline{C})\cup(\overline{A}\,\overline{C}),$$

$$\overline{(AB)\cup(BC)\cup(AC)} = (\overline{A}\cup\overline{B})(\overline{B}\cup\overline{C})(\overline{A}\cup\overline{C})$$

$$= ((\overline{A}\,\overline{B})\cup(\overline{A}\,\overline{C})\cup\overline{B}\cup(\overline{B}\,\overline{C}))(\overline{A}\cup\overline{C})$$

$$= (\overline{A}\,\overline{B})\cup(\overline{A}\,\overline{C})\cup(\overline{A}\,\overline{B})\cup(\overline{A}\,\overline{B}\,\overline{C})\cup(\overline{A}\,\overline{C})\cup(\overline{B}\,\overline{C})\cup(\overline{B}\,\overline{C})$$

$$= (\overline{A}\,\overline{B})\cup(\overline{A}\,\overline{C})\cup(\overline{B}\,\overline{C}).$$

2. 古典概型问题

古典概型是一种非常重要的概率模型,它不仅在概率论发展初期曾是主要的研究对象,而且在现在仍是学习概率论的基础.前面我们已介绍过在实际问题中如何判断一个试验是古典概型以及古典概率的计算步骤. 至于古典概率的基本计算方法,在于怎样利用排列、组合知识来计算基本事件的总数以及有利事件的数目. 而在利用排列计算时,我们应根据具体情况分别考虑是使用不可重复排列还是使用可重复排列. 一般地,由于可利用排列计算的问题的共同特点是每一个基本事件为一组有序个体,于是当一个基本事件的不同位置上的个体可以重复时,则用可重复排列进行计算;否则,就用不可重复的排列计算. 如果基本事件是一组不分顺序的不同的个体,则用组合计算.

以下将古典概型问题分类举例介绍.

例 2(摸球问题(产品的随样抽样问题)) 从 5 双不同鞋号的鞋子中任取 4 只,问 4 只鞋子中至少有 2 只配成一双的概率是多少?

解 5 双鞋子共 10 只,任意取 4 只,所有可能的基本事件总数为 C_{10}^4.

设 A 表示"4 只鞋子中至少有 2 只鞋子配成一双". 求 $P(A)$ 的方法可有两种:

方法 1 对 A 有利的基本事件有下面两种不同情况:

"恰有 2 只配成一双",共有 $C_5^1 C_4^2 2^2$ 种取法. 事实上,由于配成对的一双有 C_5^1 种取法,剩下的 2 只可以是其余 4 双中任 2 双中各取一只,2 双的取法共有 C_4^2 种,2 双各取一只共有 2^2 种取法,故以上搭配共有 $C_5^1 C_4^2 2^2$ 种取法.

"4 只可配成 2 双",共有 C_5^2 种取法.

于是对 A 有利的基本事件数目为 $C_5^1 C_4^2 2^2 + C_5^2$,所以

$$P(A) = \frac{C_5^1 C_4^2 2^2 + C_5^2}{C_{10}^4} = \frac{130}{210} = \frac{13}{21}.$$

方法 2 $\overline{A}$ 表示"4 只中没有 2 只可配成一双". 对 $\overline{A}$ 有利的基本事件数目为 $2^4 C_5^4$,故

$$P(\overline{A}) = \frac{2^4 C_5^4}{C_{10}^4} = \frac{8}{21}, \quad P(A) = 1 - P(\overline{A}) = \frac{13}{21}.$$

例 3(分房问题(球在盒中的分配问题)) 将 n 个球随机放入 n 个盒子中去,试求:

(1) 每个盒子都有一个球的概率;

(2) 至少有一个盒子空着的概率.

分析 试验是将 n 个球随机放入 n 个盒子中,每个球放入哪一个盒子都是等可能的,所以,每个球均有 n 种不同的放入法. 设一个基本事件对应于一个排列方式 $(i_1, i_2, \cdots, i_n)$,其中 $i_k(k=1,2,\cdots,n)$ 为第 k 个球放入的盒子编号,且 $i_k(k=1,2,\cdots,n)$ 可取 $1,2,\cdots,n$ 中任一个数,故 n 个球共有 n^n 种不同的分配法,即试验相应样本空间的基本事件总数为 n^n.

解 设一个基本事件对应于一个排列方式 $(i_1, i_2, \cdots, i_n)$,$i_k(k=1,2,\cdots,n)$ 可取 $1,2,\cdots,n$ 中任一个数,故基本事件的总数为 n^n.

(1) 设 A 表示"每个盒子中都有一个球". 对 A 有利的基本事件是 $i_1, i_2, \cdots, i_n$ 全不相同的排列方式 $(i_1, i_2, \cdots, i_n)$,即 n 个编号的一个全排列,所以对 A 有利事件的数目为 $A_n^n = n!$. 故

$$P(A) = \frac{A_n^n}{n^n} = \frac{n!}{n^n}.$$

(2) 设 B 表示"至少有一个盒子空着". 由于 $B = A, P(\overline{B}) = \dfrac{n!}{n^n}$, 所以

$$P(B) = 1 - P(\overline{B}) = 1 - \frac{n!}{n^n}.$$

例 4(随机取数问题)　在 $0 \sim 9$ 这 10 个整数中无重复地任意取 4 个数字, 试求所取的 4 个数字能组成四位偶数的概率.

解　随机试验 E: 从 10 个数字中任取 4 个进行排列. 样本空间 Ω 含有 A_{10}^4 个基本事件.

设 $A = \{$排成的是四位偶数$\}$, 考查对 A 有利的基本事件: 先从 $0, 2, 4, 6, 8$ 等 5 个偶数中任取一个排到个位上, 有 A_5^1 种排法; 再从剩下的 9 个数字中任取 3 个排列剩下的三个位置上, 有 A_9^3 种排法, 故个位上是偶数的排法共 $A_5^1 \times A_9^3$ 种. 但在这种四个数字的排列中, 包含了"0"排在千位上的情况, 故应除去这种情况的排列数: $A_1^1 \times A_4^1 \times A_8^2$("0"排千位上, 剩下 4 个偶数任选一个排个位上, 剩下 8 个数中任选两个排中间两位上). 故 A 含有 $(A_5^1 \times A_9^3 - A_1^1 \times A_4^1 \times A_8^2) = 56 \times 41$ 个基本事件. 所以

$$P(A) = \frac{56 \times 41}{A_{10}^4} = \frac{41}{90} \approx 0.4556.$$

3. 几何概型问题

例 5　在圆周上任取三个点 A, B, C, 求三角形 ABC 为锐角三角形的概率.

解　如图 1-2, 在三角形 ABC 中, 设 $\angle A = x, \angle B = y$, 则三角形 ABC 的另一个内角 $\angle C = \pi - x - y$, 于是样本空间可表示成

$$\Omega = \{(x, y) \mid x > 0, y > 0, x + y < \pi\}.$$

$\triangle ABC$ 为锐角三角形当且仅当 $x < \pi/2, y < \pi/2, \pi - x - y < \pi/2$, 即 $x < \pi/2, y < \pi/2$, $x + y > \pi/2$, 故该事件可表成

$$A = \{(x, y) \mid x < \pi/2, y < \pi/2, x + y > \pi/2\}.$$

如图 1-3 所示, A 为图中阴影部分. 所以所求概率为

$$P(A) = \frac{S_A}{S_\Omega} = \frac{\pi^2/8}{\pi^2/2} = \frac{1}{4}.$$

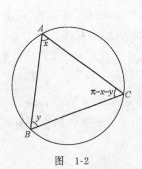

图　1-2

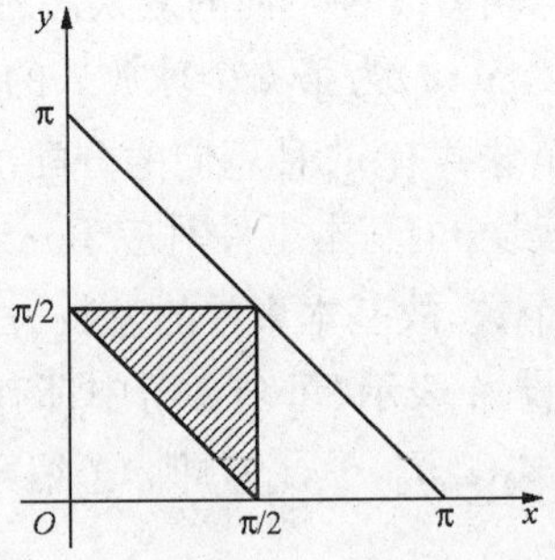

图　1-3

4. 利用事件分解求复杂事件的概率

将一个复杂的事件分解为若干个简单事件的和,然后再利用加法公式计算复杂事件的概率,这往往是计算概率的一种重要手段与方法.

例 6　设有某产品 40 件,其中有 10 件次品,其余为正品.现从其中任取 5 件,求取出的 5 件产品中至少有 4 件次品的概率.

分析　此题除可用古典概率直接计算外,还可用概率的加法公式计算."至少有 4 件次品",这一事件可表成下列两个互不相容事件的和:"恰有 4 件次品"、"5 件全是次品",故可用加法公式计算事件的概率.

解　设 A 表示"恰有 4 件次品",B 表示"5 件全是次品",C 表示"至少有 4 件次品",则 $C=A+B$(A,B 互不相容). 于是

$$P(C) = P(A) + P(B).$$

基本事件的总数为 C_{40}^5,对 A 有利的事件数目为 $C_{30}^1 C_{10}^4$,故

$$P(A) = \frac{C_{30}^1 C_{10}^4}{C_{40}^5} = \frac{175}{18278} \approx 0.0096.$$

对 B 有利的事件数目为 C_{10}^5,故

$$P(B) = \frac{C_{10}^5}{C_{40}^5} = \frac{7}{18278} \approx 0.0004.$$

因此

$$P(C) = P(A) + P(B) \approx 0.0100.$$

5. 关于条件概率的问题

关于条件概率问题涉及两个方面:(1) 求条件概率,对此在实际问题中一般是由试验方式来直接计算的;(2) 利用条件概率和乘法公式去求积事件的概率.

例 7　一个盒子中有 4 个坏晶体管和 6 个好晶体管. 在其中取两次,每次取一个做不放回抽样.发现第一个是好的,求第二个也是好的的概率.

分析　这是个求条件概率的问题,即求在第一个是好的条件下第二个也是好的概率. 求条件概率 $P(A|B)$ 的方法有两种:一种方法是利用 $P(A|B) = \dfrac{P(AB)}{P(B)}$ 计算;另一种是由试验方式直接计算.不少实际问题常采用第二种方法计算 $P(A|B)$.

解　设 A_1 表示"第一个是好的",A_2 表示"第二个是好的".用两种方法计算 $P(A_2|A_1)$.

方法 1　求 $P(A_1)$ 和 $P(A_1 A_2)$. 基本事件的总数为 A_{10}^2,对 A_1 有利的事件数目为 6×9,对 $A_1 A_2$ 有利的事件数目为 A_6^2,于是

$$P(A_1) = \frac{6 \times 9}{A_{10}^2} = \frac{3}{5}, \quad P(A_1 A_2) = \frac{A_6^2}{A_{10}^2} = \frac{1}{3}.$$

所以

$$P(A_2|A_1) = \frac{P(A_1A_2)}{P(A_1)} = \frac{1}{3} \times \frac{5}{3} = \frac{5}{9}.$$

方法 2 由于在第一个是好的情况下,盒子里还有 9 个管子,其中只有 5 个好的,再取一个为好的概率为 $\frac{5}{9}$,即

$$P(A_2|A_1) = \frac{5}{9}.$$

例 8 在例 7 中,求(1)两个都是好的的概率;(2) 两个都是坏的的概率.

分析 这是积事件的概率.先求 $P(A_1)$ 和 $P(A_2|A_1)$,再利用乘法公式求 $P(A_1A_2)$.

解 (1) 设 A_1,A_2 的含义同例 7.可直接求得

$$P(A_1) = \frac{6}{10} = \frac{3}{5}, \quad P(A_2|A_1) = \frac{5}{9},$$

故由乘法公式得

$$P(A_1A_2) = P(A_1)P(A_2|A_1) = \frac{3}{5} \times \frac{5}{9} = \frac{1}{3}.$$

(2) 可直接求得

$$P(\overline{A_1}) = \frac{4}{10} = \frac{2}{5}, \quad P(\overline{A_2}|\overline{A_1}) = \frac{3}{9} = \frac{1}{3},$$

故由乘法公式得

$$P(\overline{A_1}\,\overline{A_2}) = P(\overline{A_1})P(\overline{A_2}|\overline{A_1}) = \frac{2}{15}.$$

6. 利用事件独立性求积事件的概率

利用事件的独立性将积事件的概率化为几个事件的概率的乘积,这是求解由多个独立试验构成的复合试验的事件概率的常用方法.

在实际问题中,我们可由试验的独立性来判定事件的独立性,然后再利用事件的独立性来计算积事件的概率.在这里,如何将问题化为事件,即如何"设"是很重要的.设得好,问题迎刃而解;设不好,问题无从下手.应注意总结这方面的经验.

例 9 从五个三新二旧的乒乓球中每次取一个,有放回地取两次,求下列事件的概率:

(1) 两次都取得新球;

(2) 第一次取到新球,第二次取到旧球;

(3) 至少有一次取到新球.

分析 这是有放回的取球问题,是由两个独立的试验构成的一个复合试验.设 A_1 表示"第一次取到新球",A_2 表示"第二次取到新球",由 A_1 只与第一次试验有关,A_2 只与第二次试验有关,可知 A_1 与 A_2 独立.于是便可利用事件的独立性将积事件的概率化为两个事件的概率的乘积.在实际问题中常常这样做.对于由多个独立试验构成的复合试验亦一样处理.

解　（1）两次都取到新球，即 A_1，A_2 都发生，由独立性即得

$$P(A_1A_2) = P(A_1)P(A_2).$$

不难求得 $P(A_1) = \frac{3}{5}$，$P(A_2) = \frac{3}{5}$. 故

$$P(A_1A_2) = \frac{3}{5} \times \frac{3}{5} = \frac{9}{25}.$$

（2）要求的是 $P(A_1\overline{A}_2)$. 由 A_1 与 A_2 独立，可推得 A_1 与 $\overline{A}_2$ 也独立，所以

$$P(A_1\overline{A}_2) = P(A_1)P(\overline{A}_2) = \frac{3}{5} \times \frac{2}{5} = \frac{6}{25}.$$

（3）**方法 1**　至少有一次取到新球的概率，即 $P(A_1\cup A_2)$，由加法公式有

$$P(A_1\cup A_2) = P(A_1) + P(A_2) - P(A_1A_2) = \frac{21}{25}.$$

方法 2　"至少有一次取到新球"的对立事件是"没取到新球"，即

$$P(A_1\cup A_2) = 1 - P(\overline{A_1\cup A_2}) = 1 - P(\overline{A}_1\overline{A}_2)$$

$$= 1 - \frac{2}{5} \times \frac{2}{5} = \frac{21}{25}.$$

方法 3　因"至少有一次取到新球"="一次取到新球，一次取到旧球"$\cup$"两次都取到新球"，所以

$$P(A_1\cup A_2) = P((A_1\overline{A}_2)\cup(\overline{A}_1A_2)\cup(A_1A_2))$$

$$= P(A_1\overline{A}_2) + P(\overline{A}_1A_2) + P(A_1A_2)$$

$$= \frac{6}{25} + \frac{6}{25} + \frac{9}{25} = \frac{21}{25}.$$

7. 全概率公式与贝叶斯公式的运用

利用全概率公式和贝叶斯公式计算的关键是找出公式中的完备事件组. 一般来说，当直接计算 $P(B)$ 比较困难而计算 $P(A_i)$，$P(B|A_i)(i=1,2,\cdots,n)$ 比较简单时，可以利用全概率公式去计算 $P(B)$，其依据是，事件 B 是仅当完备事件组中 $A_i(i=1,2,\cdots,n)$ 发生时才可能发生. 而贝叶斯公式就是解决在已知结果事件 B 发生的条件下，反逆回来求完备事件组中 $A_i(i=1,2,\cdots,n)$ 发生的概率.

例 10　某厂有甲、乙、丙三台机床生产产品，各自的次品率分别为 5%，4%，2%；又知它们分别生产的产品数是产品总数的 25%，35%，40%. 将这些产品混在一起，从中任取一件.

（1）求取到的产品是次品的概率；

（2）若取到的产品是次品，问它是甲机床生产的概率多大？

分析　所求问题（1）是个利用全概率公式计算的问题. 这类问题一般有如下特点：

（i）在这类问题中所涉及的随机试验可分成两步. 第一步试验结果可分为若干个事件 A_1，A_2，$\cdots$，A_n（如甲、乙、丙三台机床所生产的三事件），它们构成全概率公式中的完备事件

组. 在第一步试验结果(诸事件 $A_1, A_2, \cdots, A_n$ 中无论哪个发生)的基础上再进行第二步试验,结果有若干个.

(ii) 要求的是与第二步试验结果有关的某事件的概率(取得的产品是次品的概率),则用全概率公式.

而所求问题(2)是已知与第二步试验结果有关的某事件(已知是次品)发生了,求与第一步试验结果有关的某事件 $A_i(i=1,2,\cdots,n)$ 的概率(求它是甲机床生产的概率),则需用逆概率公式.

解 (1) 设 A_1, A_2, A_3 分别表示甲、乙、丙三个机床生产的产品,B 表示"取得的产品为次品",则 A_1, A_2, A_3 构成完备事件组. 又 $B \subset A_1 \cup A_2 \cup A_3$,且 $A_i A_j = \varnothing (i \neq j; i,j=1,2,3)$,满足全概率公式条件. 由题意,有

$$P(A_1) = 0.25, \quad P(A_2) = 0.35, \quad P(A_3) = 0.40,$$

$$P(B|A_1) = 0.05, \quad P(B|A_2) = 0.04, \quad P(B|A_3) = 0.02,$$

故用全概率公式有

$$P(B) = P(B|A_1)P(A_1) + P(B|A_2)P(A_2) + P(B|A_3)P(A_3)$$
$$= 0.05 \times 0.25 + 0.04 \times 0.35 + 0.02 \times 0.40 = 0.0345.$$

(2) 要求的是在 B 发生的条件下,$A_i(i=1,2,3)$ 发生的概率. 由逆概率公式

$$P(A_i|B) = \frac{P(B|A_i)P(A_i)}{P(B)} \quad (i=1,2,3),$$

故

$$P(A_1|B) = \frac{0.05 \times 0.25}{0.0345} = 0.3623,$$

$$P(A_2|B) = \frac{0.04 \times 0.35}{0.0345} = 0.4056,$$

$$P(A_3|B) = \frac{0.02 \times 0.40}{0.0345} = 0.2319.$$

8. 独立试验序列概型的概率计算问题

独立试验序列概型的概率计算问题,是实际中一类经常遇到的问题. 在考虑这类问题时,应注意,观察在相同条件下进行的 n 个试验,与重复同一试验 n 次具有相同的意义.

独立试验序列概型的概率计算与第二章的二项分布的概率计算有着相同的公式. 它们实属同一类概率问题,只是从不同的角度讨论而已. 本章主要是从事件的概率角度,得到了事件 A 发生了 k 次的概率计算公式,而第二章却是从随机变量的角度,得到了随机变量取值为 k 时的概率.

例 11 设每发子弹命中飞机的概率为 0.01,求连续射击 500 发,命中 5 发的概率.

分析 射击一发看成一次试验,连续射击 500 发则是进行了 500 次重复独立试验. 现要求的是在 500 次重复独立试验中事件"命中飞机"发生 5 次的概率. 这是一个独立试验序列

概型的概率计算问题.

解　设 A 表示"射击一发子弹命中飞机",则 $P(A)=0.01=p$. 射击 500 发则是进行 500 次重复独立试验 $(n=500)$,由独立试验序列概型的概率计算公式得

$$P(A \text{ 恰好发生 5 次}) = C_{500}^5(0.01)^5(0.99)^{500-5}$$

$$= \frac{500!}{5!495!}(0.01)^5(0.99)^{495} \approx 0.17635.$$

利用近似公式(1.12)得

$$P(A \text{ 恰好发生 5 次}) \approx \frac{(np)^5}{5!}e^{-np} = \frac{5^5}{5!}e^{-5} \approx 0.17547.$$

利用近似公式(1.13)得

$$P(A \text{ 恰好发生 5 次}) \approx \frac{1}{\sqrt{np(1-p)}} \cdot \frac{1}{\sqrt{2\pi}}e^{-\frac{1}{2} \cdot \frac{(k-np)^2}{np(1-p)}}$$

$$= \frac{1}{\sqrt{2\pi \cdot 500 \cdot (0.01)(0.99)}} \approx 0.15931.$$

可见当 p 很小时,利用近似公式(1.12)计算较为精确.

例 12　设有 10 台功率为 7.5 千瓦的机器,它们的使用是彼此独立无关的. 若每台机器平均每小时开 12 分钟,问全部机器用电超过 48 千瓦的可能性有多大?

分析　此题难点在于对题意的理解.

(1) "每一台机器平均每小时开 12 分钟"的含义是:每台机器开动的概率为 $\frac{12}{60} = \frac{1}{5}$.

(2) "全部机器用电超过 48 千瓦的可能性有多大?"的含义是:超过 $\left[\frac{48}{7.5}\right]$ 台机器开动的概率,即 $P(\text{超过 6 台机器开动})$ 是多少?

解　设 A 表示"每台机器开动"这一事件,依题意知

$$P(A) = \frac{12}{60} = \frac{1}{5}, \quad P(\overline{A}) = 1 - \frac{1}{5} = \frac{4}{5}.$$

把对这 10 台机器的观察当作 10 次独立试验,此时,恰有 $k(k=0,1,2,\cdots,10)$ 台机器开动的概率为

$$P(\text{恰有 } k \text{ 台机器开动}) = C_{10}^k \left(\frac{1}{5}\right)^k \left(1-\frac{1}{5}\right)^{10-k} \quad (k=0,1,2,\cdots,10).$$

所以

$$P(\text{超过 6 台机器开动}) = P(7 \text{ 台机器开动}) + P(8 \text{ 台机器开动})$$

$$+ P(9 \text{ 台机器开动}) + P(10 \text{ 台机器开动})$$

$$= C_{10}^7 \left(\frac{1}{5}\right)^7 \left(1-\frac{1}{5}\right)^{10-7} + C_{10}^8 \left(\frac{1}{5}\right)^8 \left(1-\frac{1}{5}\right)^{10-8}$$

$$+ C_{10}^9 \left(\frac{1}{5}\right)^9 \left(1-\frac{1}{5}\right)^{10-9} + C_{10}^{10} \left(\frac{1}{5}\right)^{10} = \frac{1}{1157}.$$

可见"超过 6 台机器开动"这一事件的概率是相当小的. 所以,可以认为:全部机器用电超过 48 千瓦的可能性是很小的.

四、考研重点题剖析

1. 设 A,B 是两个随机事件,则 $P((\overline{A}\cup B)(A\cup B)(\overline{A}\cup\overline{B})(A\cup\overline{B}))=\underline{\qquad}$.

解 因为
$$(A\cup B)\bigcap(\overline{A}\cup\overline{B})=(A\overline{B}\cup\overline{A}B),\quad(\overline{A}\cup B)(A\cup\overline{B})=(AB\cup\overline{A}\ \overline{B})$$
所以 $(\overline{A}\cup B)(A\cup B)(\overline{A}\cup\overline{B})(A\cup\overline{B})=\varnothing$,故
$$P\{(A\cup B)(A\cup B)(\overline{A}\cup\overline{B})(A\cup\overline{B})\}=0.$$

2. 设随机事件 A,B 及其和事件 $A\cup B$ 的概率分别是 $0.4,0.3$ 和 0.6. 若 $\overline{B}$ 表示 B 的对立事件,那么积事件 $A\overline{B}$ 的概率 $P(A\overline{B})=\underline{\qquad}$.

解 由题设及加法公式有
$$P(AB)=P(A)+P(B)-P(A\bigcup B).$$
代入数据计算得 $P(AB)=0.1$. 又因 $A=(A\overline{B})\bigcup(AB)$ 且 $(A\overline{B})\bigcap(AB)=\varnothing$,从而
$$P(A\overline{B})=P(A)-P(AB)=0.4-0.1=0.3.$$

3. 设 A,B,C 为随机事件,且已知 $P(A)=P(B)=P(C)=\frac{1}{4}$,$P(AB)=0$,$P(AC)=P(BC)=\frac{1}{6}$,则事件 A,B,C 全不发生的概率为 $\underline{\qquad}$.

解 由 $P(AB)=0$,可知 $P(ABC)=0$. 于是 A,B,C 全不发生的概率为
$$P(\overline{A\bigcup B\bigcup C})=1-P(A\bigcup B\bigcup C)$$
$$=1-[P(A)+P(B)+P(C)-P(AB)-P(AC)-P(BC)+P(ABC)]$$
$$=1-\frac{3}{4}+\frac{2}{6}=\frac{7}{12}.$$

4. 设两两相互独立的三事件 A,B 和 C 满足条件 $ABC=\varnothing$,$P(A)=P(B)=P(C)<\frac{1}{2}$,且已知 $P(A\bigcup B\bigcup C)=\frac{9}{16}$,则 $P(A)=\underline{\qquad}$.

解 应用概率加法公式和题设有
$$P(A\bigcup B\bigcup C)=P(A)+P(B)+P(C)-P(AB)-P(BC)$$
$$-P(AC)+P(ABC)$$
$$=3P(A)-3[P(A)]^2=\frac{9}{16},$$
从而
$$[P(A)]^2-P(A)+\frac{3}{16}=0.$$
解方程得 $P(A)=\frac{1}{4}$ 或 $\frac{3}{4}$. 按题设 $P(A)<\frac{1}{2}$,故 $P(A)=\frac{1}{4}$.

5. 设两个相互独立的事件 A 和 B 都不发生的概率为 $\dfrac{1}{9}$,A 发生 B 不发生的概率与 B 发生 A 不发生的概率相等,则 $P(A)=$ _____.

解 根据题设有

$$P(\overline{A \cup B}) = 1 - P(A \cup B) = \frac{1}{9}, \qquad ①$$

$$P(A\overline{B}) = P(B\overline{A}). \qquad ②$$

注意到 $A = A\overline{B} + AB, B = BA + B\overline{A}$,有

$$P(A) = P(A\overline{B}) + P(AB), \quad P(B) = P(BA) + P(B\overline{A}),$$

再由②式,有

$$P(A) - P(AB) = P(B) - P(BA).$$

可见

$$P(A) = P(B). \qquad ③$$

由 A,B 事件的独立性及①,③两式有

$$1 - P(A) - P(B) + P(A)P(B) = [P(A)]^2 - 2P(A) + 1$$
$$= (P(A) - 1)^2 = \frac{1}{9},$$

于是 $P(A) - 1 = \pm\dfrac{1}{3}$,从而

$$P(A) = \frac{2}{3}, \quad P(A) = \frac{4}{3}\,(\text{舍去,因为概率不可能大于} 1).$$

6. 设当事件 A 与 B 同时发生时 C 也发生,则(　　).

(A) $P(C) = P(A \bigcap B)$ (B) $P(C) \leqslant P(A) + P(B) - 1$

(C) $P(C) = P(A \bigcup B)$ (D) $P(C) \geqslant P(A) + P(B) - 1$

解法 1 由题设,有 $AB \subset C$,于是

$$P(C) \geqslant P(AB) = 1 - P(\overline{AB}) = 1 - P(\overline{A} \cup \overline{B})$$
$$= 1 - [P(\overline{A}) + P(\overline{B}) - P(\overline{A}\ \overline{B})]$$
$$= 1 - [1 - P(A) + 1 - P(B) - P(\overline{A}\ \overline{B})]$$
$$= P(A) + P(B) - 1 + P(\overline{A}\ \overline{B})$$
$$\geqslant P(A) + P(B) - 1,$$

从而 $P(C) \geqslant P(A) + P(B) - 1$. 故选(D).

解法 2 由题设,有 $AB \subset C$,从而 $P(AB) \leqslant P(C)$,又

$$1 \geqslant P(A \bigcup B) = P(A) + P(B) - P(AB)$$
$$\geqslant P(A) + P(B) - P(C),$$

于是有 $P(C) \geqslant P(A) + P(B) - 1$. 故选(D).

7. 设 A_1, A_2, B 为随机事件,且已知 $0 < P(B) < 1$,

$$P((A_1 \bigcup A_2) | B) = P(A_1 | B) + P(A_2 | B),$$

则下列选项成立的是(　　).

(A) $P((A_1 \bigcup A_2)|\overline{B})) = P(A_1|\overline{B}) + P(A_2|\overline{B})$

(B) $P(A_1B \bigcup A_2B) = P(A_1B) + P(A_2B)$

(C) $P(A_1 \bigcup A_2) = P(A_1|B) + P(A_2|B)$

(D) $P(B) = P(A_1)P(B|A_1) + P(A_2)P(B|A_2)$

解 依题设 $0 < P(B) < 1$ 和条件概率公式 $P(A|B) = \dfrac{P(AB)}{P(B)}$,由

$$P((A_1 \bigcup A_2)|B) = P(A_1|B) + P(A_2|B),$$

得

$$\frac{P(A_1B \bigcup A_2B)}{P(B)} = \frac{P(A_1B)}{P(B)} + \frac{P(A_2B)}{P(B)},$$

从而

$$P(A_1B \bigcup A_2B) = P(A_1B) + P(A_2B).$$

故选(B).

8. 设 A,B,C 三个事件两两独立,则 A,B,C 相互独立的充分必要条件是(　　).

(A) A 与 BC 独立　　　　(B) AB 与 $A \bigcup C$ 独立

(C) AB 与 AC 独立　　　　(D) $A \bigcup B$ 与 $A \bigcup C$ 独立

解 应选(A),证明如下:

必要性 设 A,B,C 为相互独立的事件,则有

$$P(ABC) = P(A)P(B)P(C) = P(A)P(BC),$$

故事件 A 与事件 BC 独立,从而必要性成立.

充分性 设 A,B,C 两两独立,且 A 与 BC 独立,于是有

$$P(AB) = P(A)P(B), \quad P(BC) = P(B)P(C), \quad P(AC) = P(A)P(C),$$
$$P(ABC) = P(A)P(BC) = P(A)P(B)P(C).$$

根据三事件 A,B,C 相互独立的定义知 A,B,C 相互独立.故充分性成立.

9. 设袋中有 50 个乒乓球,其中 20 个是黄球,30 个是白球.今有两人依次随机地从袋中各取一球,取后不放回,则第二个人取得黄球的概率是_____.

解 这是一个古典概型,两人依次各取一球,不放回抽样,样本空间 Ω 包含的基本事件的总数 $n = 50 \times 49$.

设 A 为事件"第二个人取到的是黄球",则 A 中所含基本事件数是事件"第一个人取到白球,第二个人取到黄球"与"第一个人取到黄球,第二个人取到黄球"所含基本事件数之和,因而 A 中包含的基本事件数

$$m_A = C_{30}^1 C_{20}^1 + C_{20}^1 C_{19}^1 = 20 \times 49,$$

故

$$P(A) = \frac{m_A}{n} = \frac{20 \times 49}{50 \times 49} = \frac{2}{5}.$$

10. 设 10 件产品中有 4 件不合格品.从中任取两件,已知所取两件产品中有一件是不

合格品,则另一件也是不合格品的概率为_____.

　　解　设 B_1 表示"两件都是不合格品",B_2 表示"一件是合格品,一件是不合格品",A 表示"已知有一件是不合格品",从而 $A = B_1 \bigcup B_2$.

　　由题设知

$$P(B_1) = \frac{C_4^2}{C_{10}^2} = \frac{2}{15}, \quad P(B_2) = \frac{C_6^1 C_4^1}{C_{10}^2} = \frac{8}{15},$$

$$P(A) = P(B_1) + P(B_2) = \frac{10}{15} = \frac{2}{3},$$

所以有

$$P(另一件是不合格品 \mid A) = \frac{P(B_1)}{P(A)} = \frac{2/15}{2/3} = \frac{1}{5}.$$

　　11. 随机地向半圆 $0 < y < \sqrt{2ax - x^2}$(a 为正常数)内掷一点,点落在半圆内任何区域的概率与区域的面积成正比,则原点和该点的连线与 x 轴的夹角小于 $\frac{\pi}{4}$ 的概率为_____.

　　解　以 D 表示半圆 $0 < y < \sqrt{2ax - x^2}$.

　　由题设知,点 (x,y) 应落在图 1-4 所示的阴影部分(记为区域 G).在极坐标下,图形 G 的面积

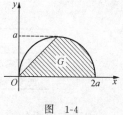

图　1-4

$$S_G = \int_0^{\frac{\pi}{4}} d\theta \int_0^{2a\cos\theta} r dr = \int_0^{\frac{\pi}{4}} \left(\frac{1}{2} r^2 \Big|_0^{2a\cos\theta} \right) d\theta$$

$$= 2a^2 \int_0^{\frac{\pi}{4}} \cos^2\theta d\theta = a^2 \int_0^{\frac{\pi}{4}} (1 + \cos 2\theta) d\theta$$

$$= \frac{\pi}{4} a^2 + \frac{a^2}{2} \sin 2\theta \Big|_0^{\frac{\pi}{4}} = \left(\frac{\pi}{4} + \frac{1}{2} \right) a^2,$$

而 D 的面积 $S_D = \frac{1}{2}\pi a^2$,故应用几何概率公式得到所求的概率

$$p = \frac{S_G}{S_D} = \frac{1}{2} + \frac{1}{\pi}.$$

　　12. 已知玻璃杯成箱出售,每箱 20 个,假设各箱含 0,1,2 个残次品的概率相应为 0.8,0.1 和 0.1.一顾客欲购一箱玻璃杯,在购买时售货员随意取一箱,而顾客开箱随机地查看 4 个,若无残次品,则买下该箱玻璃杯,否则退货.试求:

　　(1) 顾客买下该箱的概率 α;

　　(2) 在顾客买下的一箱中,确实没有残次品的概率 β.

　　解　设 B_i 表示"箱中恰好有 i 个残次品"($i = 0,1,2$),A 表示"顾客买下所查看的一箱",则由题设知

$$P(B_0) = 0.8, \quad P(B_1) = 0.1, \quad P(B_2) = 0.1,$$

$$P(A|B_0) = 1, \quad P(A|B_1) = \frac{C_{19}^4}{C_{20}^4} = \frac{4}{5},$$

$$P(A|B_2) = \frac{C_{18}^4}{C_{20}^4} = \frac{12}{19}.$$

(1) 由全概率公式得

$$\alpha = P(A) = \sum_{i=0}^{2} P(B_i)P(A|B_i) = 0.8 + 0.1 \times \frac{4}{5} + 0.1 \times \frac{12}{19} = 0.94.$$

(2) 由贝叶斯公式得

$$\beta = P(B_0|A) = \frac{P(B_0)P(A|B_0)}{P(A)} = \frac{0.8}{0.94} \approx 0.85.$$

13. 考虑一元二次方程 $x^2 + Bx + C = 0$,其中 B, C 分别是将一颗骰子接连掷两次先后出现的点数. 求该方程式有实根的概率 p 和有重根的概率 q.

解 一颗骰子掷两次,其基本事件总数为 36. 方程组有实根的充分必要条件是 $B^2 \geqslant 4C$,即 $C \leqslant B^2/4$. 由表 1-1 可见,使方程有实根的基本事件个数为

$$1 + 2 + 4 + 6 + 6 = 19,$$

于是方程有实根的概率为 $p = \dfrac{19}{36}$.

表 1.1

B	1	2	3	4	5	6
使 $C \leqslant B^2/4$ 的基本事件个数	0	1	2	4	6	6
使 $C = B^2/4$ 的基本事件个数	0	1	0	1	0	0

方程有重根的充要条件是 $B^2 = 4C$,即 $C = \dfrac{B^2}{4}$. 据表 1.1 知,满足此条件的基本事件共有 2 个,故所求概率为 $q = \dfrac{2}{36} = \dfrac{1}{18}$.

14. 设工厂 A 和工厂 B 所生产产品的次品率分别为 1% 和 2%. 现从由 A 和 B 所生产产品分别占 60% 和 40% 的一批产品中随机抽取一件,发现是次品,则该次品属于 A 生产的概率是_____.

解 设 C 为事件"取到的是次品",A 为事件"取到的产品是由 A 厂提供的",B 为事件"取到的产品是由 B 厂提供的",则 A, B 是样本空间 Ω 的一个划分,且有

$$P(A) = 0.6, \quad P(B) = 0.4,$$
$$P(C|A) = 0.01, \quad P(C|B) = 0.02.$$

由全概率公式有

$$P(C) = P(A)P(C|A) + P(B)P(C|B)$$
$$= 0.6 \times 0.01 + 0.4 \times 0.02 = \frac{14}{1000},$$

再由贝叶斯公式得所求概率

$$P(A|C) = \frac{P(A)P(C|A)}{P(C)} = \frac{3}{7}.$$

15. 设有来自三个地区的各 10 名，15 名和 25 名考生的报名表，其中女生的报名表分别为 3 份，7 份和 5 份. 随机地取一个地区的报名表，从中先后抽出两份.

(1) 求先抽到的一份是女生表的概率 p.

(2) 已知后抽到的一份是男生表，求先抽到的一份是女生表的概率 q.

解　设 H_i 表示"报名表是取自第 i 区的考生"($i=1,2,3$)，A_j 表示"第 j 次取出的报名表是女生表"($j=1,2$). 由题意，则有

$$P(H_1) = P(H_2) = P(H_3) = \frac{1}{3},$$

$$P(A_1|H_1) = \frac{3}{10}, \quad P(A_1|H_2) = \frac{7}{15}, \quad P(A_1|H_3) = \frac{5}{25}.$$

(1) $p = P(A_1) = \sum_{i=1}^{3} P(H_i)P(A_1|H_i) = \frac{1}{3}\left(\frac{3}{10} + \frac{7}{15} + \frac{5}{25}\right) = \frac{29}{90}.$

(2) 因为

$$q = P(A_1|\overline{A}_2) = \frac{P(A_1\overline{A}_2)}{P(\overline{A}_2)},$$

而

$$P(\overline{A}_2|H_1) = \frac{7}{10}, \quad P(\overline{A}_2|H_2) = \frac{8}{15},$$

$$P(\overline{A}_2|H_3) = \frac{20}{25},$$

$$P(A_1\overline{A}_2|H_1) = \frac{3}{10} \times \frac{7}{9} = \frac{7}{30},$$

$$P(A_1\overline{A}_2|H_2) = \frac{7}{15} \times \frac{8}{14} = \frac{8}{30},$$

$$P(A_1\overline{A}_2|H_3) = \frac{5}{25} \times \frac{20}{24} = \frac{5}{30}.$$

于是

$$P(\overline{A}_2) = \sum_{i=1}^{3} P(H_i)P(\overline{A}_2|H_i) = \frac{1}{3}\left(\frac{7}{10} + \frac{8}{15} + \frac{20}{25}\right) = \frac{61}{90},$$

$$P(A_1\overline{A}_2) = \sum_{i=1}^{3} P(H_i)P(A_1\overline{A}_2|H_i) = \frac{1}{3}\left(\frac{7}{30} + \frac{8}{30} + \frac{5}{30}\right) = \frac{2}{9},$$

所以

$$q = \frac{P(A_1\overline{A}_2)}{P(A_2)} = \frac{2/9}{61/90} = \frac{20}{61}.$$

自 测 题 一

1. 已知袋中有 12 个球,其中 8 个白球,4 个黑球.现从中任取两个,求:

(1) 两个均为白球的概率;

(2) 两个球中一个是白球,另一个是黑球的概率;

(3) 至少有一个黑球的概率.

2. 将 10 本书随意放在书架上,求其中指定的 5 本书放在一起的概率.

3. 已知甲、乙二班共有 70 名同学,其中女同学 40 名.设甲班有 30 名同学,而女同学 15 名.求在碰到甲班同学时,正好碰到一名女同学的概率.

4. 设一仓库中有 10 箱同种规格的产品,其中由甲、乙、丙三厂生产的分别有 5,3,2 箱,三厂产品的次品率依次为 0.1,0.2,0.3.从这 10 箱中任取一箱,再从这箱中任取一件产品,求取得正品的概率.

5. 已知某工厂有甲、乙、丙三个车间生产同一型号的螺钉,各车间的产量分别占该厂螺钉产品的 25%,35%,40%,各车间成品中次品分别为各车间产量的 5%,4%,2%.今从该厂的产品中任取一个螺钉经检查发现是次品,问它是由甲、乙、丙车间生产的概率各是多少?

6. 设有产品 100 件,其中 10 件次品,90 件正品.现从中任取 3 件,求其中至少有一件次品的概率.

7. 设有 100 人参加数理化考试,其结果是:数学 10 人不及格,物理 9 人不及格,化学 8 人不及格,数学、物理两科都不及格的有 5 人,数学、化学两科都不及格的有 4 人,物理、化学两科都不及格的有 4 人,三科都不及格的有 2 人.问全都及格的有多少人?

8. 设两台机器加工同样的零件,第一台机器的产品次品率是 0.05,第二台机器的产品次品率是 0.02.两台机器加工出来的零件放在一起,并且已知第一台机器加工的零件数量是第二台机器加工出来的零件数量的两倍.从这些零件中任取一件,求此零件是合格品的概率;如果任意取出一件,经检验是次品,求它是由第二台机器加工的概率.

9. 设有枪 8 支,其中 5 支经过试射校正,3 支未经过试射校正.校正过的枪,击中靶的概率是 0.8;未经校正的枪,击中靶的概率是 0.3.今任取一支枪射击,结果击中靶,问此枪为校正过的概率是多少?

10. 已知某射手射击一发子弹命中 10 环的概率为 0.7,命中 9 环的概率为 0.3.求该射手射击三发子弹而得到不小于 29 环成绩的概率.

11. 设 A,B 为随机事件,且 $A \subset B$, $P(A) = 0.1$, $P(B) = 0.5$,试求 $P(AB)$, $P(A+B)$, $P(\bar{A} + \bar{B})$, $P(A|B)$.

12. 设 A,B 为随机事件,且已知 $P(A) = 0.7$, $P(A-B) = 0.3$,求 $P(\overline{AB})$.

13. 设某举重运动员在一次试举中能打破世界纪录的概率为 p.如果在比赛中他试举三次,求他打破世界纪录的概率.

14. 设某工厂生产的某种产品的一级品率是 40%,问需要取多少件产品,才能使其中至少有一件一级品的概率不小于 95%?

15. 假设每个人的生日在任何月份内是等可能的.已知某单位中至少有一个人的生日在一月份的概率不小于 0.96,问该单位有多少人?

16. 设仪器中有三个元件,它们损坏的概率都是 0.1,并且损坏与否相互独立.已知当一个元件损坏时,仪器发生故障的概率是 0.25;当两个元件损坏时,仪器发生故障的概率是 0.6;当三个元件损坏时,仪器发生故障的概率是 0.95；当三个元件都不损坏时，仪器不发生故障.求仪器发生故障的概率.

17. 在套圈游戏中，甲、乙、丙每投一次套中的概率分别是 0.1，0.2，0.3.已知三个人中某一个人投圈 4 次而套中一次，问此投圈者是谁的可能性最大？

18. 在 40 个同规格的零件中误混入 8 个次品，必须逐个查出，求正好查完 22 个零件时，挑全了 8 个次品的概率.

19. 设事件 A 与 B 相互独立，两事件中只有 A 发生及只有 B 发生的概率都是 $\frac{1}{4}$，求 $P(A)$ 与 $P(B)$.

第二章 随机变量及其分布

本章主要讨论一维随机变量、二维随机变量及其分布.

对于一维随机变量,本章主要讲述两个概念:随机变量、概率分布;两个类型:离散型随机变量、连续型随机变量;七种常用分布:两点分布(0-1 分布)、二项分布、超几何分布、泊松分布、均匀分布、指数分布、正态分布.

而多维随机变量(随机向量)是一维随机变量的推广,由于多维随机变量的每一个分量都是一维随机变量,于是它们的分布也具有一维分布的所有性质.但作为一个整体,它们又具有联合分布(分布函数,分布律或分布密度),相互之间还可能存在着各种复杂的关系,因此,多维随机变量的分布要比一维随机变量的分布复杂得多.本章主要讨论二维随机变量的分布.

一、内容精讲与学习要求

【内容精讲】

1. 随机变量

1.1 随机变量的定义

设 E 是随机试验,它的样本空间为 $\Omega = \{\omega\}$. 如果对于每一个样本点 $\omega \in \Omega$,都有唯一确定的实数 $\xi(\omega)$ 与之对应,则称实值函数 $\xi(\omega)$ 为一个**随机变量**,常用大写英文字母 X, Y, Z 等或希腊字母 ξ, η, ζ 等表示.通俗地说,随机变量就是随试验结果而变的量.

1.2 随机变量的类型

(1)**离散型随机变量** 只能取有限个或无穷可列个可能值的随机变量叫离散型随机变量.

(2)**连续型随机变量** 对于随机变量 X,若存在一个定义在 $(-\infty, +\infty)$ 内的非负实值函数 $f(x)$,使得对于任意实数 x,总有

$$P\{X \leqslant x\} = \int_{-\infty}^{x} f(t)\mathrm{d}t, \quad -\infty < x < +\infty,$$

则称 X 为连续型随机变量.连续型随机变量能够取某个有限或无限区间内的一切值.

离散型随机变量和连续型随机变量是两类重要的随机变量,它们远不是随机变量的全部,但教材中只讨论这两种类型.

1.3　随机变量的概率分布

随机变量取各种实数集合内的值的概率叫做随机变量的概率分布.

2. 随机变量的分布函数

2.1　分布函数的定义

设 X 是随机变量,则称函数

$$F(x) = P\{X \leqslant x\}, \quad -\infty < x < +\infty$$

为 X 的**分布函数**,它是事件 $\{X \leqslant x\} = \{-\infty < X \leqslant x\}$ 的概率.

2.2　分布函数的性质

(1) $0 \leqslant F(x) \leqslant 1$ $(-\infty < x < +\infty)$.

(2) $F(x)$ 是 x 的不减函数,且右连续. 即对任意 $x_1 < x_2$,有

$$F(x_1) \leqslant F(x_2), \quad F(x_1 + 0) = \lim_{x \to x_1^+} F(x) = F(x_1).$$

(3) $\lim\limits_{x \to -\infty} F(x) = 0$, $\lim\limits_{x \to +\infty} F(x) = 1$.

2.3　几个重要结果

(1) $P\{X \leqslant b\} = F(b)$;

(2) $P\{a < X \leqslant b\} = F(b) - F(a)$;

(3) $P\{X < b\} = F(b-0) = \lim\limits_{x \to b^-} F(x)$;

(4) $P\{X = b\} = F(b) - F(b-0)$;

(5) $P\{X > b\} = 1 - P\{X \leqslant b\} = 1 - F(b)$;

(6) $P\{X \geqslant b\} = 1 - P\{X < b\} = 1 - F(b-0)$.

3. 离散型随机变量的分布列

3.1　分布列的定义

设随机变量 X 的所有可能值是 $x_1, x_2, \cdots, x_n, \cdots$,称其对应的概率

$$P\{X = x_k\} = p_k \quad (k = 1, 2, \cdots)$$

为随机变量 X 的**分布列**.

3.2　分布列的性质

(1) $p_k \geqslant 0$, $k = 1, 2, \cdots$;

(2) $\sum\limits_k p_k = 1$.

3.3　分布列与分布函数的关系

对于离散型随机变量,既可以用分布函数又可以用分布列去完整地描述.分布函数与分布列相互可以唯一确定.

若已知随机变量 X 的分布列

$$P\{X = x_k\} = p_k, \quad k = 1, 2, \cdots,$$

则 X 的分布函数为

$$F(x) = P\{X \leqslant x\} = \sum_{x_k \leqslant x} p_k, \quad -\infty < x < +\infty.$$

若离散型随机变量 X 的分布函数 $F(x)$ 已知,则 $F(x)$ 的各间断点 x_k 就是 X 的可能值,而 X 的分布列为

$$p_k = P\{X = x_k\} = F(x_k) - F(x_k - 0), \quad k = 1, 2, \cdots.$$

4. 连续型随机变量的概率密度

4.1 概率密度的定义

连续型随机变量定义中的 $f(x)$ 叫做 X 的**概率密度函数**,简称**概率密度**或**分布密度**或**密度**.

4.2 概率密度 $f(x)$ 的性质

(1) $f(x) \geqslant 0$;

(2) $\displaystyle\int_{-\infty}^{+\infty} f(x)\mathrm{d}x = 1$;

(3) 在 $f(x)$ 的连续点有 $F'(x) = f(x)$,其中 $F(x)$ 为分布函数;

(4) 对任意实数 a,有 $P\{X = a\} = 0$.

4.3 用概率密度描述连续型随机变量

连续型随机变量取的值落在任一区间内的概率等于其概率密度函数在该区间上的积分,即

$$P\{a < X < b\} = P\{a \leqslant X \leqslant b\} = P\{a < X \leqslant b\}$$
$$= P\{a \leqslant X < b\} = \int_a^b f(x)\mathrm{d}x.$$

4.4 概率密度与分布函数的关系

对于连续型随机变量,既可用分布函数,又可用概率密度去完整地描述.

若已知随机变量 X 的概率密度 $f(x)$,则 X 的分布函数为

$$F(x) = P\{X \leqslant x\} = \int_{-\infty}^{x} f(t)\mathrm{d}t,$$

$$-\infty < x < +\infty.$$

其几何意义是:分布函数在任一点处的函数值等于密度曲线下该点左边的面积(参见图 2-1).

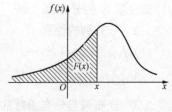

图 2-1

5. 七种常用分布

(1) **两点分布**(0-1 分布):$X \sim B(1, p)$.

X 的分布律为

X	0	1
P	q	p

$(q=1-p,0<p<1)$；

分布函数为

$$F(x) = \begin{cases} 0, & x < 0, \\ 1-p, & 0 \leqslant x < 1, \\ 1, & x \geqslant 1. \end{cases}$$

（2）**二项分布**：$X \sim B(n,p)$.

X 的分布律为

$$P\{X=k\} = C_n^k p^k q^{n-k}, \quad k=0,1,2,\cdots,n \quad (q=1-p,0<p<1).$$

这里的 $C_n^k p^k q^{n-k}$ 就是 n 重伯努利试验中事件 A 恰好发生 k 次的概率，X 的分布函数为

$$F(x) = \sum_{k=1}^{[x]} C_n^k p^k (1-p)^{n-k},$$

其中 $[x]$ 是 x 的最大整数部分.

（3）**超几何分布**：若一批产品有 N 个，其中有 $M(<N)$ 个次品，从这批产品中任取 $n(\leqslant N)$ 个，则其中的次品数 X 服从参数为 N,M,n 的超几何分布，其分布律为

$$P\{X=k\} = \frac{C_M^k \cdot C_{N-M}^{n-k}}{C_N^n},$$

$$\max\{0,n-(N-M)\} \leqslant k \leqslant \min\{M,n\}.$$

当 $N \to \infty, \dfrac{M}{N} \to p$ 时，超几何分布的极限分布是二项分布：

$$\frac{C_M^k \cdot C_{N-M}^{n-k}}{C_N^n} \to C_n^k p^k (1-p)^{n-k}.$$

（4）**泊松（Poisson）分布**：$X \sim P(\lambda)$ 或 $X \sim \pi(\lambda)$.

X 的分布律为

$$P\{X=k\} = \frac{\lambda^k}{k!} e^{-\lambda}, \quad k=0,1,2,\cdots \quad (\lambda > 0 \text{ 的常数}),$$

其分布函数为

$$F(x) = \sum_{k=0}^{[x]} \frac{\lambda^k e^{-\lambda}}{k!}.$$

泊松分布是二项分布当 $n \to \infty$ 时的极限，即设 $\lim\limits_{n\to\infty} np = \lambda$（$\lambda$ 是固定的正常数），则有

$$\lim_{n\to\infty} P\{X=k\} = \lim_{n\to\infty} C_n^k p^k q^{n-k} = \frac{\lambda^k}{k!} e^{-\lambda}, \quad k=0,1,2,\cdots.$$

故当 n 很大，p 很小（一般是 $n \geqslant 10, p \leqslant 0.1$）时，二项分布可用泊松分布近似代替，即

$$C_n^k p^k (1-p)^{n-k} \approx \frac{\lambda^k}{k!} e^{-\lambda} \quad (\lambda = np).$$

(5) **均匀分布**：$X \sim U[a, b]$.

X 的分布密度是

$$f(x) = \begin{cases} \dfrac{1}{b-a}, & a \leqslant x \leqslant b, \\ 0, & \text{其他}, \end{cases}$$

其分布函数为

$$F(x) = \begin{cases} 0, & x < a, \\ \dfrac{x-a}{b-a}, & a \leqslant x < b, \\ 1, & x \geqslant b. \end{cases}$$

(6) **指数分布**：$X \sim E(\lambda)$.

X 的分布密度为

$$f(x) = \begin{cases} \lambda e^{-\lambda x}, & x \geqslant 0, \\ 0, & x > 0 \end{cases} \quad (\lambda > 0),$$

其分布函数为

$$F(x) = \begin{cases} 1 - e^{-\lambda x}, & x \geqslant 0, \\ 0, & x < 0 \end{cases} \quad (\lambda > 0).$$

(7) **正态分布**：$X \sim N(\mu, \sigma^2)$.

X 的分布密度为

$$f(x) = \frac{1}{\sqrt{2\pi}\sigma} e^{-\frac{(x-\mu)^2}{2\sigma^2}} \quad (-\infty < x < +\infty, \sigma > 0),$$

其分布函数为

$$F(x) = \int_{-\infty}^{x} \frac{1}{\sqrt{2\pi}\sigma} e^{-\frac{(t-\mu)^2}{2\sigma^2}} \, dt.$$

当 $\mu = 0, \sigma = 1$ 时，$X \sim N(0,1)$，称为 X 服从**标准正态分布**. 此时，它的分布密度为 $\varphi(x)$，分布函数为 $\Phi(x)$：

$$\varphi(x) = \frac{1}{\sqrt{2\pi}} e^{-\frac{x^2}{2}}, \quad \Phi(x) = \int_{-\infty}^{x} \frac{1}{\sqrt{2\pi}} e^{-\frac{t^2}{2}} \, dt.$$

显然 $\Phi(-x) = 1 - \Phi(x)$.

设 $X \sim N(\mu, \sigma^2)$，X 的分布函数为 $F(x)$，则

(1) $F(x) = \Phi\left(\dfrac{x-\mu}{\sigma}\right)$，$-\infty < x < +\infty$；

(2) $P\{x_1 < X \leqslant x_2\} = F(x_2) - F(x_1) = \Phi\left(\dfrac{x_2-\mu}{\sigma}\right) - \Phi\left(\dfrac{x_1-\mu}{\sigma}\right)$.

标准正态分布的上 α 分位点：设随机变量 $X \sim N(0,1)$，对于任给的 $0 < \alpha < 1$，称满足条件

$$P\{X > Z_a\} = \int_{Z_a}^{+\infty} \varphi(x)\mathrm{d}x = \alpha$$

的点 Z_a 为标准正态分布的上 α 分位点.

正态分布是一种很重要的分布,我们应熟悉一般正态分布与标准正态分布的定义及其相应概率密度函数的性质,并能熟练地使用"标准正态分布函数表"解决概率计算的相应问题.

6. 随机变量函数的分布

6.1 离散型随机变量函数的分布
若随机变量 X 具有分布律

$$P\{X = x_k\} = p_k, \quad k = 1, 2, \cdots,$$

又 $Y = g(X)$(g 为连续函数),则 Y 的分布律如下:

情形 1 对于所有的 k,$g(x_k) = y_k$ 全不相同时,$Y = g(X)$ 的分布率为

$$P\{Y = y_k\} = P\{X = x_k\} = p_k, \quad k = 1, 2, \cdots.$$

情形 2 若知某个 $i \neq j$,而且 $g(x_i) = g(x_j) = y_k$ 时,则由概率可加性知

$$P\{Y = y_k\} = P\{X = x_i \text{ 或 } X = x_j\}$$
$$= P\{X = x_i\} + P\{X = x_j\} = p_i + p_j.$$

一般地,$Y = g(X)$ 的概率分布为

$$P\{Y = y_k\} = \sum_{g(x_i) = y_k} P\{X = x_i\} = \sum_{g(x_i) = y_k} p_i, \quad k = 1, 2, \cdots.$$

6.2 连续型随机变量函数的分布
若随机变量 X 具有概率密度 $f_X(x)$,$-\infty < x < +\infty$,又设 $g(x)$ 处处可导且有 $g'(x) > 0$(或 $g'(x) < 0$),则 $Y = g(X)$ 是连续型随机变量,其概率密度为

$$f_Y(y) = \begin{cases} f_X[h(y)]|h'(y)|, & \alpha < y < \beta, \\ 0, & \text{其他}, \end{cases}$$

其中 $\alpha = \min\{g(-\infty), g(+\infty)\}$,$\beta = \max\{g(-\infty), g(+\infty)\}$,$x = h(y)$ 为 $y = g(x)$ 的反函数.

7. n 维随机变量

7.1 n 维随机变量的概念
在同一个样本空间上的 n 个随机变量 $X_1, X_2, \cdots, X_n$ 的总体 $(X_1, X_2, \cdots, X_n)$ 叫做 n **维随机变量**,其中每个 $X_i(i = 1, 2, \cdots, n)$ 叫做 $(X_1, X_2, \cdots, X_n)$ 的**分量**.

7.2 n 维离散型随机变量
若 n 维随机变量 $(X_1, X_2, \cdots, X_n)$ 中每个分量 $X_i(i = 1, 2, \cdots, n)$ 都是离散型随机变量,则称 $(X_1, X_2, \cdots, X_n)$ 为 n **维离散型随机变量**.

也可这样定义:若$(X_1, X_2, \cdots, X_n)$只能取有限组或无穷可列组值,则称$(X_1, X_2, \cdots, X_n)$为 n 维离散型随机变量.

7.3 n 维连续型随机变量

若对 n 维随机变量$(X_1, X_2, \cdots, X_n)$存在着非负函数 $f(x_1, x_2, \cdots, x_n)$,使对任意 $a_i < b_i (i = 1, 2, \cdots, n)$,有

$$P\{a_1 < X_1 \leqslant b_1, a_2 < X_2 \leqslant b_2, \cdots, a_n < X_n \leqslant b_n\}$$
$$= \int_{a_n}^{b_n} \cdots \int_{a_1}^{b_1} f(x_1, x_2, \cdots, x_n) \mathrm{d}x_1 \cdots \mathrm{d}x_n,$$

则称$(X_1, X_2, \cdots, X_n)$为 n **维连续型随机变量**.

从几何上看,二维随机变量可以看成是平面(二维空间)上的"随机点",三维随机变量可以看成是空间(三维空间)中的"随机点",等等.

8. 二维随机变量的联合分布

8.1 离散型情形

若二维离散型随机变量(X, Y)的全部可能值为(x_i, y_i),$i, j = 1, 2, \cdots$,相应的概率为

$$P\{X = x_i, Y = y_j\} = p_{ij}, \quad i, j = 1, 2, \cdots, \tag{2.1}$$

则称(2.1)式为二维随机变量(X, Y)的**联合分布律(列)**,或称随机变量 X 与 Y 的联合分布律(列). 也可用下表形式表示联合分布律(列):

X \ Y	y_1	y_2	$\cdots$	y_j	$\cdots$
x_1	p_{11}	p_{12}	$\cdots$	p_{1j}	$\cdots$
x_2	p_{21}	p_{22}	$\cdots$	p_{2j}	$\cdots$
$\vdots$	$\vdots$	$\vdots$	$\cdots$	$\vdots$	
x_i	p_{i1}	p_{i2}	$\cdots$	p_{ij}	$\cdots$
$\vdots$	$\vdots$	$\vdots$	$\cdots$	$\vdots$	

联合分布律(列)具有如下性质:

(1) $p_{ij} \geqslant 0$, $ij = 1, 2, \cdots$;

(2) $\sum_i \sum_j p_{ij} = 1$.

反之,凡具有这两条性质的一组实数必是某二维随机变量的联合分布律(列).

8.2 连续型情形

若对二维随机变量(X, Y),存在着非负函数 $f(x, y)$,使对任意 $a < b, c < d$,有

$$P\{a < X \leqslant b, c < Y \leqslant d\} = \int_a^b \int_c^d f(x, y) \mathrm{d}x \mathrm{d}y, \tag{2.2}$$

则称 $f(x, y)$为二维连续型随机变量(X, Y)的**联合概率密度**(简称**联合密度**),或称随机变量

X 与 Y 的联合概率密度.

显然对于二维随机变量 (X,Y) 的分布函数 $F(x,y)=P\{X\leqslant x,Y\leqslant y\}$，有

$$F(x,y) = \int_{-\infty}^{x}\int_{-\infty}^{y} f(u,v)\mathrm{d}u\mathrm{d}v.$$

联合概率密度 $f(x,y)$ 具有如下性质：

(1) $f(x,y)\geqslant 0,\ -\infty<x,y<+\infty$；

(2) $\int_{-\infty}^{+\infty}\int_{-\infty}^{+\infty} f(x,y)\mathrm{d}x\mathrm{d}y = F(+\infty,+\infty) = 1.$

反之，凡具有这两条性质的二元实函数必是某二维连续型随机变量的联合概率密度.

二维随机变量取的值落在平面区域 D 内的概率等于它的联合密度在 D 上的二重积分：

$$P\{(X,Y)\in D\} = \iint\limits_{D} f(x,y)\mathrm{d}x\mathrm{d}y;$$

在 $f(x,y)$ 的连续点处，有

$$\frac{\partial^2 F(x,y)}{\partial x\partial y} = f(x,y).$$

9. 二维随机变量的边缘分布

9.1 离散型情形

二维离散型随机变量 (X,Y) 中分量 X,Y 的分布列分别叫做 (X,Y) **关于** X,Y **的边缘分布列**.

若 (X,Y) 的联合分布列已知，则它关于 X 的边缘分布列为

$$P\{X=x_i\} = \sum_j p_{ij} \triangleq p_{i\cdot},\quad i=1,2,\cdots; \qquad (2.3)$$

关于 Y 的边缘分布列为

$$P\{Y=y_j\} = \sum_i p_{ij} \triangleq p_{\cdot j},\quad j=1,2,\cdots; \qquad (2.4)$$

边缘分布列与联合分布列，可一起由下表给出：

X＼Y	y_1	y_2	$\cdots$	y_n	$\cdots$	$p_{i\cdot}$
x_1	p_{11}	p_{12}	$\cdots$	p_{1n}	$\cdots$	$p_{1\cdot}$
x_2	p_{21}	p_{22}	$\cdots$	p_{2n}	$\cdots$	$p_{2\cdot}$
$\vdots$	$\cdots$	$\cdots$	$\cdots$	$\cdots$		$\vdots$
x_m	p_{m1}	p_{m2}	$\cdots$	p_{mn}	$\cdots$	$p_{m\cdot}$
$\vdots$	$\cdots$	$\cdots$	$\cdots$	$\cdots$		$\vdots$
$p_{\cdot j}$	$p_{\cdot 1}$	$p_{\cdot 2}$	$\cdots$	$p_{\cdot n}$	$\cdots$	

9.2 连续型情形

二维连续型随机变量 (X,Y) 中分量 X,Y 的概率密度分别称为 (X,Y) **关于** X,Y **的边缘**

概率密度.

若(X,Y)的联合概率密度已知,则它关于 X 的边缘概率密度为

$$f_X(x) = \int_{-\infty}^{+\infty} f(x,y)\mathrm{d}y, \quad -\infty < x < +\infty; \tag{2.5}$$

关于 y 的边缘概率密度为

$$f_Y(y) = \int_{-\infty}^{+\infty} f(x,y)\mathrm{d}x, \quad -\infty < y < +\infty. \tag{2.6}$$

其关于 X,Y 的边缘分布函数分别为

$$F_X(x) = P\{X \leqslant x\} = \int_{-\infty}^{x}\left[\int_{-\infty}^{+\infty}f(x,y)\mathrm{d}y\right]\mathrm{d}x = \int_{-\infty}^{x}f_X(x)\mathrm{d}x;$$

$$F_Y(y) = P\{Y \leqslant y\} = \int_{-\infty}^{y}\left[\int_{-\infty}^{+\infty}f(x,y)\mathrm{d}x\right]\mathrm{d}y = \int_{-\infty}^{y}f_Y(y)\mathrm{d}y.$$

10. 随机变量的独立性

设 X,Y 是两个随机变量. 若对任意的实数 x,y,都有

$$P\{X \leqslant x, Y \leqslant y\} = P\{X \leqslant x\} \cdot P\{Y \leqslant y\},$$

即(X,Y)的联合分布函数 $F(x,y)$ 恰好等于两个边缘分布函数 $F_X(x)$ 与 $F_Y(y)$ 的乘积,则称 **X 与 Y 相互独立.**

二维离散型随机变量(X,Y)中 X 与 Y 相互独立的充要条件是

$$p_{ij} = p_{i\cdot}p_{\cdot j}, \quad i,j = 1,2,\cdots. \tag{2.7}$$

二维连续型随机变量(X,Y)中 X 与 Y 相互独立的充要条件是

$$f(x,y) = f_X(x) \cdot f_Y(y), \quad -\infty < x,y < +\infty. \tag{2.8}$$

11. 条件分布

设 $p_{ij}(i,j=1,2,\cdots)$ 为二维离散型随机变量(X,Y)的联合分布列,对于固定的 j,若 $P(Y=y_i)=p_{\cdot j}>0$,则称$\frac{p_{ij}}{p_{\cdot j}}(i=1,2,\cdots)$为**在 $Y=y_j$ 条件下,关于 X 的条件分布列**,记为

$$P\{X = x_i | Y = y_j\} = \frac{p_{ij}}{p_{\cdot j}} \quad (i = 1,2,\cdots). \tag{2.9}$$

显然,它是非负的,并对所有 i,它们的和为 1.

同样地,对于固定的 i,若 $p_{i\cdot}>0$,则称

$$P\{Y = y_j | X = x_i\} = \frac{p_{ij}}{p_{i\cdot}} \quad (j = 1,2,\cdots) \tag{2.10}$$

为**在 $X=x_i$ 条件下,关于 Y 的条件分布列**.

对于二维连续型随机变量(X,Y),若关于 Y 的边缘概率密度 $f_Y(y)>0$,称

$$f_{X|Y}(x|y) = \frac{f(x,y)}{f_Y(y)} \tag{2.11}$$

为在 $Y=y$ 条件下,关于 X 的条件概率密度;

若关于 X 的边缘概率密度 $f_X(x)>0$,称

$$f_{Y|X}(y|x) = \frac{f(x,y)}{f_X(x)} \tag{2.12}$$

为在 $X=x$ 条件下,关于 Y 的条件概率密度,其中 $f(x,y)$ 为 (X,Y) 的联合概率密度.

【学习要求】

1. 深刻理解随机变量及概率分布的概念.

2. 熟练掌握离散型和连续型随机变量的定义与性质.

3. 掌握分布函数的概念和性质,并会利用分布函数表示几个重要事件的概率.

4. 在已知分布列或概率密度的条件下,能熟练地求出分布函数和有关的概率.

5. 熟记二项分布、超几何分布、泊松公布、均匀分布、正态分布、指数分布等几个常用分布,并熟悉它们的特性.

6. 掌握多维随机变量的一般概念;深刻理解二维随机变量的含义及其实际意义.

7. 深刻理解二维离散型随机变量的联合分布列与边缘分布列以及二维连续型随机变量的联合概率密度与边缘概率密度的概念,掌握联合分布的基本性质.

8. 熟练掌握由联合分布求边缘分布的方法.

9. 了解随机变量相互独立的定义,能利用充要条件判断随机变量的独立性.

10. 理解条件分布的概念,在已知联合分布列或联合概率密度的情况下,会求条件分布列或条件分布密度.

11. 在已知二维连续型随机变量的联合概率密度时,能熟练求出此随机变量落在某个指定区域上的概率.

重点　一维随机变量的概念,分布函数与概率密度函数的概念、性质及计算;二维随机变量的概念,二维随机变量的联合分布函数、联合分布列的概念与性质,边缘分布列、边缘概率密度及条件分布的计算;两个随机变量相互独立的判断.

难点　用随机变量描述事件,求随机变量及随机变量函数的分布列、分布函数、概率密度函数;联合分布函数的计算,求边缘概率密度与条件概率;已知 (X,Y) 的分布,求 $Z=X+Y$ 的分布.

二、释 疑 解 难

1. 为什么要引入随机变量?

答　概率统计是从数量上来研究随机现象统计规律的数学学科,为了便于数学上的推导和计算,必须把随机事件数量化. 我们在进行某种试验和观测时,由于随机因素的影响,使试验出现各种不同的结果,因而用来描述随机事件的量也随着以偶然的方式取不同的值,当

把一个随机试验的不同结果用一个变量来表示时,便得到随机变量的概念.可见,引入随机变量可以全面考察试验 E 的一切可能结果,从而揭示客观事物存在的统计规律性.

引入随机变量之后,使我们有可能利用高等数学的方法来研究随机试验.随机变量是研究随机试验的有效工具.

2.随机变量作为实单值函数与普通实函数有什么区别?

答　(1)随机变量的取值具有随机性,它随试验结果的不同而取不同的值,试验之前只知道它可能取值的范围,而不能预知它取什么值;

(2)随机变量的取值具有统计规律性,由于试验结果的出现有一定的概率,因而随机变量取各个值也有一定的概率;

(3)随机变量是定义在样本空间 Ω 上的函数,Ω 中的元素不一定是实数,而普通实函数只是定义在实数轴上.

3.引入随机变量的分布函数有哪些作用?

答　对于随机变量 X,我们不仅需要知道 X 取哪些值,而且要知道 X 取这些值的概率;进而不仅需要知道 X 取某个值的概率,而且更重要的是要知道 X 在任意区间 $(x_1,x_2]$ 内取值的概率.由于

$$P\{x_1 < X \leqslant x_2\} = P\{X \leqslant x_2\} - P\{X \leqslant x_1\} = F(x_2) - F(x_1),$$

$$P\{X = x\} = P\{X \leqslant x\} - P\{X < x\} = F(x) - F(x-0),$$

因此,分布函数 $F(x)$ 完整地描述了随机变量 X 的统计规律性.

另一方面,分布函数是一个普通实值函数,是我们在高等数学中早已熟悉的对象,它又有相当好的性质,有了随机变量和分布函数就好像在随机现象和高等数学之间架起了一座桥梁,这样就可以用高等数学的方法来研究随机现象的统计规律.

4.分布函数与函数分布有什么不同?

答　分布函数 $F(x)$ 是 x 的一个普通函数,它的定义域是整个数轴,值域为 $[0,1]$,它表示随机变量 X 取值不超过 x 所占的百分比.

分布函数把随机事件与普通函数联系起来,为用高等数学方法研究随机事件提供了可能.

有了随机变量的分布函数,就可以求出随机变量 X 的所有事件的概率.因此,随机变量及其分布函数能够完整地描述随机试验的概率规律.

离散型随机变量的分布函数是阶梯形函数,连续型随机变量的分布函数是连续函数.

函数分布也是随机变量的分布,但是,它是随机变量的函数——仍为一随机变量的分布,应特别注意.

5.连续型随机变量的分布函数与离散型随机变量的分布函数的连续性有何区别?

答　由分布函数的基本性质可知,任何随机变量的分布函数都是右连续的.对于离散型随机变量,分布函数 $F(x) = \sum_{x_k \leqslant x} p_k$,因而若 x 是随机变量的不可能值,则 $F(x)$ 在点 x 处连

续;若 x 是随机变量的可能值,则 $F(x)$ 在点 x 处只右连续不左连续.对于连续型随机变量,分布函数 $F(x) = \int_{-\infty}^{x} f(x)\mathrm{d}x$,因而在任意点 x 处,$F(x)$ 都是连续的(证明要涉及实函数论知识,超出大纲).

6. 为什么说连续型随机变量取任何个别值的概率都等于零?

答　设 X 是一连续型随机变量,则其分布函数 $F(x)$ 连续,因此对任意实数 x,有
$$P\{X = x\} = F(x) - F(x - 0) = F(x) - F(x) = 0.$$

7. $F(x) = P\{X \leqslant x\}$ 与 $F(x) = P\{X < x\}$ 有何异同?

答　这是分布函数的两种不同定义,它们的相同之处是:(1) $0 \leqslant F(x) \leqslant 1$;(2) 单调不减;(3) $F(-\infty) = 0, F(+\infty) = 1$.不同之处是:当 X 为离散型随机变量时,前者右连续,后者左连续;当 X 为连续型随机变量时,两种定义毫无区别,因为这时有 $P\{X \leqslant x\} = P\{X < x\}$.要注意的是,若 $F(x)$ 是分段函数,则右连续的分段区间是左闭右开,左连续的分段区间是右闭左开(有限部分).

8. 描述连续型随机变量时为什么不像对离散型随机变量那样列出所有的可能值并求相应的概率?

答　第一,连续型随机变量的可能值是不可数的(因为它们布满某个区间),根本无法将其逐一列出;第二,在实际中,人们关心的并不是连续型随机变量取的值究竟等于多少,而是它们在什么范围之内,如测量某物体长度时的误差究竟是 $0.2\,\mathrm{cm}$,还是 $0.201\,\mathrm{cm}$,这无关紧要,而一般需了解的是误差是否在规定的精度范围之内;第三,连续型随机变量取任何个别值(无论它是可能值还是不可能值)的概率都等于零,因而没有多加讨论的价值,需了解的一般是它的值落在某个范围内的概率有多大.

9. 为什么说连续型随机变量的 $f(x)\mathrm{d}x$ 与离散型随机变量的 p_i 在概率论中起着相同的作用?

答　对离散型随机变量 X,$p_i = P\{X = x_i\}$,表示 X 取某一值的概率.而对于连续型随机变量 X,

$$P\{x < X \leqslant x + \mathrm{d}x\} = \int_{x}^{x+\mathrm{d}x} f(x)\mathrm{d}x.$$

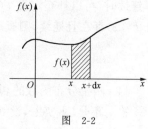

图　2-2

当 $\mathrm{d}x$ 充分小时,$\int_{x}^{x+\mathrm{d}x} f(x)\mathrm{d}x \approx f(x)\mathrm{d}x$ (如图 2-2 所示),即 $P\{x < X \leqslant x+\mathrm{d}x\} \approx f(x)\mathrm{d}x$,故 $f(x)\mathrm{d}x$ 可以看成随机变量 X 落在小区间 $(x, x+\mathrm{d}x]$ 上的概率,这叫做离散化.可见 $f(x)\mathrm{d}x$ 与 p_i 起着同样作用,都描写了随机变量的分布情况.

10. 概率为 0 的事件一定是不可能事件吗?概率为 1 的事件一定是必然事件吗?

答　概率为 0 的事件不一定是不可能事件.例如,设 X 是连续随机变量,它在整个数轴上取值,C 是一常数,则 $\{X = C\} \neq \varnothing$,而
$$P\{X = C\} = 0.$$

同理,概率为 1 的事件也不一定是必然事件.事实上,若设 $A=\{X\neq C$ 的全体实数$\}$,则 $\overline{A}=\{X=C\}$.于是

$$P(A)=1-P(\overline{A})=1-P\{X=C\}=1-0=1.$$

显然 $A\neq\Omega$.

11. 为什么说概率密度函数 $f(x)$ 在某点处的值可以反映随机变量 X 取该点附近的值的概率大小?

答   在 $f(x)$ 的连续点处,有

$$f(x)=F'(x)=\lim_{\Delta x\to 0^+}\frac{F(x+\Delta x)-F(x)}{\Delta x}$$

$$=\lim_{\Delta x\to 0^+}\frac{P(x<X<x+\Delta x)}{\Delta x}.$$

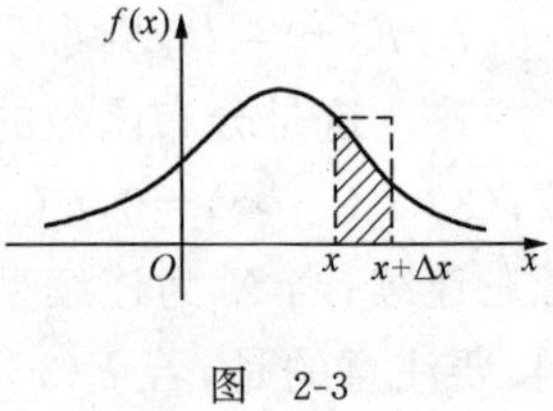

若忽略高阶无穷小,则有

图   2-3

$$f(x)\Delta x\approx P\{x<X<x+\Delta x\}$$

(如图 2-3 所示).所以说概率密度函数 $f(x)$ 在 x 处的值可以反映随机变量 X 取 x 附近的值的概率大小.

12. 连续型随机变量 X 的概率密度 $f(x)$ 是否是连续函数?它的概率密度是否唯一?

答 $f(x)$ 不一定是连续函数.例如 X 在 (a,b) 上服从均匀分布,其概率密度 $f(x)$ 在 $x=a$ 和 $x=b$ 处不连续.不过,我们必须注意,任何连续型随机变量的概率密度至多只有有限个不连续点.

X 的概率密度 $f(x)$ 不是唯一的.事实上,如果改变 $f(x)$ 在有限个点的函数值,得新的非负函数 $\varphi(x)$,则 X 的分布函数 $F(x)$ 可表为 $\varphi(x)$ 在 $(-\infty,x]$ 上的积分,因此 $\varphi(x)$ 也是 X 的概率密度.

13. 对于概率密度 $f(x)$ 的不连续点,如何从分布函数 $F(x)$ 求得 $f(x)$?

答   由概率密度性质,若 $f(x)$ 在点 x 处连续,则有 $F'(x)=f(x)$.如果 $f(x)$ 在点 x 处不连续时,可以补充定义 $f(x)=0$,因为这不会影响分布函数的取值.因此,如果除有限个点外 $F'(x)$ 存在且连续,则概率密度 $f(x)$ 可以用下面方法确定:

$$f(x)=\begin{cases}F'(x), & \text{当 } F'(x) \text{ 存在时},\\ 0, & \text{当 } F'(x) \text{ 不存在时}.\end{cases}$$

14. 两个分布函数的和仍为分布函数吗?

答   不是.事实上,设 $F_1(x),F_2(x)$ 为两个分布函数,又设 $F(x)=F_1(x)+F_2(x)$,则

$$F(+\infty)=F_1(+\infty)+F_2(+\infty)=1+1=2.$$

15. 已知 X 的分布函数 $F(x)$,试就 X 为连续型随机变量或离散型随机变量这两种情况,讨论如何计算事件 $\{a<X\leqslant b\}$,$\{a\leqslant X<b\}$,$\{a\leqslant X\leqslant b\}$,$\{a<X<b\}$ 的概率.

答   若 X 为连续型随机变量,上面四个事件的概率都等于 $F(b)-F(a)$;或等于其概率密度 $f(x)$ 在 $[a,b]$ 上的定积分.

若 X 为离散型随机变量,则

$$P\{a < X \leqslant b\} = F(b) - F(a) = \sum_{a < x_k \leqslant b} p_k;$$

$$P\{a \leqslant X < b\} = F(b-0) - F(a-0) = \sum_{a \leqslant x_k < b} p_k;$$

$$P\{a \leqslant X \leqslant b\} = F(b) - F(a-0) = \sum_{a \leqslant x_k \leqslant b} p_k;$$

$$P\{a < X < b\} = F(b-0) - F(a) = \sum_{a < x_k < b} p_k.$$

16. 设 $g(x)$ 是连续函数,若 X 是离散型随机变量,则 $Y=g(X)$ 也是离散型随机变量吗?若 X 是连续型随机变量又怎样呢?

答 若 X 是离散型随机变量,它的取值是有限个或可列无限多个,因而 Y 的取值也是限个或可列无限多个,因此 Y 是离散型随机变量.

若 X 是连续型随机变量,那么,Y 不一定是连续型随机变量.例如,设 X 在 $(0,2)$ 上服从均匀分布,其概率密度为

$$f(x) = \begin{cases} \dfrac{1}{2}, & 0 < X < 2, \\ 0, & \text{其他.} \end{cases}$$

又设连续函数

$$y = g(x) = \begin{cases} x, & 0 \leqslant x \leqslant 1, \\ 1, & 1 < x \leqslant 2, \end{cases}$$

则 $Y=g(X)$ 的分布函数 $F_Y(y)$ 可如下计算出来:由于 Y 的取值为 $[0,1]$,所以

当 $y<0$ 时,$F_Y(y) = P\{Y \leqslant y\} = 0$;

当 $y>1$ 时,$F_Y(y) = P\{Y \leqslant y\} = 1$;

当 $0 \leqslant y \leqslant 1$ 时,

$$F_Y(y) = P\{Y \leqslant y\} = P\{g(X) \leqslant y\} = P\{X \leqslant y\}$$

$$= \int_{-\infty}^{y} f(x)\mathrm{d}x = \int_0^y \frac{1}{2}\mathrm{d}x = \frac{y}{2}.$$

故 Y 的分布函数

$$F_Y(y) = \begin{cases} 0, & y < 0, \\ \dfrac{y}{2}, & 0 \leqslant y \leqslant 1, \\ 1, & y > 1. \end{cases}$$

因 $F_Y(y)$ 在 $y=1$ 处间断,故 $Y=g(X)$ 不是连续型随机变量.值得注意的是,Y 也不是离散型随机变量,因为 $F_Y(y)$ 不是阶梯函数.

17. 为什么说正态分布是概率论中最重要的分布?

答 正态分布有极其广泛的实际背景.例如测量的误差,炮弹的弹着点,人体生理特征的数量指标(身高、体重等),产品的数量指标(直径、长度、体积、重量等),飞机材料的疲劳应力等,都服从或近似服从正态分布.可以说,正态分布是自然界和社会现象中最常见的一种分布,一个变量如果受到大量微小的独立随机因素的影响,那么,这个变量一般是一个正态随机变量.另一方面,有些分布(如二项分布,泊松分布)的极限分布是正态分布;有些分布(如 χ^2 分布,t 分布)又可通过正态分布导出.所以,无论在实际中,还是在理论上,正态分布是概率论中最重要的一种分布.

18. 事件 $\{X\leqslant x,Y\leqslant y\}$ 表示事件 $\{X\leqslant x\}$ 与 $\{Y\leqslant y\}$ 的积事件,则 $P\{X\leqslant x,Y\leqslant y\}=P\{X\leqslant x\}P\{Y\leqslant y\}$ 对吗?

答 不对.因为 $P\{X\leqslant x,Y\leqslant y\}$ 表示的是积事件的概率,由乘法定理知

$$P\{X\leqslant x,Y\leqslant y\}=P\{X\leqslant x\}P\{Y\leqslant y|X\leqslant x\},$$

因此一般地 $P\{X\leqslant x,Y\leqslant y\}\neq P\{X\leqslant x\}P\{Y\leqslant y\}$,只有当事件 $\{X\leqslant x\}$ 与事件 $\{Y\leqslant y\}$ 相互独立时,才有

$$P\{X\leqslant x,Y\leqslant y\}=P\{X\leqslant x\}P\{Y\leqslant y\}.$$

19. 边缘分布均为正态分布的随机变量,其联合分布一定是二维正态分布吗?

答 不一定.例如,设 (X,Y) 的联合概率密度为

$$f(x,y)=\frac{1}{2\pi}e^{-\frac{x^2+y^2}{2}}(1+\sin x\sin y),$$

显然 (X,Y) 不服从正态分布,但是关于 X 与 Y 的边缘概率密度分别为

$$f_X(x)=\frac{1}{\sqrt{2\pi}}e^{-\frac{x^2}{2}},\quad f_Y(y)=\frac{1}{\sqrt{2\pi}}e^{-\frac{y^2}{2}},$$

即 X 与 Y 均服从正态分布.此例说明,边缘分布都为正态分布,但其联合分布却不是正态分布.

由此可知,一般地,联合概率密度能决定边缘概率密度,但边缘概率密度并不能决定联合概率密度,只有在特殊情况下,即当 X,Y 相互独立时,才有

$$f(x,y)=f_X(x)f_Y(y).$$

20. 多维随机变量的边缘分布与一维随机变量的分布有何异同?

答 边缘分布从某种意义看(看做某个分量的分布时)就是一维随机变量的分布,它具有一维分布的性质.但从整体来看,边缘分布是在多维空间考虑,而一维分布只在平面上考虑.例如,$F(x)$ 是 X 的分布函数,它表示 X 落在区间 $(-\infty,x]$ 上的概率,若 X 为连续型,$F(x)$ 表示面积.如果 X_1 是二维随机变量 (X_1,X_2) 的一个分量,则它的分布函数 $F_{X_1}(x_1)$ 表示 (X_1,X_2) 落在区域 $(-\infty<X_1\leqslant x_1,-\infty<X_2\leqslant+\infty)$ 上的概率,当 (X_1,X_2) 为连续型时,$F_{X_1}(x_1)$ 表示一个曲顶柱体的体积.

21. 随机变量相互独立的充要条件中的等式 $p_{ij}=p_i.\,p_{.j}$ 或 $f(x,y)=f_X(x)f_Y(y)$ 要对

所有的 i,j 或 x,y 都成立吗?

答　是的.二维离散型随机变量 (X,Y) 中 X 与 Y 相互独立的充要条件是对所有的 i 和 j 都有 $p_{ij}=p_i.\,p_{.j}$;二维连续型随机变量 (X,Y) 中 X 与 Y 相互独立的充要条件是对一切实数 x,y 都有 $f(x,y)=f_X(x)f_Y(y)$.因此,若要验证 X 与 Y 相互独立,则须证明条件中的等式在任意点都成立.而要说明 X 与 Y 不相互独立,只要举出一个点,在该点处等式不成立即可.

22.为何不能用条件概率的定义来直接定义条件分布函数 $F_{X|Y}(x|y)$?

答　我们讨论的条件分布,是在一个随机变量取某个确定值的条件下,另一随机变量的分布,即 $F_{X|Y}(x|y)=P(X\leqslant x|Y=y)$,由于 $P(Y=y)$ 可能为 0(连续型时一定为 0),故直接用条件概率定义时,会出现分母为 0.必须注意,在条件分布中,作为条件的随机变量的取值是确定的数.

23.边缘分布与联合分布的关系如何?

答　二维随机变量 (X,Y) 的联合分布全面反映了 (X,Y) 的概率分布状态以及数字特征等,而边缘分布只反映分量 X 或 Y 的概率分布;联合分布能确定边缘分布,边缘分布却不能确定联合分布.例如

$$f(x,y)=\begin{cases}x+y,&0\leqslant x,y\leqslant 1,\\0,&\text{其他},\end{cases}$$

$$g(x,y)=\begin{cases}\left(\dfrac{1}{2}+x\right)\left(\dfrac{1}{2}+y\right),&0\leqslant x,y\leqslant 1,\\0,&\text{其他}\end{cases}$$

均为联合概率密度函数,显然 $f(x,y)\neq g(x,y)$,但容易验证 $f_X(x)=g_X(x)$,$f_Y(y)=g_Y(y)$.

24.由相互独立的随机变量构成的多维随机变量,它们的联合分布与边缘分布有何关系?

答　若随机变量 X,Y 相互独立,则

$$P\{X\leqslant x,Y\leqslant y\}=P\{X\leqslant x\}P\{Y\leqslant y\},$$

从而 $F(x,y)=F_X(x)F_Y(y)$.这说明 X,Y 相互独立时,不仅联合分布决定它们的边缘分布,边缘分布也决定联合分布.反映在概率密度上也是如此,如将上式两端分别对 x,y 求偏导数,就得到联合概率密度与边缘概率密度的关系式

$$f(x,y)=\frac{\partial^2}{\partial x\partial y}F(x,y)=\frac{\partial^2}{\partial x\partial y}[F_X(x)F_Y(y)]$$
$$=\frac{\partial}{\partial x}F_X(x)\frac{\partial}{\partial y}F_Y(y)=f_X(x)f_Y(y).$$

特别地,若 $X_1,X_2,\cdots,X_n$ 是独立同分布 $F(x)$ 的随机变量,则 $(X_1,X_2,\cdots,X_n)$ 的联合分布函数和联合概率密度分别为

$$F(x_1, x_2, \cdots, x_n) = \prod_{i=1}^{n} F(x_i), \quad f(x_1, x_2, \cdots, x_n) = \prod_{i=1}^{n} f(x_i).$$

25. 条件分布与联合分布有何联系？

答 联合分布唯一确定条件分布,如求二维离散型随机变量的条件概率,只需先求出边缘概率,然后将联合概率除以边缘概率即可,即

$$P\{X = x | Y = y\} = P\{X = x, Y = y\} / P\{Y = y\}.$$

但对于二维连续型随机变量,已不能用条件概率来引入条件分布,因为 $P\{Y=y\}=0$,这时需引入区间上的概率

$$P\{y - \varepsilon < Y \leqslant y + \varepsilon\}$$

代替边缘概率 $P\{Y=y\}$,以

$$P\{X \leqslant x, y - \varepsilon < Y \leqslant y + \varepsilon\}$$

代替 $P\{X=x, Y=y\}$,通过求相应商式当 $\varepsilon \to 0$ 时的极限得到条件 $Y=y$ 下 X 的条件分布函数:

$$F_{X|Y}(x|y) = \frac{\partial F(x, y)}{\partial y} \Big/ \frac{\mathrm{d}}{\mathrm{d}y} F_Y(y).$$

26. 相互独立的正态随机变量的线性组合是否仍是正态随机变量？

答 一般地,有限个相互独立的正态随机变量的线性组合仍是正态随机变量,如 $X_1 \sim N(\mu_1, \sigma_1^2)$, $X_2 \sim N(\mu_2, \sigma_2^2)$,可由卷积公式计算知 $Z = X_1 + X_2$ 仍服从正态分布,而且 $Z \sim N(\mu_1 + \mu_2, \sigma_1^2 + \sigma_2^2)$,即线性组合后仍然是正态随机变量,其均值和方差是相应均值和方差的线性组合.

三、典型例题与解题方法综述

本章在概率统计中占有十分重要的地位,这里所介绍的内容都是重要的理论基础,必须牢固掌握.下面结合典型例题分析,将本章解题方法综述如下.

1. 求概率分布和分布函数

求分布函数 $F(x)$ 是初学者首先遇到的一个难点.为了求解这类问题,对于定义

$$F(x) = P\{X \leqslant x\} \xrightarrow{\text{离散型}} \sum_{x_k \leqslant x} P\{X = x_k\},$$

必须注意:

(1) 分布函数 $F(x)$ 是随机变量 X 落在区间 $(-\infty, x]$ 上的概率和,当 x 确定时,$F(x)$ 是个确定的概率;

(2) $F(x)$ 是定义在 $(-\infty, +\infty)$ 上的函数;

(3) 正确划分 x 的取值区间以及求出各区间端点处的概率是求出 $F(x)$ 的关键.

以下介绍求解这类问题的步骤：

(1) 写出 X 的所有可能取值；

(2) 利用古典概率的计算方法计算 X 取各个确定值的概率；

(3) 由(2)的计算结果写出 X 的概率分布(有时还需写出 X 的分布函数).

例1　设某运动员投篮命中的概率为 0.6，求他一次投篮时，投中次数的概率分布和分布函数.

解　此运动员一次投篮的投中次数是一个随机变量，设为 X. 它可取的数值只有两个，即：$0,1$，其中 $X=0$ 表示未投中，其概率为 $p_1=P\{X=0\}=1-0.6=0.4$；$X=1$ 表示投中，其概率为 $p_2=P\{X=1\}=0.6$. 则可得随机变量 X 的概率分布为

x_i	0	1
$P\{X=x_i\}$	0.4	0.6

为求 X 的分布函数 $F(x)$，应当讨论 X 在不同区间的分布函数 $F(x)$ 的值.

(1) 当 $x<0$ 时，因为此时事件 $\{X\leqslant x\}$ 相当于 X 在小于 0 的范围内取值，故此时 $\{X\leqslant x\}$ 是不可能事件，有

$$F(x)=\sum_{x_i\leqslant x}P\{X=x_i\}=0.$$

(2) 当 $0\leqslant x<1$ 时，事件 $\{X\leqslant x\}$ 相当于 X 在小于 1 的范围内取值，这范围内仅有一个可能值 $x_i=0$，故

$$F(x)=\sum_{x_i\leqslant x}P\{X=x_i\}=0.4.$$

(3) 当 $x\geqslant1$ 时，依题意，有

$$F(x)=\sum_{x_i\leqslant x}P\{X=x_i\}=P\{X=0\}+P\{X=1\}=0.4+0.6=1.$$

故可得概率分布函数为

$$F(x)=\begin{cases}0, & x<0, \\ 0.4, & 0\leqslant x<1, \\ 1, & x\geqslant1.\end{cases}$$

例2　已知某种产品共 10 件，其中有次品 3 件. 现从中任取 3 件，求取出的 3 件产品中次品数的概率分布和分布函数.

解　设 X 表示取出 3 件产品中的次品数，则 X 的所有可能取值为 $0,1,2,3$. 依题意，有

$$P\{X=0\}=\frac{C_7^3}{C_{10}^3}=\frac{35}{120},\quad P\{X=1\}=\frac{C_7^2C_3^1}{C_{10}^3}=\frac{63}{120},$$

$$P\{X=2\}=\frac{C_7^1C_3^2}{C_{10}^3}=\frac{21}{120},\quad P\{X=3\}=\frac{C_3^3}{C_{10}^3}=\frac{1}{120}.$$

于是,得 X 的概率分布为

X	0	1	2	3
P	$\frac{35}{120}$	$\frac{63}{120}$	$\frac{21}{120}$	$\frac{1}{120}$

或

$$P\{X = k\} = \frac{C_3^k C_7^{3-k}}{C_{10}^3} \quad (k = 0,1,2,3),$$

即 X 服从超几何分布.

易得 X 的分布函数为

$$F(x) = \begin{cases} 0, & x < 0, \\ \dfrac{35}{120}, & 0 \leqslant x < 1, \\ \dfrac{98}{120}, & 1 \leqslant x < 2, \\ \dfrac{119}{120}, & 2 \leqslant x < 3, \\ 1, & x \geqslant 3. \end{cases}$$

对于一些较复杂的情况,X 的值可能是一串数值,在计算随机变量取确定值的概率时除了可能用到古典概型概率的计算方法外,还要用到概率的运算法则.

例 3 对某一目标进行射击,直到击中时为止.如果每次射击命中率为 p,求射击次数 X 的概率分布.

分析 注意本例中各次射击相互独立,在计算 X 取确定值的概率时要用到事件的独立性.

解 X 所有的可能取值为 $1,2,\cdots,n,\cdots$.

令 A_k 表示第 k 次射击命中目标,则由于各次射击相互独立,而且命中率均为 p,于是得

$$P\{X = 1\} = P(A_1) = p,$$
$$P\{X = 2\} = P(\overline{A}_1 A_2) = P(\overline{A}_1)P(A_2) = (1 - p)p,$$

$$\cdots\cdots\cdots\cdots\cdots\cdots\cdots\cdots\cdots\cdots\cdots\cdots\cdots\cdots\cdots\cdots$$

$$P\{X = n\} = P(\overline{A}_1 \overline{A}_2 \cdots \overline{A}_{n-1} A_n) = P(\overline{A}_1)P(\overline{A}_2)\cdots P(\overline{A}_{n-1})P(A_n)$$
$$= (1 - p)(1 - p)\cdots(1 - p)p = (1 - p)^{n-1}p.$$

若令 $q = 1 - p$,则 X 的概率分布为

$$P\{X = n\} = q^{n-1}p \quad (n = 1,2,\cdots).$$

即称 X 服从参数为 p 的几何分布.

2. 关于概率分布的综合题

已知分布列、分布函数或概率密度,要求其中所含未知常数以及随机变量在某区间内取值的概率等这类题,可归结为以下四种情形求解:

(1) 对离散型随机变量 X,利用 $\sum\limits_{k=0}^{\infty} P\{X=x_k\}=1$,求 $P\{X=x_k\}$ 中包含的未知常数;

对连续型随机变量 X,利用 $\int_{-\infty}^{+\infty} f(x)\mathrm{d}x=1$,求 $f(x)$ 中包含的未知常数;

(2) 利用 $F(+\infty)=1,F(-\infty)=0$,以及对连续型随机变量的分布函数 $F(x)$ 是 x 的连续函数,求 $F(x)$ 中包含的未知常数;

(3) 对连续型随机变量 X,利用

$$P\{a<X<b\}=\int_a^b f(x)\mathrm{d}x=F(b)-F(a)$$

求 X 的取值落在 (a,b) 内的概率;利用

$$P\{X<b\}=\int_{-\infty}^b f(x)\mathrm{d}x=F(b)$$

求 X 的取值落在 $(-\infty,b)$ 内的概率;利用

$$F\{X>a\}=\int_a^{+\infty} f(x)\mathrm{d}x=1-F(a)$$

求 X 的取值落在 $(a,+\infty)$ 内的概率.

(4) 对连续型随机变量,利用 $f(x)=F'(x)$,由 $F(x)$ 求出 $f(x)$;利用 $F(x)=\int_{-\infty}^x f(x)\mathrm{d}x$,由 $f(x)$ 求出 $F(x)$(当 $f(x)$ 分段表示时,则需分段求出 $F(x)$ 的表示式,然后合并写出 $F(x)$).

例 4　设随机变量 X 的分布列为

$$P\{X=k\}=a\cdot\frac{\lambda^k}{k!}\quad(k=0,1,2,\cdots),$$

其中 $\lambda>0$ 为参数.(1) 求常数 a 的值;　　(2) 求 X 落在区间 $[1,3)$ 内的概率.

分析　确定分布列中的未知系数,应注意利用分布列的性质:所有概率之和为 1.

解　(1) 因为 $\sum\limits_{k=0}^{\infty} P\{X=k\}=1$,而

$$\sum_{k=0}^{\infty} P\{X=k\}=\sum_{k=0}^{\infty} a\cdot\frac{\lambda^k}{k!}=a\sum_{k=0}^{\infty}\frac{\lambda^k}{k!}=a\mathrm{e}^{\lambda},$$

所以 $a\mathrm{e}^{\lambda}=1$,即 $a=\mathrm{e}^{-\lambda}$.故

$$P\{X=k\}=\frac{\lambda^k}{k!}\mathrm{e}^{-\lambda}\quad(k=0,1,2,\cdots).$$

(2) 所求概率为

$$P\{1 \leqslant X < 3\} = P\{X=1\} + P\{X=2\} = \frac{\lambda}{1!}e^{-\lambda} + \frac{\lambda^2}{2!}e^{-\lambda} = \frac{\lambda^2 + 2\lambda}{2}e^{-\lambda}.$$

例 5 设连续型随机变量 X 的分布函数为

$$F(x) = \begin{cases} A + Be^{-x^2/2}, & x > 0, \\ 0, & x \leqslant 0. \end{cases}$$

求：(1) 常数 A 与 B；(2) X 的概率密度 $f(x)$；(3) X 取值在区间 $(1,2)$ 内的概率.

分析 利用 $F(+\infty)=1$，连续型随机变量的分布函数 $F(x)$ 处处连续，求 A,B；根据 $f(x)=F'(x)$ 求 $f(x)$；利用 $P\{a < X < b\} = F(b) - F(a)$ 求 $P\{1 < X < 2\}$.

解 (1) 因为 $F(+\infty) = \lim\limits_{x \to +\infty} F(x) = 1$，又

$$\lim\limits_{x \to +\infty} F(x) = \lim\limits_{x \to +\infty}(A + Be^{-x^2/2}) = \lim\limits_{x \to +\infty}\left(A + \frac{B}{e^{x^2/2}}\right) = A,$$

所以 $A=1$.

因为 X 是连续型随机变量，$F(x)$ 处处连续，所以

$$\lim\limits_{x \to 0^-} F(x) = \lim\limits_{x \to 0^+} F(x) = 0,$$

而 $\lim\limits_{x \to 0^+} F(x) = \lim\limits_{x \to 0^+}(A + Be^{-x^2/2}) = A + B$，于是

$$\begin{cases} A + B = 0, \\ A = 1, \end{cases} \quad \text{所以} \quad B = -1.$$

故

$$F(x) = \begin{cases} 1 - e^{-x^2/2}, & x > 0, \\ 0, & x \leqslant 0. \end{cases}$$

(2) $f(x) = F'(x) = \begin{cases} xe^{-x^2/2}, & x > 0, \\ 0, & x \leqslant 0. \end{cases}$

(3) $P\{1 < X < 2\} = F(2) - F(1) = (1-e^{-2}) - (1-e^{-\frac{1}{2}})$

$$= e^{-\frac{1}{2}} - e^{-2} \approx 0.4712,$$

即 X 落在区间 $(1,2)$ 内的概率约为 0.4712.

例 6 设连续型随机变量 X 的概率密度为

$$f(x) = \begin{cases} \dfrac{C}{\sqrt{1-x^2}}, & |x| < 1, \\ 0, & \text{其他}. \end{cases}$$

求：(1) 常数 C；(2) X 的取值落在区间 $\left(-\dfrac{1}{2}, \dfrac{1}{2}\right)$ 内的概率；(3) X 的分布函数 $F(x)$.

分析 利用概率密度的性质可列出关于该常数的方程，然后解之即得常数 C 的值；根据公式

$$P\{a < X < b\} = \int_a^b f(x)\mathrm{d}x = F(b) - F(a)$$

可求出 X 的取值落在 $\left(-\dfrac{1}{2},\dfrac{1}{2}\right)$ 内的概率；当已知概率密度时，利用公式

$$F(x) = \int_{-\infty}^{x} f(t)\mathrm{d}t$$

即可求得 X 的分布函数 $F(x)$.

解 （1）由于 $\displaystyle\int_{-\infty}^{+\infty} f(x)\mathrm{d}x = 1$，故应有

$$\int_{-\infty}^{+\infty} f(x)\mathrm{d}x = \int_{-1}^{1} \frac{C}{\sqrt{1-x^2}}\mathrm{d}x = C \cdot \arcsin x \Big|_{-1}^{1}$$

$$= C\left(\frac{\pi}{2} + \frac{\pi}{2}\right) = C\pi = 1,$$

于是解得 $C = \dfrac{1}{\pi}$. 故有

$$f(x) = \begin{cases} \dfrac{1}{\pi\sqrt{1-x^2}}, & |x| < 1, \\ 0, & \text{其他}. \end{cases}$$

（2）$P\left\{-\dfrac{1}{2} < X < \dfrac{1}{2}\right\} = \displaystyle\int_{-\frac{1}{2}}^{\frac{1}{2}} f(x)\mathrm{d}x = \dfrac{1}{\pi}\int_{-\frac{1}{2}}^{\frac{1}{2}} \dfrac{1}{\sqrt{1-x^2}}\mathrm{d}x$

$$= \frac{1}{\pi}\arcsin x \Big|_{-\frac{1}{2}}^{\frac{1}{2}} = \frac{1}{\pi}\left(\frac{\pi}{6} + \frac{\pi}{6}\right) = \frac{1}{3},$$

即 X 的取值落在 $\left(-\dfrac{1}{2},\dfrac{1}{2}\right)$ 内的概率为 $\dfrac{1}{3}$.

（3）由于 X 的分布函数 $F(x) = \displaystyle\int_{-\infty}^{x} f(x)\mathrm{d}x$，又 $f(x)$ 是分段表示的，故需分段求 $F(x)$.
现计算如下：

当 $x < -1$ 时，

$$F(x) = \int_{-\infty}^{x} f(x)\mathrm{d}x = \int_{-\infty}^{x} 0\mathrm{d}x = 0;$$

当 $-1 \leqslant x < 1$ 时，

$$F(x) = \int_{-\infty}^{x} f(x)\mathrm{d}x = \int_{-\infty}^{-1} 0\mathrm{d}x + \int_{-1}^{x} \frac{\mathrm{d}x}{\pi\sqrt{1-x^2}}$$

$$= \frac{1}{\pi}\arcsin x \Big|_{-1}^{x} = \frac{1}{\pi}\left(\arcsin x + \frac{\pi}{2}\right);$$

当 $x \geqslant 1$ 时

$$F(x) = \int_{-\infty}^{x} f(x)\mathrm{d}x = \int_{-\infty}^{-1} 0\mathrm{d}x + \int_{-1}^{1} \frac{\mathrm{d}x}{\pi\sqrt{1-x^2}} + \int_{1}^{x} 0\mathrm{d}x$$

$$= \frac{1}{\pi}\arcsin x \Big|_{-1}^{1} = \frac{1}{\pi}\left(\frac{\pi}{2} + \frac{\pi}{2}\right) = 1.$$

于是得 X 的分布函数为

$$F(x) = \begin{cases} 0, & x < -1, \\ \dfrac{1}{\pi}\left(\arcsin x + \dfrac{\pi}{2}\right), & -1 \leqslant x < 1, \\ 1, & x \geqslant 1. \end{cases}$$

3. 二项分布的应用及其概率计算

二项分布是一类常见的重要概率分布,我们必须熟悉它的概率表达式及其性态和在实际问题中的应用.对于有放回地抽取试验,由于它是一种独立试验概型,因而在有放回的抽取试验中,随机变量 X 服从二项分布.

在 n 很大,p 很小,$np = \lambda$ 适中 $(np \leqslant 5)$ 的情形下,可用泊松分布较简便的解决二项分布概率的计算问题(有泊松分布表可查),从而避免了二项分布概率的繁琐运算.

例7 设一批产品共 100 件,其中有 10 件是次品.每次有放回地从中抽取 10 件进行检查,试写出这 10 件样品中次品件数的概率分布,并求出样品中次品件数不多于 2 的概率.

分析 这是一个有放回的重复抽取试验,随机变量服从二项分布.

解 设随机变量 X 表示取出的 10 件样品中的次品件数,则 X 服从二项分布,其可能的取值为 $0, 1, 2, \cdots, 10$. 于是 X 的分布律为

$$P\{X = k\} = C_{10}^{k}(0.1)^{k}(0.9)^{10-k} \quad (k = 0, 1, 2, \cdots, 10).$$

列出的概率分布表如下:

X	0	1	2	3	4	5	6	$\geqslant 7$
P	0.3487	0.3874	0.1937	0.0574	0.0112	0.0015	0.0001	≈ 0

由上表可得,样品中次品件数不多于 2 的概率为

$$P\{X \leqslant 2\} = \sum_{k=0}^{2} P\{X = k\} = 0.3487 + 0.3874 + 0.1937$$
$$= 0.9298.$$

例8 设一大批产品的废品率为 $p = 0.015$,求任取一箱(有 100 个产品),箱中有一个废品的概率.

解 设一箱中的废品数为 X,则所求概率为 $P\{X = 1\}$.由于产品数量 N 很大,可按二项分布公式计算此概率,其中 $n = 100$,$p = 0.015$,于是

$$P\{X = 1\} = C_{100}^{1} \times 0.015 \times 0.985^{99} = 0.33595.$$

但由于 $np = 1.5 < 5$,可用泊松分布公式近似代替二项分布公式计算概率.其中 $\lambda = np = 1.5$,查表有

$$P\{X = 1\} \approx 0.334695.$$

可见,误差不超过 1%.

4. 正态分布的应用及其概率计算

在所有的分布中,正态分布占有特殊重要的地位.我们必须在熟记正态分布的概率密度表达式、了解正态分布性态的基础上,正确掌握正态分布在实际中的应用及其概率计算方法,并会查正态分布表.

另外,对于 n 很大,p 不是太小且不接近 1 的二项分布概率,计算很繁琐.此时如果用正态分布公式近似代替,查表计算比较简便.(在用正态分布公式近似二项分布时,令 $\mu=np$,$\sigma^2=npq$)

例 9　测量某种零件的长度(单位:cm),它是服从参数为 $\mu=10.05,\sigma=0.06$ 的正态分布的随机变量.若规定长度在 10.05 ± 0.12(单位:cm)内的零件为合格品,问这种零件出现不合格品的概率是多少?

解　设测得此种零件的长度为 X,则 $X\sim N(10.05,(0.06)^2)$.依题意,所求概率为

$$P\{|X-10.05|>0.12\}=1-P\{|X-10.05|\leqslant0.12\}$$
$$=1-P\{9.93\leqslant X\leqslant10.17\}$$
$$=1-\left[\Phi\left(\frac{10.17-10.05}{0.06}\right)-\Phi\left(\frac{9.93-10.05}{0.06}\right)\right]$$
$$=1-[\Phi(2)-\Phi(-2)]=1-\{\Phi(2)-[1-\Phi(2)]\}$$
$$=2[1-\Phi(2)]=2(1-0.9772)=0.0456,$$

即这种零件的不合格品出现的概率为 0.0456.

注　(1) 若 $X\sim N(\mu,\sigma^2)$,则

$$P\{a\leqslant X\leqslant b\}=\Phi\left(\frac{b-\mu}{\sigma}\right)-\Phi\left(\frac{a-\mu}{\sigma}\right);$$

(2) 本例用到 $P\{X<a\ \text{或}\ X>b\}=1-P(a\leqslant X\leqslant b)$.

(3) 为了便于使用标准正态分布表,本例用到公式

$$\Phi(x)=1-\Phi(-x)\quad(x<0).$$

例 10　设某种产品的次品率为 0.005,求在任意的 10000 件产品中:(1) 有 40 件次品的概率;(2) 次品数不多于 70 件的概率.

解　设任意的 10000 件产品中次品数为 X.

(1) 任意 10000 件产品中有 40 件次品的概率可以根据二项分布公式求得,此时有

$$P\{X=40\}=C_{10000}^{40}(0.005)^{40}(1-0.005)^{10000-40}\approx0.0214.$$

因为 $n=10000$ 很大,$p=0.005$ 不是太小且不接近 1,故可用正态分布来进行近似计算,有

$$P\{X=40\}=C_{10000}^{40}(0.005)^{40}(1-0.005)^{10000-40}$$

$$\approx \frac{1}{\sqrt{2\pi \times 10000 \times 0.005 \times 0.995}} e^{-\frac{1}{2}\left(\frac{40-10000 \times 0.005}{\sqrt{10000 \times 0.005 \times 0.995}}\right)^2}$$

$$\approx 0.0206.$$

(2) 任意 10000 件产品中次品不多于 70 件的概率为

$$P\{0 \leqslant X \leqslant 70\} = \sum_{k=0}^{70} C_{10000}^k (0.005)^k (0.995)^{10000-k}$$

$$\approx \Phi\left(\frac{70-10000 \times 0.005}{\sqrt{10000 \times 0.005 \times 0.995}}\right) - \Phi\left(\frac{0-10000 \times 0.005}{\sqrt{10000 \times 0.005 \times 0.995}}\right)$$

$$\approx \Phi(2.84) - \Phi(-7.09) = \Phi(2.84) - [1 - \Phi(7.09)]$$

$$= \Phi(2.84) + \Phi(7.09) - 1 \approx 0.9975.$$

5. 指数分布的概率计算

指数分布常用来作为各种"寿命"分布的近似,它在可靠性统计研究中有着广泛的应用. 我们应熟悉其概率计算公式并了解指数分布在可靠性统计中的一些初步应用.

例 11 已知某种设备经 1600 小时试验,发生 8 次故障. 设故障时间间隔服从指数分布,试求:

(1) 故障间平均工作时间;

(2) 从开机到工作 500 小时以后的可靠度.

解 (1) 设故障时间间隔为 X,则由题设知

$$X \sim f(x) = \begin{cases} \lambda e^{-\lambda x}, & x \geqslant 0, \\ 0, & x < 0. \end{cases}$$

由题设知,故障间平均工作时间为 $\frac{1600}{8} = 200$ 小时. 故 $\lambda = \frac{1}{200}$.

(2) 工作到 500 小时,即开工到 500 小时无故障,所以从开机到工作 500 小时以后的可靠度为

$$P\{X > 500\} = 1 - P\{X \leqslant 500\} = 1 - \int_0^{500} \frac{1}{200} e^{-\frac{t}{200}} dt = e^{-\frac{5}{2}} = 0.082.$$

6. 求二维离散型随机变量的概率分布及边缘分布

根据已给的随机试验,求某二维离散型随机变量 (X, Y) 的概率分布及边缘分布,这类问题的计算一般可按如下步骤进行:

首先根据具体问题,确定 (X, Y) 的可能取值;然后利用古典概型的计算方法(有时也用到概率的运算法则),计算 $P\{X=i, Y=j\}$,从而得到 (X, Y) 的概率分布,用表来表示,再算出表中各横行诸数之和,各竖列诸数之和,即可得到关于 X 和关于 Y 的边缘概率分布.

例 12 已知 10 件产品中有 5 件一级品,2 件废品. 从这批产品中任取 3 件,记其中的一级品数为 X,废品数为 Y,试求 (X, Y) 的联合分布列及两个边缘分布列. X 与 Y 是否相互独

立?

　　分析　只要求出了联合分布列,就可确定边缘分布列,并可进而判断 X 与 Y 是否相互独立. 这里 X 的可能取值为 $x_i = i(i=0,1,2,3)$,Y 的可能取值为 $y_j = j(j=0,1,2)$. 求 (X,Y) 的联合分布列就是需要求每个积事件 $\{X=i,Y=j\}$ 的概率 $(i=0,1,2,3;j=0,1,2)$. 再注意到这 10 件产品中有 3 件非一级品也非废品(不妨称为二级品),又 $0 \leqslant i+j \leqslant 3$.

　　解　记 $p_{ij} = P\{X=i,Y=j\}(i=0,1,2,3;j=0,1,2)$,则

$$p_{00} = \frac{C_3^3}{C_{10}^3} = \frac{1}{120}, \quad (\text{即所取的 3 件都是二级品})$$

$$p_{01} = \frac{C_3^2 C_2^1}{C_{10}^3} = \frac{1}{20}, \quad p_{02} = \frac{C_3^1 C_2^2}{C_{10}^3} = \frac{1}{40},$$

$$p_{10} = \frac{C_5^1 C_3^2}{C_{10}^3} = \frac{1}{8}, \quad p_{11} = \frac{C_5^1 C_2^1 C_3^1}{C_{10}^3} = \frac{1}{4},$$

$$p_{12} = \frac{C_5^1 C_2^2}{C_{10}^3} = \frac{1}{24}, \quad p_{20} = \frac{C_5^2 C_3^1}{C_{10}^3} = \frac{1}{4},$$

$$p_{21} = \frac{C_5^2 C_2^1}{C_{10}^3} = \frac{1}{6}, \quad p_{22} = 0,$$

$$p_{30} = \frac{C_5^3}{C_{10}^3} = \frac{1}{12}, \quad p_{31} = 0, \quad p_{32} = 0,$$

于是,(X,Y) 的联合分布列和两个边缘分布列可由下表给出:

X \ Y	0	1	2	$p_{i\cdot}$
0	1/120	1/20	1/40	1/12
1	1/8	1/4	1/24	5/12
2	1/4	1/6	0	5/12
3	1/12	0	0	1/12
$p_{\cdot j}$	7/15	7/15	1/15	

因为 $p_{32}=0$,$p_{3\cdot} \cdot p_{\cdot 2} = \frac{1}{12} \cdot \frac{1}{15} \neq 0$,即 $p_{32} \neq p_{3\cdot} \cdot p_{\cdot 2}$,所以 X 与 Y 不相互独立.

7. 关于二维随机变量概率分布的综合题

已知二维随机变量 (X,Y) 的联合概率密度,需确定其中的未知常数,以及求 (X,Y) 落入某区域的概率等,这类问题的解决方法与一维情形类似,其根据是联合概率密度的两个基本性质,其具体解法是:

(1) 利用概率密度性质:$\int_{-\infty}^{+\infty}\int_{-\infty}^{+\infty} f(x,y)\mathrm{d}x\mathrm{d}y = 1$ 可解出联合概率密度中的未知常数.

（2）利用边缘概率密度公式 $f_X(x) = \int_{-\infty}^{+\infty} f(x,y)\mathrm{d}y, f_Y(y) = \int_{-\infty}^{+\infty} f(x,y)\mathrm{d}x$ 可求得 (X,Y) 的边缘密度 $f_X(x), f_Y(y)$.

（3）利用 $P\{(X,Y) \in D\} = \iint\limits_{D} f(x,y)\mathrm{d}x\mathrm{d}y$ 来求 $P\{(X,Y) \in D\}$，即 (X,Y) 取值落在 D 内的概率等于联合概率密度 $f(x,y)$ 在 D 上的二重积分.

例 13 设 (X,Y) 的联合概率密度为

$$f(x,y) = \begin{cases} k\mathrm{e}^{-(x+y)}, & x \geqslant 0, y \geqslant 0, \\ 0, & \text{其他.} \end{cases}$$

求：（1）常数 k；　　（2）$P\{0 < X < 1, 0 < Y < 1\}$；

（3）(X,Y) 的边缘概率密度 $f_X(x), f_Y(y)$.

解　（1）由

$$\int_{-\infty}^{+\infty}\int_{-\infty}^{+\infty} f(x,y)\mathrm{d}x\mathrm{d}y = \int_{0}^{+\infty}\int_{0}^{+\infty} k\mathrm{e}^{-(x+y)}\mathrm{d}x\mathrm{d}y$$

$$= k\int_{0}^{+\infty} \mathrm{e}^{-x}\mathrm{d}x\int_{0}^{+\infty} \mathrm{e}^{-y}\mathrm{d}y = 1,$$

解得 $k=1$.

（2）$P\{0 < X < 1, 0 < Y < 1\} = \int_{0}^{1}\mathrm{e}^{-x}\mathrm{d}x\int_{0}^{1}\mathrm{e}^{-y}\mathrm{d}y = \left(1 - \dfrac{1}{\mathrm{e}}\right)^2$.

（3）$f_X(x) = \int_{-\infty}^{+\infty} f(x,y)\mathrm{d}y = \int_{0}^{+\infty} \mathrm{e}^{-x}\mathrm{e}^{-y}\mathrm{d}y = \mathrm{e}^{-x}(x \geqslant 0)$；

显然，在其他情形，有 $f_X(x)=0$.

类似可得 $f_Y(y) = \mathrm{e}^{-y}(y \geqslant 0)$；在其他情形，$f_Y(y)=0$.

8. 随机变量独立性的判定

对于二维离散型随机变量 (X,Y)，若对一切 i,j，有 $p_{ij} = p_i. \, p_{.j}$，则 X,Y 相互独立；若存在一对 i,j，使得 $p_{ij} \neq p_i. \, p_{.j}$，则 X,Y 不相互独立. 对于二维连续型随机变量 (X,Y)，根据 $f(x,y) = f_X(x)f_Y(y)$ 来判断 X,Y 相互独立，而判断 X,Y 不相互独立则利用定义比较方便.

例 14 设随机向量 (X,Y) 的概率密度为

$$f(x,y) = \begin{cases} \dfrac{3}{2}xy^2, & 0 \leqslant x < 2, 0 \leqslant y < 1, \\ 0, & \text{其他,} \end{cases}$$

问 X,Y 是否相互独立？

分析　对于连续型随机向量 (X,Y)，若 $f(x,y) = f_X(x)f_Y(y)$，则 X,Y 相互独立. 求解时，需先求边缘概率密度.

解　先求关于 X 和关于 Y 的边缘概率密度 $f_X(x)$ 和 $f_Y(y)$.

当 $x<0$ 时，$f_X(x)=\int_{-\infty}^{+\infty}f(x,y)\mathrm{d}y=\int_{-\infty}^{+\infty}0\mathrm{d}y=0$；

当 $0\leqslant x<2$ 时，$f_X(x)=\int_{-\infty}^{+\infty}f(x,y)\mathrm{d}y=\int_0^1\frac{3}{2}xy^2\mathrm{d}y=\frac{1}{2}xy^3\Big|_0^1=\frac{1}{2}x$；

当 $x\geqslant 2$ 时，$f_X(x)=\int_{-\infty}^{+\infty}f(x,y)\mathrm{d}y=\int_{-\infty}^{+\infty}0\mathrm{d}y=0.$

于是
$$f_X(x)=\begin{cases}\frac{1}{2}x,&0\leqslant x<2,\\0,&\text{其他.}\end{cases}$$

当 $y<0$ 时，$f_Y(y)=\int_{-\infty}^{+\infty}f(x,y)\mathrm{d}x=\int_{-\infty}^{+\infty}0\mathrm{d}x=0$；

当 $0\leqslant y<1$ 时，$f_Y(y)=\int_{-\infty}^{+\infty}f(x,y)\mathrm{d}x=\int_0^2\frac{3}{2}xy^2\mathrm{d}x=\frac{3}{4}x^2y^2\Big|_0^2=3y^2$；

当 $y\geqslant 1$ 时，$f_Y(y)=\int_{-\infty}^{+\infty}f(x,y)\mathrm{d}x=\int_{-\infty}^{+\infty}0\mathrm{d}x=0.$

于是
$$f_Y(y)=\begin{cases}3y^2,&0\leqslant y<1,\\0,&\text{其他.}\end{cases}$$

由于当 $0<x<2,0<y<1$ 时，

$$f_X(x)f_Y(y)=\left(\frac{1}{2}x\right)\cdot(3y^2)=\frac{3}{2}xy^2=f(x,y),$$

对其他的 x,y 也有 $f_X(x)f_Y(y)=0=f(x,y)$，所以 X,Y 相互独立.

9. 求联合分布函数

已知二维随机变量联合概率密度 $f(x,y)$，利用 $F(x,y)=\int_{-\infty}^y\int_{-\infty}^x f(x,y)\mathrm{d}x\mathrm{d}y$ 求连续型随机向量 (X,Y) 的分布函数 $F(x,y)$ 时，需特别注意若 $f(x,y)$ 分区域定义，则应对 (X,Y) 分区域计算 $F(x,y)$.

例 15　设二维随机变量 (X,Y) 的联合概率密度为

$$f(x,y)=\begin{cases}\dfrac{1}{(b-a)(d-c)},&a\leqslant x\leqslant b,c\leqslant y\leqslant d,\\0,&\text{其他,}\end{cases}$$

求 (X,Y) 的联合分布函数 $F(x,y)$.

解　依联合概率密度的定义有

$$F(x,y)=\int_{-\infty}^y\int_{-\infty}^x f(x,y)\mathrm{d}x\mathrm{d}y.$$

当 $x<a$ 或 $y<c$ 时，在积分区域内 $f(x,y)=0$，此时 $F(x,y)=0$；当 $a\leqslant x\leqslant b,c\leqslant y\leqslant d$ 时，有

$$F(x,y)=\int_c^y\mathrm{d}y\int_a^x\frac{1}{(b-a)(d-c)}\mathrm{d}x=\frac{(x-a)(y-c)}{(b-a)(d-c)};$$

而当 $x>b,c\leqslant y\leqslant d$ 时，有

$$F(x,y) = \int_c^y \mathrm{d}y \left[\int_a^b \frac{1}{(b-a)(d-c)} \mathrm{d}x + \int_b^x 0 \mathrm{d}x \right] = \frac{y-c}{d-c};$$

类似地,当 $a \leqslant x \leqslant b, y > d$ 时,有

$$F(x,y) = \frac{x-a}{b-a};$$

当 $x > b, y > d$ 时,有

$$F(x,y) = \int_a^b \mathrm{d}x \int_c^d \frac{1}{(b-a)(c-d)} \mathrm{d}y = 1.$$

综上所述,即可得 (X,Y) 的联合分布函数为

$$F(x,y) = \begin{cases} 0, & x < a \text{ 或 } y < c, \\ \dfrac{(x-a)(y-c)}{(b-a)(d-c)}, & a \leqslant x \leqslant b, c \leqslant y \leqslant d, \\ \dfrac{y-c}{d-c}, & x > b, c \leqslant y \leqslant d, \\ \dfrac{x-a}{b-a}, & a \leqslant x \leqslant b, y > d, \\ 1, & x > b, y > d. \end{cases}$$

10. 求条件分布

求二维离散型随机变量的条件分布,可利用(2.9)式与(2.10)式直接计算. 求二维连续型随机变量的条件分布,在利用(2.11)式和(2.12)式计算时,如果 $f(x,y)$ 是分区域定义时,则需分段计算 $f_{X|Y}(x|y)$ 和 $f_{Y|X}(y|x)$.

例 16 设二维随机变量 (X,Y) 在区域 $D = \{(x,y) \mid x^2 + y^2 \leqslant R^2\}$($R$ 为常数)上遵从均匀分布,试求 $f_{Y|X}(y|x)$ 和 $f_{X|Y}(x|y)$.

分析 利用(2.11)式和(2.12)式计算,并要注意在计算时作为条件的固定值处相应的概率密度必须大于零,如在求 $f_{Y|X}(y|x_0)$ 时,就要求 $f_X(x_0) > 0$. 计算时,需先求 $f_X(x)$ 和 $f_Y(y)$.

解 (X,Y) 的概率密度为

$$f(x,y) = \begin{cases} \dfrac{1}{\pi R^2}, & x^2 + y^2 \leqslant R^2, \\ 0, & x^2 + y^2 > R^2. \end{cases}$$

先求 $f_X(x)$ 和 $f_Y(y)$,计算如下:

当 $x < -R$ 或 $x \geqslant R$ 时,

$$f_X(x) = \int_{-\infty}^{+\infty} f(x,y) \mathrm{d}y = \int_{-\infty}^{+\infty} 0 \mathrm{d}y = 0;$$

当 $-R < x < R$ 时,

$$f_X(x) = \int_{-\infty}^{+\infty} f(x,y) \mathrm{d}y = \frac{1}{\pi R^2} \int_{-\sqrt{R^2-x^2}}^{\sqrt{R^2-x^2}} \mathrm{d}y = \frac{2}{\pi R^2} \sqrt{R^2 - x^2}.$$

于是得

$$f_X(x) = \begin{cases} \dfrac{2}{\pi R^2}\sqrt{R^2 - x^2}, & -R < x < R, \\ 0, & \text{其他}, \end{cases}$$

类似可得

$$f_Y(y) = \begin{cases} \dfrac{2}{\pi R^2}\sqrt{R^2 - y^2}, & -R < y < R, \\ 0, & \text{其他}. \end{cases}$$

在利用(2.12)式求在 $X = x$(其中$-R < x < R$)条件下 Y 的条件概率密度时,可借助于图 2-4,由于当 x 固定时,点(x,y)在 l 上变动,故

当 $y < -\sqrt{R^2 - x^2}$ 或 $y > \sqrt{R^2 - x^2}$ 时,

$$f_{Y|X}(y|x) = \frac{f(x,y)}{f_X(x)} = \frac{0}{\dfrac{2}{\pi R^2}\sqrt{R^2 - x^2}} = 0$$

$$(-R < x < R);$$

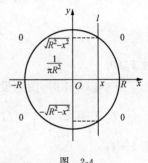

图 2-4

当 $-\sqrt{R^2 - x^2} \leqslant y < \sqrt{R^2 - x^2}$ 时,

$$f_{Y|X}(y|x) = \frac{f(x,y)}{f_X(x)} = \frac{\dfrac{1}{\pi R^2}}{\dfrac{2}{\pi R^2}\sqrt{R^2 - x^2}} = \frac{1}{2\sqrt{R^2 - x^2}} \quad (-R < x < R).$$

于是得到在 $X = x$ 的条件下 Y 的条件概率密度为

$$f_{Y|X}(y|x) = \begin{cases} \dfrac{1}{2\sqrt{R^2 - x^2}}, & -\sqrt{R^2 - x^2} \leqslant y < \sqrt{R^2 - x^2}, \\ 0, & \text{其他} \end{cases} \quad (-R < x < R).$$

类似地,利用(2.11)式可得到在 $Y = y$ 条件下 X 的条件概率密度为

$$f_{X|Y}(x|y) = \begin{cases} \dfrac{1}{2\sqrt{R^2 - y^2}}, & -\sqrt{R^2 - y^2} < x < \sqrt{R^2 - y^2}, \\ 0, & \text{其他} \end{cases} \quad (-R < y < R).$$

四、考研重点题剖析

【填空题】

1. 设随机变量 X 的概率密度为

$$f(x) = \begin{cases} \dfrac{1}{3}, & x \in [0,1], \\ \dfrac{2}{9}, & x \in [3,6], \\ 0, & \text{其他.} \end{cases}$$

若 k 使得 $P\{X \geqslant k\} = \dfrac{2}{3}$,则 k 的取值范围是_____.

解 若 $k < 0$,则根据概率密度的定义有

$$P\{X \geqslant k\} = \int_k^{+\infty} f(x)\mathrm{d}x = \int_0^1 f(x)\mathrm{d}x + \int_3^6 f(x)\mathrm{d}x$$

$$= \frac{1}{3} + \frac{2}{3} = 1 \neq \frac{2}{3}.$$

故 $k \geqslant 0$.

当 $0 \leqslant k \leqslant 1$ 时,由题设

$$P\{X \geqslant k\} = \int_k^{+\infty} f(x)\mathrm{d}x = \int_k^1 f(x)\mathrm{d}x + \int_3^6 f(x)\mathrm{d}x = \frac{1}{3}(1-k) + \frac{2}{3} = \frac{2}{3},$$

即 $k = 1$;

当 $1 < k \leqslant 3$ 时,由题设

$$P\{X \geqslant k\} = \int_k^{+\infty} f(x)\mathrm{d}x = \int_3^6 f(x)\mathrm{d}x = \frac{2}{3},$$

即当 $1 \leqslant k \leqslant 3$ 时,题中条件成立.

当 $3 < k \leqslant 6$ 时,有

$$P\{X \geqslant k\} = \int_k^{+\infty} f(x)\mathrm{d}x = \int_k^6 f(x)\mathrm{d}x = \frac{2}{9}(6-k) < \frac{2}{3},$$

即当 $3 < k \leqslant 6$ 时,题中条件不成立.同理 $k > 6$ 时题中条件也不成立.

综上所述 k 的取值范围是 $[1,3]$.

2. 设随机变量 X 的分布函数为

$$F(x) = \begin{cases} 0, & x < -1, \\ 0.4, & -1 \leqslant x < 1, \\ 0.8, & 1 \leqslant x < 3, \\ 1, & x \geqslant 3, \end{cases}$$

则 X 的概率分布为_____.

解 由离散型随机变量概率分布与分布函数之间关系,可知 X 的概率分布为

X	-1	1	3
P	0.4	0.4	0.2

3. 设在一次试验中,事件 A 发生的概率为 p. 现进行 n 次独立试验,则 A 至少发生一次的概率为_____;而事件 A 至多发生一次的概率为_____.

解 以 X 表示 n 次独立试验中事件 A 发生的次数,根据题意,随机变量 X 服从参数为 (n,p) 的二项分布,即 $X \sim B(n,p)$. 注意到

$$P\{X=0\}=(1-p)^n, \quad P\{X=1\}=C_n^1 p(1-p)^{n-1}=np(1-p)^{n-1},$$

从而 A 至少发生一次的概率为

$$P\{X \geqslant 1\}=1-P\{X=0\}=1-(1-p)^n,$$

A 至多发生一次的概率为

$$P\{X \leqslant 1\}=P\{X=0\}+P\{X=1\}=(1-p)^n+np(1-p)^{n-1}.$$

4. 设 3 次独立试验中,事件 A 出现的概率相等. 若已知 A 至少出现一次的概率等于 $\dfrac{19}{27}$,则事件 A 在一次试验中出现的概率为_____.

解 以 X 表示在 3 次独立试验中事件 A 出现的次数. 若设 $P(A)=p$,则 $X \sim B(3,p)$,于是有

$$P\{X=0\}=(1-p)^3.$$

根据题设 $P\{X \geqslant 1\}=\dfrac{19}{27}$,又

$$P\{X \geqslant 1\}=1-P\{X=0\}=1-(1-p)^3,$$

因此有

$$1-(1-p)^3=\frac{19}{27}, \quad 即 \quad (1-p)^3=\frac{8}{27},$$

故 $p=1/3$.

5. 一射手对同一目标独立地进行 4 次射击,若至少命中一次的概率为 $\dfrac{80}{81}$,则该射手的命中率为_____.

解 设该射手的命中率为 p,X 表示射手对同一目标独立进行 4 次射击中,命中目标的次数,则 $X \sim B(4,p)$. 根据假设有

$$\frac{80}{81}=P\{X \geqslant 1\}=1-P\{X=0\}=1-(1-p)^4,$$

即

$$(1-p)^4=1-\frac{80}{81}=\frac{1}{81},$$

故 $p=2/3$.

6. 设随机变量 X 服从参数为 $(2,p)$ 的二项分布,随机变量 Y 服从参数为 $(3,p)$ 的二项分布. 若 $P\{X \geqslant 1\}=\dfrac{5}{9}$,则 $P\{Y \geqslant 1\}=$_____.

解 由题设有 $X \sim B(2,p),P\{X \geqslant 1\}=\dfrac{5}{9}$,于是

$$P\{X \geqslant 1\} = 1 - P\{X = 0\} = 1 - (1-p)^2 = \frac{5}{9},$$

即
$$(1-p)^2 = \frac{4}{9}, \quad \text{从而} \quad p = \frac{1}{3}.$$

因此有 $Y \sim B\left(3, \frac{1}{3}\right)$,于是

$$P\{Y \geqslant 1\} = 1 - P\{Y = 0\} = 1 - (1-p)^3$$
$$= 1 - \frac{8}{27} = \frac{19}{27}.$$

7. 已知随机变量 X 的概率密度

$$f(x) = \frac{1}{2}e^{-|x|}, \quad -\infty < x < +\infty,$$

则 X 的分布函数 $F(x) = \underline{\qquad}$.

解 随机变量 X 的分布函数

$$F(x) = P\{X \leqslant x\} = \int_{-\infty}^{x} f(t)dt.$$

当 $x < 0$ 时,有

$$F(x) = \int_{-\infty}^{x} f(t)dt = \int_{-\infty}^{x} \frac{1}{2}e^{t}dt = \frac{1}{2}e^{x};$$

当 $x \geqslant 0$ 时,有

$$F(x) = \int_{-\infty}^{x} f(t)dt = \int_{-\infty}^{0} \frac{1}{2}e^{t}dt + \int_{0}^{x} \frac{1}{2}e^{-t}dt$$
$$= 1 - \frac{1}{2}e^{-x}.$$

故 X 的分布函数为

$$F(x) = \begin{cases} \dfrac{1}{2}e^{x}, & x < 0, \\ 1 - \dfrac{1}{2}e^{-x}, & x \geqslant 0. \end{cases}$$

8. 设随机变量 X 的分布函数为

$$F(x) = \begin{cases} 0, & x < 0, \\ A\sin x, & 0 \leqslant x \leqslant \pi/2, \\ 1, & x > \pi/2, \end{cases}$$

则 $P\{|X| < \pi/6\} = \underline{\qquad}$.

解 由题设有

$$\lim_{x \to \frac{\pi}{2}^+} F(x) = \lim_{x \to \frac{\pi}{2}^+} 1 = 1 = F\left(\frac{\pi}{2}\right) = A,$$

即 $A = 1$,从而

$$P\left\{|X| < \frac{\pi}{6}\right\} = F\left(\frac{\pi}{6}\right) - F\left(-\frac{\pi}{6}\right) = \sin\frac{\pi}{6} = \frac{1}{2}.$$

9. 若随机变量 ξ 在 $(1,6)$ 上服从均匀分布,则方程 $x^2 + \xi x + 1 = 0$ 有实根的概率是_____.

解　由题设知随机变量 ξ 的概率密度为

$$f(\xi) = \begin{cases} \dfrac{1}{5}, & 1 < \xi < 6, \\ 0, & \text{其他}. \end{cases}$$

由于方程 $x^2 + \xi x + 1 = 0$ 有实根的充分必要条件是判别式 $\Delta = \xi^2 - 4 \geqslant 0$,因此所求概率为

$$P\{\xi^2 - 4 \geqslant 0\} = P\{|\xi| \geqslant 2\} = P\{(\xi \leqslant -2) \bigcup (\xi \geqslant 2)\}$$

$$= P\{\xi \leqslant -2\} + P\{\xi \geqslant 2\} = P\{\xi \leqslant -2\} + 1 - P\{\xi \leqslant 2\}$$

$$= \int_{-\infty}^{-2} f(x)\mathrm{d}x + 1 - \int_{-\infty}^{2} f(x)\mathrm{d}x$$

$$= 1 - \int_{1}^{2} \frac{1}{5}\mathrm{d}x = \frac{4}{5}.$$

10. 设随机变量 X 服从均值为 10,均方差为 0.02 的正态分布,又已知

$$\Phi(x) = \int_{-\infty}^{x} \frac{1}{\sqrt{2\pi}}\mathrm{e}^{-\frac{u^2}{2}}\mathrm{d}u, \quad \Phi(2.5) = 0.9938,$$

则 X 落在区间 $(9.95, 10.05)$ 内的概率为_____.

解　由 $X \sim N(10, (0.02)^2)$,于是

$$\frac{X - 10}{0.02} \sim N(0,1),$$

因而

$$P\{9.95 < X < 10.05\} = P\left\{\frac{9.95 - 10}{0.02} < \frac{X - 10}{0.02} < \frac{10.05 - 10}{0.02}\right\}$$

$$= \Phi(2.5) - \Phi(-2.5) = 2\Phi(2.5) - 1$$

$$= 1.9876 - 1 = 0.9876.$$

11. 若随机变量 X 服从均值为 2,方差为 σ^2 的正态分布,且 $P\{2 < X < 4\} = 0.3$,则概率 $P\{X < 0\} = $_____.

解　由题设有

$$0.3 = P\{2 < X < 4\} = P\left\{\frac{2 - 2}{\sigma} < \frac{X - 2}{\sigma} < \frac{4 - 2}{\sigma}\right\}$$

$$= \Phi\left(\frac{2}{\sigma}\right) - \Phi(0) = \Phi\left(\frac{2}{\sigma}\right) - \frac{1}{2}.$$

由此推出 $\Phi\left(\dfrac{2}{\sigma}\right) = 0.8$,因而

$$P\{X < 0\} = P\left\{\frac{X - 2}{\sigma} < -\frac{2}{\sigma}\right\} = \Phi\left(-\frac{2}{\sigma}\right)$$

$$= 1 - \Phi\left(\frac{2}{\sigma}\right) = 1 - 0.8 = 0.2.$$

12. 设随机变量 X 服从 $(0,2)$ 上的均匀分布,则随机变量 $Y=X^2$ 在 $(0,4)$ 内概率密度 $f_Y(y) = \underline{\qquad\qquad}$.

解 按题设随机变量 X 的概率密度为

$$f(x) = \begin{cases} \dfrac{1}{2}, & 0 < x < 2, \\ 0, & \text{其他.} \end{cases}$$

根据定义,随机变量 Y 的分布函数

$$F_Y(y) = P\{Y \leqslant y\} = P\{X^2 \leqslant y\}.$$

当 $y \leqslant 0$ 时,有 $F_Y(y) = 0$;

当 $0 < y < 4$ 时,有

$$F_Y(y) = P\{X^2 \leqslant y\} = P\{-\sqrt{y} \leqslant X \leqslant \sqrt{y}\}$$

$$= \int_{-\sqrt{y}}^{\sqrt{y}} f(x)\mathrm{d}x = \int_0^{\sqrt{y}} \frac{1}{2}\mathrm{d}x = \frac{1}{2}\sqrt{y};$$

当 $y \geqslant 4$ 时,有 $F_Y(y) = \int_{-\sqrt{y}}^{\sqrt{y}} f(x)\mathrm{d}x = \int_0^2 \frac{1}{2}\mathrm{d}x = 1.$

于是

$$F_Y(y) = \begin{cases} 0, & y \leqslant 0, \\ \dfrac{1}{2}\sqrt{y}, & 0 < y < 4, \\ 1, & y \geqslant 4, \end{cases}$$

因而,随机变量 Y 的概率密度为

$$f_Y(y) = F_Y'(y) = \begin{cases} 0, & y \leqslant 0, \\ \dfrac{1}{4\sqrt{y}}, & 0 < y < 4, \\ 0, & y \geqslant 4. \end{cases}$$

13. 设相互独立的两个随机变量 X,Y 具有同一分布律,且 X 的分布律为

X	0	1
P	1/2	1/2

则随机变量 $Z = \max\{X,Y\}$ 的分布律为 $\underline{\qquad\qquad}$.

解 由题设有

X	0	1
P	1/2	1/2

Y	0	1
P	1/2	1/2

因而随机变量 $Z=\max\{X,Y\}$ 服从 0-1 分布,并且由 X,Y 的相互独立性,有

$$P\{Z=0\}=P\{X=0,Y-0\}=P\{X=0\}P\{Y=0\}$$

$$=\frac{1}{2}\times\frac{1}{2}=\frac{1}{4},$$

$$P\{Z=1\}=1-P\{Z=0\}=\frac{3}{4}.$$

故填上

Z	0	1
P	1/4	3/4

14. 设 X 和 Y 为两个随机变量,且 $P\{X{\geqslant}0,Y{\geqslant}0\}=3/7,P\{X{\geqslant}0\}=P\{Y{\geqslant}0\}=4/7$,则 $P\{\max\{X,Y\}{\geqslant}0\}=$ _____.

解　若引进事件

$$A=\{X<0\},\quad B=\{Y<0\},\quad C=\{\max\{X,Y\}<0\},$$

则由德·摩根律和概率的加法公式有

$$P(C)=P(AB)=1-P(\overline{AB})=1-P(\overline{A}\bigcup\overline{B})$$

$$=1-P(\overline{A})-P(\overline{B})+P(\overline{A}\,\overline{B})$$

$$=1-\frac{4}{7}-\frac{4}{7}+\frac{3}{7}=\frac{2}{7}.$$

于是

$$P\{\max(X,Y)\geqslant0\}=1-P\{\max(X,Y)<0\}=1-P(C)$$

$$=1-\frac{2}{7}=\frac{5}{7}.$$

15. 设平面区域 D 由曲线 $y=\frac{1}{x}$ 及直线 $y=0,x=1,x=\mathrm{e}^2$ 所围成,二维随机变量 (X,Y) 在区域 D 上服从均匀分布,则 (X,Y) 关于 X 的边缘概率密度在 $x=2$ 处的值为 _____.

解　若设 D 的面积为 S,则

$$S=\int_1^{\mathrm{e}^2}\frac{1}{x}\mathrm{d}x=\ln x\,\Big|_1^{\mathrm{e}^2}=2.$$

于是随机变量 (X,Y) 的概率密度为

$$f(x,y)=\begin{cases}\dfrac{1}{2},&(x,y)\in D,\\[2mm]0,&\text{其他},\end{cases}$$

因而 (X,Y) 关于 X 的边缘概率密度为

$$f_X(x)=\int_{-\infty}^{+\infty}f(x,y)\mathrm{d}y.$$

当 $1<x<\mathrm{e}^2$ 时,

$$f_X(x) = \int_0^{\frac{1}{x}} \frac{1}{2}\mathrm{d}y = \frac{1}{2x}.$$

由此推出 $f_X(x)|_{x=2} = \frac{1}{4}$.

【选择题】

16. 设随机变量 X 的概率密度为 $f(x)$,且 $f(-x)=f(x)$,$F(x)$ 是 X 的分布函数,则对任意实数 a,有( ).

(A) $F(-a) = 1 - \int_0^a f(x)\mathrm{d}x$ (B) $F(-a) = \frac{1}{2} - \int_0^a f(x)\mathrm{d}x$

(C) $F(-a) = F(a)$ (D) $F(-a) = 2F(a) - 1$

解 根据题设 $f(-x)=f(x)$ 和概率密度的性质,有

$$\int_{-\infty}^0 f(x)\mathrm{d}x = \frac{1}{2}.$$

由分布函数和概率密度的关系,得

$$F(-a) = \int_{-\infty}^{-a} f(x)\mathrm{d}x = \int_a^{+\infty} f(x)\mathrm{d}x = 1 - \int_{-\infty}^a f(x)\mathrm{d}x$$

$$= 1 - \int_{-\infty}^0 f(x)\mathrm{d}x - \int_0^a f(x)\mathrm{d}x = \frac{1}{2} - \int_0^a f(x)\mathrm{d}x.$$

故选(B).

17. 设随机变量 X 与 Y 均服从正态分布:$X \sim N(\mu, 4^2)$,$Y \sim N(\mu, 5^2)$,记 $p_1 = P\{X \leqslant \mu - 4\}$,$p_2 = P\{Y \geqslant \mu + 5\}$,则( ).

(A) 对任何实数 μ,都有 $p_1 = p_2$ (B) 对任何实数 μ,都有 $p_1 < p_2$

(C) 只对 μ 的个别值,才有 $p_1 = p_2$ (D) 对任何实数 μ,都有 $p_1 > p_2$

解 由题设,将 X,Y 标准化,可得

$$p_1 = P\{X \leqslant \mu - 4\} = P\left\{\frac{X-\mu}{4} \leqslant -1\right\}$$

$$= \Phi(-1) = 1 - \Phi(1),$$

$$p_2 = P\{Y \geqslant \mu + 5\} = 1 - P\{Y < \mu + 5\}$$

$$= 1 - P\left\{\frac{Y-\mu}{5} < 1\right\} = 1 - \Phi(1),$$

因此有 $p_1 = p_2$. 故选(A).

【综合题】

18. 已知离散型随机变量 X 的概率分布为 $P\{X=1\}=0.2$,$P\{X=2\}=0.3$,$P\{X=3\}=0.5$,试写出其分布函数 $F(x)$.

解 由分布函数的定义有

$$F(x) = P\{X \leqslant x\} = \begin{cases} 0, & x < 1, \\ 0.2, & 1 \leqslant x < 2, \\ 0.5, & 2 \leqslant x < 3, \\ 1, & x \geqslant 3. \end{cases}$$

19. 设一汽车沿一街道行驶,需要通过 3 个均设有红绿信号灯的路口,每个信号灯为红或绿与其他信号灯为红或绿相互独立,且红、绿两种信号显示的时间相等.以 X 表示该汽车首次遇到红灯前已通过的路口个数,求 X 的概率分布.

解　由题设可知,X 的可能值为 $0,1,2,3$.若引进事件 A_k＝"汽车在第 k 个路口首次遇到红灯"$(k=1,2,3)$,则事件 A_1,A_2,A_3 相互独立,且
$$P(A_k) = P(\overline{A}_k) = 1/2 \quad (k=1,2,3).$$
对于 X 取值 $0,1,2,3$,有
$$P\{X=0\} = P(A_1) = \frac{1}{2}, \quad P\{X=1\} = P(\overline{A}_1 A_2) = \frac{1}{2^2},$$
$$P\{X=2\} = P(\overline{A}_1 \overline{A}_2 A_3) = \frac{1}{2^3}, \quad P\{X=3\} = P(\overline{A}_1 \overline{A}_2 \overline{A}_3) = \frac{1}{2^3}.$$
即 X 的概率分布列为

X	0	1	2	3
P	1/2	1/4	1/8	1/8

20. 假设一厂家生产的每台仪器以概率 0.70 可以直接出厂;以概率 0.30 需进一步调试,经调试后以概率 0.80 可以出厂,以概率 0.20 定为不合格品不能出厂.现该厂新生产了 $n(n \geqslant 2)$ 台仪器(假设各台仪器的生产过程相互独立),求:

(1) 全部能出厂的概率 α;

(2) 其中恰好有两件不能出厂的概率 β;

(3) 其中至少有两件不能出厂的概率 θ.

解　若对于新生产的每台仪器,引进事件 A＝"仪器需进一步调试",B＝"仪器能出厂",则
$$\overline{A} = \text{"仪器能直接出厂"}, \quad AB = \text{"仪器经调试后能出厂"}.$$
由题设知 $B = \overline{A} + AB$,且
$$P(A) = 0.30, \quad P(B|A) = 0.80,$$
$$P(AB) = P(A)P(B|A) = 0.30 \times 0.80 = 0.24,$$
$$P(B) = P(\overline{A}) + P(AB) = 0.70 + 0.24 = 0.94.$$
设 X 为所生产的 n 台仪器中能出厂的台数,则 X 作为 n 次独立试验成功(仪器能出厂)的次数,服从参数为 $n,0.94$ 的二项分项.因此
$$\alpha = P\{X=n\} = (0.94)^n,$$

$$\beta = P\{X = n-2\} = C_n^2 (0.94)^{n-2}(0.06)^2,$$

$$\theta = P\{X \leqslant n-2\} = 1 - P\{X = n-1\} - P\{X = n\}$$

$$= 1 - n \times (0.94)^{n-1} \times 0.06 - (0.94)^n.$$

21. 设随机变量 X 在 $[2,5]$ 上服从均匀分布. 现在对 X 进行 3 次独立观测,试求至少有两次观测值大于 3 的概率.

解 由题设知,X 的概率密度为

$$f(x) = \begin{cases} \dfrac{1}{3}, & 2 \leqslant x \leqslant 5, \\ 0, & \text{其他}. \end{cases}$$

若以 A 表示事件"对 X 的观测值大于 3",即 $A = \{X > 3\}$,则

$$P(A) = P\{X > 3\} = \int_3^5 \frac{1}{3} \mathrm{d}x = \frac{2}{3}.$$

若以 μ 表示 3 次独立观测中观测值大于 3 的次数(即在 3 次独立试验中事件 A 出现的次数),则 μ 服从参数为 $n=3, p=\dfrac{2}{3}$ 的二项分布. 故所求概率为

$$P\{\mu \geqslant 2\} = C_3^2 \left(\frac{2}{3}\right)^2 \left(\frac{1}{3}\right) + C_3^3 \left(\frac{2}{3}\right)^3 = \frac{20}{27}.$$

22. 已知某仪器装有 3 个独立工作的同型号电子元件,其寿命(单位:h)都服从同一指数分布,概率密度为

$$f(x) = \begin{cases} \dfrac{1}{600} \mathrm{e}^{-\frac{x}{600}}, & x > 0, \\ 0, & x \leqslant 0. \end{cases}$$

试求在仪器使用的最初 200 h 内,至少有一个电子元件损坏的概率 α.

解 把 3 个元件编号为 1,2,3,并引进事件 A_k="在仪器使用的最初 200 h 内,第 k 只元件损坏"($k=1,2,3$).

设 X_k 表示第 k 只元件的使用寿命($k=1,2,3$),由题设知 $X_k (k=1,2,3)$ 服从密度为 $f(x)$ 的指数分布,于是

$$P(\overline{A_k}) = P\{X_k > 200\} = \int_{200}^{+\infty} \frac{1}{600} \mathrm{e}^{-\frac{x}{600}} \mathrm{d}x = \mathrm{e}^{-\frac{1}{3}} \quad (k=1,2,3).$$

因此所求事件的概率

$$\alpha = P(A_1 \bigcup A_2 \bigcup A_3) = 1 - P(\overline{A_1 \bigcup A_2 \bigcup A_3})$$

$$= 1 - P(\overline{A_1}\, \overline{A_2}\, \overline{A_3}) = 1 - (\mathrm{e}^{-1/3})^3 = 1 - \mathrm{e}^{-1}.$$

23. 假设测量的随机误差 $X \sim N(0, 10^2)$,试求在 100 次独立重复测量中,至少有 3 次测量误差的绝对值大于 19.6 的概率 α,并利用泊松分布求出 α 的近似值(要求小数点后取两位有效数字).

附表：

λ	1	2	3	4	5	6	7
$e^{-\lambda}$	0.368	0.135	0.050	0.018	0.007	0.002	0.001

解　设 p 为每次测量误差的绝对值大于 19.6 的概率，即

$$p = P\{|X| > 19.6\} = P\left\{\frac{|X|}{10} > \frac{19.6}{10}\right\}$$

$$= P\left\{\frac{|X|}{10} > 1.96\right\} = 1 - P\left\{\frac{|X|}{10} \leqslant 1.96\right\}$$

$$= 1 - P\left\{-1.96 \leqslant \frac{X}{10} \leqslant 1.96\right\}$$

$$= 2 - 2\Phi(1.96) = 0.05.$$

若设 μ 为 100 次独立重复测量中事件 $\{|X|>19.6\}$ 出现的次数，则 μ 服从参数为 $n=100, p=0.05$ 的二项分布，于是所求概率

$$\alpha = P\{\mu \geqslant 3\} = 1 - P\{\mu < 3\}$$

$$= 1 - 0.95^{100} - 100 \times 0.95^{99} \times 0.05 - \frac{100 \times 99}{2} \times 0.95^{98} \times 0.05^2.$$

由泊松定理知，μ 近似服从参数为 $\lambda = np = 100 \times 0.05 = 5$ 的泊松分布，故

$$C_n^k p^k (1-p)^{n-k} \approx \frac{\lambda^k}{k!} e^{-\lambda} \quad (k = 0, 1, 2, \cdots).$$

于是　　　$\alpha \approx 1 - e^{-\lambda}\left(1 + \lambda + \frac{\lambda^2}{2}\right) = 1 - 0.007 \times 18.5 = 0.87.$

24. 某地抽样调查结果表明，考生的外语成绩（百分制）近似服从正态分布，平均成绩为 72 分，96 分以上的占考生总数的 2.3%. 试求考生的外语成绩在 60 分至 84 分之间的概率.

附表：

x	0	0.5	1.0	1.5	2.0	2.5	3.0
$\Phi(x)$	0.500	0.692	0.841	0.933	0.977	0.994	0.999

其中 $\Phi(x)$ 是标准正态分布函数.

解　设 X 为考生的外语成绩，则由题设知 $X \sim N(\mu, \sigma^2)$，其中 $\mu = 72$. 现在求 σ^2. 由条件

$$P\{X \geqslant 96\} = 0.023, \quad 即 \quad P\left\{\frac{X-\mu}{\sigma} \geqslant \frac{96-72}{\sigma}\right\} = 0.023$$

得

$$1 - \Phi\left(\frac{24}{\sigma}\right) = 0.023, \quad 即 \quad \Phi\left(\frac{24}{\sigma}\right) = 0.977.$$

由附表可知 $\frac{24}{\sigma} = 2$，即 $\sigma = 12$. 从而 $X \sim N(72, 12^2)$，于是所求概率为

$$P\{60 \leqslant X \leqslant 84\} = P\left\{\frac{60-72}{12} \leqslant \frac{X-\mu}{\sigma} \leqslant \frac{84-72}{12}\right\}$$

$$= P\left\{-1 \leqslant \frac{X-\mu}{\sigma} \leqslant 1\right\} = \Phi(1) - \Phi(-1)$$

$$= 2\Phi(1) - 1 = 2 \times 0.841 - 1 = 0.682.$$

25. 已知在电源电压不超过 200 V，在 200～240 V 之间和超过 240 V 三种情形下，某种电子元件损坏的概率分别为 0.1，0.001 和 0.2. 假设电源电压 X 服从正态分布 $N(220, 25^2)$，试求：

(1) 该电子元件损坏的概率 α；

(2) 该电子元件损坏时，电源电压在 200～240 V 之间的概率 β.

附表：

X	0.10	0.20	0.40	0.60	0.80	1.00	1.20	1.40
$\Phi(x)$	0.530	0.579	0.655	0.726	0.788	0.841	0.885	0.919

其中 $\Phi(x)$ 是标准正态分布函数.

解 引进下列事件：

$$A_1 = \text{"电压不超过 200 V"}, \quad A_2 = \text{"电压在 200 ～ 240 V 之间"},$$

$$A_3 = \text{"电压超过 240 V"}; \quad B = \text{"电子元件损坏"}.$$

由条件 $X \sim N(220, 25^2)$ 知

$$P(A_1) = P\{X \leqslant 200\} = P\left\{\frac{X-220}{25} \leqslant \frac{200-220}{25}\right\}$$

$$= \Phi(-0.8) = 1 - \Phi(0.8) = 0.212,$$

$$P(A_2) = P\{200 \leqslant X \leqslant 240\}$$

$$= P\left\{\frac{200-220}{25} \leqslant \frac{X-220}{25} \leqslant \frac{240-220}{25}\right\}$$

$$= \Phi(0.8) - \Phi(-0.8) = 2\Phi(0.8) - 1 = 0.576,$$

$$P(A_3) = P\{X > 240\} = 1 - 0.212 - 0.576 = 0.212.$$

又

$$P(B|A_1) = 0.1, \quad P(B|A_2) = 0.001, \quad P(B|A_3) = 0.2.$$

(1) 由全概率公式，有

$$\alpha = P(B) = \sum_{i=1}^{3} P(A_i)P(B|A_i) = 0.0642.$$

(2) 由贝叶斯公式，有

$$\beta = P(A_2|B) = \frac{P(A_2)P(B|A_2)}{P(B)} \approx 0.009.$$

26. 设随机变量 X 的概率密度为

$$f_X(x) = \begin{cases} \mathrm{e}^{-x}, & x \geqslant 0, \\ 0, & x < 0, \end{cases}$$

求随机变量 $Y = \mathrm{e}^X$ 的概率密度 $f_Y(y)$.

解 根据分布函数的定义,Y 的分布函数

$$F_Y(y) = P\{Y \leqslant y\} = P\{\mathrm{e}^X \leqslant y\} = \begin{cases} 0, & y \leqslant 0, \\ P\{X \leqslant \ln y\}, & y > 0, \end{cases}$$

当 $0 < y < 1$ 时,注意到 $\ln y < 0$,有

$$P\{X \leqslant \ln y\} = \int_{-\infty}^{\ln y} f_X(x) \mathrm{d}x = 0;$$

当 $y \geqslant 1$ 时,$\ln y \geqslant 0$,有

$$P\{X \leqslant \ln y\} = \int_{-\infty}^{\ln y} f_X(x) \mathrm{d}x = \int_0^{\ln y} \mathrm{e}^{-x} \mathrm{d}x = 1 - \frac{1}{y}.$$

因此,有

$$F_Y(y) = \begin{cases} 0, & y < 1, \\ 1 - \dfrac{1}{y}, & y \geqslant 1, \end{cases} \qquad \text{故} \quad f_Y(y) = \begin{cases} 0, & y < 1, \\ \dfrac{1}{y^2}, & y \geqslant 1. \end{cases}$$

27. 设随机变量 X 的概率密度为 $f_X(x) = \dfrac{1}{\pi(1+x^2)}$,求随机变量 $Y = 1 - \sqrt[3]{X}$ 的概率密度 $f_Y(y)$.

解 Y 的分布函数为

$$\begin{aligned} F_Y(y) &= P\{Y \leqslant y\} = P\{1 - \sqrt[3]{X} \leqslant y\} \\ &= P\{\sqrt[3]{X} \geqslant 1 - y\} = P\{X \geqslant (1-y)^3\} \\ &= \int_{(1-y)^3}^{+\infty} \frac{\mathrm{d}x}{\pi(1+x^2)} = \frac{1}{\pi} \arctan x \Big|_{(1-y)^3}^{+\infty} = \frac{1}{\pi}\left[\frac{\pi}{2} - \arctan(1-y)^3\right], \end{aligned}$$

故所求 Y 的概率密度为

$$f_Y(y) = F_Y'(y) = \frac{3}{\pi} \cdot \frac{(1-y)^2}{1+(1-y)^6}.$$

28. 假设随机变量 X 在区间 $(1,2)$ 上服从均匀分布,试求随机变量 $Y = \mathrm{e}^{2X}$ 的概率密度 $f_Y(y)$.

解 由题设可知 X 的概率密度为

$$f_X(x) = \begin{cases} 1, & 1 < x < 2, \\ 0, & \text{其他}. \end{cases}$$

对任意实数 y,随机变量 Y 的分布函数

$$F_Y(y) = P\{Y \leqslant y\} = P\{\mathrm{e}^{2X} \leqslant y\}.$$

当 $y \leqslant e^2$ 时,因为只有 $1 < x < 2$ 时,$f_X(x)$ 非 0,所以事件 $\{e^{2X} \leqslant y\}$ 的概率为 0,即

$$F_Y(y) = P\{e^{2X} \leqslant y\} = 0;$$

当 $e^2 < y < e^4$ 时,

$$F_Y(y) = P\{e^{2X} \leqslant y\} = P\left\{X \leqslant \frac{1}{2}\ln y\right\}$$

$$= \int_{-\infty}^{\frac{1}{2}\ln y} f(x)dx = \int_1^{\frac{1}{2}\ln y} dx = \frac{1}{2}\ln y - 1;$$

当 $y \geqslant e^4$ 时,由于事件 $\{e^{2X} \leqslant y\}$ 的概率为 1,即

$$F_Y(y) = P\{Y \leqslant y\} = 1,$$

故

$$F_Y(y) = \begin{cases} 0, & y \leqslant e^2, \\ \frac{1}{2}\ln y - 1, & e^2 < y < e^4, \\ 1, & y \geqslant e^4, \end{cases}$$

$$f_Y(y) = F'(y) = \begin{cases} 0, & y \leqslant e^2, \\ \frac{1}{2y}, & e^2 < y < e^4, \\ 0, & y \geqslant e^4. \end{cases}$$

29. 假设随机变量 X 服从参数为 2 的指数分布,证明 $Y = 1 - e^{-2X}$ 在区间 $(0,1)$ 上服从均匀分布.

证明   由题设 X 的概率密度为

$$f_X(x) = \begin{cases} 2e^{-2x}, & x > 0, \\ 0, & \text{其他.} \end{cases}$$

根据定义 Y 的分布函数

$$F_Y(y) = P\{Y \leqslant y\} = P\{1 - e^{-2X} \leqslant y\}.$$

当 $y \geqslant 1$ 时,有 $F_Y(y) = 1$;

当 $0 < y < 1$ 时,有

$$F_Y(y) = P\{1 - y \leqslant e^{-2X}\} = P\{\ln(1-y) \leqslant -2X\}$$

$$= P\left\{X < -\frac{1}{2}\ln(1-y)\right\} = \int_{-\infty}^{-\frac{1}{2}\ln(1-y)} f_X(x)dx$$

$$= \int_0^{-\frac{1}{2}\ln(1-y)} 2e^{-2x}dx;$$

当 $y \leqslant 0$ 时,有 $F_Y(y) = 0$. 于是

$$F_Y(y) = \begin{cases} 0, & y \leqslant 0, \\ \int_0^{-\frac{1}{2}\ln(1-y)} 2e^{-2x}dx, & 0 < y < 1, \\ 0, & y \geqslant 1, \end{cases}$$

因而 Y 的概率密度为

$$f_Y(y) = \begin{cases} 1, & 0 < y < 1, \\ 0, & \text{其他}, \end{cases}$$

故 Y 在 $(0,1)$ 上服从均匀分布.

30. 设甲、乙两人独立地各进行两次射击,以 X 和 Y 分别表示甲和乙的命中次数;假设甲的命中率为 0.2,乙的命中率为 0.5. 试求 X 和 Y 的联合概率分布.

解 由题设可知 $X \sim B(2,0.2)$,$Y \sim B(2,0.5)$,从而

$$P\{X = 0\} = (1 - p_1)^2 = 0.64,$$
$$P\{X = 1\} = C_2^1 p_1(1 - p_1) = 2 \times 0.2 \times 0.8 = 0.32,$$
$$P\{X = 2\} = p_1^2 = 0.2^2 = 0.04;$$

同理有

$$P\{Y = 0\} = (1 - p_2)^2 = (1 - 0.5)^2 = 0.25,$$
$$P\{Y = 1\} = C_2^1 p_2(1 - p_2) = 2 \times 0.5 \times 0.5 = 0.5,$$
$$P\{Y = 2\} = p_2^2 = 0.5^2 = 0.25.$$

因此 X 和 Y 的分布律分别为

X	0	1	2
P	0.64	0.32	0.04

Y	0	1	2
P	0.25	0.5	0.25

由于 X 与 Y 相互独立,因此

$$P\{X = 0, Y = 0\} = P\{X = 0\}P\{Y = 0\} = 0.64 \times 0.25 = 0.16,$$
$$P\{X = 1, Y = 0\} = P\{X = 1\}P\{Y = 0\} = 0.32 \times 0.25 = 0.08,$$
$$P\{X = 2, Y = 0\} = P\{X = 2\}P\{Y = 0\} = 0.04 \times 0.25 = 0.01,$$
$$P\{X = 0, Y = 1\} = P\{X = 0\}P\{Y = 1\} = 0.64 \times 0.5 = 0.32,$$
$$P\{X = 1, Y = 1\} = P\{X = 1\}P\{Y = 1\} = 0.32 \times 0.5 = 0.16,$$
$$P\{X = 2, Y = 1\} = P\{X = 2\}P\{Y = 1\} = 0.04 \times 0.5 = 0.02,$$
$$P\{X = 0, Y = 2\} = P\{X = 0\}P\{Y = 2\} = 0.64 \times 0.25 = 0.16,$$
$$P\{X = 1, Y = 2\} = P\{X = 1\}P\{Y = 2\} = 0.32 \times 0.25 = 0.08,$$
$$P\{X = 2, Y = 2\} = P\{X = 2\}P\{Y = 2\} = 0.04 \times 0.25 = 0.01.$$

于是 X 和 Y 的联合分布如下:

X Y	0	1	2
0	0.16	0.08	0.01
1	0.32	0.16	0.02
2	0.16	0.18	0.01

31. 假设随机变量 X_1, X_2, X_3, X_4 相互独立,且同分布:
$$P\{X_i = 0\} = 0.6, \quad P\{X_i = 1\} = 0.4 \quad (i = 1, 2, 3, 4).$$
求 $X = \begin{vmatrix} X_1 & X_2 \\ X_3 & X_4 \end{vmatrix}$ 的概率分布.

解 记 $Y_1 = X_1 X_4, Y_2 = X_2 X_3$,则 $X = Y_1 - Y_2$.随机变量 Y_1 和 Y_2 独立同分布:
$$P\{Y_1 = 1\} = P\{Y_2 = 1\} = P\{X_2 = 1, X_3 = 1\} = 0.16,$$
$$P\{Y_1 = 0\} = P\{Y_2 = 0\} = 1 - 0.16 = 0.84.$$
随机变量 $X = Y_1 - Y_2$ 有三个可能值 $-1, 0, 1$,易见
$$P\{X = -1\} = P\{Y_1 = 0, Y_2 = 1\} = P\{Y_1 = 0\}P\{Y_2 = 1\}$$
$$= 0.84 \times 0.16 = 0.1344,$$
$$P\{X = 1\} = P\{Y_1 = 1, Y_2 = 0\} = P\{Y_1 = 1\}P\{Y_2 = 0\}$$
$$= 0.16 \times 0.84 = 0.1344,$$
$$P\{X = 0\} = 1 - P\{X = 1\} - P\{X = -1\} = 0.7312,$$
于是 X 的概率分布为

X	-1	0	1
P	0.1344	0.7312	0.1344

32. 已知随机变量 X 和 Y 的联合概率密度为
$$f(x, y) = \begin{cases} 4xy, & 0 \leqslant x \leqslant 1, 0 \leqslant y \leqslant 1, \\ 0, & \text{其他}, \end{cases}$$
求 X 和 Y 的联合分布函数 $F(x, y)$.

解 如图 2-5 所示,若以 D_1 表示区域 D_1: $x < 0$ 或 $y < 0$,则当 $(x, y) \in D_1$ 时有
$$F(x, y) = P\{X \leqslant x, Y \leqslant y\}$$
$$= \iint\limits_{D_1} f(x, y) \mathrm{d}x\mathrm{d}y = 0;$$

若以 D_2 表示区域 D_2: $0 \leqslant x \leqslant 1, 0 \leqslant y \leqslant 1$,则当 $(x, y) \in D_2$ 时,有

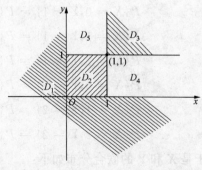

图 2-5

$$F(x,y) = P\{X \leqslant x, Y \leqslant y\} = 4\int_0^x\int_0^y uv\mathrm{d}u\mathrm{d}v = x^2y^2;$$

若 D_3 表示区域 D_3：$x>1, y>1$，则当 $(x,y) \in D_3$ 时，有

$$F(x,y) = P\{X \leqslant x, Y \leqslant y\} = 1;$$

若以 D_4 表示区域 D_4：$x>1, 0 \leqslant y \leqslant 1$，则当 $(x,y) \in D_4$ 时，有

$$F(x,y) = P\{X \leqslant 1, Y \leqslant y\} = y^2;$$

若以 D_5 表示区域 D_5：$y>1, 0 \leqslant x \leqslant 1$，则当 $(x,y) \in D_5$ 时，有

$$F(x,y) = P\{X \leqslant x, Y \leqslant 1\} = x^2.$$

故 X 和 Y 的联合分布函数

$$F(x,y) = \begin{cases} 0, & x < 0 \text{ 或 } y < 0, \\ x^2y^2, & 0 \leqslant x \leqslant 1, 0 \leqslant y \leqslant 1, \\ x^2, & 0 \leqslant x \leqslant 1, 1 < y, \\ y^2, & 1 < x, 0 \leqslant y \leqslant 1, \\ 1, & 1 < x, 1 < y. \end{cases}$$

33. 设二维随机变量 (X,Y) 的概率密度为

$$f(x,y) = \begin{cases} 2e^{-(x+2y)}, & x > 0, y > 0, \\ 0, & \text{其他}, \end{cases}$$

求随机变量 $Z = X + 2Y$ 的分布函数.

解　随机变量 Z 的分布函数

$$F_Z(z) = P\{Z \leqslant z\} = P\{X + 2Y \leqslant z\}$$

$$= \iint\limits_{\{x+2y \leqslant z\}} f(x,y)\mathrm{d}x\mathrm{d}y.$$

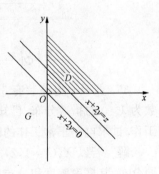

图 2-6

根据题设随机变量 (X,Y) 的概率密度 $f(x,y)$ 除在 D 上不为零外，在其他处处都为零，其中区域 D 为：$x>0, y>0$，如图 2-6 所示. 当 $z \leqslant 0$ 时，由不等式 $x+2y \leqslant z$ 确定的区域 G 与 D 无公共部分，从而有

$$F_Z(z) = \iint\limits_{\{x+2y \leqslant z\}} f(x,y)\mathrm{d}x\mathrm{d}y = 0;$$

当 $z > 0$ 时，设由不等式 $x+2y \leqslant z$ 确定的区域 G 与区域 D 的相交部分为 D_1，有

$$F_Z(z) = \iint\limits_{\{x+2y \leqslant z\}} f(x,y)\mathrm{d}x\mathrm{d}y = \iint\limits_{D_1} f(x,y)\mathrm{d}x\mathrm{d}y$$

$$= \int_0^z \mathrm{d}x \int_0^{\frac{z-x}{2}} 2e^{-(x+2y)}\mathrm{d}y = \int_0^z e^{-x}\mathrm{d}x \int_0^{\frac{z-x}{2}} 2e^{-2y}\mathrm{d}y$$

$$= \int_0^z (\mathrm{e}^{-x} - \mathrm{e}^{-z})\mathrm{d}x = 1 - \mathrm{e}^{-z} - z\mathrm{e}^{-z}.$$

所以,随机变量 $Z = X + 2Y$ 的分布函数为

$$F_Z(z) = \begin{cases} 1 - \mathrm{e}^{-z} - z\mathrm{e}^{-z}, & z > 0, \\ 0, & z \leqslant 0. \end{cases}$$

34. 设随机变量 X 与 Y 独立,X 服从正态分布 $N(\mu,\sigma^2)$,Y 服从 $[-\pi,\pi]$ 上均匀分布,试求 $Z = X + Y$ 的概率密度.计算结果用标准正态分布函数 Φ 表示,其中 $\Phi(x) = \dfrac{1}{\sqrt{2\pi}} \int_{-\infty}^x \exp\left(-\dfrac{t^2}{2}\right)\mathrm{d}t$.

解 按题设 X 和 Y 的概率密度分别为

$$f_X(x) = \frac{1}{\sqrt{2\pi}\sigma}\exp\left\{-\frac{(x-\mu)^2}{2\sigma^2}\right\}, \quad -\infty < x < +\infty,$$

$$f_Y(y) = \begin{cases} \dfrac{1}{2\pi}, & -\pi \leqslant y \leqslant \pi, \\ 0, & \text{其他}, \end{cases}$$

因为 X 与 Y 相互独立,考虑利用卷积公式,又注意到 $f_Y(y)$ 仅在 $[-\pi,\pi]$ 上才有非零值,所以 Z 的概率密度为

$$f_Z(z) = \int_{-\infty}^{+\infty} f_X(z-y)f_Y(y)\mathrm{d}y = \frac{1}{2\pi\sqrt{2\pi}\sigma}\int_{-\pi}^{\pi}\exp\left\{-\frac{(z-y-\mu)^2}{2\sigma^2}\right\}\mathrm{d}y$$

$$\xlongequal{\diamondsuit\, t = \frac{z-y-\mu}{\sigma}} \frac{1}{2\pi\sqrt{2\pi}}\int_{\frac{z-\pi-\mu}{\sigma}}^{\frac{z+\pi-\mu}{\sigma}}\exp\left(-\frac{t^2}{2}\right)\mathrm{d}t$$

$$= \frac{1}{2\pi}\left[\Phi\left(\frac{z+\pi-\mu}{\sigma}\right) - \Phi\left(\frac{z-\pi-\mu}{\sigma}\right)\right].$$

35. 假设一电路装有 3 个同种元件,其工作状态相互独立,且无故障工作时间都服从参数为 $\lambda > 0$ 的指数分布.已知当 3 个元件都无故障时,电路正常工作,否则整个电路不能正常工作.试求电路正常工作的时间 T 的概率分布.

解 若以 $X_k(k=1,2,3)$ 表示第 k 个元件无故障工作的时间,则 X_1,X_2,X_3 相互独立且同分布,其概率密度和分布函数为

$$f(x) = \begin{cases} \lambda\mathrm{e}^{-\lambda x}, & x > 0, \\ 0, & x \leqslant 0, \end{cases} \quad F(x) = \begin{cases} 1 - \mathrm{e}^{-\lambda x}, & x > 0, \\ 0, & x \leqslant 0. \end{cases}$$

设 $G(t)$ 是 T 的分布函数.当 $t \leqslant 0$ 时,$G(t) = 0$;当 $t > 0$ 时,有

$$G(t) = P\{T \leqslant t\} = 1 - P\{T > t\}$$

$$= 1 - P\{X_1 > t, X_2 > t, X_3 > t\}$$

$$= 1 - P\{X_1 > t\}P\{X_2 > t\}P\{X_3 > t\}$$

$$= 1 - [1 - F(t)]^3 = 1 - \mathrm{e}^{-3\lambda t}.$$

于是有

$$G(t) = \begin{cases} 1 - e^{-3\lambda t}, & t > 0, \\ 0, & t \leqslant 0, \end{cases}$$

从而 T 的概率密度为

$$g(t) = \begin{cases} 3\lambda e^{-3\lambda t}, & t > 0, \\ 0, & t \leqslant 0, \end{cases}$$

故 T 服从参数为 3λ 的指数分布.

36. 设二维随机变量 (X,Y) 的概率密度为

$$f(x,y) = \begin{cases} e^{-y}, & 0 < x < y, \\ 0, & \text{其他}, \end{cases}$$

(1) 求随机变量 X 的概率密度 $f_X(x)$；

(2) 求概率 $P\{X+Y \leqslant 1\}$.

解 (1) 根据边缘概率密度的计算公式,有

$$f_X(x) = \int_{-\infty}^{+\infty} f(x,y)\mathrm{d}y,$$

当 $x \leqslant 0$ 时,因为 $f(x,y)=0$,所以 $f_X(x)=0$；

当 $x > 0$ 时, $f_X(x) = \int_{-\infty}^{+\infty} f(x,y)\mathrm{d}y = \int_x^{+\infty} e^{-y}\mathrm{d}y = e^{-x}$. 于是

$$f_X(x) = \begin{cases} 0, & x \leqslant 0, \\ e^{-x}, & x > 0. \end{cases}$$

(2) 如图 2-7 所示,区域 D_1： $x+y \leqslant 1$ 与概率密度 $f(x,y)$ 不为 0 的区域 D_2： $0 < x < y$ 的相交部分即为图中的区域 D,于是

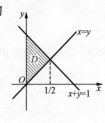

图 2-7

$$P\{X+Y \leqslant 1\} = \iint_{\{x+y \leqslant 1\}} f(x,y)\mathrm{d}x\mathrm{d}y = \iint_D f(x,y)\mathrm{d}x\mathrm{d}y$$

$$= \int_0^{\frac{1}{2}} \mathrm{d}x \int_x^{1-x} e^{-y}\mathrm{d}y = -\int_0^{\frac{1}{2}} [e^{-(1-x)} - e^{-x}]\mathrm{d}x$$

$$= 1 + e^{-1} - 2e^{-\frac{1}{2}}.$$

37. 设随机变量 X,Y 相互独立,其概率密度分别为

$$f_X(x) = \begin{cases} 1, & 0 \leqslant x < 1, \\ 0, & \text{其他}, \end{cases} \quad f_Y(y) = \begin{cases} e^{-y}, & y > 0, \\ 0, & y \leqslant 0. \end{cases}$$

求随机变量 $Z = 2X + Y$ 的概率密度.

解 若记随机变量 $W = 2X$,则依据随机变量 X 的概率密度, W 的分布函数为

$$F_W(w) = P\{W \leqslant w\} = P\{2X \leqslant w\} = P\left\{X \leqslant \frac{w}{2}\right\}$$

$$= \int_{-\infty}^{\frac{w}{2}} f_X(x)\mathrm{d}x = \begin{cases} 0, & w \leqslant 0, \\ \dfrac{w}{2}, & 0 < w \leqslant 2, \\ 1, & w \geqslant 2. \end{cases}$$

于是随机变量 W 的概率密度为

$$f_W(w) = \begin{cases} \dfrac{1}{2}, & 0 < w < 2, \\ 0, & \text{其他.} \end{cases}$$

因为随机变量 X, Y 相互独立,所以随机变量 $W = 2X$ 与 Y 也相互独立,故随机变量 $Z = 2X + Y = W + Y$ 的概率密度为

$$f_Z(z) = \int_{-\infty}^{+\infty} f_W(w) f_Y(z-w)\mathrm{d}w = \int_0^2 \frac{1}{2} f_Y(z-w)\mathrm{d}w$$

$$= \begin{cases} 0, & z \leqslant 0, \\ \dfrac{1}{2} \int_0^z \mathrm{e}^{-(z-w)}\mathrm{d}w, & 0 < z \leqslant 2, \\ \dfrac{1}{2} \int_0^2 \mathrm{e}^{-(z-w)}\mathrm{d}w, & z > 2 \end{cases} = \begin{cases} 0, & z \leqslant 0, \\ \dfrac{1}{2}(1-\mathrm{e}^{-z}), & 0 < z \leqslant 2, \\ \dfrac{1}{2}(\mathrm{e}^2 - 1)\mathrm{e}^{-z}, & z > 2. \end{cases}$$

38. 设二维随机变量 (X,Y) 在矩形 $G = \{(x,y) \mid 0 \leqslant x \leqslant 2, 0 \leqslant y \leqslant 1\}$ 上服从均匀分布,试求边长为 X 和 Y 的矩形面积 S 的概率密度 $f(s)$.

解 由题设知,二维随机变量 (X,Y) 的概率密度为

$$f(x,y) = \begin{cases} \dfrac{1}{2}, & (x,y) \in G; \\ 0, & (x,y) \overline{\in} G. \end{cases}$$

设 $S = XY$ 的分布函数为 $F(s)$,则

$$F(s) = P\{S \leqslant s\} = \iint\limits_{\{xy \leqslant s\}} f(x,y)\mathrm{d}x\mathrm{d}y.$$

当 $s \leqslant 0$ 时,由 $xy \leqslant s$ 确定的区域与 G 除边界外无公共部分,故

$$F(s) = \iint\limits_{\{xy \leqslant s\}} f(x,y)\mathrm{d}x\mathrm{d}y = 0;$$

当 $s \geqslant 2$ 时,

$$F(s) = \iint\limits_{\{xy \leqslant s\}} f(x,y)\mathrm{d}x\mathrm{d}y = \iint\limits_{G} f(x,y)\mathrm{d}x\mathrm{d}y = 1;$$

当 $0 < s < 2$ 时,记由 $xy \leqslant s$ 确定的区域与 G 的公共部分为 D(见图 2-8),则

$$F(s) = \iint\limits_{\{xy \leqslant s\}} f(x,y)\mathrm{d}x\mathrm{d}y = \iint\limits_{D} f(x,y)\mathrm{d}x\mathrm{d}y$$

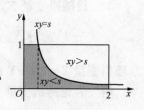

图 2-8

$$-\frac{s}{2} + \int_s^2 dx \int_0^{\frac{s}{x}} \frac{1}{2} dy = \frac{s}{2}(1 - \ln2 - \ln s).$$

所以随机变量 $S=XY$ 的分布函数

$$F(s) = \begin{cases} 0, & s \leqslant 0, \\ \dfrac{s}{2}(1 + \ln2 - \ln s), & 0 < s < 2, \\ 1, & s \geqslant 2. \end{cases}$$

因而随机变量 S 的概率密度为

$$f(s) = \begin{cases} \dfrac{1}{2}(\ln2 - \ln s), & 0 < s < 2, \\ 0, & \text{其他}. \end{cases}$$

39. 设一电子仪器由两个部件构成,以 X 和 Y 分别表示两个部件的寿命(单位:kh). 已知 X 和 Y 的联合分布函数为

$$F(x, y) = \begin{cases} 1 - e^{-0.5x} - e^{-0.5y} + e^{-0.5(x+y)}, & x \geqslant 0, y \geqslant 0, \\ 0, & \text{其他}. \end{cases}$$

(1) 问 X 和 Y 是否独立?

(2) 求两个部件的寿命都超过 100h 的概率 α.

解 (1) 根据定义,X 与 Y 的分布函数分别为

$$F_X(x) = F(x, +\infty) = \begin{cases} 1 - e^{-0.5x}, & x \geqslant 0, \\ 0, & x < 0, \end{cases}$$

$$F_Y(y) = F(+\infty, y) = \begin{cases} 1 - e^{-0.5y}, & y \geqslant 0, \\ 0, & y < 0. \end{cases}$$

因为有 $F(x,y)=F_X(x)F_Y(y)$,根据独立性定义,随机变量 X 和 Y 独立.

(2) 100h=0.1kh,从而

$$\alpha = P\{X > 0.1, Y > 0.1\} = P\{X > 0.1\}P\{Y > 0.1\}$$
$$= [1 - P\{X \leqslant 0.1\}][1 - P\{Y \leqslant 0.1\}] = [1 - F_X(0.1)][1 - F_Y(0.1)]$$
$$= e^{-0.05} \cdot e^{-0.05} = e^{-0.1}.$$

40. 已知随机变量 X_1 和 X_2 的概率分布:

X_1	-1	0	1
P	1/4	1/2	1/4

X_2	0	1
P	1/2	1/2

而且 $P\{X_1 X_2 = 0\} = 1$.

(1) 求 X_1 和 X_2 的联合分布;

(2) 问 X_1 和 X_2 是否独立?为什么?

解 （1）求 X_1 和 X_2 的联合分布,就是求表

P $\quad X_1$ X_2	-1	0	1	$P\{X_2=x_{2j}\}=p_{\cdot 2j}$
0	c_{11}	c_{12}	c_{13}	$\dfrac{1}{2}$
1	c_{21}	c_{22}	c_{23}	$\dfrac{1}{2}$
$P\{X_1=x_{1i}\}=p_{1i\cdot}$	$\dfrac{1}{4}$	$\dfrac{1}{2}$	$\dfrac{1}{4}$	1

中的元素 $c_{ij}(i=1,2;j=1,2,3)$ 的数值.

根据假设 $P\{X_1X_2=0\}=1$,知
$$c_{21}=P\{X_1=-1,X_2=1\}=0, \quad c_{23}=P\{X_1=1,X_2=1\}=0.$$

由 $c_{21}=0$, $c_{11}+c_{21}=\dfrac{1}{4}$ 推出 $c_{11}=\dfrac{1}{4}$；

由 $c_{23}=0$, $c_{13}+c_{23}=\dfrac{1}{4}$ 推出 $c_{13}=\dfrac{1}{4}$；

由 $c_{11}=\dfrac{1}{4}$, $c_{13}=\dfrac{1}{4}$, $c_{11}+c_{12}+c_{13}=\dfrac{1}{2}$ 推出 $c_{12}=0$；

由 $c_{12}=0$, $c_{12}+c_{22}=\dfrac{1}{2}$ 推出 $c_{22}=\dfrac{1}{2}$.

将所求的 $c_{ij}(i=1,2;j=1,2,3)$ 代回表中,即得二维随机变量 (X_1,X_2) 的联合分布

P $\quad X_1$ X_2	-1	0	1	$P\{X_2=x_{2j}\}=p_{\cdot 2j}$
0	$\dfrac{1}{4}$	0	$\dfrac{1}{4}$	$\dfrac{1}{2}$
1	0	$\dfrac{1}{2}$	0	$\dfrac{1}{2}$
$P\{X_1=x_{1i}\}=p_{1i\cdot}$	$\dfrac{1}{4}$	$\dfrac{1}{2}$	$\dfrac{1}{4}$	1

（2）由 X_1 和 X_2 的联合分布表可知
$$P\{X_1=-1,X_2=0\}=\frac{1}{4},$$
$$P\{X_1=-1\}P\{X_2=0\}=\frac{1}{4}\times\frac{1}{2}=\frac{1}{8},$$
于是 $\qquad P\{X_1=-1,X_2=0\}\neq P\{X_1=-1\}P\{X_2=0\},$
从而根据独立性的定义可知 X_1 与 X_2 不独立.

自 测 题 二

1. 设盒中有 5 个球,其中 3 个黑球、2 个白球.现从中随机抽取 3 个球,求抽得白球个数 X 的概率分布.

2. 设某射手每次射击打中目标的概率都是 0.8.现在他连续射击 30 次,求他至少打中两次的概率.

3. 设某射手每次打中目标的概率都是 0.8.现在他连续向一个目标射击,直到第一次击中目标为止,求他射击次数不超过 5 次就能把目标击中的概率.

4. 设随机变量 X 的概率分布为

$$P\{X=k\} = C\left(\frac{1}{3}\right)^i \quad (i=1,2,3,\cdots),$$

试求:(1) 常数 C;   (2) $P\left\{\frac{1}{2} < X \leqslant 4\right\}$.

5. 下面给出的是否为某个随机变量的分布律?

(1)

X	-1	0	5
P	0.5	0.3	0.2

(2)

X	1	2	3
P	0.7	0.1	0.1

(3)

X	0	1	2	$\cdots$	k	$\cdots$
P	$\frac{1}{2}$	$\frac{1}{2}\left(\frac{1}{3}\right)$	$\frac{1}{2}\left(\frac{1}{3}\right)^2$	$\cdots$	$\frac{1}{2}\left(\frac{1}{3}\right)^k$	$\cdots$

(4)

X	1	2	$\cdots$	k	$\cdots$
P	$\frac{1}{2}$	$\left(\frac{1}{2}\right)^2$	$\cdots$	$\left(\frac{1}{2}\right)^k$	$\cdots$

6. 设某商店每月销售某种商品的数量服从参数为 7 的泊松分布,问在月初进货时应进多少件此种商品,才能保证当月此种商品不脱销的概率为 0.999?

7. 设随机变量 X 服从参数为 n,p 的二项分布,问当 k 为何值时能使 $P\{X=k\}$ 最大?

8. 设同时投掷两颗骰子,直到至少有一颗骰子出现 6 点为止.试求投掷次数 X 的分布.

9. 已知一台仪器在 10000 个工作小时内平均发生 10 次故障,试求在 100 个工作小时内故障不多于 2 次的概率.

10. 设随机变量 X 的概率密度为

$$f_X(x) = \begin{cases} \dfrac{A}{\sqrt{1-x^2}}, & |x| < 1, \\ 0, & |x| \geqslant 1, \end{cases}$$

试求：(1) 常数 A； (2) X 落在 $\left(-\dfrac{1}{2}, \dfrac{1}{2}\right)$ 内的概率；   (3) X 的分布函数.

11. 设随机变量 X 的分布函数为

$$F(x) = \begin{cases} 0, & x < 0, \\ A\sin x, & 0 \leqslant x \leqslant \dfrac{\pi}{2}, \\ 1, & x > \dfrac{\pi}{2}, \end{cases}$$

试求常数 A 及 $P\left\{|X| < \dfrac{\pi}{6}\right\}$.

12. 设随机变量 X 服从正态分布 $N(160, \sigma^2)$. 为使 $P\{120 < X \leqslant 200\} \geqslant 0.80$, 问允许 σ 的最大值是多少？

13. 设测量两地间的距离时带有随机误差 ξ, 其概率密度为

$$f(x) = \dfrac{1}{40\sqrt{2\pi}} e^{-\frac{(x-2)^2}{3200}} \quad (-\infty < x < +\infty).$$

试求：(1) 测量误差的绝对值不超过 30 的概率；(2) 连续测量 3 次，每次测量相互独立进行，求至少有一次误差不超过 30 的概率.

14. 设随机变量 X 分别服从区间 $\left[-\dfrac{\pi}{2}, \dfrac{\pi}{2}\right]$ 与 $[0, \pi]$ 上的均匀分布，试求 $Y = \sin X$ 的概率密度.

15. 已知随机变量 X 只取 $-1, 0, 1, 2$ 四个数值，其相应的概率依次是 $\dfrac{1}{2C}, \dfrac{3}{4C}, \dfrac{5}{8C}, \dfrac{2}{16C}$, 试求常数 C.

16. 设连续型随机变量 X 的分布函数为

$$F(x) = \begin{cases} 0, & x \leqslant -a, \\ A + B\arcsin \dfrac{x}{a}, & -a < x < a, \quad (a > 0), \\ 1, & x \geqslant a \end{cases}$$

试求：(1) 常数 A 及 B；(2) 随机变量 X 落在 $\left(-\dfrac{a}{2}, \dfrac{a}{2}\right)$ 内的概率；(3) X 的概率密度.

17. 将 3 封信逐封随机地投入编号分别为 1, 2, 3, 4 的四个空邮筒，设随机变量 X 表示不空邮筒中的最小号码（例如，"$X=3$"表示第 1, 2 号邮筒中未投入信，而第 3 号邮筒中至少投入了一封信）. 试求：

(1) X 的分布律；   (2) X 的分布函数 $F(x)$.

18. 设随机变量 X 的概率密度为

$$f_X(x) = \dfrac{2}{\pi(1+x^2)}, \quad 0 < x < +\infty,$$

试证明随机变量 $Y = \dfrac{1}{X}$ 与 X 服从同一分布.

19. 设轰炸机共带 3 颗炸弹去轰炸敌方铁路. 如果炸弹落在铁路两旁 40 m 内，就可以使铁路交通遭到破坏，已知在一定投弹准确度下炸弹落点与铁路距离 X（单位：m）的概率密度为

$$f(x) = \begin{cases} \dfrac{100+x}{10000}, & -100 < x \leqslant 0, \\ \dfrac{100-x}{10000}, & 0 < x \leqslant 100, \\ 0, & |x| > 100. \end{cases}$$

若 3 颗炸弹全部投下去，问敌方铁路被破坏的概率是多少？

20. 设随机变量 X 服从标准正态分布，$Y = 1 - |X|$, 试求 Y 的概率密度.

21. 设 G 表示平面上的区域，它是由抛物线 $y = x^2$ 和直线 $y = x$ 所围的区域. (X, Y) 服从 G 上的均匀

分布,求联合概率密度与边缘概率密度,并问 X 与 Y 是否相互独立?

22. 离散型随机向量 (X,Y) 的概率分布如下表所示,试求边缘分布,并问 X 与 Y 是否相互独立?

X \ Y	0	1	2	3	4	5	6
0	0.202	0.174	0.113	0.062	0.049	0.023	0.004
1	0	0.099	0.064	0.040	0.031	0.020	0.006
2	0	0	0.031	0.025	0.018	0.013	0.008
3	0	0	0	0.001	0.002	0.004	0.011

23. 设 (X,Y) 为连续型二维随机向量,其联合概率密度函数为

$$f(x,y) = \begin{cases} kx(x-y), & 0 < x < 2, -x < y < x, \\ 0, & \text{其他}, \end{cases}$$

试求:(1) 常数 k;(2) 边缘密度函数;(3) 问 X 与 Y 是否相互独立?

24. 设 X 与 Y 是两个相互独立的随机变量,X 服从 $[0,2]$ 上均匀分布,Y 服从参数为 2 的指数分布,试求 $P\{Y \leqslant X\}$.

25. 设随机变量 X 与 Y 相互独立,X 服从 $[0,1]$ 上均匀分布,Y 服从参数为 1 的指数分布,求 $Z = X + Y$ 的概率密度函数.

26. 设二维随机向量 (X,Y) 的联合密度为

$$f(x,y) = \frac{A}{\pi^2(16 + x^2)(25 + y^2)},$$

试求:(1) 常数 A;　(2) (X,Y) 的联合分布函数.

27. 设随机变量 X 与 Y 相互独立,都服从标准正态分布 $N(0,1)$,试求 $P\{Y \geqslant \sqrt{3}\,X\}$.

28. 若随机变量 X 只取一个值,试证明:X 与任何随机变量 Y 都相互独立.

29. 设随机变量 (X,Y) 的联合概率密度为

$$f(x,y) = \begin{cases} Cx^2y^3, & 0 < x < 1, 0 < y < 1, \\ 0, & \text{其他}, \end{cases}$$

试求:(1) 常数 C;　(2) 证明 X 与 Y 相互独立.

30. 箱子里装有 a 件正品和 b 件次品. 依次从箱中任取一件,取两次,每次取后不放回. 随机变量 X 和 Y 如下定义:

$$X = \begin{cases} 1, & \text{如果第一次取出的是次品}, \\ 0, & \text{如果第一次取出的是正品}, \end{cases}$$

$$Y = \begin{cases} 1, & \text{如果第二次取出的是次品}, \\ 0, & \text{如果第二次取出的是正品}, \end{cases}$$

试写出随机向量 (X,Y) 的联合分布律、边缘分布律,并问 X 与 Y 是否相互独立?

31. 设随机地掷两颗骰子,以 X 表示第一颗骰子出现的点数,Y 表示这两颗骰子出现点数的最大值. 试写出二维随机变量 (X,Y) 的联合分布、Y 的边缘分布.

32. 已知袋中有 N 个球,其中 a 个红球,b 个白球,c 个黑球 $(a+b+c=N)$. 设每次从袋中任取一球,共取 n 次,以 X,Y 分别表示取出的 n 个球中红球与白球的个数. 试求下列两种情况下 (X,Y) 的联合分布:

(1) 每次取出的球仍放回去(有放回抽样);

(2) 每次取出的球不放回去(无放回抽样).

33. 已知随机向量(X,Y)的联合分布律为

$$P\{X=m,Y=n\}=\frac{e^{-14}\times(7.14)^n\times(6.86)^{m-n}}{n!(m-n)!}$$

$$(m=0,1,2,\cdots;\ n=0,1,2,\cdots,m),$$

试求边缘分布.

34. 设二维连续型随机变量(X,Y)的联合概率密度为$f(x,y)$,求$Z=\dfrac{X}{Y}$的概率密度.

35. 设二维随机变量(X,Y)的联合概率密度为$f(x,y)$,试求$Z=XY$的概率密度.

36. 设随机变量X与Y相互独立,并且概率密度分别是

$$f_X(x)=\frac{1}{2a}e^{-\frac{|x|}{a}},\quad f_Y(y)=\frac{1}{2a}e^{-\frac{|y|}{a}}\quad(a>0),$$

试求$Z=X+Y$的概率密度.

37. 设随机变量X_1与X_2相互独立,且$X_1\sim N(\mu_1,\sigma_1^2),X_2\sim N(\mu_2,\sigma_2^2)$,试证明

$$Z=X_1+X_2\sim N(\mu_1+\mu_2,\sigma_1^2+\sigma_2^2).$$

38. 设X与Y相互独立,都服从$[0,1]$上的均匀分布,求$Z=|X-Y|$的分布.

39. 设随机变量X与Y相互独立,都服从$[-a,a]$上的均匀分布,求$Z=XY$的概率密度.

40. 设随机变量X与Y相互独立,都服从参数为1的指数分布,求$Z=\dfrac{X}{Y}$的概率密度.

第三章　随机变量的数字特征

本章主要介绍了随机变量的数学期望与方差,随机变量函数的数学期望以及二维随机变量的协方差与相关系数.

一、内容精讲与学习要求

【内容精讲】

1. 数学期望

1.1　数学期望的定义

若 X 是离散型随机变量,其分布列为
$$P\{X = x_k\} = p_k \quad (k = 1, 2, \cdots),$$
且级数 $\sum\limits_{k=1}^{\infty} x_k p_k$ 绝对收敛,则称级数 $\sum\limits_{k=1}^{\infty} x_k p_k$ 的值为 X 的**数学期望**,简称**期望**或**均值**,记为 $\mathrm{E}(X)$ 或 $\mathrm{E}X$,即

$$\mathrm{E}(X) = \sum_{k=1}^{\infty} x_k p_k. \tag{3.1}$$

特殊地,若 X 为有限分布,则

$$\mathrm{E}(X) = \sum_{k=1}^{n} x_k p_k.$$

若 X 是连续型随机变量,其密度函数为 $f(x)$,且广义积分 $\int_{-\infty}^{+\infty} x f(x) \mathrm{d}x$ 绝对收敛,则称积分 $\int_{-\infty}^{+\infty} x f(x) \mathrm{d}x$ 的值为 X 的数学期望,即

$$\mathrm{E}(X) = \int_{-\infty}^{+\infty} x f(x) \mathrm{d}x. \tag{3.2}$$

1.2　数学期望的意义

随机变量 X 的数学期望 $\mathrm{E}(X)$ 是一个能反映随机变量 X 取值的"平均"的一个数字特征,所以也称它为 X 的均值.这可从以下两个方面来理解:

(1) 从数学期望定义的形式上看,它是 X 的可能值以其相应概率为权的加权平均.这里所谓"权"可以理解为各个可能值在平均时的"比例分配"方式.

(2) 若对 X 的取值进行多次观察,则它的观察值的算术平均值 $\bar{x}$ 将在 $\mathrm{E}(X)$ 附近摆动.

例如,对 X 取值的 n 次观察的观察值为 $x_1, x_2, \cdots, x_n$,它们的算术平均值 $\bar{x} = \dfrac{1}{n} \sum\limits_{i=1}^{n} x_i$,则一般可期望 $\bar{x} \approx E(X)$.

1.3 数学期望的性质

(1) 若 c 是常数,则 $E(c) = c$;

(2) $E(aX + bY) = aE(X) + bE(Y)$,其中 a, b 为任意常数;

(3) 若随机变量 X, Y 相互独立,则 $E(XY) = E(X)E(Y)$.

1.4 数学期望的计算公式

只要一个随机变量 X 的分布已知,则它的期望 $E(X)$ 就可由(3.1)或(3.2)式求得,而对于随机变量函数的期望有以下两个重要计算公式:

设 X 的分布列为 $P\{X = x_k\} = p_k (k = 1, 2, \cdots)$,则 $Y = g(X)$ 的期望 $E(Y)$ 可按下式直接计算:

$$E(Y) = E[g(X)] = \sum_{k=1}^{\infty} g(x_x) p_k. \tag{3.3}$$

设 X 的概率密度为 $f(x)$,则 $Y = g(X)$ 的期望 $E(Y)$ 可按下式直接计算:

$$E(Y) = E[g(X)] = \int_{-\infty}^{+\infty} g(x) f(x) \mathrm{d}x. \tag{3.4}$$

利用公式(3.3)或(3.4)计算 $E(Y)$,首先要求 $E(Y)$ 一定存在.

2. 方差

2.1 方差的定义

设 X 是一随机变量,若 $E[X - E(X)]^2$ 存在,称 $E[X - E(X)]^2$ 为 X 的**方差**,记做 $D(X)$ 或 DX,即

$$D(X) = E[X - E(X)]^2. \tag{3.5}$$

显然 $D(X) \geqslant 0$. 称 $\sqrt{D(X)}$ 为 X 的**标准差**或**均方差**,记做 $\sigma(X)$.

2.2 方差的意义

随机变量 X 的方差 $D(X)$ 是一个能反映随机变量 X 取值对于它的期望的分散程度(反过来说是集中程度)的一个数字特征. 这可从以下两个方面理解:

(1) 从方差定义的形式上看,它是 X 的可能值与 $E(X)$ 之差的平方以相应概率为权的加权平均.

(2) 从切比雪夫不等式(见第四章)也可看出,方差反映了 X 的取值对于 $E(X)$ 的分散程度.

2.3 方差的性质

(1) 若 c 是常数,则 $D(c) = 0$;

(2) $D(aX + b) = a^2 D(X)$,其中 a, b 为任意常数;

(3) 如果随机变量 X, Y 相互独立,则 $D(X + Y) = D(X) + D(Y)$.

2. 4　方差计算公式

若 X 为离散型随机变量,其分布列为 $P\{X=x_k\}=p_k(k=1,2,\cdots)$,则

$$D(X)=\sum_{k=1}^{\infty}[x_k-E(X)]^2p_k=\sum_{k=1}^{\infty}x_k^2p_k-[E(X)]^2. \tag{3.6}$$

若 X 为连续型随机变量,其密度函数为 $f(x)$,则

$$D(X)=\int_{-\infty}^{+\infty}[x-E(X)]^2f(x)dx=\int_{-\infty}^{+\infty}x^2f(x)dx-[E(X)]^2. \tag{3.7}$$

利用期望的性质,还可推导出以下方差计算公式:

$$D(X)=E(X^2)-[E(X)]^2. \tag{3.8}$$

3. 几种常用分布的期望与方差

表 3.1 中的一些随机变量的均值与方差要记住或正确求出它们,这对于深入理解这些随机变量的分布具有重要意义.

表　3.1

类型	分布	分布列或概率密度	均值	方差
离散型	二点分布	$P\{X=k\}=p^kq^{1-k}(k=0,1;q=1-p)$	p	pq
	二项分布	$P\{X=k\}=C_n^kp^kq^{n-k}(k=0,1,\cdots,n;q=1-p)$	np	npq
	超几何分布	$P\{X=k\}=\dfrac{C_{N-M}^{n-k}\cdot C_M^k}{C_N^n}\ (k=0,1,\cdots,\min(M,n))$	$\dfrac{nM}{N}$	$\dfrac{n(N-n)(N-M)M}{N^2(N-1)}$
	泊松分布	$P\{X=k\}=\dfrac{\lambda^k}{k!}e^{-\lambda}(k=0,1,2,\cdots)$	λ	λ
	几何分布	$P\{X=k\}=pq^{k-1}(k=1,2,\cdots;q=1-p)$	$\dfrac{1}{p}$	$\dfrac{q}{p^2}$
连续型	均匀分布	$p(x)=\begin{cases}\dfrac{1}{b-a},&a\leqslant x\leqslant b,\\0,&其他\end{cases}$	$\dfrac{a+b}{2}$	$\dfrac{(b-a)^2}{12}$
	指数分布	$p(x)=\begin{cases}\lambda e^{-\lambda x},&x>0,\\0,&其他\end{cases}(\lambda>0)$	$\dfrac{1}{\lambda}$	$\dfrac{1}{\lambda^2}$
	标准正态分布	$p(x)=\dfrac{1}{\sqrt{2\pi}}e^{-\frac{x}{2}}(-\infty<x<+\infty)$	0	1
	正态分布	$p(x)=\dfrac{1}{\sqrt{2\pi}\sigma}e^{-\frac{(x-\mu)^2}{2\sigma^2}}(-\infty<x<+\infty)$	μ	σ^2
	Γ 分布	$p(x)=\begin{cases}\dfrac{\beta^\alpha}{\Gamma(\alpha)}x^{\alpha-1}e^{-\beta x},&x>0,\\0,&其他\end{cases}(\alpha>0,\beta>0)$	$\dfrac{\alpha}{\beta}$	$\dfrac{\alpha}{\beta^2}$

4. 二维随机变量的数字特征

4.1   两个随机变量的函数的期望公式

设 (X,Y) 的联合概率密度为 $f(x,y)$，$Z=g(X,Y)$，则有

$$E(Z) = E[g(X,Y)] = \int_{-\infty}^{+\infty}\int_{-\infty}^{+\infty} g(x,y)f(x,y)\mathrm{d}x\mathrm{d}y. \qquad (3.9)$$

4.2   期望与方差的计算公式

设 (X,Y) 的联合概率密度为 $f(x,y)$，X,Y 的边缘概率密度分别为 $f_X(x)$ 和 $f_Y(y)$，则有

$$E(X) = \int_{-\infty}^{+\infty} xf_X(x)\mathrm{d}x, \qquad\qquad E(Y) = \int_{-\infty}^{+\infty} yf_Y(y)\mathrm{d}y;$$

$$D(X) = \int_{-\infty}^{+\infty} (x-EX)^2 f_X(x)\mathrm{d}x, \quad D(Y) = \int_{-\infty}^{+\infty} (y-EY)^2 f_Y(y)\mathrm{d}y.$$

此外，未知边缘概率密度时可按下列各公式去计算 $E(X),E(Y),D(X)$ 和 $D(Y)$：

$$E(X) = \int_{-\infty}^{+\infty}\int_{-\infty}^{+\infty} xf(x,y)\mathrm{d}x\mathrm{d}y,$$

$$E(Y) = \int_{-\infty}^{+\infty}\int_{-\infty}^{+\infty} yf(x,y)\mathrm{d}x\mathrm{d}y;$$

$$D(X) = \int_{-\infty}^{+\infty}\int_{-\infty}^{+\infty} (x-EX)^2 f(x,y)\mathrm{d}x\mathrm{d}y,$$

$$D(Y) = \int_{-\infty}^{+\infty}\int_{-\infty}^{+\infty} (y-EY)^2 f(x,y)\mathrm{d}x\mathrm{d}y.$$

$$(3.10)$$

若 X,Y 为离散型随机变量，也有与上述类似的结果.

4.3   协方差的定义与性质

二维随机变量 (X,Y) 的**协方差**定义为

$$\mathrm{cov}(X,Y) = E[(X-EX)(Y-EY)]$$

$$= \int_{-\infty}^{+\infty}\int_{-\infty}^{+\infty} (x-EX)(y-EY)f(x,y)\mathrm{d}x\mathrm{d}y, \qquad (3.11)$$

其中 $f(x,y)$ 为 (X,Y) 的联合概率密度.

协方差有如下性质：

(1) $\mathrm{cov}(X,Y)=\mathrm{cov}(Y,X)$；

(2) $\mathrm{cov}(aX,bY)=ab\mathrm{cov}(X,Y)$；

(3) $\mathrm{cov}(X_1+X_2,Y)=\mathrm{cov}(X_1,Y)+\mathrm{cov}(X_2,Y)$；

(4) $D(X+Y)=D(X)+D(Y)+2\mathrm{cov}(X,Y)$；

(5) $\mathrm{cov}(X,Y)=E(XY)-E(X)E(Y)$.

随机变量 X,Y 的**相关系数**定义为

$$\rho_{XY} = \frac{\text{cov}(X,Y)}{\sqrt{D(X)}\ \sqrt{D(Y)}} \quad (D(X) \neq 0, D(Y) \neq 0). \tag{3.12}$$

【学习要求】

1. 牢记随机变量的数学期望与方差的定义,并理解其含义.

2. 熟练掌握并能熟练运用期望及方差的性质.

3. 能根据定义或计算公式求一些常见随机变量的期望与方差,特别是能熟练运用 $D(X) = E(X^2) - [E(X)]^2$ 计算随机变量的方差.

4. 牢记几种常用分布的期望与方差.

5. 会求两个随机变量的函数 $Z = g(X,Y)$ 的期望;理解协方差与相关系数的概念,会求两个随机变量的协方差与相关系数.

重点　期望和方差的概念、性质和计算;利用性质计算随机变量函数的期望.

难点　计算随机变量函数的期望,计算协方差与相关系数.

二、释 疑 解 难

1. 在随机变量的研究和实际应用中,随机变量的数学期望和方差有何重要意义?

答　随机变量 X 的数学期望反映 X 取值的集中位置,方差反映 X 的取值对其数学期望的集中程度.$D(X)$ 越小,X 的取值越集中;$D(X) = 0$,则 $P\{X = E(X)\} = 1$.因此,$E(X)$ 和 $D(X)$ 粗略地反映了 X 取值的分布情况.另外,一些应用广泛的重要分布(如二项分布、泊松分布、正态分布)的概率密度或分布列,完全由它们的期望和方差所确定,而期望与方差在实际问题中容易估计其值,故它们在理论和实用中有重要意义.

2. 为什么在期望的定义中要求 $\sum_{i=1}^{\infty} x_i p_i \left(\text{或} \int_{-\infty}^{+\infty} x f(x) \mathrm{d}x\right)$ 绝对收敛?

答　因为离散型随机变量 X 取 x_i 是随机的,不一定按 $x_1, x_2, \cdots, x_i, \cdots$ 的顺序取值,而期望若存在,则是唯一的,这就要求不因改变级数 $\sum_{i=1}^{\infty} x_i p_i$ 的项的次序而改变其和,即要求级数可以重排,要满足这个要求,级数必须绝对收敛(对于积分的绝对收敛,可以离散化来理解).此外,假定级数(或积分)绝对收敛,在理论上方便运算.

3. EX^2 与 E^2X 有何区别?并举例说明.

答　一般情况下,$EX^2 \neq E^2X$,且由于 $DX = EX^2 - E^2X$,而 DX 是非负常数,故还有 $EX^2 \geqslant E^2X$.

仅以离散型为例,作如下比较:

若 X 为离散型随机变量,其分布列为

X	x_1	x_2	$\cdots$	x_k	$\cdots$
P	p_1	p_2	$\cdots$	p_k	$\cdots$

则

$$EX^2 = \sum_{k=1}^{\infty} x_k^2 p_k, \quad E^2 X = \Big(\sum_{k=1}^{\infty} x_k p_k \Big)^2.$$

在一般情况下两者显然不同.

4. $E(X), D(X), \sqrt{D(X)}$ 与 X 的量纲之间有什么关系?

答 $E(X), \sqrt{D(X)}$ 与 X 的量纲相同, $D(X)$ 的量纲是 X 的量纲的平方.

5. 是否所有的随机变量都有期望值? 都有方差? 举例说明.

答 并非所有的随机变量都有期望值及方差. 例如, 设 X 服从柯西分布, 其概率密度为

$$f(x) = \frac{1}{\pi} \cdot \frac{1}{1 + x^2} \quad (-\infty < x < +\infty),$$

则 X 的数学期望与方差均不存在.

事实上, 由于

$$\int_{-\infty}^{+\infty} |x| f(x) \mathrm{d}x = \frac{1}{\pi} \Big(\int_{-\infty}^0 \frac{-x \mathrm{d}x}{1 + x^2} + \int_0^{+\infty} \frac{x \mathrm{d}x}{1 + x^2} \Big)$$

$$= \frac{2}{\pi} \int_0^{+\infty} \frac{x \mathrm{d}x}{1 + x^2} = \frac{1}{\pi} \ln(1 + x^2) \Big|_0^{+\infty} = +\infty,$$

因此 $\int_{-\infty}^{+\infty} |x| f(x) \mathrm{d}x$ 不绝对收敛, 故 X 的数学期望不存在且方差也不存在.

6. 随机变量 X 的期望存在, 则方差 $D(X)$ 一定存在吗?

答 不一定. 例如, (X, Y) 的联合概率密度为

$$f(x, y) = \frac{1}{\pi(x^2 + y^2 + 1)^2} \quad (-\infty < x < +\infty, -\infty < y < +\infty),$$

则

$$E(X) = \int_{-\infty}^{+\infty} \int_{-\infty}^{+\infty} x \frac{1}{\pi(x^2 + y^2 + 1)^2} \mathrm{d}x \mathrm{d}y = 0;$$

同理 $E(Y) = 0$. 因此 $E(X), E(Y)$ 都存在. 但

$$D(X) = E[X - E(X)]^2 = E(X^2) = \int_{-\infty}^{+\infty} \int_{-\infty}^{+\infty} \frac{x^2}{\pi(x^2 + y^2 + 1)^2} \mathrm{d}x \mathrm{d}y$$

$$\xrightarrow{\text{极坐标}} \frac{1}{\pi} \int_0^{2\pi} \cos^2\theta \mathrm{d}\theta \int_0^{+\infty} \frac{r^3}{(r^2 + 1)^2} \mathrm{d}r$$

$$= \frac{1}{\pi} \int_0^{2\pi} \frac{1}{2}(1 + \cos 2\theta) \mathrm{d}\theta \int_0^{+\infty} \frac{r(r^2 + 1) - r}{(r^2 + 1)^2} \mathrm{d}r$$

$$= \int_0^{+\infty} \Big[\frac{r}{r^2 + 1} - \frac{r}{(r^2 + 1)^2} \Big] \mathrm{d}r = \frac{1}{2} \int_0^{+\infty} \Big[\frac{1}{r^2 + 1} - \frac{1}{(r^2 + 1)^2} \Big] \mathrm{d}(r^2 + 1)$$

$$= \frac{1}{2} \Big[\ln(1 + r^2) + \frac{1}{r^2 + 1} \Big]_0^{+\infty} = +\infty,$$

同理可得 $D(Y) = +\infty$，即 $D(X), D(Y)$ 都不存在.

7. 随机变量的数字特征，就是指随机变量的期望与方差，这种说法对吗？

答 不对．所谓随机变量的数字特征，是刻画随机变量（或它的分布）的某些特征的数值．随机变量的数字特征主要有：数学期望 $E(X)$；方差 $D(X)$；协方差 $\text{cov}(X, Y)$；相关系数 ρ_{XY}；矩（包括原点矩和中心矩：原点矩——若 $E(|X|^k)$ 存在，记 $U_k = E(X^k)$ 为 X 的 k 阶原点矩；中心矩——若 $E(X)$ 存在且 $E(|X - E(X)|^k)$ 存在，记 $\mu_k = E[(X - E(X))]^k$ 为 X 的 k 阶中心矩）.

8. 相关系数 ρ_{XY} 反映随机变量 X 和 Y 的什么特性？

答 ρ_{XY} 是一个用来反映 X 和 Y 之间线性关系程度的数字特征．当 X 和 Y 存在线性函数关系 $Y = a + bX (b \neq 0)$ 时，则

$$\text{cov}(X, Y) = E[(X - EX)(Y - EY)] = bD(X), \quad D(Y) = b^2 D(X),$$

从而

$$\rho_{XY} = \frac{\text{cov}(X, Y)}{\sqrt{D(X)}\sqrt{D(Y)}} = \frac{b}{|b|}, \quad 即 \quad |\rho_{XY}| = 1.$$

另一方面，若 $|\rho_{XY}| = 1$，则 X 和 Y 之间以概率 1 存在着线性关系，即存在常数 a 和 $b \neq 0$，使 $P\{Y = a + bX\} = 1$；若 $|\rho_{XY}|$ 越接近 1，X 和 Y 的线性相关程度越好；若 $|\rho_{XY}|$ 越接近 0，X 和 Y 的线性相关程度越差；若 $\rho_{XY} = 0$，则称 X 和 Y 不相关.

9. 独立性与不相关有何关系？

答 当 X, Y 的二阶矩存在且 $D(X) > 0, D(Y) > 0$ 时，若 X 与 Y 相互独立，可知 $\text{cov}(X, Y) = 0$，则 X 与 Y 不相关，但反之不然．例如，设 (X, Y) 的联合概率密度为

$$f(x, y) = \begin{cases} \dfrac{1}{\pi}, & x^2 + y^2 \leqslant 1, \\ 0, & 其他, \end{cases}$$

则易知 $E(X) = E(Y) = 0$，于是

$$\text{cov}(X, Y) = E(XY) = \frac{1}{\pi} \iint\limits_{x^2 + y^2 \leqslant 1} xy\,dx\,dy = 0,$$

即 X 与 Y 不相关．而 X 的边缘概率密度

$$f_1(x) = \int_{-\infty}^{+\infty} f(x, y)\,dy = \frac{1}{\pi} \int_{-\sqrt{1-x^2}}^{\sqrt{1-x^2}} dy = \frac{2}{\pi}\sqrt{1 - x^2}, \quad |x| \leqslant 1,$$

同理 Y 的边缘概率密度

$$f_2(y) = \frac{2}{\pi}\sqrt{1 - y^2}, \quad |y| \leqslant 1,$$

从而 $f(x, y) \neq f_1(x) f_2(y)$，即 (X, Y) 不相互独立.

以上是就一般情形而言的，但对于二维正态随机变量 (X, Y)，X 与 Y 相互独立与不相关是等价的.

10. 设 X, Y 是两个随机变量，以下事实是否等价？若等价，请证明；若不等价，请举出反

例.

(1) $\mathrm{cov}(X,Y)=0$;

(2) X 与 Y 不相关;

(3) $\mathrm{E}(XY)=\mathrm{E}(X)\mathrm{E}(Y)$;

(4) $\mathrm{D}(X+Y)=\mathrm{D}(X)+\mathrm{D}(Y)$.

答 是等价的. 显然(1)与(2)等价. 由于
$$\mathrm{cov}(X,Y)=\mathrm{E}(X-\mathrm{E}X)(Y-\mathrm{E}Y)=\mathrm{E}(XY)-\mathrm{E}(X)\mathrm{E}(Y),$$
因此(1)与(3)等价. 又由于
$$\mathrm{D}(X+Y)=\mathrm{E}[(X+Y)-\mathrm{E}(X+Y)]^2$$
$$=\mathrm{E}[(X-\mathrm{E}X)+(Y-\mathrm{E}Y)]^2=\mathrm{D}(X)+\mathrm{D}(Y)+2\mathrm{cov}(X,Y),$$
因此(1)与(4)等价.

11. 若 $\mathrm{D}(X),\mathrm{D}(Y)$ 存在,则 $\mathrm{cov}(X,Y)$ 一定存在吗? 反之如何?

答 若 $\mathrm{D}(X),\mathrm{D}(Y)$ 存在,则 $\mathrm{cov}(X,Y)$ 一定存在. 事实上,令 $V=|X-\mathrm{E}(X)|,W=|Y-\mathrm{E}(Y)|$(当 $\mathrm{D}(X),\mathrm{D}(Y)$ 存在时,$\mathrm{E}(X),\mathrm{E}(Y)$ 一定存在),则由柯西-施瓦兹不等式有
$$[\mathrm{E}(VW)]^2\leqslant\mathrm{E}(V^2)\mathrm{E}(W^2),$$
即
$$[\mathrm{E}(|X-\mathrm{E}X||Y-\mathrm{E}Y|)]^2$$
$$\leqslant\mathrm{E}(|X-\mathrm{E}X|)^2\cdot\mathrm{E}(|Y-\mathrm{E}Y|)^2=\mathrm{D}(X)\mathrm{D}(Y)<+\infty,$$
所以 $\mathrm{cov}(X,Y)=\mathrm{E}[(X-\mathrm{E}X)(Y-\mathrm{E}Y)]$ 存在.

反之,若 $\mathrm{cov}(X,Y)$ 存在,则 $\mathrm{D}(X),\mathrm{D}(Y)$ 不一定存在. 例如,设 X 与 Y 的联合概率密度为
$$f(x,y)=\frac{1}{\pi(x^2+y^2+1)^2}\quad(-\infty\leqslant x,y<+\infty),$$
则可以证明 $\mathrm{D}(X),\mathrm{D}(Y)$ 不存在,而 $\mathrm{cov}(X,Y)=0$(存在).

三、典型例题与解题方法综述

数学期望与方差及协方差与相关系数分别是一维随机变量及二维随机变量的重要数字特征,我们不仅要深刻理解其含义与性质,而且还要熟练掌握其求法.

1. 离散型随机变量期望与方差的计算

若 X 是离散型随机变量,在已知 X 的概率分布的情况下,我们可以利用公式
$$\mathrm{E}(X)=\sum_i x_i p_i\quad\text{与}\quad\mathrm{D}(X)=\mathrm{E}(X^2)-(\mathrm{E}(X))^2$$
来求得其数学期望与方差.

例 1 设把 4 个球随机地投入 4 个盒子中去,以 X 表示空盒子的个数,求 $\mathrm{E}(X)$ 和

$D(X)$.

分析　先求 X 的概率分布,再利用以上两式求 $E(X)$ 和 $D(X)$.

解　X 的所有可能取值为 $0,1,2,3$.利用古典概型的概率计算方法可以求得

$$P\{X=0\}=\frac{4!}{4^4}=\frac{6}{64},\quad P\{X=1\}=\frac{C_4^1(C_4^2\times 3!)}{4^4}=\frac{36}{64},$$

$$P\{X=2\}=\frac{C_4^2(2C_4^3+C_4^2)}{4^4}=\frac{21}{64},\quad P\{X=3\}=\frac{4}{4^4}=\frac{1}{64},$$

于是得到 X 的概率分布为

X	0	1	2	3
P	$\frac{6}{64}$	$\frac{36}{64}$	$\frac{21}{64}$	$\frac{1}{64}$

所以

$$E(X)=0\times\frac{6}{64}+1\times\frac{36}{64}+2\times\frac{21}{64}+3\times\frac{1}{64}=\frac{81}{64},$$

$$D(X)=E(X^2)-(EX)^2=0^2\times\frac{6}{64}+1^2\times\frac{36}{64}+2^2\times\frac{21}{64}$$

$$+3^2\times\frac{1}{64}-\frac{81^2}{64^2}=\frac{1695}{64^2}.$$

2. 连续型随机变量期望与方差的计算

若已知随机变量 X 的概率密度 $f(x)$,我们可以利用公式

$$E(X)=\int_{-\infty}^{+\infty}xf(x)dx\quad 与\quad D(X)=E(X^2)-(E(X))^2$$

$$\left(或 D(X)=\int_{-\infty}^{+\infty}(x-E(X))^2f(x)dx\right)$$

来计算其数学期望与方差.关于积分的计算,除用到基本初等函数积分公式、分部积分法、换元积分法以及奇、偶函数在对称区间上的积分性质外,有时还要用到 $\int_{-\infty}^{+\infty}e^{-\frac{x^2}{2}}dx=\sqrt{2\pi}$ 等公式进行计算.

例2　设随机变量 X 的概率密度为

$$f(x)=\begin{cases}Ax^2(x-2)^2,&0\leqslant x\leqslant 2,\\0,&其他,\end{cases}$$

求 X 的期望值和方差.

分析　为求 $E(X)$ 和 $D(X)$,应首先确定概率密度中的常数 A.常数 A 可由概率密度的性质 $\int_{-\infty}^{+\infty}f(x)dx=1$ 求得.

解   因为 $\int_{-\infty}^{+\infty} f(x)\mathrm{d}x = \int_0^2 Ax^2(x-2)^2\mathrm{d}x = \frac{16}{15}A = 1$，所以 $A = \frac{15}{16}$. 于是有

$$E(X) = \int_0^2 x \cdot \frac{15}{16}x^2(x-2)^2\mathrm{d}x = 1,$$

$$D(X) = \int_0^2 x^2 \cdot \frac{15}{16}x^2(x-2)^2\mathrm{d}x - [E(X)]^2 = \frac{1}{7}.$$

例3   设随机变量 X 服从瑞利分布，其概率密度为

$$f(x) = \begin{cases} \dfrac{x}{\sigma^2}\mathrm{e}^{-\frac{x^2}{2\sigma^2}}, & x \geqslant 0, \\ 0, & x < 0 \end{cases} \quad (\sigma > 0 \text{ 为已知常数}),$$

求 $E(X)$ 和 $D(X)$.

分析   计算时注意 $\int_0^{+\infty} \mathrm{e}^{-\frac{x^2}{2\sigma^2}}\mathrm{d}x = \sigma\sqrt{\dfrac{\pi}{2}}$. 解法同例2.

解 $E(X) = \int_{-\infty}^{+\infty} xf(x)\mathrm{d}x = \int_0^{+\infty} \dfrac{x^2}{\sigma^2}\mathrm{e}^{-\frac{x^2}{2\sigma^2}}\mathrm{d}x = -\int_0^{+\infty} x\mathrm{d}\mathrm{e}^{-\frac{x^2}{2\sigma^2}}$

$$= -x\mathrm{e}^{-\frac{x^2}{2\sigma^2}}\Big|_0^{+\infty} + \int_0^{+\infty} \mathrm{e}^{-\frac{x^2}{2\sigma^2}}\mathrm{d}x = 0 + \sigma\sqrt{\frac{\pi}{2}} = \sigma\sqrt{\frac{\pi}{2}},$$

$$D(X) = E(X^2) - [E(X)]^2 - \int_{-\infty}^{+\infty} x^2 f(x)\mathrm{d}x - \left(\sigma\sqrt{\frac{\pi}{2}}\right)^2$$

$$= \int_0^{+\infty} \frac{x^3}{\sigma^2}\mathrm{e}^{-\frac{x^2}{2\sigma^2}}\mathrm{d}x - \frac{\pi}{2}\sigma^2 = 2\sigma^2 - \frac{\pi}{2}\sigma^2 = \left(2 - \frac{\pi}{2}\right)\sigma^2.$$

3. 随机变量函数的期望与方差的计算

关于离散型和连续型随机变量函数的期望与方差的计算问题，可以利用随机变量函数的期望、方差公式

$$E(Y) = E[g(X)] = \sum_k g(x_k)p_k$$

$$E(Y) = E[g(X)] = \int_{-\infty}^{+\infty} g(x)f(x)\mathrm{d}x,$$

$$D(Y) = E(Y^2) - [E(Y)]^2$$

来计算. 也可以利用期望、方差的性质计算，这也是一种较简便的实用方法.

例4   设离散型随机变量 X 的分布列为

X	-2	0	1
P	3/10	1/5	1/2

求 $E(2X^2-1), D(2X^2-1)$.

分析　可利用随机变量函数的期望与方差计算公式直接计算，也可利用期望、方差的性质计算.

解法 1　令 $Y = 2X^2 - 1$，则当 X 取 $-2, 0, 1$ 时，Y 取 $7, -1, 1$. 故 Y 的分布列为

$Y = 2X^2 - 1$	7	-1	1
P	3/10	1/5	1/2

于是

$$E(2X^2 - 1) = E(Y) = 7 \times \frac{3}{10} + (-1) \times \frac{1}{5} + 1 \times \frac{1}{2} = \frac{12}{5},$$

$$E(Y^2) = 7^2 \times \frac{3}{10} + (-1)^2 \times \frac{1}{5} + 1^2 \times \frac{1}{2} = \frac{77}{5},$$

$$D(2X^2 - 1) = D(Y) = E(Y^2) - [E(Y)]^2 = \frac{77}{5} - \left(\frac{12}{5}\right)^2 = 9\frac{16}{25}.$$

解法 2　因为

$$E(X^2) = (-2)^2 \times \frac{3}{10} + 0^2 \times \frac{1}{5} + 1^2 \times \frac{1}{2} = \frac{17}{10},$$

$$E(X^4) = (-2)^4 \times \frac{3}{10} + 0^4 \times \frac{1}{5} + 1^4 \times \frac{1}{2} = \frac{53}{10},$$

$$D(X^2) = E[(X^2)^2] - [E(X^2)]^2 = E(X^4) - [E(X^2)]^2 = \frac{53}{10} - \left(\frac{17}{10}\right)^2 = \frac{241}{100},$$

故由期望、方差的性质有

$$E(2X^2 - 1) = 2E(X^2) - 1 = 2 \times \frac{17}{10} - 1 = \frac{12}{5},$$

$$D(2X^2 - 1) = 4D(X^2) = 4 \times \frac{241}{100} = 9\frac{16}{25}.$$

4. 解析随机变量法求期望与方差

采用解析随机变量 X 的做法(即对较复杂的随机变量，将其分解为简单随机变量)来求 X 的期望与方差，这是我们以后经常用到的一种方法，应该熟悉.

例 5　设有 n 个球和 n 个能装球的盒子，它们各编有序号 $1, 2, \cdots, n$. 今随机地将球分放在盒子中，每个盒中一个. 问两个序号恰好一致的数对个数的均值是多少？

分析　上述数对的个数 X 是随机变量. 若我们直接计算 $E(X)$，会感到无从下手，此时可采取解析 X 的办法.

解　设 X 为两个序号一致的数对个数. 令

$$X_k = \begin{cases} 1, & \text{第 } k \text{ 个球装入第 } k \text{ 个盒子}, \\ 0, & \text{第 } k \text{ 个球未装入第 } k \text{ 个盒子} \end{cases} \quad (k = 1, 2, \cdots, n),$$

则 $X = X_1 + X_2 + \cdots + X_n$,于是

$$E(X) = E(X_1) + E(X_2) + \cdots + E(X_n).$$

因为 $P\{X_k = 1\} = \dfrac{1}{n}, P\{X_k = 0\} = 1 - \dfrac{1}{n}(k = 1, 2, \cdots, n)$,所以

$$E(X_k) = 1 \times \frac{1}{n} + 0 \times \left(1 - \frac{1}{n}\right) = \frac{1}{n} \quad (k = 1, 2, \cdots, n),$$

$$E(X) = \sum_{k=1}^{n} E(X_k) = n \times \frac{1}{n} = 1.$$

故两个序号恰好一致的数对个数的均值是 1.

例 6 设 $X \sim B(n, p)$,求 X 的方差.

分析 二项分布是由伯努利试验产生的,此时采用解析 X 的办法计算 X 的方差较为简便.

解 设每次试验中事件 A 发生的概率为 p,$\overline{A}$ 发生的概率为 $q(=1-p)$,由题设 X 可看做 n 重伯努利试验中事件 A 发生的次数. 引入新随机变量

$$X_i = \begin{cases} 1, & \text{第 } i \text{ 次试验 } A \text{ 发生}, \\ 0, & \text{第 } i \text{ 次试验 } A \text{ 不发生} \end{cases} \quad (i = 1, 2, \cdots, n).$$

显然 $X = \sum\limits_{i=1}^{n} X_i$,$X_i$ 服从 0-1 分布,且相互独立. 所以

$$E(X) = E\left(\sum_{i=1}^{n} X_i\right) = \sum_{i=1}^{n} E(X_i) = \sum_{i=1}^{n} p = np;$$

$$D(X) = D\left(\sum_{i=1}^{n} X_i\right) = \sum_{i=1}^{n} D(X_i) = \sum_{i=1}^{n} pq = npq = np(1 - p).$$

注 如何引进新的随机变量是问题的难点,一般总是引入 $X_i \sim 0\text{-}1$ 分布,用 $X = \sum\limits_{i} X_i$ 来解决问题.

5. 相关系数的计算

已知二维随机变量 (X, Y) 的概率密度,计算相关系数 ρ_{XY} 的主要步骤是:利用(3.10)式计算 $E(X)$,$E(Y)$,再利用(3.9)式计算 $E(X^2)$,$E(Y^2)$ 及 $E(XY)$,从而求得 $D(X)$,$D(Y)$ 及 $\text{cov}(X, Y)$,最后利用(3.12)式即可求出 ρ_{XY}.

例 7 设二维随机变量 (X, Y) 的概率密度为

$$f(x, y) = \begin{cases} \dfrac{1}{8}(x + y), & 0 \leqslant x < 2, 0 \leqslant y < 2, \\ 0, & \text{其他}, \end{cases}$$

求 X, Y 的相关系数 ρ_{XY}.

解 利用(3.10)式可以求得

$$E(X) = \int_{-\infty}^{+\infty}\int_{-\infty}^{+\infty} xf(x,y)\mathrm{d}x\mathrm{d}y = \int_0^2 \mathrm{d}x\int_0^2 \frac{1}{8}x(x+y)\mathrm{d}y$$

$$= \int_0^2\left(\frac{1}{8}x^2 y + \frac{1}{16}xy^2\right)\Big|_0^2 \mathrm{d}x = \int_0^2\left(\frac{1}{4}x^2 + \frac{1}{4}x\right)\mathrm{d}x$$

$$= \left(\frac{1}{12}x^3 + \frac{1}{8}x^2\right)\Big|_0^2 = \frac{14}{12} = \frac{7}{6},$$

$$E(Y) = \int_{-\infty}^{+\infty}\int_{-\infty}^{+\infty} yf(x,y)\mathrm{d}x\mathrm{d}y = \int_0^2 \mathrm{d}x\int_0^2 \frac{1}{8}y(x+y)\mathrm{d}y = \frac{14}{12} = \frac{7}{6},$$

再利用(3.9)式可以算得

$$E(X^2) = \int_{-\infty}^{+\infty}\int_{-\infty}^{+\infty} x^2 f(x,y)\mathrm{d}x\mathrm{d}y = \int_0^2 \mathrm{d}x\int_0^2 \frac{1}{8}x^2(x+y)\mathrm{d}y$$

$$= \int_0^2\left(\frac{1}{8}x^3 y + \frac{1}{16}x^2 y^2\right)\Big|_0^2 \mathrm{d}x = \int_0^2\left(\frac{1}{4}x^3 + \frac{1}{4}x^2\right)\mathrm{d}x$$

$$= \left(\frac{1}{16}x^4 + \frac{1}{12}x^3\right)\Big|_0^2 = \frac{20}{12} = \frac{5}{3},$$

$$E(Y^2) = \int_{-\infty}^{+\infty}\int_{-\infty}^{+\infty} y^2 f(x,y)\mathrm{d}x\mathrm{d}y = \int_0^2 \mathrm{d}x\int_0^2 \frac{1}{8}y^2(x+y)\mathrm{d}y$$

$$= \frac{20}{12} = \frac{5}{3},$$

故

$$D(X) = E(X^2) - [E(X)]^2 = \frac{5}{3} - \frac{49}{36} = \frac{11}{36},$$

$$D(Y) = E(Y^2) - [E(Y)]^2 = \frac{11}{36}.$$

又

$$E(XY) = \int_{-\infty}^{+\infty}\int_{-\infty}^{+\infty} xyf(x,y)\mathrm{d}x\mathrm{d}y = \int_0^2 \mathrm{d}x\int_0^2 \frac{1}{8}xy(x+y)\mathrm{d}y$$

$$= \int_0^2\left(\frac{1}{16}x^2 y^2 + \frac{1}{24}xy^3\right)\Big|_0^2 \mathrm{d}x = \int_0^2\left(\frac{1}{4}x^2 + \frac{1}{3}x\right)\mathrm{d}x$$

$$= \left(\frac{1}{12}x^3 + \frac{1}{6}x^2\right)\Big|_0^2 = \frac{16}{12} = \frac{4}{3},$$

故

$$\mathrm{cov}(X,Y) = E(XY) - E(X)E(Y) = \frac{4}{3} - \frac{49}{36} = -\frac{1}{36}.$$

于是由(3.12)式得

$$\rho_{XY} = \frac{\mathrm{cov}(X,Y)}{\sqrt{D(X)}\,\sqrt{D(Y)}} = \frac{-\dfrac{1}{36}}{\sqrt{\dfrac{11}{36}}\sqrt{\dfrac{11}{36}}} = -\frac{1}{36}\cdot\frac{36}{11} = -\frac{1}{11}.$$

四、考研重点题剖析

【填空题】

1. 已知离散型随机变量 X 服从参数为 2 的泊松分布,即

$$P\{X=k\} = \frac{2^k \mathrm{e}^{-2}}{k!} \quad (k=0,1,2,\cdots),$$

则随机变量 $Z=3X-2$ 的数学期望 $\mathrm{E}(Z)=$ _____.

解 因为服从参数为 λ 的泊松分布的随机变量 X 的数学期望 $\mathrm{E}(X)=\lambda$,于是在此处有 $\mathrm{E}(X)=2$,又根据数学期望的运算性质知

$$\mathrm{E}(Z) = \mathrm{E}(3X-2) = 3\mathrm{E}(X)-2 = 4.$$

2. 设一次试验成功的概率为 p,进行 100 次独立重复试验,当 $p=$ _____ 时,成功次数的标准差的值最大,其最大值为 _____.

解 由题意,设 100 次试验的成功次数为 X,则 $X \sim B(100,p)$,其标准差为

$$\sqrt{\mathrm{D}(X)} = \sqrt{100p(1-p)}.$$

若方差 $\mathrm{D}(X)$ 最大,则标准差 $\sqrt{\mathrm{D}(X)}$ 也最大. 令

$$[\mathrm{D}(X)]'_p = 100(1-p-p) = 100(1-2p) = 0,$$

得唯一驻点 $p=\frac{1}{2}$,又 $[\mathrm{D}(X)]''_p|_{p=\frac{1}{2}} = -200 < 0$,故当 $p=\frac{1}{2}$ 时,$\mathrm{D}(X)$ 取最大值. 于是当 $p=\frac{1}{2}$ 时,标准差 $\sqrt{\mathrm{D}(X)}$ 取最大值,并且

$$(\sqrt{\mathrm{D}(X)})_{\max} = \sqrt{100p(1-p)}\,|_{p=\frac{1}{2}} = 5.$$

3. 设随机变量 X 服从参数为 λ 的泊松分布,且已知 $\mathrm{E}[(X-1)(X-2)]=1$,则 $\lambda=$ _____.

解 由题设 $X \sim \pi(\lambda)$,从而

$$\mathrm{D}(X) = \lambda, \quad \mathrm{E}(X) = \lambda,$$
$$\mathrm{E}(X^2) = \mathrm{D}(X) + [\mathrm{E}(X)]^2 = \lambda + \lambda^2,$$

又由题设 $\mathrm{E}[(X-1)(X-2)]=1$,有

$$1 = \mathrm{E}(X^2-3X+2) = \mathrm{E}(X^2) - 3\mathrm{E}(X) + 2 = \lambda + \lambda^2 - 3\lambda + 2,$$

即 $\lambda^2 - 2\lambda + 1 = 0$,故 $\lambda=1$.

4. 已知连续型随机变量 X 的概率密度为

$$f(x) = \frac{1}{\sqrt{\pi}} \mathrm{e}^{-x^2+2x-1} \quad (-\infty < x < +\infty),$$

则 X 的数学期望为 _____,X 的方差为 _____.

解 把随机变量 X 的概率密度 $f(x)$ 改写为

$$f(x) = \frac{1}{\sqrt{2\pi}\,\frac{1}{\sqrt{2}}} e^{-\frac{(x-1)^2}{2\left(\frac{1}{\sqrt{2}}\right)^2}} \quad (-\infty < x < +\infty).$$

由此可见 $X \sim N\left(1, \left(\frac{1}{\sqrt{2}}\right)^2\right)$，故知 $E(X)=1, D(X)=\frac{1}{2}$.

5. 设随机变量 X_1, X_2, X_3 相互独立，其中 X_1 在 $[0,6]$ 上服从均匀分布，X_2 服从正态分布 $N(0,2^2)$，X_3 服从参数为 $\lambda=3$ 的泊松分布. 记 $Y=X_1-2X_2+3X_3$，则 $D(Y)=$ _____.

解 因为 X_1 在 $[0,6]$ 上服从均匀分布，所以由均匀分布的方差公式得

$$D(X_1) = \frac{(b-a)^2}{12} = \frac{36}{12} = 3.$$

又 $X_2 \sim N(0,2^2)$，$X_3 \sim \pi(3)$，于是有

$$D(X_2) = 2^2, \quad D(X_3) = 3.$$

根据假设 X_1, X_2, X_3 相互独立，从而

$$D(Y) = D(X_1) + 4D(X_2) + 9D(X_3) = 3 + 4 \times 4 + 9 \times 3 = 46.$$

6. 设随机变量 X 在区间 $[-1,2]$ 上服从均匀分布，随机变量

$$Y = \begin{cases} 1, & X > 0, \\ 0, & X = 0, \\ -1, & X < 0, \end{cases}$$

则方差 $D(Y)=$ _____.

解 由题设知，X 的概率密度为

$$f(x) = \begin{cases} \frac{1}{3}, & x \in [-1,2], \\ 0, & \text{其他.} \end{cases}$$

由连续型随机变量函数的数学期望公式有

$$E(Y) = \int_{-\infty}^{+\infty} Y(x) f(x) dx = \frac{1}{3} \int_{-1}^{2} Y(x) dx$$

$$= \frac{1}{3}\left[\int_{-1}^{0} Y(x)dx + \int_{0}^{2} Y(x)dx\right] = \frac{1}{3}(-1+2) = \frac{1}{3},$$

$$E(Y^2) = \int_{-\infty}^{+\infty} Y^2(x) f(x) dx = \frac{1}{3} \int_{-1}^{2} Y^2(x) dx$$

$$= \frac{1}{3}\left[\int_{-1}^{0} Y^2(x)dx + \int_{0}^{2} Y^2(x)dx\right] = \frac{1}{3}(1+2) = 1,$$

于是

$$D(Y) = E(Y^2) - [E(Y)]^2 = 1 - \frac{1}{9} = \frac{8}{9}.$$

7. 设 X,Y 是两个相互独立且均服从正态分布 $N\left(0, \frac{1}{2}\right)$ 的随机变量，则随机变量

$|X-Y|$的数学期望 E($|X-Y|$)=_____.

解 因为相互独立的正态随机变量的线性组合仍为正态随机变量,所以

$$Z = X - Y \sim N(\mu, \sigma^2), \quad \text{且} \quad E(Z) = E(X) - E(Y) = 0,$$
$$D(Z) = D(X - Y) = D(X) + D(Y) = 1,$$

即 $Z \sim N(0,1)$,从而

$$E(|Z|) = E(|X - Y|) = \int_{-\infty}^{+\infty} |z| f_Z(z) \mathrm{d}z$$

$$= \frac{2}{\sqrt{2\pi}} \int_0^{+\infty} z \mathrm{e}^{-\frac{z^2}{2}} \mathrm{d}z = \frac{-2}{\sqrt{2\pi}} \int_0^{+\infty} \mathrm{e}^{-\frac{z^2}{2}} \mathrm{d}\left(-\frac{z^2}{2}\right)$$

$$= \frac{-2}{\sqrt{2\pi}} \mathrm{e}^{-\frac{z^2}{2}} \Big|_0^{+\infty} = \sqrt{\frac{2}{\pi}}.$$

8. 设随机变量 $X_{ij}(i,j=1,2,\cdots,n;n\geqslant 2)$ 独立同分布,E(X_{ij})=2,则随机变量

$$Y = \begin{vmatrix} X_{11} & X_{12} & \cdots & X_{1n} \\ X_{21} & X_{22} & \cdots & X_{2n} \\ \vdots & \vdots & \vdots & \vdots \\ X_{n1} & X_{n2} & \cdots & X_{nn} \end{vmatrix}$$

的数学期望 E(Y)=_____.

解 由于

$$Y = \sum_{p_1, p_2, \cdots, p_n} (-1)^{\tau(p_1, p_2, \cdots, p_n)} X_{1p_1} X_{2p_2} \cdots X_{np_n},$$

式中 $p_1, p_2, \cdots, p_n$ 为 $1,2,3,\cdots,n$ 的一个排列,$\sum\limits_{p_1,p_2,\cdots,p_n}$ 是对 $1,2,\cdots,n$ 的所有可能的排列求和,$\tau(p_1, p_2, \cdots, p_n)$ 是排列 $p_1, p_2, \cdots, p_n$ 的逆序数,又根据随机变量 $X_{ij}(i,j=1,2,\cdots,n)$ 的独立性知

$$E[(-1)^{\tau(p_1,p_2,\cdots,p_n)} X_{1p_1} X_{2p_2} \cdots X_{np_n}]$$

$$= (-1)^{\tau(p_1,p_2,\cdots,p_n)} E(X_{1p_1}) E(X_{2p_2}) \cdots E(X_{np_n})$$

$$= (-1)^{\tau(p_1,p_2,\cdots,p_n)} 2^n,$$

再注意到和式 $\sum\limits_{p_1,p_2,\cdots,p_n}$ 中,各项符号 $(-1)^{\tau(p_1,p_2,\cdots,p_n)}$ 是正、是负的各一半,故

$$E(Y) = \sum_{p_1, p_2, \cdots, p_n} E[(-1)^{\tau(p_1,p_2,\cdots,p_n)} X_{1p_1} X_{2p_2} \cdots X_{np_n}]$$

$$= \sum_{p_1, p_2, \cdots, p_n} (-1)^{\tau(p_1,p_2,\cdots,p_n)} 2^n = 0.$$

【选择题】

9. 已知随机变量 X 服从二项分布,且 E(X)=2.4,D(X)=1.44,则二项分布的参数 n,

p 的值为(　　).

　　(A) $n=4, p=0.6$　　　　　　　　(B) $n=6, p=0.4$

　　(C) $n=8, p=0.3$　　　　　　　　(D) $n=24, p=0.1$

　　解　当 $X \sim B(n, p)$ 时,由假设有

$$\begin{cases} E(X) = np = 2.4, \\ D(X) = np(1-p) = 1.44. \end{cases}$$

由此推出 $1-p = \dfrac{1.44}{2.4} = 0.6, p=0.4, n=6$. 故选(B).

　　10. 设 X 是一随机变量, $E(X) = \mu, D(X) = \sigma^2 (\mu, \sigma^2 > 0$ 为常数),则对任意常数 C,必有
(　　).

　　(A) $E[(X-C)^2] = E(X^2) - C^2$　　　　(B) $E[(X-C)^2] = E[(X-\mu)^2]$

　　(C) $E[(X-C)^2] < E[(X-\mu)^2]$　　　　(D) $E[(X-C)^2] \geqslant E[(X-\mu)^2]$

　　解　因为对任何常数 C,根据方差的运算性质有

$$D(X-C) = D(X),$$

所以由公式 $E(X^2) = D(X) + [E(X)]^2$,得

$$\begin{aligned} E[(X-C)^2] &= D(X-C) + [E(X-C)]^2 \\ &= D(X) + [E(X) - C]^2 \geqslant D(X). \end{aligned}$$

又

$$\begin{aligned} E[(X-\mu)^2] &= D(X-\mu) + [E(X-\mu)^2] \\ &= D(X) + [E(X) - \mu]^2 = D(X). \end{aligned}$$

故选(D).

　　11. 对于任意两个随机变量 X 和 Y,若 $E(XY) = E(X)E(Y)$,则(　　).

　　(A) $D(XY) = D(X)D(Y)$　　　　　　(B) $D(X+Y) = D(X) + D(Y)$

　　(C) X 和 Y 相互独立　　　　　　　(D) X 和 Y 不相互独立

　　解　若 X, Y 相互独立,则有

$$E(XY) = E(X)E(Y), \quad D(X+Y) = D(X) + D(Y).$$

但是一般情形(非正态分布)下,其逆不成立.

　　由 $D(X) = E(X^2) - [E(X)]^2$ 及假设条件 $E(XY) = E(X)E(Y)$,有

$$\begin{aligned} D(X+Y) &= E[(X+Y)^2] - [E(X+Y)]^2 \\ &= E(X^2) + E(Y^2) + 2E(XY) - [E(X)]^2 - [E(Y)]^2 - 2E(X)E(Y) \\ &= E(X^2) - [E(X)]^2 + E(Y^2) - [E(Y)]^2 \\ &= D(X) + D(Y). \end{aligned}$$

故选(B).

　　12. 设随机变量 X 和 Y 独立同分布,记 $U = X - Y, V = X + Y$,则随机变量 U 和 V 必然
(　　).

　　(A) 不相互独立　　　　　　　　　　(B) 相互独立

(C) 相关系数不为零　　　　　　(D) 相关系数为零

解　根据题设 $D(X)=D(Y)$，又有
$$\text{cov}(X,X)=D(X),\quad \text{cov}(Y,Y)=D(Y),$$
从而
$$\begin{aligned}
\text{cov}(U,V)&=\text{cov}(X+Y,X-Y)\\
&=\text{cov}(X,X-Y)+\text{cov}(Y,X-Y)\\
&=\text{cov}(X,X)-\text{cov}(X,Y)+\text{cov}(Y,X)-\text{cov}(Y,Y)\\
&=D(X)-D(Y)=0,
\end{aligned}$$
因此 $\rho_{XY}=0$. 故选(D).

13. 设随机变量 X 和 Y 的方差存在且不等于 0，则 $D(X+Y)=D(X)+D(Y)$ 是 X 和 Y
(　　).

(A) 不相关的充分条件，但不是必要条件

(B) 相互独立的必要条件，但不是充分条件

(C) 不相关的充分必要条件

(D) 相互独立的充分必要条件

解　由于对任意两个随机变量 X 和 Y，有
$$D(X+Y)=D(X)+D(Y)+2\text{cov}(X,Y),$$
从而对任意两个随机变量 X 和 Y，
$$D(X+Y)=D(X)+D(Y)$$
成立的充分必要条件是 $\text{cov}(X,Y)=0$.

注意到，在 $D(X),D(Y)$ 存在，并且 $D(X)\neq0,D(Y)\neq0$ 的条件下，
$$\rho_{XY}=\frac{\text{cov}(X,Y)}{\sqrt{D(X)}\sqrt{D(Y)}},$$
所以此时 $D(X+Y)=D(X)+D(Y)$ 的充分必要条件是 $\rho_{XY}=0$，即在题设条件下，$D(X+Y)$
$=D(X)+D(Y)$ 是 X 和 Y 不相关的充分必要条件. 故选(C).

14. 设随机变量 X 与 Y 的二阶矩都存在，则随机变量 $\xi=X+Y$ 与 $\eta=X-Y$ 不相关的
充分必要条件是(　　).

(A) $E(X)=E(Y)$　　　　　　(B) $E(X^2)-[E(X)]^2=E(Y^2)-[E(Y)]^2$

(C) $E(X^2)=E(Y^2)$　　　　　(D) $E(X^2)+[E(X)]^2=E(Y^2)+[E(Y)]^2$

解　因为随机变量 X,Y 的协方差为
$$\text{cov}(X,Y)=E[(X-EX)(Y-EY)]=E(XY)-E(X)E(Y),$$
所以
$$\begin{aligned}
\text{cov}(\xi,\eta)&=E[(X+Y)(X-Y)]-E(X+Y)E(X-Y)\\
&=E(X^2)-E(Y^2)-[(EX)^2-(EY)^2].
\end{aligned}$$
由于随机变量 ξ,η 不相关的充分必要条件是 $\text{cov}(\xi,\eta)=0$，从而 ξ 与 η 不相关的充分必要条

件是

$$E(X^2) - [E(X)]^2 = E(Y^2) - [E(Y)]^2.$$

故选(B).

【综合题】

15. 设一汽车沿一街道行驶,需要通过 3 个均设有红绿信号灯的路口,其中每个信号灯为红或绿与其他信号灯为红或绿相互独立,且红绿两种信号显示的时间相等.以 X 表示该汽车首次遇到红灯前已通过的路口的个数.

(1) 求 X 的概率分布;

(2) 求 $E\left(\dfrac{1}{1+X}\right)$.

解 (1) 依题意可得 X 的分布列为

X	0	1	2	3
P	1/2	1/4	1/8	1/8

(2) 根据随机变量函数的数学期望公式得

$$E\left(\frac{1}{1+X}\right) = \frac{1}{2} + \frac{1}{2} \times \frac{1}{4} + \frac{1}{3} \times \frac{1}{8} + \frac{1}{4} \times \frac{1}{8} = \frac{67}{96}.$$

16. 假设有 10 个同种电器元件,其中有两个废品.装配仪器时,从这 10 个元件中任取一个,如是废品,则扔掉重新任取一个;如仍是废品,则扔掉再取一个.试求在取到正品之前,已取出的废品个数的分布、数学期望和方差.

解 以 X 表示在取到正品前已取出的废品数,X 是一随机变量,有三个可能的取值:0,1,2.

设 $A_k = \{$第 k 次取得的是正品$\}(i = 1,2,3)$,则有

$$P\{X=0\} = P(A_1) = \frac{8}{10} = \frac{4}{5},$$

$$P\{X=1\} = P(\overline{A}_1 A_2) = P(\overline{A}_1)P(A_2|\overline{A}_1) = \frac{2}{10} \times \frac{8}{9} = \frac{8}{45},$$

$$P\{X=2\} = P(\overline{A}_1 \overline{A}_2 A_3) = P(\overline{A}_1)P(\overline{A}_2|\overline{A}_1)P(A_3|\overline{A}_2\overline{A}_1)$$

$$= \frac{2}{10} \times \frac{1}{9} \times \frac{8}{8} = \frac{1}{45}.$$

由此可得离散型随机变量 X 的分布列:

X	0	1	2
P	4/5	8/45	1/45

根据定义,随机变量 X 的数学期望

$$\mathrm{E}(X) = 0 \times \frac{4}{5} + 1 \times \frac{8}{45} + 2 \times \frac{1}{45} = \frac{2}{9}.$$

又因为

$$\mathrm{E}(X^2) = 0^2 \times \frac{4}{5} + 1^2 \times \frac{8}{45} + 2^2 \times \frac{1}{45} = \frac{4}{15},$$

所以 X 的方差为

$$\mathrm{D}(X) = \mathrm{E}(X^2) - [\mathrm{E}(X)]^2 = \frac{88}{405}.$$

17. 假设一部机器在一天内发生故障的概率为 0.2,机器发生故障时全天停止工作. 若一周 5 个工作日里无故障,可获利润 10 万元;发生一次故障仍可获利润 5 万元;发生两次故障可获利润 0 万元;发生三次或三次以上故障就要亏损 2 万元.求一周内期望利润.

解　若以 X 表示一周 5 天内机器发生故障的天数,则 X 服从参数为 5,0.2 的二项分布,即 $X \sim B(5, 0.2)$. 由

$$P\{X = 0\} = 0.8^5 = 0.328,$$
$$P\{X = 1\} = \mathrm{C}_5^1 \times 0.2 \times 0.8^4 = 0.410,$$
$$P\{X = 2\} = \mathrm{C}_5^2 \times 0.2^2 \times 0.8^3 = 0.205,$$
$$P\{X \geqslant 3\} = 1 - P\{X = 0\} - P\{X = 1\} - P\{X = 2\} = 0.057$$

得 X 的分布列如下:

X	0	1	2	$\geqslant 3$
P	0.328	0.410	0.205	0.057

若以 Y 表示所获利润,则根据题设有

$$Y = g(X) = \begin{cases} 10, & X = 0, \\ 5, & X = 1, \\ 0, & X = 2, \\ -2, & X \geqslant 3. \end{cases}$$

于是,由随机变量函数的数学期望公式有

$$\mathrm{E}(Y) = \sum_k g(x_k) p_k$$
$$= 10 \times 0.328 + 5 \times 0.410 + 0 \times 0.205 - 2 \times 0.057 = 5.216,$$

即一周内期望利润是 5.216 万元.

18. 已知某流水生产线上每个产品不合格的概率为 $p(0 < p < 1)$,各产品合格与否相互独立,当出现一个不合格产品时即停机检修.设开机后第一次停机时已生产了的产品个数为 X,求 X 的数学期望 $\mathrm{E}(X)$ 和方差 $\mathrm{D}(X)$.

解　若记 $q = 1 - p$,则 X 的概率分布为

$$P\{X=k\}=q^{k-1}p \quad (k=1,2,\cdots),$$

即

X	1	2	$\cdots$	k	$\cdots$
P	p	qp	$\cdots$	$q^{k-1}p$	$\cdots$

从而

$$\mathrm{E}(X)=\sum_{k=1}^{\infty}x_kp_k=\sum_{k=1}^{\infty}kq^{k-1}p=\left(\sum_{k=1}^{\infty}q^k\right)'p$$

$$=p\left(\frac{q}{1-q}\right)'=\frac{p}{(1-q)^2}=\frac{1}{p},$$

$$\mathrm{E}(X^2)=\sum_{k=1}^{\infty}k^2q^{k-1}p=p\left[q\left(\sum_{k=1}^{\infty}q^k\right)'\right]'$$

$$=p\left(\frac{q}{(1-q)^2}\right)'=p\,\frac{(1-q)^2+2(1-q)q}{(1-q)^4}$$

$$=p\,\frac{1+q}{(1-q)^3}=\frac{1+q}{(1-q)^2}=\frac{2-p}{p^2},$$

故方差为

$$\mathrm{D}(X)=\mathrm{E}(X^2)-[\mathrm{E}(X)]^2=\frac{2-p}{p^2}-\frac{1}{p^2}=\frac{1-p}{p^2}.$$

19. 设随机变量 X 和 Y 同分布,X 的概率密度为

$$f(x)=\begin{cases}\dfrac{3}{8}x^2, & 0<x<2,\\[2mm] 0, & \text{其他.}\end{cases}$$

(1) 已知事件 $A=\{X>\alpha\}$ 和 $B=\{Y>\alpha\}$ 独立,且 $P(A\cup B)=\dfrac{3}{4}$,求常数 α;

(2) 求 $\dfrac{1}{X^2}$ 的数学期望.

解　(1) 由题设知

$$P(A)=P(B), \quad P(AB)=P(A)P(B),$$

$$P(A\cup B)=P(A)+P(B)-P(AB)=2P(A)-[P(A)]^2=\frac{3}{4},$$

所以 $P(A)=\dfrac{1}{2}$. 又根据题设有

$$\frac{1}{2}=P(A)=P\{X>\alpha\}=\int_{\alpha}^{+\infty}f(x)\mathrm{d}x=\frac{3}{8}\int_{\alpha}^{2}x^2\mathrm{d}x$$

$$=\frac{x^3}{8}\Big|_{\alpha}^{2}=\frac{1}{8}(8-\alpha^3),$$

于是 $\alpha = \sqrt[3]{4}$.

(2) 由随机变量函数的数学期望的计算公式,有

$$E\left(\frac{1}{X^2}\right) = \int_{-\infty}^{+\infty} \frac{1}{x^2} f(x) \mathrm{d}x = \frac{3}{8} \int_0^2 \frac{1}{x^2} x^2 \mathrm{d}x = \frac{3}{8} x \Big|_0^2 = \frac{3}{4}.$$

20. 假设由自动线加工的某种零件的内径 X(单位:mm)服从正态分布 $N(\mu,1)$,内径小于 10 mm 或大于 12 mm 的为不合格品,其余为合格品.销售每件合格品获利,销售每件不合格品亏损,已知销售利润 T(单位:元)与销售零件的内径 X 有如下关系:

$$T = \begin{cases} -1, & X < 10, \\ 20, & 10 \leqslant X \leqslant 12, \\ -5, & X > 12. \end{cases}$$

问平均内径 μ 取何值时,销售一个零件的平均利润最大?

解 由条件知,平均利润为

$$E(T) = 20P\{10 \leqslant X \leqslant 12\} - P\{X < 10\} - 5P\{X > 12\}$$
$$= 20[\Phi(12-\mu) - \Phi(10-\mu)] - \Phi(10-\mu) - 5[1 - \Phi(12-\mu)]$$
$$= 25\Phi(12-\mu) - 21\Phi(10-\mu) - 5,$$

其中 $\Phi(x)$ 是标准正态分布函数.设 $\varphi(x)$ 为标准正态密度,则有

$$\frac{\mathrm{d}E(T)}{\mathrm{d}\mu} = -25\varphi(12-\mu) + 21\varphi(10-\mu).$$

令其等于 0,得

$$\frac{-25}{\sqrt{2\pi}} e^{-\frac{(12-\mu)^2}{2}} + \frac{21}{\sqrt{2\pi}} e^{-\frac{(10-\mu)^2}{2}} = 0, \quad \text{即} \quad 25 e^{-\frac{(12-\mu)^2}{2}} = 21 e^{-\frac{(10-\mu)^2}{2}}.$$

由此得

$$\mu = 11 - \frac{1}{2}\ln\frac{25}{21} \approx 10.9.$$

由题意知,当 $\mu \approx 10.9$ mm 时,平均利润最大.

21. 设某种商品每周的需求量 X 是服从区间 $[10,30]$ 上均匀分布的随机变量,而经销商店进货数量为区间 $[10,30]$ 中的某一整数.商店每销售 1 单位商品可获得 500 元;若供大于求则削价处理,每处理 1 单位商店的亏损 100 元;若供不应求,则可从外部调剂供应,此时每 1 单位商品仅获得 300 元.为使所获利润期望值不少于 9280 元,试确定商品最少进货量.

解 根据题设,随机变量 X 的概率密度为

$$f_X(x) = \begin{cases} \dfrac{1}{20}, & 10 \leqslant x \leqslant 30, \\ 0, & \text{其他}. \end{cases}$$

设进货数量为 a,则利润为

$$Z = \begin{cases} 500X - (a-X)100, & 10 \leqslant X \leqslant a, \\ 500a + (X-a)300, & a < X \leqslant 30, \end{cases}$$

$$= \begin{cases} 600X - 100a, & 10 \leqslant X \leqslant a, \\ 300X + 200a, & a < X \leqslant 30, \end{cases}$$

期望利润

$$E(Z) = \int_{-\infty}^{+\infty} z f_X(x) \mathrm{d}x = \int_{10}^{30} \frac{1}{20} z \mathrm{d}x$$

$$= \frac{1}{20} \int_{10}^{a} (600x - 100a) \mathrm{d}x + \frac{1}{20} \int_{a}^{30} (300x + 200a) \mathrm{d}x$$

$$= \frac{1}{20} (300x^2 - 100ax) \Big|_{10}^{a} + \frac{1}{20} (150x^2 + 200ax) \Big|_{a}^{30}$$

$$= -7.5a^2 + 350a + 5250.$$

依题意,要

$$-7.5a^2 + 350a + 5250 \geqslant 9280,$$

即

$$7.5a^2 - 350a + 4030 \leqslant 0, \quad (3a - 62)(2.5a - 65) \leqslant 0,$$

于是,有

$$3a - 62 \geqslant 0, \quad 2.5a - 65 \leqslant 0,$$

即

$$a \geqslant \frac{62}{3} = 20\frac{2}{3}, \quad a \leqslant \frac{65}{2.5} = 26,$$

从而 $20\frac{2}{3} \leqslant a \leqslant 26$. 故要使利润期望值不少于 9280 元的最小进货量为 21 单位.

22. 设 ξ, η 是相互独立且服从同一分布的两个随机变量,已知 ξ 的分布列为

$$P\{\xi = i\} = \frac{1}{3} \quad (i = 1, 2, 3),$$

又设 $X = \max\{\xi, \eta\}, Y = \min\{\xi, \eta\}$.

(1) 写出二维随机变量 (X, Y) 的分布列;

(2) 求随机变量 X 的数学期望 $E(X)$.

解　(1) 由题设 $X = \max\{\xi, \eta\}, Y = \min\{\xi, \eta\}$,知 X 与 Y 的可能取值均为 $1, 2, 3$,且有

$$\{X = 1, Y = 1\} = \{\xi = 1, \eta = 1\},$$
$$\{X = 2, Y = 1\} = \{\xi = 2, \eta = 1\} + \{\xi = 1, \eta = 2\},$$
$$\{X = 3, Y = 1\} = \{\xi = 3, \eta = 1\} + \{\xi = 1, \eta = 3\},$$
$$\{X = 1, Y = 2\} = \varnothing, \quad \{X = 2, Y = 2\} = \{\xi = 2, \eta = 2\},$$
$$\{X = 3, Y = 2\} = \{\xi = 3, \eta = 2\} + \{\xi = 2, \eta = 3\},$$
$$\{X = 1, Y = 3\} = \varnothing, \quad \{X = 2, Y = 3\} = \varnothing,$$
$$\{X = 3, Y = 3\} = \{\xi = 3, \eta = 3\},$$

于是由 ξ, η 的独立性,得

$$P\{X=1, Y=1\} = P\{\xi=1\}P\{\eta=1\} = \frac{1}{9},$$

$$P\{X=2, Y=1\} = P\{\xi=2\}P\{\eta=1\} + P\{\xi=1\}P\{\eta=2\} = \frac{2}{9},$$

$$P\{X=3, Y=1\} = P\{\xi=3\}P\{\eta=1\} + P\{\xi=1\}P\{\eta=3\} = \frac{2}{9},$$

$$P\{X=1, Y=2\} = 0,$$

$$P\{X=2, Y=2\} = P\{\xi=2\}P\{\eta=2\} = \frac{1}{9},$$

$$P\{X=3, Y=2\} = P\{\xi=3\}P\{\eta=2\} + P\{\xi=2\}P\{\eta=2\} = \frac{2}{9},$$

$$P\{X=1, Y=3\} = 0, \quad P\{X=2, Y=3\} = 0,$$

$$P\{X=3, Y=3\} = P\{\xi=3\}P\{\eta=3\} = \frac{1}{9},$$

即二维随机变量(X,Y)的分布列如下：

Y \ X	1	2	3
1	1/9	2/9	2/9
2	0	1/9	2/9
3	0	0	1/9

（2）由随机变量(X,Y)的联合分布列得到 X 的边缘分布列如下：

X	1	2	3
P	1/9	3/9	5/9

于是所求

$$E(X) = \sum_{i=1}^{3} x_i p_i = 1 \times \frac{1}{9} + 2 \times \frac{3}{9} + 3 \times \frac{5}{9} = \frac{22}{9}.$$

23. 假设二维随机变量(X,Y)在矩形 $G = \{(x,y) \mid 0 \leqslant x \leqslant 2, 0 \leqslant y \leqslant 1\}$ 上服从均匀分布，又记

$$U = \begin{cases} 0, & \text{若 } X \leqslant Y, \\ 1, & \text{若 } X > Y, \end{cases} \qquad V = \begin{cases} 0, & \text{若 } X \leqslant 2Y, \\ 1, & \text{若 } X > 2Y. \end{cases}$$

（1）求 U 和 V 的联合分布；

（2）求 U 和 V 的相关系数 r。

解 （1）由题设知，求 U, V 的联合分布就是求下表中各元素 c_{ij} 的数值：

V U	0	1
0	c_{11}	c_{12}
1	c_{21}	c_{22}

根据题设,二维随机变量(X,Y)的联合概率密度为

$$f(x,y) = \begin{cases} \dfrac{1}{2}, & 0 \leqslant x \leqslant 2, 0 \leqslant y \leqslant 1, \\ 0, & \text{其他}, \end{cases}$$

于是

$$c_{11} = P\{U=0, V=0\} = P\{X \leqslant Y, X \leqslant 2Y\} = P\{X \leqslant Y\}$$

$$= \int_{-\infty}^{+\infty} \mathrm{d}y \int_{-\infty}^{y} f(x,y)\mathrm{d}x = \int_{0}^{1} \mathrm{d}y \int_{0}^{y} \frac{1}{2}\mathrm{d}x = \frac{1}{2}\int_{0}^{1} y\mathrm{d}y = \frac{1}{4},$$

$$c_{21} = P\{U=1, V=0\} = P\{X > Y, X \leqslant 2Y\}$$

$$= P\{Y < X \leqslant 2Y\} = \int_{0}^{1} \mathrm{d}x \int_{\frac{x}{2}}^{x} \frac{1}{2}\mathrm{d}y + \int_{1}^{2} \mathrm{d}x \int_{\frac{x}{2}}^{1} \frac{1}{2}\mathrm{d}y$$

$$= \frac{1}{2}\int_{0}^{1} \left(x - \frac{x}{2}\right)\mathrm{d}x + \frac{1}{2}\int_{1}^{2} \left(1 - \frac{x}{2}\right)\mathrm{d}x = \frac{1}{8} + \frac{1}{8} = \frac{1}{4},$$

$$c_{12} = P\{U=0, V=1\} = P\{X \leqslant Y, X > 2Y\} = 0,$$

$$c_{22} = P\{U=1, V=1\} = P\{X > Y, X > 2Y\}$$

$$= P\{X > 2Y\} = \int_{0}^{2} \mathrm{d}x \int_{0}^{\frac{x}{2}} \frac{1}{2}\mathrm{d}y = \frac{1}{2}\int_{0}^{2} \frac{x}{2}\mathrm{d}x = \frac{1}{8}x^2 \Big|_{0}^{2} = \frac{1}{2},$$

从而得到U和V的联合分布如下:

V U	0	1
0	1/4	0
1	1/4	1/2

（2）由联合分布表可得U,V的边缘分布分别为

U	0	1
P	1/4	3/4

V	0	1
P	1/2	1/2

从而有

$$\mathrm{E}(U) = \frac{3}{4}, \quad \mathrm{D}(U) = \frac{3}{4} \times \left(1 - \frac{3}{4}\right) = \frac{3}{4} \times \frac{1}{4} = \frac{3}{16},$$

$$\mathrm{E}(V) = \frac{1}{2}, \quad \mathrm{D}(V) = \frac{1}{2} \times \frac{1}{2} = \frac{1}{4}.$$

又 $\quad \mathrm{E}(UV) = 0 \times 0 \times \dfrac{1}{4} + 0 \times 1 \times 0 + 1 \times 0 \times \dfrac{1}{4} + 1 \times 1 \times \dfrac{1}{2} = \dfrac{1}{2},$

于是

$$\mathrm{cov}(U,V) = \mathrm{E}(UV) - \mathrm{E}(U)\mathrm{E}(V) = \dfrac{1}{2} - \dfrac{3}{8} = \dfrac{1}{8},$$

$$r = \rho_{UV} = \dfrac{\mathrm{cov}(U,V)}{\sqrt{\mathrm{D}(U)\mathrm{D}(V)}} = \dfrac{\dfrac{1}{8}}{\sqrt{\dfrac{3}{16} \times \dfrac{1}{4}}} = \dfrac{1}{\sqrt{3}} = \dfrac{\sqrt{3}}{3}.$$

24. 设有两台同样的自动记录仪,每台无故障工作的时间服从参数为 5 的指数分布. 工作时首先开动其中一台,当其发生故障时停用而另一台自行开动. 试求两台记录仪无故障工作的总时间 T 的概率密度 $f(t)$,数学期望和方差.

解 以 X_1 和 X_2 表示先后开动的记录仪无故障工作的时间,则 $T = X_1 + X_2$. 由条件知 $X_k(k=1,2)$ 的概率密度为

$$f_{X_k}(t) = \begin{cases} 5\mathrm{e}^{-5t}, & t > 0, \\ 0, & t \leqslant 0 \end{cases} \quad (k = 1,2).$$

两台仪器无故障工作时间 X_1 和 X_2 显然相互独立,利用两独立随机变量和的概率密度公式 $f(t) = \displaystyle\int_{-\infty}^{+\infty} f_{X_1}(x) f_{X_2}(t-x)\mathrm{d}x$ 求 T 的概率密度.

当 $t \leqslant 0$ 时,$f_{X_k}(t) = 0 (k=1,2)$,于是

$$f(t) = \int_0^{+\infty} f_{X_1}(x) f_{X_2}(t-x)\mathrm{d}x.$$

而当 $t \leqslant 0, x \in (0, +\infty)$ 时,因为 $f_{X_2}(t-x) = 0$,所以当 $t \leqslant 0$ 时,有

$$f(t) = \int_0^{+\infty} f_{X_1}(x) f_{X_2}(t-x)\mathrm{d}x = 0.$$

当 $t > 0$ 时,有

$$f(t) = \int_0^{+\infty} f_{X_1}(x) f_{X_2}(t-x)\mathrm{d}x = 25\int_0^t \mathrm{e}^{-5x}\mathrm{e}^{-5(t-x)}\mathrm{d}x = 25t\mathrm{e}^{-5t}.$$

从而得

$$f(t) = \begin{cases} 25t\mathrm{e}^{-5t}, & t > 0, \\ 0, & t \leqslant 0. \end{cases}$$

又 $X_k(k=1,2)$ 服从参数为 $\lambda = 5$ 的指数分布,从而有

$$\mathrm{E}(X_k) = \dfrac{1}{5}, \quad \mathrm{D}(X_k) = \dfrac{1}{25} \quad (k = 1,2).$$

由数学期望和方差的性质有

$$\mathrm{E}(T) = \mathrm{E}(X_1 + X_2) = \mathrm{E}(X_1) + \mathrm{E}(X_2) = \dfrac{2}{5},$$

$$D(T) = D(X_1 + X_2) = D(X_1) + D(X_2) = \frac{2}{25}.$$

25. 设二维随机变量 (X,Y) 在区域 $D:\ 0<x<1,|y|<x$ 内服从均匀分布,求关于 X 的边缘概率密度及随机变量 $Z=2X+1$ 的方差 $D(Z)$.

解　根据题设 (X,Y) 的联合概率密度是

$$f(x,y) = \begin{cases} 1, & 0<x<1,|y|<x, \\ 0, & 其他. \end{cases}$$

关于 X 的边缘概率密度是

$$f_X(x) = \int_{-\infty}^{+\infty} f(x,y)\mathrm{d}y.$$

当 $0<x<1$ 时,$f_X(x) = \int_{-x}^{x} \mathrm{d}y = 2x$;当 $x<0$ 或 $x>1$ 时,$f(x,y)=0$,即 $f_X(x)=0$. 于是有

$$f_X(x) = \begin{cases} 2x, & 0<x<1, \\ 0, & 其他. \end{cases}$$

从而

$$E(X) = \int_{-\infty}^{+\infty} x f_X(x)\mathrm{d}x = \int_0^1 2x^2 \mathrm{d}x = \frac{2}{3},$$

$$E(X^2) = \int_{-\infty}^{+\infty} x^2 f_X(x)\mathrm{d}x = \int_0^1 2x^3 \mathrm{d}x = \frac{1}{2},$$

$$D(X) = E(X^2) - [E(X)]^2 = \frac{1}{2} - \frac{4}{9} = \frac{1}{18},$$

故

$$D(Z) = D(2X+1) = 4D(X) = \frac{4}{18} = \frac{2}{9}.$$

26. 已知一商店经销某种商品,该种商品每周进货的数量 X 与需求量 Y 是相互独立的随机变量,且都服从区间 $[10,20]$ 上的均匀分布.商店每售出 1 单位商品可得利润 1000 元;若需求量超过了进货量,商店可从其他商店调剂供应,这时 1 单位商品获利润 500 元.试计算此商店经销该种商品每周所得利润的期望值.

解　由题设,X 与 Y 的联合概率密度为

$$f(x,y) = \begin{cases} \dfrac{1}{100}, & 10 \leqslant x \leqslant 20, 10 \leqslant y \leqslant 20, \\ 0, & 其他. \end{cases}$$

设 Z 表示商店每周所得的利润,则

$$Z = g(X,Y) = \begin{cases} 1000Y, & Y \leqslant X, \\ 1000X + 500(Y-X) = 500(X+Y), & Y > X. \end{cases}$$

由数学期望公式,并根据图 3-1,有

$$E(Z) = \int_{-\infty}^{+\infty}\int_{-\infty}^{+\infty} g(x,y)f(x,y)\mathrm{d}x\mathrm{d}y$$

$$= \iint\limits_{D_1} 1000y \times \frac{1}{100}\mathrm{d}x\mathrm{d}y + \iint\limits_{D_2} 500(x+y) \times \frac{1}{100}\mathrm{d}x\mathrm{d}y$$

$$= 10\int_{10}^{20}\mathrm{d}y\int_y^{20} y\mathrm{d}x + 5\int_{10}^{20}\mathrm{d}y\int_{10}^{y}(x+y)\mathrm{d}x$$

$$= 10\int_{10}^{20} y(20-y)\mathrm{d}y + 5\int_{10}^{20}\left(\frac{3}{2}y^2 - 10y - 50\right)\mathrm{d}y$$

$$= \frac{20000}{3} + 5 \times 1500 \approx 14166.67,$$

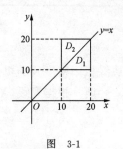

图 3-1

即商店经销该种商品每周所得利润的期望值约为 14166.67 元.

27. 设随机变量 X 的概率密度为

$$f(x) = \frac{1}{2}\mathrm{e}^{-|x|}, \quad -\infty < x < +\infty.$$

(1) 求 X 的数学期望 $E(X)$ 和方差 $D(X)$;

(2) 求 X 与 $|X|$ 的协方差,并问 X 与 $|X|$ 是否不相关?

(3) 问 X 与 $|X|$ 是否相互独立? 为什么?

解 (1) 根据数学期望和方差的定义有

$$E(X) = \int_{-\infty}^{+\infty} xf(x)\mathrm{d}x = \frac{1}{2}\int_{-\infty}^{+\infty} x\mathrm{e}^{-|x|}\mathrm{d}x = 0,$$

$$D(X) = \int_{-\infty}^{+\infty}[x - E(x)]^2 f(x)\mathrm{d}x = \int_{-\infty}^{+\infty} x^2 f(x)\mathrm{d}x$$

$$= \int_0^{+\infty} x^2 \mathrm{e}^{-x}\mathrm{d}x = 2.$$

(2) 由协方差公式,有

$$\mathrm{cov}(X, |X|) = E(X|X|) - E(X)E(|X|)$$

$$= E(X|X|) = \int_{-\infty}^{+\infty} x|x|f(x)\mathrm{d}x = 0,$$

于是有 $\rho_{X|X|} = \dfrac{\mathrm{cov}(X, |X|)}{\sqrt{D(X)}\sqrt{D(|X|)}} = 0$,故 X 与 $|X|$ 不相关.

(3) 对给定 $0 < a < +\infty$,显然事件 $\{|X| < a\}$ 包含在事件 $\{X < a\}$ 中,且

$$P\{X < a\} < 1, \quad P\{|X| < a\} > 0,$$

于是

$$P\{X < a, |X| < a\} = P\{|X| < a\},$$

$$P\{X < a\}P\{|X| < a\} < P\{|X| < a\},$$

所以

$$P\{X < a, |X| < a\} \neq P\{X < a\} \cdot P\{|X| < a\},$$

故 $|X|$ 与 X 不相互独立.

28. 设二维随机变量 (X,Y) 的概率密度为

$$f(x,y) = \frac{1}{2}[\varphi_1(x,y) + \varphi_2(x,y)],$$

其中 $\varphi_1(x,y)$ 和 $\varphi_2(x,y)$ 都是二维正态概率密度,且它们对应的二维随机变量的相关系数分别为 $\frac{1}{3}$ 和 $-\frac{1}{3}$,它们的边缘概率密度所对应的随机变量的数学期望都是零,方差都是 1.

(1) 求随机变量 X 和 Y 的概率密度 $f_X(x)$ 和 $f_Y(y)$,及 X 和 Y 的相关系数 ρ(可以直接利用二维正态概率密度的性质).

(2) 问 X 和 Y 是否相互独立? 为什么?

解　(1) 由题设知,$\varphi_1(x,y),\varphi_2(x,y)$ 的边缘概率密度都是标准正态概率密度,即

$$\int_{-\infty}^{+\infty}\varphi_1(x,y)\mathrm{d}y = \frac{1}{\sqrt{2\pi}}\mathrm{e}^{-\frac{x^2}{2}}, \quad \int_{-\infty}^{+\infty}\varphi_1(x,y)\mathrm{d}x = \frac{1}{\sqrt{2\pi}}\mathrm{e}^{-\frac{y^2}{2}},$$

$$\int_{-\infty}^{+\infty}\varphi_2(x,y)\mathrm{d}y = \frac{1}{\sqrt{2\pi}}\mathrm{e}^{-\frac{x^2}{2}}, \quad \int_{-\infty}^{+\infty}\varphi_2(x,y)\mathrm{d}x = \frac{1}{\sqrt{2\pi}}\mathrm{e}^{-\frac{y^2}{2}},$$

从而

$$f_X(x) = \int_{-\infty}^{+\infty}f(x,y)\mathrm{d}y = \frac{1}{2}\left[\int_{-\infty}^{+\infty}\varphi_1(x,y)\mathrm{d}y + \int_{-\infty}^{+\infty}\varphi_2(x,y)\mathrm{d}y\right] = \frac{1}{\sqrt{2\pi}}\mathrm{e}^{-\frac{x^2}{2}}.$$

同理

$$f_Y(y) = \int_{-\infty}^{+\infty}f(x,y)\mathrm{d}x = \frac{1}{\sqrt{2\pi}}\mathrm{e}^{-\frac{y^2}{2}},$$

即 $X \sim N(0,1), Y \sim N(0,1)$. 可见

$$\mathrm{E}(X) = \mathrm{E}(Y) = 0, \quad \mathrm{D}(X) = \mathrm{D}(Y) = 1.$$

因为随机变量 X 和 Y 的相关系数为

$$\rho = \int_{-\infty}^{+\infty}\int_{-\infty}^{+\infty}xyf(x,y)\mathrm{d}x\mathrm{d}y - \mathrm{E}(X)\mathrm{E}(Y)$$

$$= \frac{1}{2}\left[\int_{-\infty}^{+\infty}\int_{-\infty}^{+\infty}xy\varphi_1(x,y)\mathrm{d}x\mathrm{d}y + \int_{-\infty}^{+\infty}\int_{-\infty}^{+\infty}xy\varphi_2(x,y)\mathrm{d}x\mathrm{d}y\right]$$

$$= \frac{1}{2}\left(\frac{1}{3} - \frac{1}{3}\right) = 0,$$

所以 X 与 Y 不相关,即没有线性关系.

(2) 由题设,假设

$$\varphi_1(x,y) = \frac{3}{4\pi\sqrt{2}}\mathrm{e}^{-\frac{9}{16}\left(x^2 - \frac{2}{3}xy + y^2\right)}, \quad \varphi_2(x,y) = \frac{3}{4\pi\sqrt{2}}\mathrm{e}^{-\frac{9}{16}\left(x^2 + \frac{2}{3}xy + y^2\right)},$$

于是

$$f(x,y) = \frac{3}{8\pi\sqrt{2}}\left[\mathrm{e}^{-\frac{9}{16}\left(x^2 - \frac{2}{3}xy + y^2\right)} + \mathrm{e}^{-\frac{9}{16}\left(x^2 + \frac{2}{3}xy + y^2\right)}\right],$$

$$f_X(x)f_Y(y) = \frac{1}{2\pi}e^{-\frac{x^2+y^2}{2}},$$

故 $f(x,y) \neq f_X(x)f_Y(y)$，所以 X 与 Y 不相互独立.

29. 设随机变量 X 的概率密度为

$$f_X(x) = \begin{cases} \dfrac{1}{2}, & -1 < x < 0, \\ \dfrac{1}{4}, & 0 \leqslant x < 2, \\ 0, & \text{其他.} \end{cases}$$

令 $Y = X^2$，$F(x,y)$ 为二维随机变量 (X,Y) 的分布函数. 求:

(1) Y 的概率密度 $f_Y(y)$； (2) $\text{cov}(X,Y)$；

(3) $F\left(-\dfrac{1}{2}, 4\right)$.

解 (1) Y 的分布函数为

$$F_Y(y) = P\{Y \leqslant y\} = P\{X^2 \leqslant y\}.$$

当 $y \leqslant 0$ 时，$F_Y(y) = 0, f_Y(y) = 0$；

当 $0 < y < 1$ 时，

$$F_Y(y) = P\{-\sqrt{y} \leqslant X \leqslant \sqrt{y}\} = P\{-\sqrt{y} \leqslant X < 0\} + P\{0 \leqslant X \leqslant \sqrt{y}\}$$

$$= \int_{-\sqrt{y}}^{0} \frac{1}{2}\mathrm{d}x + \int_{0}^{\sqrt{y}} \frac{1}{4}\mathrm{d}x = \frac{3}{4}\sqrt{y},$$

$$f_Y(y) = \frac{3}{8\sqrt{y}};$$

当 $1 \leqslant y < 4$ 时，

$$F_Y(y) = P\{-1 \leqslant X < 0\} + P\{0 \leqslant X \leqslant \sqrt{y}\}$$

$$= \int_{-1}^{0} \frac{1}{2}\mathrm{d}x + \int_{0}^{\sqrt{y}} \frac{1}{4}\mathrm{d}x = \frac{1}{2} + \frac{1}{4}\sqrt{y},$$

$$f_Y(y) = \frac{1}{8\sqrt{y}};$$

当 $y \geqslant 4$ 时，$F_Y(y) = 1, f_Y(y) = 0$.

综上所述，Y 的概率密度为

$$f_Y(y) = \begin{cases} \dfrac{3}{8\sqrt{y}}, & 0 < y < 1, \\ \dfrac{1}{8\sqrt{y}}, & 1 \leqslant y < 4, \\ 0, & \text{其他.} \end{cases}$$

(2) $\mathrm{E}(X) = \int_{-\infty}^{+\infty} x f_X(x)\mathrm{d}x = \int_{-1}^{0} \frac{1}{2}x\mathrm{d}x + \int_{0}^{2} \frac{1}{4}x\mathrm{d}x = \frac{1}{4}$,

$\mathrm{E}(Y) = \mathrm{E}(X^2) = \int_{-\infty}^{+\infty} x^2 f_X(x)\mathrm{d}x = \int_{-1}^{0} \frac{1}{2}x^2\mathrm{d}x + \int_{0}^{2} \frac{1}{4}x^2\mathrm{d}x = \frac{5}{6}$,

$\mathrm{E}(XY) = \mathrm{E}(X^3) = \int_{-\infty}^{+\infty} x^3 f_X(x)\mathrm{d}x = \int_{-1}^{0} \frac{1}{2}x^3\mathrm{d}x + \int_{0}^{2} \frac{1}{4}x^3\mathrm{d}x = \frac{7}{8}$,

故　　　　　　　$\mathrm{cov}(X,Y) = \mathrm{E}(XY) - \mathrm{E}(X)\mathrm{E}(Y) = \frac{2}{3}.$

(3) $F\left(-\frac{1}{2}, 4\right) = P\left\{X \leqslant -\frac{1}{2}, Y \leqslant 4\right\} = P\left\{X \leqslant -\frac{1}{2}, X^2 \leqslant 4\right\}$

$= P\left\{X \leqslant -\frac{1}{2}, -2 \leqslant X \leqslant 2\right\} = P\left\{-2 \leqslant X \leqslant -\frac{1}{2}\right\}$

$= P\left\{-1 < X \leqslant -\frac{1}{2}\right\} = \int_{-1}^{-\frac{1}{2}} \frac{1}{2}\mathrm{d}x = \frac{1}{4}.$

自 测 题 三

1. 设一批零件中有 9 个合格品, 3 个次品. 在安装机器时从这批零件中任取一个, 如果每次取出的是次品就不再放回去, 求在取得合格品前, 已经取出的次品个数的期望及方差.

2. 由统计物理学知道, 气体分子运动的速率 X 服从麦克斯威尔分布, 其概率密度函数为

$$f(x) = \begin{cases} \dfrac{4x^2}{a^3\sqrt{\pi}}\mathrm{e}^{-\frac{x^2}{a^2}}, & x > 0, \\ 0, & x \leqslant 0, \end{cases}$$

这里, a 是参数, 且 $a > 0$. 试求分子运动速率 X 的期望及方差.

3. 已知自动生产线在调整之后出现次品的概率为 p. 生产中若出现次品立即进行调整, 求两次调整之间生产的合格品数的数学期望及方差.

4. 已知连续型随机变量 X 的概率密度为

$$f(x) = \frac{1}{\sqrt{\pi}}\mathrm{e}^{-x^2+2x+1},$$

试求 X 的数学期望及方差.

5. 设 X 是随机变量, C 为常数且 $C \neq \mathrm{E}(X)$, 试证明:

$$\mathrm{D}(X) < \mathrm{E}(X-C)^2.$$

6. 设某校车上有 50 名职工, 校车自校门开出, 共有 10 个停车点. 如果某停车点没人下车, 则不停车. 若每位职工在每个停车点下车是等可能的, 以 X 表示停车次数, 试求 X 的数学期望.

7. 设随机变量 X 与 Y 相互独立, 且 $X \sim N(0,\sigma^2)$, $Y \sim N(0,\sigma^2)$, 求 $\mathrm{E}(\sqrt{X^2+Y^2})$, $\mathrm{D}(\sqrt{X^2+Y^2})$.

8. 设随机变量 X 的概率密度为

$$f(x) = \begin{cases} ax^2 + bx + c, & 0 < x < 1, \\ 0, & \text{其他}, \end{cases}$$

并且已知 $\mathrm{E}(X) = 0.5$, $\mathrm{D}(X) = 0.15$, 求常数 a, b, c.

9. 掷两颗骰子,设 X 表示第一颗出现的点数,Y 表示两颗中出现的较大的点数,试求:
(1) $E(X)$ 及 $D(X)$; (2) $E(Y)$ 及 $D(Y)$.

10. 设随机变量 X 与 Y 相互独立,且它们的概率密度分别为

$$f_X(x) = \begin{cases} 2xe^{-x^2}, & x > 0, \\ 0, & x \leqslant 0, \end{cases} \qquad f_Y(y) = \begin{cases} 2ye^{-y^2}, & y > 0, \\ 0, & y \leqslant 0, \end{cases}$$

试求 $Z = \sqrt{X^2 + Y^2}$ 的均值.

11. 设随机变量 X 与 Y 相互独立,且它们的密度函数分别为

$$f_X(x) = \begin{cases} 2x, & 0 \leqslant x \leqslant 1, \\ 0, & \text{其他}, \end{cases} \qquad f_Y(y) = \begin{cases} e^{-(y-5)}, & y > 5, \\ 0, & y \leqslant 5, \end{cases}$$

试求 $Z = XY$ 的数学期望 $E(XY)$.

12. 已知随机变量 X 与 Y 的方差及相关系数分别为 $D(X) = 25, D(Y) = 36, \rho_{XY} = 0.4$,试求 $D(X+Y)$ 及 $D(X-Y)$.

13. 设随机变量 X 与 Y 之间存在线性关系:$Y = a + bX$,这里 a, b 为常数,且 $b \neq 0$.试证明:X 与 Y 之间的相关系数为

$$\rho_{XY} = \begin{cases} \cdot 1, & b > 0, \\ -1, & b < 0. \end{cases}$$

14. 设随机变量 X 与 Y 相互独立,且 $E(X) = E(Y) = 0, D(X) = D(Y) = 1$,求数学期望 $E[(X+Y)^2]$.

15. 设随机变量 X 与 Y 相互独立,并且都服从正态分布 $N(\mu, \sigma^2)$.令 $\xi = aX + bY, \eta = aX - bY$,这里,$a, b$ 为常数.试求 ξ 与 η 的相关系数.

16. 设随机变量 X 表示由四个数字 $1, 2, 3, 4$ 中任意选取的数字,随机变量 Y 表示由其中任意选的不小于 X 的数字,试求 $E(X), E(Y), D(X), D(Y), \sigma_{XY}$ 及 ρ_{XY}.

17. 独立试验序列中,设事件 A 在各次试验中发生的概率为 p.求事件 A 发生 n 次时已进行的试验次数的数学期望.

18. 记一个工人负责 n 台同一类型机床的维修.这 n 台机床从左到右排列在一条直线上,相邻两台之间的距离都等于 a,工人对某一台机床检修完毕,再到另一台将要求检修的机床去进行检修.假定 n 台机床中任何一台机床发生故障的概率相等,且相互独立.试计算这个工人检修一台机床要走的平均路程.

19. 设有 5 个相互独立的电子装置,它们的寿命 $X_i (i = 1, 2, \cdots, 5)$ 都服从参数为 λ 的指数分布.
(1) 如果将它们串联成整机,则其中任一装置发生故障,整机就不能工作;
(2) 如果将它们并联成整机,则当所有装置都发生故障时,整机才不能工作.
在上述两种情况下,分别求整机寿命的数学期望.

第四章　大数定律与中心极限定理

大数定律与中心极限定理的研究,在概率论的发展中占有重要地位,是概率论成为一门成熟的数学学科的重要标志之一,而且仍然是现代概率论的重要研究方向之一.

大数定律的研究具有重要理论意义,是关于频率稳定性和大量观测结果平均水平稳定性的数学定理;而中心极限定理,是在一定条件下关于"大量随机变量之和的极限分布是正态分布"的一系列定理的总称. 极限定理研究的是随机变量序列的收敛性,对于随机变量序列的收敛性的不同定义,就导致了不同的极限定理.

一、内容精讲与学习要求

【内容精讲】

1. 大数定律

大数定律阐述了在什么条件下,我们可以将概率接近 0 的事件或概率接近 1 的事件,分别看做是"实际上的不可能事件"或"实际上的必然事件".

切比雪夫不等式　设随机变量 X 存在期望值 $\mathrm{E}(X)$ 和方差 $\mathrm{D}(X)$,则对任给的 $\varepsilon > 0$,总有

$$P\{|X - \mathrm{E}(X)| \geqslant \varepsilon\} \leqslant \frac{\mathrm{D}(X)}{\varepsilon^2}, \quad \text{亦即} \quad P\{|X - \mathrm{E}(X)| < \varepsilon\} \geqslant 1 - \frac{\mathrm{D}(X)}{\varepsilon^2}.$$

由此可见,方差 $\mathrm{D}(X)$ 越小,则概率 $P\{|X - \mathrm{E}(X)| < \varepsilon\}$ 越大,即表明随机变量 X 的取值集中程度较高.

切比雪夫大数定律　设 $X_1, X_2, \cdots, X_i, \cdots$ 是相互独立的随机变量序列,各存在数学期望 $\mathrm{E}(X_1), \cdots, \mathrm{E}(X_i), \cdots$ 及方差 $\mathrm{D}(X_1), \cdots, \mathrm{D}(X_i), \cdots$,并对所有的 $i = 1, 2, \cdots$,有 $\mathrm{D}(X_i) < L$(L 为常数). 令前 n 个随机变量的算术平均值为

$$\overline{X}_n = \frac{1}{n} \sum_{i=1}^{n} X_i,$$

则对任给的 $\varepsilon > 0$,有

$$\lim_{n \to \infty} P\left\{ \left| \overline{X}_n - \frac{1}{n} \sum_{i=1}^{n} \mathrm{E}(X_i) \right| < \varepsilon \right\} = 1.$$

此定律表明:当 n 很大时,n 个随机变量的算术平均值将比较密集地集中在它的期望值附近,且当 $n \to \infty$ 时,这二者之差将依概率收敛于 0.

切比雪夫大数定律的推论 若 $X_1,\cdots,X_n,\cdots$ 是独立同分布的随机变量序列,存在期望值 $E(X_i)=\mu$ 及方差 $D(X_i)=\sigma^2(i=1,2,\cdots)$,则对于任给的 $\varepsilon>0$,有

$$\lim_{n\to\infty}P\left\{\left|\frac{1}{n}\sum_{i=1}^{n}X_i-\mu\right|<\varepsilon\right\}=1.$$

这一推论说明:若对同一随机变量进行 n 次独立观测,则所有观测值的算术平均数将依概率收敛于随机变量的期望值.

伯努利大数定律 设 X 是 n 次独立试验中事件 A 发生的次数,p 是事件 A 在每次试验中发生的概率,则对任给的 $\varepsilon>0$,有

$$\lim_{n\to\infty}P\left\{\left|\frac{X}{n}-p\right|<\varepsilon\right\}=1.$$

伯努利大数定律说明:当试验在不变的条件下重复进行很多次时,随机事件的出现频率在其概率附近摆动,且当试验进行的次数 n 足够大时,事件出现的频率便会相当接近其概率.

2. 中心极限定理

中心极限定理在概率论和统计学中有着极其广泛的应用,它揭示了产生正态分布的源泉.

2.1 中心极限定理的概念

凡是在一定条件下,判定随机变量序列 $X_1,X_2,\cdots,X_i,\cdots$ 的部分和 $\sum_{i=1}^{n}X_i$ 的极限分布为正态分布的定理,均称为中心极限定理.

2.2 两个基本的中心极限定理

独立同分布的中心极限定理 设随机变量 $X_1,X_2,\cdots,X_i,\cdots$ 独立同分布,且具有有限的数学期望和方差:$E(X_i)=\mu,D(X_i)=\sigma^2>0(i=1,2,\cdots)$,则随机变量

$$Y_n=\frac{\sum_{i=1}^{n}X_i-n\mu}{\sqrt{n}\,\sigma}$$

的分布函数 $F_n(x)$ 当 $n\to\infty$ 时收敛到标准正态分布函数,即对于任意实数 x,有

$$\lim_{n\to\infty}F_n(x)=\lim_{n\to\infty}P\{Y_n\leqslant x\}=\Phi(x),$$

其中 $\Phi(x)=\frac{1}{\sqrt{2\pi}}\int_{-\infty}^{x}\mathrm{e}^{-\frac{t^2}{2}}\mathrm{d}t.$

这一定理表明:当 n 足够大时,Y_n 近似服从标准正态分布 $N(0,1)$.这在数理统计中有非常重要的应用.

德莫佛-拉普拉斯中心极限定理 设 $X_1,X_2,\cdots,X_i,\cdots$ 是独立同分布的随机变量序列,且服从参数为 p 的两点分布 $B(1,p)$,则对于任意实数 x,有

$$\lim_{n\to\infty} P\left\{ \frac{\sum_{i=1}^{n} X_i - np}{\sqrt{np(1-p)}} \leqslant x \right\} = \Phi(x).$$

从这一定理可知：当 $\sum_{i=1}^{n} X_i$ 服从二项分布 $B(n,p)$，且当 n 足够大时，$B(n,p)$ 近似于正态分布. 德莫佛-拉普拉斯中心极限定理是独立同分布的中心极限定理的特殊情况.

【学习要求】

1. 了解随机变量序列依概率收敛的概念.
2. 掌握切比雪夫不等式并熟悉其应用.
3. 正确理解切比雪夫大数定律及其推论的内容和现实意义.
4. 了解伯努利大数定律和它在概率论中的作用.
5. 正确理解两个基本的中心极限定理的条件和结论，能应用它来解决实际问题.

重点　利用切比雪夫不等式和中心极限定理估计和近似计算一些较简单事件的概率.

难点　理解大数定律和中心极限定理各自的内涵、结论中极限式的确切含义及相互间的关系，进而对有关实际问题进行分析解答.

二、释 疑 解 难

1. 为什么说切比雪夫不等式的两种表示形式是等价的？

答　切比雪夫不等式的两种形式是：

$$P\{|X - E(X)| \geqslant \varepsilon\} < \frac{D(X)}{\varepsilon^2}; \quad P\{|X - E(X)| < \varepsilon\} \geqslant 1 - \frac{D(X)}{\varepsilon^2}.$$

由于 $P(A)+P(\overline{A})=1$，而 $\{|X-E(X)|\geqslant\varepsilon\}$ 的对立事件是 $\{|X-E(X)|<\varepsilon\}$，所以

$$P\{|X - E(X)| \geqslant \varepsilon\} + P\{|X - E(X)| < \varepsilon\} = 1.$$

注意到 $\dfrac{D(X)}{\varepsilon^2} + \left(1 - \dfrac{D(X)}{\varepsilon^2}\right) = 1$，所以

$$P\{|X - E(X)| \geqslant \varepsilon\} < \frac{D(X)}{\varepsilon^2} \Longleftrightarrow P\{|X - E(X)| < \varepsilon\} \geqslant 1 - \frac{D(X)}{\varepsilon^2}.$$

2. 依概率收敛与高等数学中的收敛有什么区别？

答　在高等数学中，$\{x_n\}$ 为确定性变量，若有 $\lim\limits_{n\to\infty} x_n = x$，则对任意 $\varepsilon>0$，可找到 $N>0$，使得当 $n>N$ 时，就有 $|x_n - x| < \varepsilon$ 成立，而绝不会有 $|x_n - x| \geqslant \varepsilon$.

在概率论中，$\{X_n\}$ 依概率收敛于 X，只意味着对任意给定的 $\varepsilon>0$，当 n 充分大时，事件"$|X_n - X| < \varepsilon$"发生的概率很大，接近于 1；并不排除事件"$|X_n - X| \geqslant \varepsilon$"的发生，而只是说它发生的可能性很小.

两者相比较，可见依概率收敛要比高等数学中普通意义下的收敛弱些，它具有某种不确

定性.

3. 大数定律的意义是什么?

答 在实践中人们发现事件发生的"频率"具有稳定性,在讨论数学期望时,也看到在进行大量独立重复试验时,"平均值"也具有稳定性.大数定律正是以严格的数学形式证明了"频率"和"平均值"的稳定性,同时表达了这种稳定性的含义,即"频率"或"平均值"在依概率收敛的意义下逼近某一常数.

4. 中心极限定理的意义是什么?

答 中心极限定理是阐明有些即使原来并不服从正态分布的一些独立的随机变量,它们的总和的分布渐近地服从正态分布.一般来说,若这些随机变量在大量独立的因素中受到每项因素的影响是均匀的、微小的,没有一项因素起特别突出的影响,那么就可以断言,这些随机变量的和的分布近似于正态分布.

5. 大数定律和中心极限定理之间有什么联系?

答 大数定律是研究随机变量序列 $\{X_n\}$ 依概率收敛的极限问题,而中心极限定理是研究随机变量序列 $\{X_n\}$ 依分布收敛的极限定理.它们都是讨论大量的随机变量之和的极限行为.当 $X_1, \cdots, X_n, \cdots$ 独立同分布,并且有大于 0 的有限方差时,大数定律和中心极限定理同时成立:

设 $E(X_i) = \mu, D(X_i) = \sigma^2 > 0 (i = 1, 2, \cdots)$,则由切比雪夫大数定律知,对任意给定的 $\varepsilon > 0$,有

$$\lim_{n \to \infty} P \left\{ \left| \frac{1}{n} \sum_{i=1}^{n} (X_i - \mu) \right| < \varepsilon \right\} = 1;$$

而由独立同分布的中心极限定理有

$$P \left\{ \left| \frac{1}{n} \sum_{i=1}^{n} (X_i - \mu) \right| \leqslant \varepsilon \right\} = P \left\{ \left| \frac{1}{\sigma \sqrt{n}} \sum_{i=1}^{n} (X_i - \mu) \right| \leqslant \frac{\sqrt{n} \varepsilon}{\sigma} \right\}$$

$$\approx \Phi \left(\frac{\sqrt{n} \varepsilon}{\sigma} \right) - \Phi \left(-\frac{\sqrt{n} \varepsilon}{\sigma} \right) = 2\Phi \left(\frac{\sqrt{n} \varepsilon}{\sigma} \right) - 1.$$

可见,在所假设的条件下,中心极限定理比大数定律更为精确.

6. 用正态分布作为二项分布的近似计算比用泊松分布要好吗?

答 是的,用正态分布作为二项分布的近似计算比用泊松分布要好.由中心极限定理不难得出,二项分布收敛于正态分布,从而可用正态分布作为二项分布的概率近似计算.另外,根据泊松定理

$$\lim_{n \to \infty} C_n^k p^k q^{n-k} = \frac{\lambda^k}{k!} e^{-\lambda} \quad (\text{如果} \lim_{n \to \infty} np = \lambda)$$

知道也可用泊松分布作为二项分布的近似分布.那么哪种方法要好呢?注意到泊松分布是研究大量(即 n 较大,一般认为要 $n \geqslant 50$)的小概率(即 p 较小,一般认为是 $p \leqslant 0.05$)事件的一种模型,因此当二项分布中 $p > 0.05$ 时,泊松分布就用不上,此时用正态分布较好.即使当 p

很小时,虽然可用泊松分布作为二项分布的近似,但用正态逼近也能得到较好的结果.例如:

设某厂有 400 台同类机器,各台机器发生故障的概率都是 0.02,且各台机器工作是相互独立的,现分别用三种方法计算机器出故障的台数不小于 2 的概率如下:

若用 X 表示机器出故障的台数,则 $X \sim B(400, 0.02)$.

(1) 用二项分布计算.

$$P\{X \geqslant 2\} = 1 - P\{X < 2\} = 1 - (P\{X = 0\} + P\{X = 1\})$$
$$= 1 - C_{400}^0 \times 0.02^0 \times 0.98^{400} - C_{400}^1 \times 0.02^1 \times 0.98^{399} = 0.9972.$$

(2) 用泊松分布作近似计算.

因为 $n = 400, p = 0.02, np = 8 = \lambda$,所以

$$P\{X \geqslant 2\} = 1 - P\{X < 2\} = 1 - P\{X = 0\} - P\{X = 1\}$$
$$\approx 1 - \frac{8^0}{0!} e^{-8} - \frac{8^1}{1!} e^{-8} = 1 - 9e^{-8}$$
$$= 0.99698 \approx 0.9970.$$

(3) 用正态分布作近似计算.

因为 $np = 8, \sqrt{np(1-p)} = \sqrt{400 \times 0.02 \times 0.98} = 2.8$,所以由德莫佛-拉普拉斯中心极限定理得

$$P\{X \geqslant 2\} = 1 - P\{0 \leqslant X < 2\} = 1 - P\left\{ \frac{-8}{2.8} \leqslant \frac{X-8}{2.8} < \frac{2-8}{2.8} \right\}$$
$$\approx 1 - \Phi\left(\frac{-6}{2.8} \right) + \Phi\left(\frac{-8}{2.8} \right) = 1 - \Phi(-2.143) + \Phi(-2.857)$$
$$= 1 + \Phi(2.143) - \Phi(2.857) = 0.9859.$$

三、典型例题与解题方法综述

1. 切比雪夫不等式的应用

利用切比雪夫不等式作估算的问题,一般来说有两类:第一类问题是已知 ε,估计事件 $\{|X - E(X)| < \varepsilon\}$ 的概率至少是多少.对于这类问题,常常需要把所给的事件化成 $\{|X - E(X)| < \varepsilon\}$ 的形式,从而定出 ε,然后再利用切比雪夫不等式估计它的概率.第二类问题是已知事件 $\{|X - E(X)| < \varepsilon\}$ 的概率至少为 p_0,求 ε 是多少.这是与第一类问题相反的问题,也是需将题中所给事件化为 $\{|X - E(X)| < \varepsilon\}$ 的形式后再设法求 ε(常常不是直接求 ε,但可原则上求出 ε).

例 1　设在每次试验中,事件 A 发生的概率为 0.5,利用切比雪夫不等式估计在 1000 次独立试验中,事件 A 发生的次数在 400～600 之间的概率.

分析　利用切比雪夫不等式估计某事件的概率,首先应选择好随机变量 X,并求出 $E(X)$ 和 $D(X)$,然后便可利用切比雪夫不等式作估计.

解 设 X 表示在 1000 次独立试验中事件 A 发生的次数,则 X 服从参数为 $n=1000$,$p=0.5$ 的二项分布,且

$$\mathrm{E}(X) = np = 500, \quad \mathrm{D}(X) = np(1-p) = 250.$$

要估计事件 $\{400 < X < 600\}$ 的概率,应将它改写如下:

$$\{400 < X < 600\} = \{400 - 500 < X - 500 < 600 - 500\}$$
$$= \{-100 < X - \mathrm{E}(X) < 100\} = \{|X - \mathrm{E}(X)| < 100\}.$$

于是,在切比雪夫不等式中取 $\varepsilon = 100$,则有

$$P\{400 < X < 600\} = P\{|X - \mathrm{E}(X)| < 100\}$$
$$\geqslant 1 - \frac{\mathrm{D}(X)}{100^2} = 1 - \frac{250}{10000} = \frac{39}{40},$$

即在 1000 次独立试验中事件 A 发生的次数在 $400 \sim 600$ 之间的概率大于等于 $\frac{39}{40}$.

例 2 设在每次试验中,事件 A 发生的概率为 0.75,利用切比雪夫不等式求 n 需要多大时才能使得在 n 次重复独立试验中事件 A 发生的频率在 $0.74 \sim 0.76$ 之间的概率不小于 0.90.

分析 这是一个与例 1 相反的问题,即已知 p_0,求 ε 使得

$$P\{|X - \mathrm{E}(X)| < \varepsilon\} \geqslant 1 - \frac{\mathrm{D}(X)}{\varepsilon^2} \geqslant p_0.$$

原则上只需求出 $\mathrm{D}(X)$,再求解不等式 $1 - \frac{\mathrm{D}(X)}{\varepsilon^2} \geqslant p_0$,进而求出 $\varepsilon \geqslant \sqrt{\frac{\mathrm{D}(X)}{1-p_0}}$. 但一般题中给出的事件未必是 $\{|X - \mathrm{E}(X)| < \varepsilon\}$ 的形式,因而需将题中所给事件化为 $\{|X - \mathrm{E}(X)| < \varepsilon\}$ 的形式. 这时,ε 常与 n 有关,于是可由 $\varepsilon \geqslant \sqrt{\frac{\mathrm{D}(X)}{1-p_0}}$ 解出 n 所应满足的不等式.

解 设 X 表示在 n 次重复独立试验中 A 发生的次数,则 A 发生的频率为 $\frac{X}{n}$. 显然 X 服从参数为 n,$p = 0.75$ 的二项分布,因而 $\mathrm{E}(X) = 0.75n$,$\mathrm{D}(X) = 0.75n(1-0.75) = 0.1875n$.

事件 $\left\{0.74 < \frac{X}{n} < 0.76\right\}$ 可改写为

$$\left\{0.74 < \frac{X}{n} < 0.76\right\} = \left\{0.74 - 0.75 < \frac{X}{n} - 0.75 < 0.76 - 0.75\right\}$$
$$= \{-0.01n < X - 0.75n < 0.01n\} = \{|X - \mathrm{E}(X)| < 0.01n\}.$$

在切比雪夫不等式中,取 $\varepsilon = 0.01n$,有

$$P\left\{0.74 < \frac{X}{n} < 0.76\right\} = P\{|X - \mathrm{E}(X)| < 0.01n\}$$
$$\geqslant 1 - \frac{\mathrm{D}(X)}{(0.01n)^2} = 1 - \frac{0.1875n}{0.0001n^2} = 1 - \frac{1875}{n}.$$

由题意要求 $1 - \frac{1875}{n} \geqslant 0.90$,可解得 $n \geqslant \frac{1875}{1-0.90} = 18750$,即至少需做 18750 次重复独立试

验才可使事件 A 发生的频率在 0.74 到 0.76 之间的概率不小于为 0.90.

2. 中心极限定理的应用

一般地,应用中心极限定理来估计概率要比应用切比雪夫不等式精确.利用中心极限定理作估算的应用题也有两类:第一类问题是先利用中心极限定理求出 $Y=\sum_{i=1}^{n}X_i$ 的近似分布,然后对已知的 a 计算 $P\{Y\geqslant a\}$;第二类问题是第一类问题的反问题,即先利用中心极限定理求出 $Y=\sum_{i=1}^{n}X_i$ 的近似分布,然后对已知的 p 求 a,使得 $P\{Y\leqslant a\}=p$.

例 3　一个零件的重量是一个随机变量,其期望值是 1 kg,标准差是 0.1 kg,求一箱(100 个)相同零件的重量超过 102 kg 的概率.

解　设一箱零件重为 X,箱中第 i 个零件的重量为 $X_i(i=1,2,\cdots,100)$.显然 $X_1,\cdots,X_{100}$ 独立同分布,$\mathrm{E}(X_i)=1$,$\sqrt{\mathrm{D}(X_i)}=0.1(i=1,2,\cdots,100)$,则由中心极限定理知 $X=\sum_{i=1}^{100}X_i$ 近似服从正态分布,又

$$\mathrm{E}(X)=100\times\mathrm{E}(X_i)=100,\quad \sqrt{\mathrm{D}(X)}=\sqrt{n\mathrm{D}(X_i)}=\sqrt{100}\times0.1=1,$$

于是

$$P\{X>102\}=P\left\{\frac{X-100}{1}>2\right\}=1-P\left\{\frac{X-100}{1}\leqslant2\right\}$$
$$\approx1-\varPhi(2)=1-0.977250=0.022750,$$

即一箱零件的重量超过 102 kg 的概率是 0.022750.

例 4　甲、乙两个剧院在竞争 1000 名观众.假设每个观众完全随意地选择一个剧院,且观众选择剧院是彼此独立的,问每个剧院应设多少个座位,才能保证因缺少座位而使观众离去的概率小于 1%?

解　设每个剧院应设 m 个座位.令

$$X_i=\begin{cases}1,&\text{第 }i\text{ 个观众选择甲剧院,}\\0,&\text{第 }i\text{ 个观众选择乙剧院}\end{cases}\quad(i=1,2,\cdots,1000).$$

由题意知,X_i 服从参数为 $p=\frac{1}{2}$ 的 0-1 分布,且相互独立,所以

$$\mathrm{E}(X_i)=\frac{1}{2},\quad \mathrm{D}(X_i)=\frac{1}{4}\quad(i=1,2,\cdots,1000).$$

设 $X=\sum_{i=1}^{1000}X_i$,则要求 m,使得 $P\{X\leqslant m\}\geqslant99\%$.应用中心极限定理得

$$P\{X\leqslant m\}=P\left\{\sum_{i=1}^{1000}X_i\leqslant m\right\}$$

$$= P\left\{ \frac{\sum\limits_{i=1}^{1000} X_i - 1000 \times \frac{1}{2}}{\sqrt{1000 \times \frac{1}{4}}} \leqslant \frac{m - 1000 \times \frac{1}{2}}{\sqrt{1000 \times \frac{1}{4}}} \right\}$$

$$\approx \Phi\left(\frac{m - 500}{5\sqrt{10}} \right) \geqslant 99\%.$$

查标准正态分布表(附表 1)得

$$\frac{m - 500}{5\sqrt{10}} \geqslant 2.33,$$

解得

$$m \geqslant 2.33 \times 5\sqrt{10} + 500 \approx 536.84.$$

故每个剧院至少要设 537 个座位才能保证因缺少座位而使观众离去的概率小于 1%.

例 5 某个单位设置一电话总机,共有 200 部分机.设每部分机有 5% 的时间要使用外线通话,假定每部分机是否使用外线通话是相互独立的,问总机要设置多少外线才能以 90% 的概率保证每部分机要使用外线时可供使用?

解 令

$$X_i = \begin{cases} 1, & \text{当第 } i \text{ 部分机使用外线}, \\ 0, & \text{当第 } i \text{ 部分机不使用外线} \end{cases} \quad (i = 1, 2, \cdots, 200),$$

则 $X_i (i = 1, 2, \cdots, 200)$ 服从参数为 $p = 5\%$ 的 0-1 分布.因此

$$\mathrm{E}(X_i) = p = 0.05, \quad \mathrm{D}(X_i) = p(1 - p) = 0.0475 \quad (i = 1, 2, \cdots, 200).$$

使用外线的分机数 $Y = \sum\limits_{i=1}^{200} X_i$. 由中心极限定理知,$Y$ 近似服从正态分布

$$N(200\mathrm{E}(X_i), 200\mathrm{D}(X_i)), \quad \text{即} \quad N(10, 9.5).$$

设总机设置的外线数为 M.要以 90% 的概率保证每部分机要使用外线时可供使用,则 M 应当满足

$$P\{Y \leqslant M\} = P\left\{ \sum_{i=1}^{200} X_i \leqslant M \right\} \approx \Phi\left(\frac{M - 10}{\sqrt{9.5}} \right) = 0.9.$$

查标准正态分布表有 $\Phi(1.30) \approx 0.9$,故应有

$$\frac{M - 10}{\sqrt{9.5}} = 1.3.$$

解得 $M = 14$,即总机应设置 14 条外线.

四、考研重点题剖析

1. 某保险公司多年的统计资料表明:在索赔户中被盗索赔户占 20%. 以 X 表示在随机抽查的 100 个索赔户中,因被盗向保险公司索赔的户数.

(1) 写出 X 的概率分布;

(2) 利用德莫佛-拉普拉斯中心极限定理,求被盗索赔户不少于 14 户,且不多于 30 户的概率的近似值.

附表(设 $\Phi(x)$ 是标准正态分布函数):

x	0	0.5	1.0	1.5	2.0	2.5
$\Phi(x)$	0.500	0.692	0.841	0.933	0.977	0.994

解　(1) 由题设知 $X \sim B(100, 0.2)$,于是随机变量 X 的分布列为

$$P\{X = k\} = \mathrm{C}_{100}^{k}(0.2)^{k}(0.8)^{100-k} \quad (k = 0, 1, 2, \cdots, 100).$$

(2) 由于 $\mathrm{E}(X) = np = 20, \mathrm{D}(X) = np(1-p) = 16$,因此由德莫佛-拉普拉斯中心极限定理有

$$P\{14 \leqslant X \leqslant 30\} = P\left\{\frac{14-20}{\sqrt{16}} \leqslant \frac{X-20}{\sqrt{16}} \leqslant \frac{30-20}{\sqrt{16}}\right\}$$

$$= P\left\{-1.5 \leqslant \frac{X-20}{4} \leqslant 2.5\right\} \approx \Phi(2.5) - \Phi(-1.5)$$

$$= \Phi(2.5) + \Phi(1.5) - 1 = 0.994 + 0.933 - 1 = 0.927.$$

2. 假设 $X_1, X_2, \cdots, X_n$ 是来自总体 X 的简单随机样本(概念见第五章),已知 $\mathrm{E}(X^k) = a_k (k=1,2,3,4)$,证明当 n 充分大时,随机变量 $Z_n = \frac{1}{n}\sum_{i=1}^{n} X_i^2$ 近似服从正态分布,并指出其分布参数.

证明　若设 $Y_i = X_i^2 (i=1,2,\cdots)$,则由题设可知,$Y_1, Y_2, \cdots, Y_n$ 是来自总体 X^2 的简单随机样本,并且

$$\mathrm{E}(Y_i) = \mathrm{E}(X_i^2) = \mathrm{E}(X^2) = a_2 \quad (i = 1, 2, \cdots),$$

$$\mathrm{D}(Y_i) = \mathrm{E}(Y_i^2) - [\mathrm{E}(Y_i)]^2 = \mathrm{E}(X_i^4) - [\mathrm{E}(X_i^2)]^2$$

$$= a_4 - a_2^2 \quad (i = 1, 2, \cdots).$$

于是,对任意实数 x,根据独立同分布中心极限定理得

$$\lim_{n\to\infty}P\left\{\frac{\sum\limits_{i=1}^{n}X_i^2 - E\left(\sum\limits_{i=1}^{n}X_i^2\right)}{\sqrt{D\left(\sum\limits_{i=1}^{n}X_i^2\right)}} \leqslant x\right\} = \lim_{n\to\infty}P\left\{\frac{\sum\limits_{i=1}^{n}Y_i - E\left(\sum\limits_{i=1}^{n}Y_i\right)}{\sqrt{D\left(\sum\limits_{i=1}^{n}Y_i\right)}} \leqslant x\right\}$$

$$= \int_{-\infty}^{x}\frac{1}{\sqrt{2\pi}}e^{-\frac{t^2}{2}}dt,$$

即

$$\lim_{n\to\infty}P\left\{\frac{\dfrac{1}{n}\left[\sum\limits_{i=1}^{n}X_i^2 - E\left(\sum\limits_{i=1}^{n}X_i^2\right)\right]}{\sqrt{\dfrac{1}{n^2}D\left(\sum\limits_{i=1}^{n}X_i^2\right)}} \leqslant x\right\} = \lim_{n\to\infty}P\left\{\frac{Z_n - E(Z_n)}{\sqrt{D(Z_n)}} \leqslant x\right\}$$

$$= \frac{1}{\sqrt{2\pi}}\int_{-\infty}^{x}e^{-\frac{t^2}{2}}dt = \Phi(x),$$

亦即当 n 充分大时，$Z_n = \dfrac{1}{n}\sum\limits_{i=1}^{n}X_i^2$ 近似服从正态分布，且

$$E(Z_n) = E\left(\frac{1}{n}\sum_{i=1}^{n}X_i^2\right) = \frac{1}{n}E\left(\sum_{i=1}^{n}X_i^2\right) = \frac{1}{n}\sum_{i=1}^{n}E(Y_i) = a_2,$$

$$D(Z_n) = D\left(\frac{1}{n}\sum_{i=1}^{n}X_i^2\right) = \frac{1}{n^2}D\left(\sum_{i=1}^{n}X_i^2\right) = \frac{1}{n^2}\sum_{i=1}^{n}D(Y_i) = \frac{1}{n}(a_4 - a_2^2).$$

自 测 题 四

1. 已知随机变量 X 的分布列为

X	1	2	3
P	0.5	0.3	0.2

试利用切比雪夫不等式估计事件 $\{|X - E(X)| < 1.4\}$ 的概率.

2. 设随机变量序列 $X_1, X_2, \cdots, X_n, \cdots$ 两两互不相关，存在期望与方差且存在常数 C 使得 $D(X_n) \leqslant C(n=1,2,\cdots)$. 证明：对任意给定的 $\varepsilon > 0$，有

$$\lim_{n\to\infty}P\left\{\left|\frac{1}{n}\sum_{i=1}^{n}X_i - \frac{1}{n}\sum_{i=1}^{n}E(X_i)\right| \geqslant \varepsilon\right\} = 0,$$

即 $X_1, X_2, \cdots, X_n, \cdots$ 服从大数定律.

3. 设随机变量 $X_1, X_2, \cdots, X_{100}$ 相互独立，且都服从参数为 1 的泊松分布，试利用中心极限定理计算

$$P\left\{\sum_{i=1}^{100}X_i < 120\right\}.$$

4. 船舶在某海区航行,已知每遭受一次波浪的冲击,纵摇角度大于 6°的概率 $p=\dfrac{1}{3}$.若船舶遭受了 90000 次波浪冲击,问其中有 29500～30500 次纵摇角大于 6°的概率是多少?

5. 设袋装茶叶每袋的净重为随机变量,其期望值为 0.1 kg,标准差为 0.01 kg.若一大盒内装 200 袋,求一大盒茶叶净重大于 20.5 kg 的概率.

6. 设电冰箱的寿命服从指数分布,每台电冰箱平均寿命是 10 年.现工厂生产了 1000 台电冰箱,问 10 年之内,这些冰箱出现故障的台数小于 600 台的概率是多少?

7. 已知生男婴的概率是 0.515,求在 10000 个新生婴儿中,女婴不少于男婴的概率.

8. 设袋装奶粉每袋平均净重 1000 g,标准差为 30 g,每箱 100 袋,计算一箱奶粉净重不足 99400 g 的概率.

第五章　统计量及其分布

概率论与数理统计虽然都是研究随机现象数量规律性的科学,但两者的研究对象是不同的,它们各自使用的方法也是不同的.在概率论中,往往是首先提出随机现象的数学模型,已知随机变量 X 的概率分布,然后去研究其性质、特点、规律性及随机变量 X 的各种数字特征;而在数理统计中往往是随机变量 X 的概率分布不全知道或根本不知道,要我们从有关的统计数据出发,以概率论的理论为基础来研究随机现象,为随机现象选择数学模型,并在此基础上对随机现象的性质、特点、规律性及随机变量 X 的概率分布做出推断.

本书第一章至第四章为概率论部分,第五章至第八章为数理统计部分.本章是数理统计的基础,主要介绍总体、样本和统计量,以及统计推理的重要基础和工具——抽样分布.统计量是由统计数据(样本)计算得来的量;抽样分布是指统计量的概率分布,包括样本数字特征的概率分布;有些样本的函数依赖于未知参数,但是其分布不依赖于未知参数,相应的概率分布亦称为抽样分布.抽样分布的内容非常丰富,本章重点介绍正态总体的抽样分布: χ^2 分布, t 分布和 F 分布等.

一、内容精讲与学习要求

【内容精讲】

1. 总体、个体、简单随机样本

在数理统计中,我们把研究对象的全体称为**总体**,通常用一个随机变量表示总体.组成总体的每个基本单元叫**个体**.

从总体 X 中随机抽取一部分个体 $X_1,X_2,\cdots,X_n$,称 $(X_1,X_2,\cdots,X_n)$ 为取自总体 X 的**容量为 n 的样本**.若 $X_1,X_2,\cdots,X_n$ 相互独立,且每个 X_i 与 X 同分布,则称 $(X_1,X_2,\cdots,X_n)$ 为**简单随机样本**.本书主要讨论简单随机样本(简称**样本**).通常把 n 称为**样本大小**,或**样本容量**,或**样本数**.显然,若总体 X 具有分布函数 $F(x)$,则 $(X_1,X_2,\cdots,X_n)$ 的联合分布函数为

$$F^*(x_1,x_2,\cdots,x_n) = \prod_{i=1}^{n} F(x_i).$$

若 X 具有概率密度函数 $f(x)$,则 $(X_1,X_2,\cdots,X_n)$ 的联合概率密度为

$$f^*(x_1,x_2,\cdots,x_n) = \prod_{i=1}^{n} f(x_i).$$

2. 统计量及常用统计量

2.1　统计量

若样本$(X_1, X_2, \cdots, X_n)$的n元连续函数$f(X_1, X_2, \cdots, X_n)$不含有任何未知参数,则称此函数为统计量,它是一个随机变量.

2.2　常用统计量

样本均值:$\overline{X} = \dfrac{1}{n} \sum\limits_{i=1}^{n} X_i$;

样本方差:$S^2 = \dfrac{1}{n-1} \sum\limits_{i=1}^{n} (X_i - \overline{X})^2$,而$S = \sqrt{\dfrac{1}{n-1} \sum\limits_{i=1}^{n} (X_i - \overline{X})^2}$称为**样本标准差**或**样本均方差**;

k**阶样本原点矩**:$A_k = \dfrac{1}{n} \sum\limits_{i=1}^{n} X_i^k$;

k**阶样本中心矩**:$M_k = \dfrac{1}{n} \sum\limits_{i=1}^{n} (X_i - \overline{X})^k$.

3. χ^2分布,t分布,F分布,分位点

3.1　χ^2分布

设$X_1, X_2, \cdots, X_n$是来自总体$N(0,1)$的一个容量为n的样本,则称统计量

$$Y = X_1^2 + X_2^2 + \cdots + X_n^2$$

服从自由度为n的χ^2**分布**,记为$Y \sim \chi^2(n)$.

χ^2分布具有如下**性质**:

(1) 可加性:设$Y_1 \sim \chi^2(m)$,$Y_2 \sim \chi^2(n)$,且两者相互独立,则

$$Y_1 + Y_2 \sim \chi^2(m+n).$$

(2) 若$Y \sim \chi^2(n)$,则

$$\mathrm{E}(Y) = n, \quad \mathrm{D}(Y) = 2n.$$

χ^2分布的上α分位点:若对于给定的$\alpha(0 < \alpha < 1)$,存在$\chi_\alpha^2(n)$使

$$P\{Y > \chi_\alpha^2(n)\} = \alpha \quad (Y \sim \chi^2(n)),$$

则称点$\chi_\alpha^2(n)$为χ^2分布的**上α分位点**.

3.2　t分布

设$X \sim N(0,1)$,$Y \sim \chi^2(n)$,且X, Y相互独立,则称随机变量

$$T = \frac{X}{\sqrt{Y/n}}$$

服从自由度为n的t**分布**,记为$T \sim t(n)$.

由于t分布的概率密度函数$f(t)$是偶函数,关于$t=0$对称,因此,有$\mathrm{E}(T)=0$,对一切n

成立.

对于给定的 $\alpha(0<\alpha<1)$,称满足

$$P\{T>t_\alpha(n)\}=\alpha$$

的点 $t_\alpha(n)$ 为 t 分布的**上 α 分位点**. 由于概率密度函数 f 的对称性,有

$$t_{1-\alpha}(n)=-t_\alpha(n).$$

3.3 F 分布

设 $X\sim\chi^2(n),Y\sim\chi^2(m)$,且 X 和 Y 相互独立,则称随机变量

$$F=\frac{X/n}{Y/m}$$

服从自由度为 (n,m) 的 **F 分布**(通常称 n 为第一自由度,m 为第二自由度),记为 $F\sim F(n,m)$.

对于给定的 $\alpha(0<\alpha<1)$,称满足

$$P\{F>F_\alpha(n,m)\}=\alpha$$

的点 $F_\alpha(n,m)$ 为 F 分布的**上 α 分位点**.

F 分布具有如下**性质**:

(1) 若 $X\sim F(n,m)$,则 $1/X\sim F(m,n)$;

(2) $F_{1-\alpha}(n,m)=\dfrac{1}{F_\alpha(m,n)}$(此式可用来求 F 分布表中未列出的一些上 α 分位点);

(3) 设 $X\sim t(n)$,则 $X^2\sim F(1,n)$.

4. 正态总体样本均值与样本方差的分布

(1) 设 $X_1,X_2,\cdots,X_n$ 是来自于正态总体 $N(\mu,\sigma^2)$ 的样本,$\overline{X},S^2$ 分别为样本均值和样本方差,则有

(i) $\overline{X}\sim N\left(\mu,\dfrac{\sigma^2}{n}\right)$;

(ii) $(n-1)S^2/\sigma^2\sim\chi^2(n-1)$;

(iii) $\overline{X}$ 与 S^2 相互独立;

(iv) $\dfrac{\overline{X}-\mu}{S/\sqrt{n}}\sim t(n-1)$.

(2) 设 $X_1,X_2,\cdots,X_{n_1}$ 与 $Y_1,Y_2,\cdots,Y_{n_2}$ 分别是来自于正态总体 $N(\mu_1,\sigma_1^2),N(\mu_2,\sigma_2^2)$ 的样本,且这两样本相互独立,则有

(i) $\overline{X}-\overline{Y}\sim N\left(\mu_1-\mu_2,\dfrac{\sigma_1^2}{n_1}+\dfrac{\sigma_2^2}{n_2}\right)$ 或 $\dfrac{(\overline{X}-\overline{Y})-(\mu_1-\mu_2)}{\sqrt{\dfrac{\sigma_1^2}{n_1}+\dfrac{\sigma_2^2}{n_2}}}\sim N(0,1)$.

(ii) 若 $\sigma_1^2=\sigma_2^2=\sigma^2$,但 σ^2 未知,则

$$\frac{(\overline{X} - \overline{Y}) - (\mu_1 - \mu_2)}{S_w \sqrt{\dfrac{1}{n_1} + \dfrac{1}{n_2}}} \sim t(n_1 + n_2 - 2),$$

其中

$$S_w^2 = \frac{(n_1 - 1)S_1^2 + (n_2 - 1)S_2^2}{n_1 + n_2 - 2},$$

称为联合样本方差,$\overline{X},\overline{Y}$ 分别是两样本的均值,S_1^2,S_2^2 分别是两样本的方差.

当 $n_1 = n_2 = n$,$\mu_1 = \mu_2$ 时,有

$$\frac{\overline{X} - \overline{Y}}{\sqrt{\dfrac{S_1^2 + S_2^2}{n}}} \sim t(2n - 2).$$

(iii) $F = \dfrac{S_1^2/\sigma_1^2}{S_2^2/\sigma_2^2} \sim F(n_1 - 1, n_2 - 1)$.

当 $\sigma_1^2 = \sigma_2^2$ 时,有

$$\frac{S_1^2}{S_2^2} \sim F(n_1 - 1, n_2 - 1).$$

【学习要求】

1. 深刻理解总体、个体、样本、简单随机样本以及统计量的概念;深刻理解样本均值、样本方差、样本矩的定义及其与总体的联系.

2. 当总体是常见的几种离散型或连续型随机变量时,会求样本的联合分布.

3. 给定样本的观察(测)值时,会求总体的近似概率密度或近似分布函数.

4. 了解 χ^2 分布、t 分布、F 分布的定义及性质;了解分位点的概念并会查表计算.

5. 了解正态总体常用统计量的分布;熟练掌握正态总体样本统计量的基本定理.

重点　　总体、个体、简单随机样本、统计量的概念;χ^2 分布、t 分布、F 分布的定义;正态总体常用统计量的分布;根据正态总体下的样本均值和样本方差的分布进行有关的概率计算.

难点　　正态总体样本统计量的基本定理.

二、释 疑 解 难

1. 举例说明总体、个体及样本等概念.

答　　在数理统计中,称所研究对象的全体为总体,称组成总体的每一个基本单位为个体.若只对研究对象的某一数量指标感兴趣,则可以用由这些数量指标的全体代替原来的研究对象的全体.例如,对一批灯炮进行抽测了解使用寿命,这一批灯炮的全体就是总体,每个

灯炮就是个体. 而又因为是考查灯炮的使用寿命, 则直接将这批灯炮使用寿命的全体视为总体, 每一个灯炮的使用寿命视为一个个体.

由于具有各种使用寿命的灯炮的比例是按一定规律分布的, 即任抽一个灯炮, 其使用寿命取某一值是有一定概率的, 因此这批灯炮的使用寿命是一个随机变量. 在数理统计中, 总体就是指一个随机变量.

总体的性质由各个个体的性质综合而定, 所以要了解总体的性质, 就必须测定各个个体的性质. 但在很多情况下, 总体中个体的数目很大, 不可能对每个个体都加以研究. 因此常常是抽取总体的一部分个体加以测定, 然后再根据它们来推断总体的性质. 从总体中抽出的一部分个体称为该总体的样本, 样本中个体的数目称为样本容量. 当一个样本已经抽定后, 得到一组具体数字, 称为样本的观察 (测) 值.

例如, 从上述这批灯炮中, 随机抽取 100 个, 得到容量为 100 的一个样本 $(X_1, X_2, \cdots, X_{100})$, 把测试结果记录下来, 如 $x_1 = 1857, x_2 = 1963, \cdots, x_{100} = 1925$ (单位: h), 这就是样本的一次观察值.

2. 什么是简单随机样本? 怎样抽样可得到简单随机样本?

答 设 $(X_1, X_2, \cdots, X_n)$ 是来自总体 X 的样本, 如果它满足以下两个条件, 则称它为简单随机样本:

(1) $X_1, X_2, \cdots, X_n$ 与 X 同分布;

(2) $X_1, X_2, \cdots, X_n$ 彼此独立.

简单随机样本的分量具有独立同分布的特性, 这使利用样本或统计量对总体统计特性进行统计分析变得简单化, 因为此时, 样本分布与总体分布有着简单而直接联系:

$$F_n(x_1, x_2, \cdots, x_n) = \prod_{i=1}^{n} F(x_i),$$

其中 F_n 和 F 分别是样本和总体的分布函数.

对总体进行随机地独立重复抽样即简单随机抽样, 便可以获得简单随机样本. 这里抽样的随机性是指对总体的每一个个体有相同的机会被抽取. 例如, 为了考查某车间在某一天内所生产滚珠的直径是否符合规格, 需要进行抽样分析. 现从车间中的某个熟练工人所生产的滚珠中抽取 n 个测其直径, 便可得一个容量为 n 的样本 $(X_1, X_2, \cdots, X_n)$. 但是它不是此车间所生产滚珠直径这个总体的简单随机样本, 因为它不能反映整个车间所生产滚珠直径的统计特性.

抽样的独立性是指每次抽样结果发生的可能性程度不受其他次抽样结果的影响. 对于从一个有限总体 (个体有限的总体), 如 N 件产品中, 抽取样本时, 随机有放回地抽取便可以保证样本分量的独立性, 而当总体所含个体数目 N 比较大而所抽取样本的容量 n 相对比较小时 (实践中通常要求 $N : n \geqslant 10 : 1$), 尽管抽取是无放回的, 所得样本的分量也可近似看成是相互独立的. 由概率论的知识可知, 对于固定的样本容量, 当总体所含个体数目趋于无穷时, 有放回抽取和无放回抽取所得到样本的分布将趋于一致.

3. 采用抽样的方法推断总体,对样本应当有怎样的要求?

答 为了对总体 X 的分布进行各种需要的研究,把每个个体逐个进行观察,显然是不现实的.采用抽样推断总体,其特点是利用所谓"盲人摸象"法.由局部认识整体,一个自然的想法,样本要有代表性,即要求每个个体被抽取的机会均等,并且每抽取一个个体时总体成分不变.首先要求抽样具有"随机性",第一次抽取的样品 X_1 的可能取值应与总体的可能值是完全一样的,且取各个值的概率相同.因此,X_1 是一个随机变量,并且是与 X 同分布的随机变量.其次应具有"独立性",第一次抽样不改变总体成分,第二次抽取的样品 X_2 可能的值也与 X 可能值完全一样,并且取值的概率也是相同的.因此 X_2 也是与 X 同分布的一个随机变量,且与 X_1 是相互独立的.同样道理,$X_3,X_4,\cdots,X_n$ 都是与 X 同分布的随机变量,并且 $X_1,X_2,\cdots,X_n$ 是一组相互独立的随机变量.故要求 $X_1,X_2,\cdots,X_n$ 是简单随机样本.

此外,要求样本是简单随机样本,可以更好地用概率论中独立条件下的一系列结论,正是这些结论为数理统计提供了必要的理论基础.

4. 设 $(X_1,X_2,\cdots,X_n)$ 为总体 X 的容量为 n 的样本,问样本均值 $\overline{X}=\dfrac{1}{n}\sum\limits_{i=1}^{n}X_i$ 与总体 X 的平均值(数学期望)$E(X)$有何区别?有何联系?

答 总体 X 的均值 $E(X)$ 是一个确定常数,而样本均值 $\overline{X}$ 是一个随机变量,这个随机变量的平均值等于总体 X 的平均值,即

$$E(\overline{X}) = E(X).$$

事实上,由平均值(数学期望)的性质即可推知:

$$E(\overline{X}) = E\left(\frac{1}{n}\sum_{i=1}^{n}X_i\right) = \frac{1}{n}\sum_{i=1}^{n}E(X) = \frac{nE(X)}{n} = E(X).$$

因为样本 $(X_1,X_2,\cdots,X_n)$ 的 n 个分量是 n 个互相独立且与总体同分布的随机变量,由大数定律,对任何 $\varepsilon>0$,有

$$\lim_{n\to\infty}P\{|\overline{X} - E(X)| \geqslant \varepsilon\} = 0,$$

即只要 n 充分大,样本平均值将以很大的概率取值接近于总体平均值.

5. 样本均值与样本方差是随机变量还是具体的实数?

答 在泛指任何一次抽样结果时,样本均值 $\overline{X}$ 与样本方差 S^2 都是随机变量,初学者之所以常常把样本平均值与样本方差错误地理解为某个随机变量的平均值、方差,其根本原因就是对样本是随机向量,随机变量的函数仍是随机变量这些概念理解不深.而在特指某一次抽样结果时,样本均值的观察值 $\overline{x}$ 与样本方差的观察值 s^2 就是具体的实数.但在不致混淆的情况下,有时也简称它们为样本均值与样本方差.

6. 什么是统计量?为什么要引进统计量?为什么要求统计量中不含任何未知参数?统计量的分布是否也不含未知参数?

答 所谓统计量是指不含任何未知参数的样本 $(X_1,X_2,\cdots,X_n)$ 的函数 $T=T(X_1,X_2,\cdots,X_n)$.

引进统计量的目的是为了将杂乱无章的样本值整理成便于对待研究问题进行统计推断、分析的形式. 将样本中所含有关待研究问题的信息集中起来, 从而更有效地揭示出问题的实质, 进而得到解决问题的方法. 例如, 为了估计总体的期望值 μ, 可将样本中关于总体取值平均的信息集中起来, 这一信息便集中体现在样本分量 $X_1, X_2, \cdots, X_n$ 的算术平均值 $\overline{X} = \frac{1}{n}\sum_{i=1}^{n} X_i$ 上. 因为若总体期望比较大时, 取自总体的观察值的平均值自然也应有偏大倾向, 反之也将有偏小倾向. 这样就比较清楚地提出了估计 μ 的办法, 而若直接考虑样本就显得没有头绪.

总之, 为了使由样本对总体所作的推断具有一定的可靠性, 在抽取样本之后, 我们往往并不直接利用样本的 n 个观察值进行推断, 而是针对推断的问题对样本进行"加工"和"提炼", 把样本中我们所需的有用信息集中起来, 构成样本的一个适当的函数, 用以推断我们所关心的问题.

我们知道统计量的使用目的在于对所研究的问题进行统计推断和分析. 例如, 在用统计量对未知参数进行估计时, 若统计量本身仍含有未知参数, 那么就无法根据所测得的样本值求得未知参数的估计值, 利用统计量估计未知参数将失去意义. 再如, 在假设检验中, 若检验统计量中含有未知参数, 那么由样本值就无法求出相应的检验统计量的值, 也就无法与相应的临界值进行比较, 从而使得通过统计量表示的拒绝域失去意义. 总之, 从统计量的意义上看, 要求它不含未知参数是自然的.

统计量本身虽然不含未知参数, 但是它的分布却可能含未知参数. 如, 对正态总体 $N(\mu, \sigma^2)$, 其 μ 和 σ^2 为未知参数, 则统计量 $\overline{X} \sim N\left(\mu, \dfrac{\sigma^2}{n}\right)$. 可见其分布中却含有未知参数 μ 和 σ^2. 然而, 含有未知参数的样本函数其分布却不一定含有未知参数, 如在上例中含有未知参数 μ 和 σ^2 的样本函数 $\dfrac{\overline{X} - \mu}{\sigma/\sqrt{n}}$ 却服从不含任何未知参数的标准正态分布 $N(0,1)$.

7. 什么叫大样本问题和小样本问题? 它们之间的区别是否是以样本容量大小来区分的?

答 在样本容量固定条件下, 进行的统计推断、分析问题称小样本问题, 而在样本容量趋于无穷的条件下, 进行的统计推断、分析问题称为大样本问题.

然而, 众多统计推断和分析问题与统计量或样本函数的分布相关联, 能否得到有关统计量或样本函数的分布常成为解决问题的关键. 所以大、小样本问题的区分常与这一分布能否得到相联系.

对于固定的样本容量, 如果能得到有关统计量或样本函数的精确分布, 相应统计推断和分析问题通常便属于小样本问题. 此时, 在样本容量有限情况下, 能够较精确、令人满意地讨论各种统计推断和分析问题.

例如, 设总体 $X \sim N(\mu, \sigma^2)$, 其中 μ, σ^2 未知, 要求未知参数 μ 在一定置信度下的置信区

间.需要考虑样本函数 $T = \dfrac{\overline{X} - \mu}{S_n} \sqrt{n-1}$ 的分布.而在样本容量 n 固定时,不难证明 $T \sim t(n-1)$.故此问题属于小样本问题.

但是,在一般情况下要确定一个统计量或样本函数的精确分布不是一件容易的事,仅在一些特殊情况下的特殊统计量(如正态总体下的某些常见统计量)才能求得它们的精确分布.当统计量或样本函数的精确分布求不出或者其表达方式过于复杂而难于应用时,如能求出在样本容量趋于无穷时的极限分布,再利用此极限分布作为其近似分布进行统计推断和分析,此类问题便属于大样本问题.

例如,若 X 是具有二阶矩的非正态分布的总体,$(X_1, X_2, \cdots, X_n)$ 是来自此总体的样本,当样本容量 n 固定时,统计量 $\overline{X}$ 的精确分布往往不易求得.然而,可以证明,当 n 足够大时,$\overline{X}$ 近似服从 $N\left(\mu, \dfrac{\sigma^2}{n}\right)$ 分布.于是此时依据 $\overline{X}$ 所做的统计推断和分析的相应问题便属于大样本问题.

大样本问题与小样本问题决不可以样本容量的大和小来区分.样本容量的大小受多种因素的影响.有时虽属小样本问题,但要求的样本容量却可能比较大;反之对某些大样本问题,有可能要求其样本容量却不大.

8. χ^2 分布、t 分布、F 分布及正态分布之间有哪些常见的关系?

答　常见关系有以下几种:

(1) 正态分布与 χ^2 分布:

若 $X_1, X_2, \cdots, X_n$ 相互独立,且同服从于正态分布 $N(0,1)$,则 $\sum\limits_{i=1}^{n} X_i^2 \sim \chi^2(n)$;

(2) 正态分布,χ^2 分布与 t 分布:

如果 $X \sim N(0,1)$,$Y \sim \chi^2(n)$,且 X, Y 相互独立,则 $\dfrac{X}{\sqrt{Y/n}} \sim t(n)$;

(3) χ^2 分布与 F 分布:

如果 $X \sim \chi^2(n_1)$,$Y \sim \chi^2(n_2)$,且 X, Y 相互独立,则 $\dfrac{X/n_1}{Y/n_2} \sim F(n_1, n_2)$;

(4) χ^2 分布与 χ^2 分布:

如果 $X \sim \chi^2(n_1)$,$Y \sim \chi^2(n_2)$,且 X, Y 相互独立,则 $X + Y \sim \chi^2(n_1 + n_2)$;

(5) t 分布与 F 分布:

如果 $T \sim t(n)$,则 $T^2 \sim F(1, n)$;

(6) F 分布与 F 分布:

如果 $F \sim F(n_1, n_2)$,则 $\dfrac{1}{F} \sim F(n_2, n_1)$;

(7) χ^2 分布与正态分布:

如果 $\chi_n^2 \sim \chi^2(n)$,$n = 1, 2, \cdots$,则当 $n \to \infty$ 时,$\dfrac{\chi_n^2 - n}{\sqrt{2n}}$ 渐近服从正态分布 $N(0,1)$;

(8) t 分布与正态分布:

如果 $T_n \sim t(n), n=1,2,\cdots$，则当 $n \to \infty$ 时，T_n 渐近服从正态分布 $N(0,1)$；

（9）F 分布与 χ^2 分布：

如果 $X \sim F(n_1, n_2)$，则当 $n_2 \to \infty$ 时，X 渐近服从于 $\dfrac{1}{n_1}\chi_{n_1}^2$ 的分布，其中 $\chi_{n_1}^2 \sim \chi^2(n_1)$.

9. 数理统计中流行样本方差的如下两种形式：

$$S_1^2 = \frac{1}{n-1}\sum_{i=1}^n (X_i - \overline{X})^2; \quad S_2^2 = \frac{1}{n}\sum_{i=1}^n (X_i - \overline{X})^2.$$

这两种形式在统计中会发生哪些不同的效应？

答 由于 $\mathrm{E}(S_1^2) = \sigma^2$，所以样本方差 S_1^2 是总体方差 σ^2 的无偏估计. 因此，一般都是以 S_1^2 作为 σ^2 的估计量. 而 S_2^2 的数学期望 $\mathrm{E}(S_2^2) = \dfrac{n-1}{n}\sigma^2$，故它就不是总体方差 σ^2 的无偏估计. 因 $\mathrm{E}\left(\dfrac{n}{n-1}S_2^2\right) = \mathrm{E}(S_1^2) = \sigma^2$，故当样本容量 n 很大时，S_1^2 和 S_2^2 两者相差很小. 对于大样本来说，可以用 S_2^2 来估计总体方差 σ^2. 因此，有时把 S_2^2 称为大样本方差，而称 S_1^2 为样本修正方差.

10. 什么是自由度？如何计算自由度？

答 所谓自由度通常是指不受任何约束，可以自由变动的变量的个数. 在数理统计中，自由度是对随机变量的二次型（可称为二次统计量）而言的. 由线性代数知识可知，一个含有 n 个变量的二次型

$$\sum_{i=1}^n \sum_{j=1}^n a_{ij}X_i X_j \quad (a_{ij} = a_{ji}; i,j = 1,2,\cdots,n)$$

的秩是指对称阵 $A = (a_{ij})_{n \times n}$ 的秩. 秩的大小反映了 n 个变量中可自由变动、无约束的变量个数的多少. 这里的自由度便是指二次型的秩. 因此要判断一个二次统计量的自由度是多少，便可由判断矩阵 A 的秩为多少而得到.

11. 数理统计的基本内容是包括采集样本和统计推断两大部分吗？

答 是的. 数理统计所要解决的问题是如何根据样本来推断总体，就其基本内容而言，可分为两大部分：

（1）采集样本. 采集样本就是根据研究目的和要求，选择合理有效的抽样方案和方法来科学地安排试验，而保证样本的随机性（称为随机抽样）和代表性是选择抽样方法和制定抽样方案所遵循的基本原则，这就是抽样的技术问题. 抽样所得的原始数据还必须进行整理加工（称为数据整理），其主要形式有三种：

（i）按一定要求把原始数据进行分组，数出落入各组数据的个数，从而得到各种统计表或做出各种统计图（如多角图、直方图等）.

（ii）把原始数据按其值由小到大顺序排列，从而得到顺序统计量，由此可获得样本极差及样本中位数等统计量.

（iii）按统计推断要求，把原始数据归纳为一个或几个数字特征（如样本均值、样本方差等）.

（2）统计推断. 所谓统计推断就是由样本推断总体, 它是数理统计的核心部分, 可分为两类基本问题: 一是统计估值问题, 二是假设检验问题. 归纳如下:

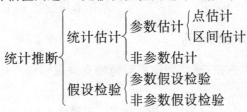

三、典型例题与解题方法综述

1. 简单随机样本的判定

简单随机样本是数理统计中最重要最基本的概念. 判定一个样本 $X_1, X_2, \cdots, X_n$ 是不是简单随机样本, 主要根据是它的定义, 即满足以下条件: （1）它们来自一个总体; （2）它们相互独立; （3）它们同分布. 如果不满足上述条件, 就不是简单随机样本.

例 1　设 $X_i \sim N(\mu_i, \sigma^2)(i=1, 2, \cdots, 10)$, μ_i 不全相等. 试问 $X_1, X_2, \cdots, X_{10}$ 是简单随机样本吗?

分析　根据定义验证: 第（1）,（2）条没交待, 第（3）条不满足. 三条中有一条不满足就不是简单随机样本.

解　因为 μ_i 不全相等, 于是 $X_1 \sim N(\mu_1, \sigma^2), X_2 \sim N(\mu_2, \sigma^2), \cdots, X_{10} \sim N(\mu_{10}, \sigma^2)$ 不是同分布, 故 $X_1, X_2, \cdots, X_{10}$ 不是简单随机样本.

若 $\mu_1 = \mu_2 = \cdots = \mu_{10}$, 仍不能判定 $X_1, X_2, \cdots, X_{10}$ 为简单随机变量, 只有当 $X_1, X_2, \cdots, X_{10}$ 相互独立, μ_i 又全相等时, $X_1, X_2, \cdots, X_{10}$ 才是简单随机样本.

2. 统计量的判定

判断一个量是否为统计量也应根据定义验证. 一个量是统计量必须满足: （1）它是样本的 n 元连续函数; （2）不含任何未知数. 一般地, 条件（1）易满足, 故应特别注意是否含有未知参数. 所谓"参数", 它是描述随机变量的数量特征或规律性的常数, 而统计量作为样本的函数, 它是一个随机变量, 因此, 参数大都是这个随机变量的数字特征或由这个随机变量的概率分布唯一确定的常数.

例 2　设总体分布为 $N(\mu, \sigma^2)$, 其中参数 μ 未知, $\sigma^2(>0)$ 已知, 又 $(X_1, X_2, \cdots, X_n)$ 为从该总体中抽取的容量为 n 的样本, 问下列诸量哪个是统计量, 哪个不是统计量?

（1）$\dfrac{1}{n}(X_1^2 + X_2^2 + \cdots + X_n^2)$;　　　（2）$\dfrac{1}{\sigma^2}(X_1^2 + X_2^2 + \cdots + X_n^2)$;

（3）$(X_1 - \mu)^2 + \cdots + (X_n - \mu)^2$;　　（4）$\min\limits_{1 \leqslant i \leqslant n} \{X_i\}$.

解 $\dfrac{1}{\sigma^2}(X_1^2+X_2^2+\cdots+X_n^2)$ 含有的参数 σ^2 已知, $\dfrac{1}{n}(X_1^2+X_2^2+\cdots+X_n^2)$, $\min\limits_{1\leqslant i\leqslant n}\{X_i\}$ 都不含参数,故都是统计量. $(X_1-\mu)^2+\cdots+(X_n-\mu)^2$ 含有未知参数 μ,它不是统计量.

3. 样本均值与样本方差的计算

计算样本均值与样本方差,应特别注意问题特点并应用样本均值与样本方差的计算公式进行计算.

例 3 设如下是容量为 $n=50$ 的一组样本值,x_i 是样本取值 $(i=1,2,3,4)$,n_i 是取值为 x_i 的样本的个数(称为频数):

$$x_i:\quad 18.4\quad 18.9\quad 19.3\quad 19.6$$
$$n_i:\quad 5\quad\ 10\quad\ \ 20\quad\ \ 15$$

试求样本均值与样本方差.

分析 本题的特点是样本取值 x_i 的有 n_i 个个体 $(i=1,2,\cdots,k)$,可用 $\bar{x}=\dfrac{1}{n}\sum\limits_{n=1}^{k}n_i x_i$ 和

$$s^2=\frac{1}{n-1}\sum_{i=1}^{k}n_i(x_i-\bar{x})^2=\frac{1}{n-1}\Big(\sum_{i=1}^{k}n_i x_i^2-n\bar{x}^2\Big)$$

来计算样本均值和样本方差,其中 $k=4$. 同时可用变换 $y_i=\dfrac{x_i-b}{a}$ 简化运算.

解 令 $a=0.1,b=19,y_i=\dfrac{x_i-19}{0.1}$,得

$$y_i:\quad -6\quad -1\quad\ \ 3\quad\ \ 6$$
$$n_i:\quad\ \ 5\quad\ \ 10\quad\ 20\quad\ 15$$
$$y_i^2:\quad 36\quad\ \ 1\quad\ \ 9\quad\ 36$$

则

$$\bar{y}=\frac{1}{50}\big[5\times(-6)+10\times(-1)+20\times3+15\times6\big]=2.2,$$

$$s_y^2=\frac{1}{49}\big[5\times36+10\times1+20\times9$$
$$+15\times36-50\times2.2^2\big]=13.63.$$

故所求的样本均值与样本方差为

$$\bar{x}=0.1\bar{y}+19=0.22+19=19.22,$$
$$s_x^2=0.1^2 s_y^2=0.01\times13.63=0.1363.$$

4. 样本容量的求解

例 4 设总体 $X\sim N(\mu,2^2)$,从中抽取容量为 n 的样本,$\bar{X}$ 是样本均值. 问:样本容量 n 至少应取多大,才能使样本均值与总体均值之差的绝对值小于 0.1 的概率不少于 0.95?

分析　据题意,样本均值 $\overline{X} \sim N\left(\mu, \dfrac{2^2}{n}\right)$,又由统计量 $\dfrac{\overline{X}-\mu}{\sigma/\sqrt{n}} \sim N(0,1)$,故可由不等式 $P\{|\overline{X}-\mu| < 0.1\} \geqslant 0.95$,解出所求的样本容量 n.

解　因为 $\overline{X} \sim N\left(\mu, \dfrac{2^2}{n}\right)$,由题意要求 n 满足

$$P\{|\overline{X}-\mu| < 0.1\} = P\left\{\left|\frac{\overline{X}-\mu}{2/\sqrt{n}}\right| < \frac{0.1}{2/\sqrt{n}}\right\}$$

$$= \Phi\left(\frac{\sqrt{n}}{20}\right) - \Phi\left(-\frac{\sqrt{n}}{20}\right) = 2\Phi\left(\frac{\sqrt{n}}{20}\right) - 1 \geqslant 0.95,$$

即

$$\Phi\left(\frac{\sqrt{n}}{20}\right) \geqslant 0.975.$$

由查标准正态分布表得 $\dfrac{\sqrt{n}}{20} \geqslant 1.96$,解出 $n \geqslant 1536.64$,即至少应取样本容量为 1537.

5. 简单随机样本概率分布的求法

例 5　设总体服从参数为 p 的 0-1 分布,求容量为 2 的简单随机样本的概率分布.

分析　由简单随机样本的定义知,容量为 2 的简单随机样本 X_1, X_2 是两个互相独立且与总体有相同分布即都是服从参数为 p 的 0-1 分布的随机变量.又根据 X_1, X_2 相互独立的充要条件

$$P\{X_1 = x_{1i}, X_2 = x_{2j}\} = P\{X_1 = x_{1i}\}P\{X_2 = x_{2j}\} \quad (i,j = 1,2)$$

便可推得样本的概率分布.

解　总体的概率分布表为

X	0	1
P	$1-p$	p

从而

$$P\{(X_1, X_2) = (0,0)\} = P\{X_1 = 0, X_2 = 0\}$$
$$= P(X_1 = 0)P(X_2 = 0) = (1-p)^2,$$
$$P\{(X_1, X_2) = (0,1)\} = P\{X_1 = 0, X_2 = 1\}$$
$$= P\{X_1 = 0\}P\{X_2 = 1\} = (1-p)p,$$
$$P\{(X_1, X_2) = (1,0)\} = P\{X_1 = 1, X_2 = 0\}$$
$$= P\{X_1 = 1\}P\{X_2 = 0\} = p(1-p),$$
$$P\{(X_1, X_2) = (1,1)\} = P\{X_1 = 1, X_2 = 1\}$$
$$= P\{X_1 = 1\}P\{X_2 = 1\} = p^2,$$

故样本的概率分布表为

X_1 \ X_2	0	1
0	$(1-p)^2$	$p(1-p)$
1	$p(1-p)$	p^2

例 6 设总体 X 的分布为 $N(\mu,\sigma^2)$,求容量为 n 的简单随机样本 $(X_1,X_2,\cdots,X_n)$ 的概率密度.

分析 由简单随机样本的定义知,$X_1,X_2,\cdots,X_n$ 是 n 个相互独立,且与总体同分布即都服从 $N(\mu,\sigma^2)$ 的 n 个随机变量. 又根据概率密度分别为 $\varphi_1(x_1),\cdots,\varphi_n(x_n)$ 的 n 个随机变量 $X_1,X_2,\cdots,X_n$ 相互独立的充要条件是 $\varphi_1(x_1)\varphi_2(x_2)\cdots\varphi_n(x_n)$ 为 $(X_1,X_2,\cdots,X_n)$ 的联合概率密度,便可推出样本的概率密度.

解 因为服从分布 $N(\mu,\sigma^2)$ 的总体的概率密度是

$$\varphi(x) = \frac{1}{\sqrt{2\pi}\sigma}\exp\left\{\frac{-(x-\mu)^2}{2\sigma^2}\right\},$$

所以与总体同分布的 X_i 的概率密度是

$$\varphi_i(x_i) = \frac{1}{\sqrt{2\pi}\sigma}\exp\left\{\frac{-(x_i-\mu)^2}{2\sigma^2}\right\}, \quad i=1,2,\cdots,n.$$

故样本 $(X_1,X_2,\cdots,X_n)$ 的联合概率密度是

$$f(x_1,x_2,\cdots,x_n) = \varphi_1(x_1)\varphi_2(x_2)\cdots\varphi_n(x_n)$$

$$= \frac{1}{(2\pi)^{\frac{n}{2}}\cdot\sigma^n}\exp\left\{-\frac{1}{2\sigma^2}[(x_1-\mu)^2+\cdots+(x_n-\mu)^2]\right\}.$$

注 符号 $\exp\{f(x)\}$ 是 $e^{f(x)}$ 的另一种写法,当 $f(x)$ 是相当复杂或相当大的一个式子时,$e^{f(x)}$ 常写成 $\exp\{f(x)\}$.

6. 与样本均值和样本方差的分布有关的概率计算

本章的重点是根据正态总体下的样本平均值和样本方差的分布进行有关的概率计算.

设总体 $X\sim N(\mu,\sigma^2)$,$\overline{X},S^2$ 分别是样本平均值和样本方差,n 是样本容量,则 $\overline{X}\sim N\left(\mu,\frac{\sigma^2}{n}\right)$,$\frac{(n-1)S^2}{\sigma^2}\sim\chi^2(n-1)$. 使用上述结论可以计算有关 $\overline{X},S^2$ 取值的概率. 这时,有关 $\overline{X}$ 的概率计算问题要用到正态分布的概率计算公式和标准正态分布的分布函数 $\Phi(x)$,有关 S^2 的概率计算问题要用到 χ^2 分布的上分位点.

例 7 设总体 $X\sim N(12,4)$,X_1,X_2,X_3,X_4,X_5 是 X 的一个容量为 5 的样本,求样本平均值与总体期望之差的绝对值大于 1 的概率.

解 总体期望 $\mu=12$,所求概率为 $P\{|\overline{X}-12|>1\}$. 因为事件 $\{|\overline{X}-12|>1\}$ 为事件 $\{\overline{X}-12>1\}$ 与 $\{\overline{X}-12<-1\}$ 之并,从而

$$P\{|\overline{X}-12|>1\}=P\{\overline{X}-12>1\}+P\{\overline{X}-12<-1\}$$
$$=P\{\overline{X}>13\}+P\{\overline{X}<11\}.$$

由于 $\overline{X}\sim N\left(12,\dfrac{4}{5}\right)$，因此

$$P\{\overline{X}>13\}=1-\Phi\left(\dfrac{13-12}{\sqrt{4/5}}\right)=1-\Phi\left(\dfrac{\sqrt{5}}{2}\right),$$

$$P\{\overline{X}<11\}=\Phi\left(\dfrac{11-12}{\sqrt{4/5}}\right)=\Phi\left(-\dfrac{\sqrt{5}}{2}\right)=1-\Phi\left(\dfrac{\sqrt{5}}{2}\right),$$

$$P\{|\overline{X}-12|>1\}=2\left[1-\Phi\left(\dfrac{\sqrt{5}}{2}\right)\right]=2[1-\Phi(1.12)]$$

$$=2(1-0.8686)=0.2628.$$

例 8　设在总体 $X\sim N(\mu,\sigma^2)$ 中抽取一容量为 16 的样本，这里 μ,σ^2 均未知，求 $P\left\{\dfrac{S^2}{\sigma^2}\leqslant 2.04\right\}$，其中 S^2 为样本方差.

解　由于所求概率中涉及样本方差 S^2，因此要使用结论 $\dfrac{(n-1)S^2}{\sigma^2}\sim\chi^2(n-1)$. 这时 $n=16$，于是 $\chi^2=\dfrac{15S^2}{\sigma^2}\sim\chi^2(15)$，从而

$$P\left\{\dfrac{S^2}{\sigma^2}\leqslant 2.04\right\}=P\left\{\dfrac{15S^2}{\sigma^2}\leqslant 2.04\times 15\right\}$$

$$=P\{\chi^2\leqslant 30.6\}=1-P\{\chi^2>30.6\}.$$

设 $P\{\chi^2>30.6\}=\alpha$，由 χ^2 分布上分位点的意义有

$$P\{\chi^2>\chi_\alpha^2(15)\}=\alpha,$$

从而 $\chi_\alpha^2(15)=30.6$. 查 χ^2 分布表得到 $\alpha=0.01$，于是

$$P\left\{\dfrac{S^2}{\sigma^2}\leqslant 2.04\right\}=1-0.01=0.99.$$

例 9　设总体 $X\sim N(\mu,\sigma^2)$，已知样本容量 $n=16$，样本方差 $s^2=5.3333$，求概率 $P\{|\overline{X}-\mu|<0.5\}$.

分析　由于所求概率中涉及 $|\overline{X}-\mu|$，而此时已知 S^2 的值 s^2，故考虑使用结论

$$\dfrac{\overline{X}-\mu}{\sqrt{S^2/n}}\sim t(n-1).$$

解　由于事件 $\{|\overline{X}-\mu|<0.5\}$ 即为事件

$$\left\{\left|\dfrac{\overline{X}-\mu}{\sqrt{S^2/n}}\right|<\dfrac{0.5}{\sqrt{S^2/n}}\right\},$$

从而

$$P\{|\overline{X}-\mu|<0.5\}=P\left\{\left|\dfrac{\overline{X}-\mu}{\sqrt{S^2/n}}\right|<\dfrac{0.5}{\sqrt{S^2/n}}\right\}$$

$$= P\left\{\frac{-0.5}{\sqrt{S^2/n}} < \frac{\overline{X} - \mu}{\sqrt{S^2/n}} < \frac{0.5}{\sqrt{S^2/n}}\right\}.$$

而事件 $\left\{\frac{-0.5}{\sqrt{S^2/n}} < \frac{\overline{X} - \mu}{\sqrt{S^2/n}} < \frac{0.5}{\sqrt{S^2/n}}\right\}$ 是事件 $\left\{\frac{\overline{X} - \mu}{\sqrt{S^2/n}} > \frac{-0.5}{\sqrt{S^2/n}}\right\}$ 与事件 $\left\{\frac{\overline{X} - \mu}{\sqrt{S^2/n}} \geqslant \frac{0.5}{\sqrt{S^2/n}}\right\}$ 之差,于是

$$P\{|\overline{X} - \mu| < 0.5\}$$
$$= P\left\{\frac{\overline{X} - \mu}{\sqrt{S^2/n}} > -\frac{0.5}{\sqrt{S^2/n}}\right\} - P\left\{\frac{\overline{X} - \mu}{\sqrt{S^2/n}} \geqslant \frac{0.5}{\sqrt{S^2/n}}\right\}.$$

已知 $\frac{0.5}{\sqrt{S^2/n}} = \frac{0.5}{\sqrt{5.3333/16}} = 0.866$,又 $\frac{\overline{X} - \mu}{\sqrt{S^2/n}} \sim t(n-1)(n=16)$,故通过查 t 分布表得到

$$P\left\{\frac{\overline{X} - \mu}{\sqrt{S^2/n}} > 0.866\right\} = 0.20$$

(注:$t_{0.10}(15) = 1.3406$,$t_{0.25}(15) = 0.6912$,使用线性插值方法,可以近似得到 $t_{0.20}(15) = 0.866$),同理可得到

$$P\left\{\frac{\overline{X} - \mu}{\sqrt{S^2/n}} > -0.866\right\} = 0.80,$$

最后得到

$$P\{|\overline{X} - \mu| < 0.5\} = 0.80 - 0.20 = 0.60.$$

四、考研重点题剖析

1. 设 $X_1, X_2, \cdots, X_n$ 是来自正态总体 $N(\mu, \sigma^2)$ 的样本,$\overline{X}$ 是样本均值,记

$$S_1^2 = \frac{1}{n-1}\sum_{i=1}^n (X_i - \overline{X})^2, \quad S_2^2 = \frac{1}{n}\sum_{i=1}^n (X_i - \overline{X})^2,$$
$$S_3^2 = \frac{1}{n-1}\sum_{i=1}^n (X_i - \mu)^2, \quad S_4^2 = \frac{1}{n}\sum_{i=1}^n (X_i - \mu)^2,$$

则服从自由度为 $n-1$ 的 t 分布的随机变量是(　　)

(A) $T = \dfrac{\overline{X} - \mu}{S_1/\sqrt{n-1}}$ (B) $T = \dfrac{\overline{X} - \mu}{S_2/\sqrt{n-1}}$

(C) $T = \dfrac{\overline{X} - \mu}{S_3/\sqrt{n}}$ (D) $T = \dfrac{\overline{X} - \mu}{S_4/\sqrt{n}}$

解　由题设可知 $\overline{X} \sim N\left(\mu, \frac{\sigma^2}{n}\right)$,则 $\frac{\overline{X} - \mu}{\sqrt{\sigma^2/n}} \sim N(0,1)$. 而平方和 $\sum_{i=1}^n (X_i - \overline{X})^2$ 的某一线性关系式与 $\chi^2(n-1)$ 分布有关,但(A)项显然不符合要求(参看本章"内容精讲与学习要求"部分). 由于 $\frac{(n-1)S^2}{\sigma^2} \sim \chi^2(n-1)$,其中 $S^2 = \frac{1}{n-1}\sum_{i=1}^n (X_i - \overline{X})^2$,由 t 分布的定义可知

$$T = \frac{\left(\dfrac{\overline{X} - \mu}{\sqrt{\sigma^2/n}}\right)}{\sqrt{\displaystyle\sum_{i=1}^{n}(X_i - \overline{X})^2 \Big/ \dfrac{\sigma^2}{n-1}}} \sim t(n-1),$$

即 $T = \dfrac{\overline{X} - \mu}{S_2/\sqrt{n-1}} \sim t(n-1)$. 故选(B).

2. 在天平上重复称量一质量为 a 的物品,假设各次称量结果相互独立且服从正态分布 $N(a, 0.2^2)$. 若以 $\overline{X}_n$ 表示 n 次称量结果的算术平均值,则为使 $P\{|\overline{X}_n - a| < 0.1\} \geqslant 0.95$, n 的最小值应不小于自然数_____.

解　由于相互独立的正态随机变量的线性组合仍为正态随机变量,由题设可知

$$E(\overline{X}_n) = a, \quad D(\overline{X}_n) = \frac{0.2^2}{n},$$

$$\overline{X}_n \sim N\left(a, \frac{0.2^2}{n}\right), \quad \text{从而} \quad \frac{\overline{X}_n - a}{\sqrt{0.2^2/n}} \sim N(0,1).$$

于是

$$P\{|\overline{X}_n - a| < 0.1\} = P\left\{\left|\frac{\overline{X}_n - a}{\sqrt{0.2^2/n}}\right| < \frac{0.1}{\sqrt{0.2^2/n}}\right\}$$

$$= P\left\{\frac{|\overline{X}_n - a|}{\sqrt{0.2^2/n}} < \frac{\sqrt{n}}{2}\right\} = P\left\{-\frac{\sqrt{n}}{2} < \frac{\overline{X}_n - a}{\sqrt{0.2^2/n}} < \frac{\sqrt{n}}{2}\right\}$$

$$= \Phi\left(\frac{\sqrt{n}}{2}\right) - \Phi\left(-\frac{\sqrt{n}}{2}\right) = 2\Phi\left(\frac{\sqrt{n}}{2}\right) - 1.$$

由已知有

$$2\Phi\left(\frac{\sqrt{n}}{2}\right) - 1 \geqslant 0.95, \quad \text{即} \quad \Phi\left(\frac{\sqrt{n}}{2}\right) \geqslant 0.975.$$

查标准正态分布表知

$$\frac{\sqrt{n}}{2} \geqslant 1.96, \quad \text{即} \quad n \geqslant 15.27,$$

故 n 的最小值应不小于自然数 16.

3. 从正态总体 $N(3.4, 6^2)$ 中抽取容量为 n 的样本,如果要求其样本均值位于区间 $(1.4, 5.4)$ 内的概率不小于 0.95,问样本容量 n 至少应取多大?

附表:

z	1.28	1.645	1.96	2.33
$\Phi(z)$	0.900	0.95	0.975	0.990

其中 $\Phi(z)$ 为标准正态分布函数.

解 若以 $\overline{X}$ 表示样本均值,则

$$\overline{X} \sim N\left(3.4, \frac{6^2}{n}\right), \quad \frac{\overline{X}-3.4}{\sqrt{6^2/n}} \sim N(0,1).$$

于是 n 应满足

$$P\{1.4 < \overline{X} < 5.4\} = P\{-2 < \overline{X}-3.4 < 2\}$$

$$= P\left\{\frac{-2}{\sqrt{6^2/n}} < \frac{\overline{X}-3.4}{\sqrt{6^2/n}} < \frac{2}{\sqrt{6^2/n}}\right\} = \Phi\left(\frac{1}{3}\sqrt{n}\right) - \Phi\left(-\frac{1}{3}\sqrt{n}\right)$$

$$= 2\Phi\left(\frac{1}{3}\sqrt{n}\right) - 1 \geqslant 0.95,$$

即 $\Phi\left(\frac{1}{3}\sqrt{n}\right) \geqslant 0.975.$ 由附表可知

$$\frac{\sqrt{n}}{3} \geqslant 1.96, \quad 即 \quad n \geqslant 34.57,$$

故 n 至少应取 35.

4. 设 $X_1, X_2, \cdots, X_9$ 是来自正态总体 X 的样本,记

$$Y_1 = \frac{1}{6}(X_1 + \cdots + X_6), \quad Y_2 = \frac{1}{3}(X_7 + X_8 + X_9),$$

$$S^2 = \frac{1}{2}\sum_{i=1}^{n}(X_i - Y_2)^2, \quad Z = \frac{\sqrt{2}(Y_1 - Y_2)}{S},$$

证明统计量 Z 服从自由度为 2 的 t 分布.

证明 根据 t 分布的定义,若 $X \sim N(0,1), Y \sim \chi^2(n)$,且 X 与 Y 独立,则随机变量 $T = \frac{X}{\sqrt{Y/n}} \sim t(n)$.

若设 $X_i \sim N(\mu, \sigma^2)(i=1,2,\cdots,9)$,则

$$Y_1 \sim N\left(\mu, \frac{\sigma^2}{6}\right), \quad Y_2 \sim N\left(\mu, \frac{\sigma^2}{3}\right).$$

于是

$$Y_1 - Y_2 \sim N\left(0, \frac{\sigma^2}{2}\right), \quad 从而 \quad \frac{Y_1 - Y_2}{\sqrt{\sigma^2/2}} \sim N(0,1).$$

由正态总体和方差的性质知 $\frac{2S^2}{\sigma^2} \sim \chi^2(2)$,又因 Y_1 与 Y_2 独立,Y_1 与 S^2 独立,以及 Y_2 与 S^2 独立,可见 $Y_1 - Y_2$ 与 S^2 独立,于是由 t 分布的定义知

$$Z = \frac{\sqrt{2}(Y_1 - Y_2)}{S} = \frac{\dfrac{Y_1 - Y_2}{\sigma/\sqrt{2}}}{\sqrt{\dfrac{2S^2/\sigma^2}{2}}} \sim t(2).$$

自 测 题 五

1. 设 X 服从标准正态分布,X_1,X_2,X_3,X_4,X_5 是来自总体 X 的容量为 5 的样本.试求常数 C,使统计量 $\dfrac{C(X_1+X_2)}{\sqrt{X_3^2+X_4^2+X_5^2}}$ 服从 t 分布,并问自由度是多少?

2. 设总体 $X \sim N(0,1)$,X_1,X_2 是来自 X 的容量为 2 的样本.试求常数 C,使

$$P\left\{\frac{(X_1+X_2)^2}{(X_1+X_2)^2+(X_1-X_2)^2} > C\right\} = 0.10.$$

3. 设总体 X 的均值与方差都存在,$X_1,X_2,\cdots,X_n$ 是来自总体 X 的容量为 n 的样本,$\overline{X}$ 为样本均值.对于 $i \neq j$,试求 $\rho(X_i-\overline{X},X_j-\overline{X})$.

4. 在正态总体 $X \sim N(52,6.3^2)$ 中随机抽取一个容量为 36 的样本,试求样本均值 $\overline{X}$ 落在 50.8 到 53.8 之间的概率.

5. 由正态总体 $X \sim N(20,3)$ 分别得到容量为 10 与 15 的相互独立的样本,求其样本均值差的绝对值大于 0.3 的概率.

第六章　参　数　估　计

参数估计是指运用样本数据对总体的某些数字特征如数学期望、方差等参数做出估计.
参数估计问题的分类为：

$$
参数估计
\begin{cases}
点估计
\begin{cases}
矩估计法 \\
极大似然估计法
\end{cases} \\
区间估计
\end{cases}
$$

一、内容精讲与学习要求

【内容精讲】

本章内容是统计推断的重点之一,主要包括：点估计、区间估计、正态总体均值的区间估计、正态总体方差的区间估计等.其中多次涉及估计量、估计值两个术语,它们的区别如下：

估计量是一个统计量,它是样本的函数.

估计值是估计量的值,它是用实际观察值计算所得的一个数据.

估计量和估计值统称为估计.

1.　点估计

点估计是利用样本数据来计算一个单一的估计值,用它估计总体参数.对于总体的同一个未知参数,用不同估计方法可以构造出不同的估计量,因而也就有不同的估计值.而我们总希望所采用的估计法尽可能准确和有效,要达到此目的,就要求所构造的估计量具有无偏性、有效性与一致性.

点估计常用的方法有矩估计法与极大似然估计法,且极大似然估计法适用范围较为广泛.

1.1　矩估计法

矩估计法是求估计量的最古老方法.它是以样本矩作为相应的总体矩的估计,以样本矩的函数作为总体矩相应函数的估计.例如,设总体 X 的概率密度为 $f(x;\theta_1,\cdots,\theta_k)$,且 $\alpha_r = \mathrm{E}(X^r)$ 存在,则

$$
\begin{aligned}
\alpha_r &= \alpha_r(\theta_1,\cdots,\theta_k) = \mathrm{E}(X^r) \\
&= \int_{-\infty}^{+\infty} x^r f(x;\theta_1,\cdots,\theta_k)\mathrm{d}x \quad (r=1,2,\cdots,k).
\end{aligned}
$$

又设 $X_1, \cdots, X_n$ 是 X 的一个样本,作相应的样本矩

$$M_r = \frac{1}{n} \sum_{i=1}^{n} X_i^r \quad (r = 1, 2, \cdots, k).$$

令
$$\alpha_r(\theta_1, \cdots, \theta_k) = M_r \quad (r = 1, 2, \cdots, k).$$

在以上方程组中,把样本矩 M_r 看做已知(用观察值代),$\theta_1, \cdots, \theta_k$ 看做未知,一般可解得

$$\theta_1 = \hat{\theta}_1(X_1, \cdots, X_n),$$
$$\cdots\cdots\cdots\cdots\cdots\cdots$$
$$\theta_k = \hat{\theta}_k(X_1, \cdots, X_n),$$

于是就可得到 θ_r 的估计量 $\hat{\theta}_r(r=1,2,\cdots,k)$.

矩估计法的优点是不必知道 X 的分布函数,即可直接用样本值估计期望、方差,比较直观、简便,但所产生的估计量往往不够理想.

1.2　极大似然估计法

已知总体分布,但参数未知,想利用样本值估计参数,可使用极大似然估计法.

设 X 的概率密度 $f(x;\theta_1,\cdots,\theta_k)$ 为已知,而 $\theta_1,\cdots,\theta_k$ 为未知参数,又 $X_1,\cdots,X_n$ 是来自总体 X 的样本,$x_1,\cdots,x_n$ 为样本值,则称

$$L(x_1, \cdots, x_n; \theta_1, \cdots, \theta_k) \triangleq \prod_{i=1}^{n} f(x_i; \theta_1, \cdots, \theta_k)$$

为样本的**似然函数**,简记为 $L(\theta)$,其中 $\theta = (\theta_1, \theta_2, \cdots, \theta_k)$. 使似然函数 L 达到最大值的 $\hat{\theta}_1, \cdots, \hat{\theta}_k$ 称为 $\theta_1, \cdots, \theta_k$ 的**极大似然估计**. 若 L 关于参数 $\theta_1, \cdots, \theta_k$ 可微,则一般可由似然方程组或对数似然方程组

$$\frac{\partial L}{\partial \theta_i} = 0 \quad (i = 1, 2, \cdots, k) \tag{6.1}$$

或
$$\frac{\partial \ln L}{\partial \theta_i} = 0 \quad (i = 1, 2, \cdots, k) \tag{6.2}$$

求出极大似然估计 $\hat{\theta}_1, \cdots, \hat{\theta}_k$ 来. 在使用上,公式(6.2)往往比公式(6.1)更方便.

当总体 X 是离散型时,用概率 $P\{X=x\}$ 代替 $f(x;\theta_1,\cdots,\theta_k)$,上述定义、计算方法仍然适用.

2. 估计量的评价标准

评价估计量优劣的标准是无偏性、有效性和一致性.

(1) **无偏性**:设 $\hat{\theta}(X_1, X_2, \cdots, X_n)$ 是参数 θ 的估计量,若 $\mathrm{E}(\hat{\theta})=\theta$,则称 $\hat{\theta}$ 是 θ 的无偏估计量.

对于任何总体 X,只要 $\mathrm{E}(X)$ 存在,则 $\bar{X}$ 是 $\mathrm{E}(X)$ 的无偏估计量;只要 $\mathrm{D}(X)$ 存在,则 S^2 是 $\mathrm{D}(X)$ 的无偏估计量.

(2) **有效性**:设 $\hat{\theta}_1$ 和 $\hat{\theta}_2$ 是 θ 的两个无偏估计量,若 $\mathrm{D}(\hat{\theta}_1)<\mathrm{D}(\hat{\theta}_2)$,则称 $\hat{\theta}_1$ 比 $\hat{\theta}_2$ 有效.

例如,X_1 和 $\overline{X}$ 都是 E(X)的无偏估计量,当 $n>1$ 时,$\overline{X}$ 比 X_1 有效,因为 D(X_1)$=$ D(X),D($\overline{X}$)$=\dfrac{1}{n}$D(X),从而 D($\overline{X}$)<D(X_1).

(3) **一致性**:如果对于任意的 $\varepsilon>0$,

$$\lim_{n\to\infty}P\{|\hat{\theta}-\theta|<\varepsilon\}=1,$$

则称 $\hat{\theta}$ 是 θ 的一致估计量.

由大数定律,$\overline{X}$ 是 E(X)的一致估计量,S^2 是 D(X)的一致估计量,S 是 $\sqrt{D(X)}$ 的一致估计量.

好的估计量应该是"接近"所要估计的参数,"无偏性"的意义是指 $\hat{\theta}$ 对 θ 的估计只有随机误差,而没有系统误差. 对于一个未知参数可能存在很多个无偏估计,我们要在这些无偏估计中选择具有较小的方差的一个,而要想找到具有最小方差的无偏估计往往比较困难. 一致性保证当样本容量 n 很大时,$\hat{\theta}$ 以很大的概率接近 θ,一致性是估计量的大样本特性,一般的估计量都满足一致性要求.

用点估计来估计总体参数,即使是无偏且有效的估计量,也会由于样本的随机性,从一个样本求得的点估计值与参数真值仍有一定误差. 因此点估计有以下不足:

(1) 点估计不可能给出估计值与参数真值的误差;

(2) 点估计不可能给出估计的可靠程度.

鉴于点估计的上述缺陷,所以这种方法在实际中应用并不普遍,人们比较常用的参数估计方法是区间估计.

3. 区间估计

所谓区间估计就是利用样本资料确定总体参数所在的区间,并以一定概率保证总体参数在一定区间内. 对总体参数 θ 进行区间估计时,如果对应于预先给定的小概率 α 总能找到两个统计量 $\hat{\theta}_1(X_1,\cdots,X_n)$ 与 $\hat{\theta}_2(X_1,\cdots,X_n)$,使

$$P\{\hat{\theta}_1<\theta<\hat{\theta}_2\}=1-\alpha,$$

则我们称区间$(\hat{\theta}_1,\hat{\theta}_2)$是总体参数 θ 的 $100(1-\alpha)\%$**置信区间**或置信度为 $1-\alpha$ 的置信区间,其中 $\hat{\theta}_1$ 和 $\hat{\theta}_2$ 分别称为**置信区间的上、下限**(或临界值),$1-\alpha$ 称为**置信度**,α 称为**置信水平**(或置信概率).

如果 $P\{\theta<\hat{\theta}_1\}=P\{\theta>\hat{\theta}_2\}=\dfrac{\alpha}{2}$,则称这种置信区间为等尾置信区间. 如果 $P\{\hat{\theta}_1<\theta\}=1-\alpha$(或 $P\{\theta<\hat{\theta}_2\}=1-\alpha$),则称区间$(\hat{\theta}_1,+\infty)$(或$(-\infty,\hat{\theta}_2)$)为 θ 的置信度为 $1-\alpha$ 的**单侧置信区间**,$\hat{\theta}_1$(或 $\hat{\theta}_2$)称为**单侧置信下限**(或上限).

给定置信度求未知参数置信区间的问题,称为参数区间估计问题. 一般常给定 $\alpha=0.05$ 或 0.01,它是指参数估计不准的概率(假设检验中称 α 为显著性水平).

4. 正态总体均值的区间估计

4.1 方差已知的单个正态总体均值的区间估计

我们知道,若 X 是一个随机变量,且服从均值为 μ,均方差为 σ 的正态分布,则它的样本平均值 $\overline{X} = \frac{1}{n}(X_1 + X_2 + \cdots + X_n)$ 也是一随机变量,并服从正态分布 $N\left(\mu, \frac{\sigma}{\sqrt{n}}\right)$,那么随机变量 $\frac{\overline{X} - \mu}{\sigma/\sqrt{n}}$ 服从标准正态分布 $N(0,1)$.

因 $\overline{X} = \frac{1}{n}\sum_{i=1}^{n}X_i$ 是 μ 的一个点估计,故所求的单个正态总体均值 μ 的 $100(1-\alpha)\%$ 置信区间为

$$\left(\overline{X} - \frac{\sigma}{\sqrt{n}}Z_{\alpha/2},\ \overline{X} + \frac{\sigma}{\sqrt{n}}Z_{\alpha/2}\right),$$

其中 $Z_{\alpha/2}$ 是标准正态分布的上 $\alpha/2$ 分位点.

4.2 方差未知的单个正态总体均值的区间估计

因 σ^2 未知,只能利用样本方差 S^2 来代替它. 在样本容量 n 足够大 $(n>30)$ 的条件下,我们仍可用上述方法来估计总体均值;但若 $n<30$,则就要用服从 t 分布的新的估计量来计算总体均值的置信区间.

方差未知的正态总体,其均值 μ 的 $100(1-\alpha)\%$ 置信区间为

$$\left(\overline{X} - \frac{S}{\sqrt{n}}t_{\alpha/2}(n-1),\ \overline{X} + \frac{S}{\sqrt{n}}t_{\alpha/2}(n-1)\right),$$

其中 $t_{\alpha/2}(n-1)$ 是自由度为 $n-1$ 的 t 分布的上 $\alpha/2$ 分位点.

4.3 总体方差已知的两个正态总体均值差区间估计

设 $\overline{X}$ 和 S_1^2 是总体 $X \sim N(\mu, \sigma_1^2)$ 的容量为 n_1 的样本均值和样本方差,$\overline{Y}$ 和 S_2^2 是总体 $Y \sim N(\mu_2, \sigma_2^2)$ 的容量为 n_2 的样本均值和样本方差,且两个样本相互独立. 由 $\overline{X}, \overline{Y}$ 分别是 μ_1, μ_2 的无偏估计,知 $\overline{X} - \overline{Y}$ 亦是 $\mu_1 - \mu_2$ 的无偏估计,且有

$$\overline{X} \sim N\left(\mu_1, \frac{\sigma_1^2}{n_1}\right), \quad \overline{Y} \sim N\left(\mu_2, \frac{\sigma_2^2}{n_2}\right).$$

于是我们可以仿照单个正态总体均值区间估计的方法,得到 $\mu_1 - \mu_2$ 的 $100(1-\alpha)\%$ 置信区间为

$$\left(\overline{X} - \overline{Y} - Z_{\alpha/2}\sqrt{\frac{\sigma_1^2}{n_1} + \frac{\sigma_2^2}{n_2}},\ \overline{X} - \overline{Y} + Z_{\alpha/2}\sqrt{\frac{\sigma_1^2}{n_1} + \frac{\sigma_2^2}{n_2}}\right).$$

4.4 方差未知(但相等)的两个正态总体均值差的区间估计

因 $\sigma_1^2 = \sigma_2^2 = \sigma^2$,但未知,故在小样本情况下,只能用样本方差 S^2 来代替它. 仿照单个正态总体均值区间估计的方法,可得 $\mu_1 - \mu_2$ 的 $100(1-\alpha)\%$ 置信区间为

$$\left(\,(\overline{X}-\overline{Y})\pm t_{a/2}(n_1+n_2-2)S_w\sqrt{\frac{1}{n_1}+\frac{1}{n_2}}\,\right),^{①}$$

其中
$$S_w^2=\frac{(n_1-1)S_1^2+(n_2-1)S_2^2}{n_1+n_2-2}.$$

5. 正态总体方差的区间估计

对单个总体 $X\sim N(\mu,\sigma^2)$,当 μ 未知时,σ^2 的置信度为 $1-\alpha$ 的置信区间是

$$\left(\frac{(n-1)S^2}{\chi_{a/2}^2(n-1)},\ \frac{(n-1)S^2}{\chi_{1-a/2}^2(n-1)}\right),$$

其中 $\chi_{a/2}^2(n-1)$ 和 $\chi_{1-a/2}^2$ 分别是自由度为 $n-1$ 的 χ^2 分布的上 $\alpha/2$ 分位点和上 $1-\alpha/2$ 分位点.

对两个总体 $X\sim N(\mu_1,\sigma_1^2),Y\sim N(\mu_2,\sigma_2^2),X$ 与 Y 相互独立,当 μ_1,μ_2 未知时,$\dfrac{\sigma_1^2}{\sigma_2^2}$ 的置信度为 $1-\alpha$ 的置信区间是

$$\left(\frac{S_1^2}{S_2^2}\cdot\frac{1}{F_{a/2}(n_1-1,n_2-1)},\ \frac{S_1^2}{S_2^2}\cdot\frac{1}{F_{1-a/2}(n_1-1,n_2-1)}\right),$$

其中 $F_{a/2}(n_1-1,n_2-1)$ 和 $F_{1-a/2}(n_1-1,n_2-1)$ 分别是自由度为 (n_1-1,n_2-1) 的 F 分布的上 $\alpha/2$ 分位点和上 $1-\alpha/2$ 分位点.

在参数的区间估计中,使用了 5 个随机变量:

$$\frac{\overline{X}-\mu}{\sigma/\sqrt{n}}\sim N(0,1),\quad \frac{\overline{X}-\mu}{S/\sqrt{n}}\sim t(n-1),$$

$$\frac{(\overline{X}-\overline{Y})+(\mu_1-\mu_2)}{S_w\sqrt{\dfrac{1}{n_1}+\dfrac{1}{n_2}}}\sim t(n_1+n_2-2),$$

$$\frac{(n-1)S^2}{\sigma^2}\sim\chi^2(n-1),\quad \frac{S_1^2/\sigma_1^2}{S_2^2/\sigma_2^2}\sim F(n_1-1,n_2-1).$$

这 5 个随机变量及其分布在第七章关于正态总体的期望和方差的假设检验中也要用到.

6. 非正态总体参数的区间估计

设总体 X 的均值为 μ,方差为 $\sigma^2,X_1,X_2,\cdots,X_n$ 为来自该总体的样本.因为 $X_1,X_2,\cdots,X_n$ 是独立同分布的,根据中心极限定理,对充分大的 n,有

$$\frac{\overline{X}-\mu}{\sigma/\sqrt{n}}\sim N(0,1)$$

近似成立,因此,我们得到:

---

① 此处区间记法同 $(a\pm\varepsilon)=(a-\varepsilon,a+\varepsilon)$.

(1) 当 σ^2 已知时,均值 μ 的置信度近似为 $1-\alpha$ 的置信区间为

$$\left(\overline{X}-\frac{\sigma}{\sqrt{n}}Z_{\alpha/2},\ \overline{X}+\frac{\sigma}{\sqrt{n}}Z_{\alpha/2}\right).$$

(2) 当 σ^2 未知时,均值 μ 的置信度近似为 $1-\alpha$ 的置信区间为

$$\left(\overline{X}-\frac{S}{\sqrt{n}}t_{\alpha/2}(n-1),\ \overline{X}+\frac{S}{\sqrt{n}}t_{\alpha/2}(n-1)\right).$$

特别地,(i) 当总体 $X\sim B(n,p)$ 时,可以得到参数 p 的置信度近似为 $1-\alpha$ 置信区间为

$$(\hat{p}-Z_{\alpha/2}\sqrt{\hat{p}(1-\hat{p})/n},\hat{p}+Z_{\alpha/2}\sqrt{\hat{p}(1-\hat{p})/n}),$$

其中 $\hat{p}$ 为 n 重伯努利试验中事件 A 发生的频数百分比(设一次试验事件 A 发生的概率为 p).

(ii) 当总体 $X\sim P(\lambda)$ 时,则参数 λ 的置信度近似为 $1-\alpha$ 的置信区间为

$$(\overline{X}-Z_{\alpha/2}\sqrt{\overline{X}/n},\ \overline{X}+Z_{\alpha/2}\sqrt{\overline{X}/n}).$$

【学习要求】

明确统计推断的基本思想与方法,理解参数估计的基本概念,掌握参数估计的基本方法.其具体要求为:

1. 理解统计量、估计量、置信区间与置信水平等基本概念.
2. 熟练掌握求点估计的两种方法:矩估计法与极大似然估计法.
3. 掌握估计量的评选标准.
4. 理解区间估计的概念;会求单个正态总体均值和方差的置信区间,两个正态总体均值差的置信区间.
5. 了解非正态总体的区间估计及其置信区间.

重点 参数点估计的矩估计法和极大似然估计法;估计量的评选标准;单个正态总体均值与方差的置信区间;两个正态总体均值差的置信区间.

难点 参数的极大似然估计法;估计量的无偏性.

二、释 疑 解 难

1. "统计量"与"估计量"是同一概念吗?

答 统计量与估计量既有联系又有区别,它们不是同一概念.

所谓统计量,是指对于总体 X,若 $(X_1,X_2,\cdots,X_n)$ 是 X 的一个样本,f 是连续函数,且 $\hat{\theta}=f(X_1,X_2,\cdots,X_n)$ 不含任何未知参数,则 $\hat{\theta}$ 称为一个统计量. 如 $\overline{X}=\dfrac{1}{n}\displaystyle\sum_{i=1}^{n}X_i,S^2=$

$\dfrac{1}{n-1}\sum\limits_{i=1}^{n}(X_i-\overline{X})^2$，$T=\dfrac{\overline{X}-n}{\sqrt{S^2/n}}$ 都是统计量；而 $\dfrac{(n-1)S^2}{\sigma^2}$（$\sigma$ 未知）就不是一个统计量，因为它含有未知参数 σ.

所谓估计量是：若 θ 为总体 X 的待估参数，用一个统计量 $\hat{\theta}$ 来估计 θ，则称 $\hat{\theta}$ 为 θ 的估计量. 如，我们常用 $\overline{X}$ 作为 $E(X)$ 的估计量，用 S^2 作为 $D(X)$ 的估计量.

然而，统计量和估计量既然都是样本的函数，因此它们本身都是随机变量，从而也都有确定的概率分布. 而一旦取得了样本值 $(x_1, x_2, \cdots, x_n)$ 之后，统计量和估计量又都是具体的数，因此，统计量与估计量又都具有二重性.

2. 为什么要用样本方差 $S^2 = \dfrac{1}{n-1}\sum\limits_{i=1}^{n}(X_i-\overline{X})^2$ 而不用 $S^{*2} = \dfrac{1}{n}\sum\limits_{i=1}^{n}(X_i-\overline{X})^2$ 作为总体方差 $D(X)$ 的估计量？

答 因为总体方差 $D(X)$ 的"优良近似值"不是 S^{*2} 而是 S^2，其原因就是 S^{*2} 不是 $D(X)$ 的无偏估计量，S^2 才是 $D(X)$ 的无偏估计量. 事实上，注意到

(1) 由 $D(X) = E(X^2) - [E(X)]^2$，有 $E(X^2) = D(X) + [E(X)]^2$；同理 $E(\overline{X}^2) = D(\overline{X}) + [E(\overline{X})]^2$.

(2) $D(X_i) = D(X)$，$E(X_i) = E(X)$ $(i = 1, 2, \cdots, n)$.

(3) $E(\overline{X}) = E(X)$，$D(\overline{X}) = \dfrac{1}{n}D(X)$.

可以证明

$$E(S^{*2}) = E\left[\frac{1}{n}\sum_{i=1}^{n}(X_i-\overline{X})^2\right] = \frac{n-1}{n}D(X),$$

$$E(S^2) = E\left[\frac{n}{n-1}\cdot\frac{1}{n}\sum_{i=1}^{n}(X_i-\overline{X})^2\right]$$

$$= \frac{n}{n-1}E(S^{*2}) = \frac{n}{n-1}\left[\frac{n-1}{n}D(X)\right] = D(X).$$

这说明 S^{*2} 不是 $D(X)$ 的无偏估计量，而 S^2 是 $D(X)$ 的无偏估计量.

值得注意的是，虽然 S^{*2} 不是 $D(X)$ 的无偏估计量，但只要样本容量 n 比较大，实际应用时，我们常可用 S^{*2} 作为 $D(X)$ 的估计.

3. 常用的点估计方法有哪几种？它们的优缺点是什么？

答 在参数估计中，常用的点估计方法有三种（应该掌握的）：顺序统计量估计法、矩估计法和极大似然估计法. 顺序统计量法使用起来最方便，因不需很多计算，但这种方法要求正态总体或总体分布是对称的，而且估计的精度不够高. 矩估计法直观意义最明显，对任何总体都可用，方法简单，但要求总体的相应矩存在，若不存在就不能用此方法. 极大似然估计法对任何总体都可以用. 而且可以证明，在相当广泛的条件下，极大似然估计量具有一致性、渐近正态性和渐近最小方差性. 另外，得到的估计即使不具有无偏性，也常常能够修改成无偏估. 所以，从某种意义上说没有比极大似然估计更好的估计，但是，并不是所有待估的

参数都能求到似然估计,并且求极大似然估计时,往往要解一个似然方程(组),有时比较难解或根本就写不出有限形式的解.可见,三种方法都有优缺点.在处理具体问题时,要扬长避短,根据要求选择估计方法.

4.用矩估计法和极大似然估计法所得的估计是否是一样的?

答　有时相同,有时不同.

例如,设总体 $X \sim N(\mu, \sigma^2)$,其中 μ, σ^2 为未知参数,$(X_1, X_2, \cdots, X_n)$ 为来自总体 X 的样本.由计算可知 μ 和 σ^2 的矩估计和极大似然估计相同,且分别为 $\overline{X}$ 和 $\dfrac{1}{n}\sum\limits_{i=1}^{n}(X_i - \overline{X})^2$.

又如,总体 $X \sim U(0, \theta)$,其中 $\theta > 0$ 为未知参数,$(X_1, X_2, \cdots, X_n)$ 为来自该总体的样本.由计算知 θ 的矩估计为 $2\overline{X}$,θ 的极大似然估计为 $\max\limits_{1 \leqslant i \leqslant n}\{X_i\}$.

5.如何理解评价估计量的三个常用标准——无偏性、有效性和一致性?

答　对同一个参数,用不同的方法求得的估计量可能是不同的,无偏性、有效性、一致性,就是三种不同的评价估计量的标准.评价估计量,不能从一个估计量的某次具体表现上去衡量好坏,而应看其整体性质.

运用样本值对总体未知参数 θ 做出估计时,总希望这个估计尽可能准确和有效.但在评价估计量时,由于估计量 $\hat{\theta}(X_1, X_2, \cdots, X_n)$ 是样本的函数,它是一个随机变量,对于不同的样本值就会得到参数的不同估计值.因此,我们不能仅由一次试验的结果来衡量,首先希望多次估计值的理论平均值应等于真值 θ,即 $E(\hat{\theta}) = \theta$,这一性质称之为无偏性.

其次,对同一个参数,可能有许多无偏估计量,哪一个估计量比其他估计量更好呢?自然地认为应以对真值的平均偏差较小者为好,即若 $\hat{\theta}_1$ 和 $\hat{\theta}_2$ 都是 θ 的无偏估计量,如果 $D(\hat{\theta}_1) < D(\hat{\theta}_2)$,则称 $\hat{\theta}_1$ 比 $\hat{\theta}_2$ 有效.

最后,通常估计量 $\hat{\theta}$ 在样本容量 n 愈大时愈接近被估计参数,从而引出了估计量的一致性,即对任意 $\varepsilon > 0$,若有 $\lim\limits_{n \to \infty} P\{|\hat{\theta} - \hat{\theta}| > \varepsilon\} = 0$,则称 $\hat{\theta}$ 是 θ 的一致性估计量.由于一致性是在极限意义下引进的,因而,只有样本容量相当大时,才能显示优越性,这在实际中往往难以做到,而且在有些情况下,证明估计量的一致性并非容易,因此,在实际中常常使用无偏性和有效性这两个标准.

6.未知参数的点估计和区间估计有何异同?

答　未知参数的点估计就是将样本值 $x_1, x_2, \cdots, x_n$ 代入估计量 $\hat{\theta}(X_1, \cdots, X_n)$ 中,得到一个数值 $\hat{\theta}(x_1, \cdots, x_n)$,并以它作为真值 θ 的近似值.尽管点估计值随样本值的不同而异,但它能给人们一个具体的数值,因而在实际中常常使用点估计对客观事物做出某种推断.但作为一个近似值,它与真值间总有偏差,而其偏差范围不知道.也就是说,这种推断的精确度如何?可靠性有多大?点估计本身并没有告诉我们.这正是点估计的不足之处.在实际中,人们希望对 θ 的取值估计出一个范围,并希望知道这个范围包含参数 θ 真值的可靠程度,这样的范围通常用区间的形式给出.这种形式的估计弥补了点估计的不足.

故点估计与区间估计都是用样本的统计量对未知参数的值进行估计,不同的是点估计得到的是未知参数的近似值,而区间估计得到的是以一定概率包含未知参数真值的范围.

7. 对于未知参数 θ,如何评价其一个置信区间 $(\hat{\theta}_1,\hat{\theta}_2)$ 的优劣? 为估计参数 θ,需抽取多少个个体作为样本?

答 评价一个置信区间 $(\hat{\theta}_1,\hat{\theta}_2)$ 的优劣有两个要素:一是精度,可以用区间长度 $\hat{\theta}_2-\hat{\theta}_1$ 来刻画,长度愈大,精度愈低. 二是置信度即可靠程度,它可以用事件 $\{\hat{\theta}_1<\theta<\hat{\theta}_2\}$ 的概率即 $P\{\hat{\theta}_1<\theta<\hat{\theta}_2\}$ 来衡量. 一般说来,在样本容量 n 一定的前提下,精度和置信度是彼此对立的. 例如,设 $X_1,X_2,\cdots,X_n$ 是来自总体 $N(\mu,\sigma_0^2)$ 的样本,则 μ 的置信度为 0.95 的置信区间为

$$\left(\overline{X}-1.96\sqrt{\frac{\sigma_0^2}{n}},\ \overline{X}+1.96\sqrt{\frac{\sigma_0^2}{n}}\right),$$

置信度为 0.99 的置信区间为

$$\left(\overline{X}-2.58\sqrt{\frac{\sigma_0^2}{n}},\ \overline{X}+2.58\sqrt{\frac{\sigma_0^2}{n}}\right),$$

即置信度提高了,但精度降低了. 著名的统计学家奈曼提出了处理上述矛盾的原则:先照顾置信度,即要求置信区间 $(\hat{\theta}_1,\hat{\theta}_2)$ 的置信度不低于某个数 $1-\alpha$,亦即要求 $P\{\hat{\theta}_1<\theta<\hat{\theta}_2\}\geqslant1-\alpha$,在这个前提下,使 $(\hat{\theta}_1,\hat{\theta}_2)$ 的精度尽可能的高.

为了估计参数 θ,需要抽取多少个个体作为样本? 这是一个重要而实际的问题:若样本个体抽得太少,则随机性的影响太大;若抽得太多,则费人力、物力和时间. 可惜的是,这个问题的适当解决很复杂. 例如,设 $X_1,X_2,\cdots,X_n$ 为来自总体 $X\sim N(\mu,\sigma_0^2)$ 的一个样本,μ 为待估参数,则 μ 的置信度为 $1-\alpha$ 的置信区间为 $\left(\overline{X}-Z_{\alpha/2}\dfrac{\sigma_0}{\sqrt{n}},\ \overline{X}+Z_{\alpha/2}\dfrac{\sigma_0}{\sqrt{n}}\right)$. 若要求这个区间长度不超过 L,只需取样本容量 n 满足 $\dfrac{2\sigma_0}{\sqrt{n}}Z_{\alpha/2}\leqslant L$,即 $n\geqslant\left(\dfrac{2\sigma_0 Z_{\alpha/2}}{L}\right)^2$,亦即只需要选择不小于右边的最小整数即可. 但是方差未知,对总体的期望作区间估计,此时样本容量的决定就复杂多了,有兴趣的读者可参考有关书籍.

8. 在已知样本值和给定置信度下,未知参数的置信区间是否唯一? 若不唯一,那么选什么样的置信区间为好?

答 对于同一置信度和样本值,置信区间并不唯一. 例如,设总体 $X\sim N(\mu,0.4^2)$,样本容量 $n=20$,样本均值的观察值 $\overline{x}=32.3$,求 μ 的置信度为 $1-\alpha=0.95$ 的置信区间. 选样本函数 $U=\dfrac{\overline{X}-\mu}{\sigma/\sqrt{n}}\sim N(0,1)$. 由 $P\left\{u_1<\dfrac{\overline{X}-\mu}{\sigma/\sqrt{n}}<u_2\right\}=1-\alpha$,即

$$P\left\{\overline{X}-u_2\frac{\sigma}{\sqrt{n}}<\mu<\overline{X}-u_1\frac{\sigma}{\sqrt{n}}\right\}=1-\alpha\quad(n=20,\sigma=0.4),$$

可求得 μ 的置信度为 $1-\alpha$ 的置信区间为

$$\left\{\overline{X}-u_2\frac{\sigma}{\sqrt{n}},\overline{X}-u_1\frac{\sigma}{\sqrt{n}}\right\}.$$

显然 u_1,u_2 在可能的范围内取不同的值,就能得到不同的置信区间.如取 $\alpha=0.05,u_1=Z_{\alpha/2}=Z_{0.025},u_2=Z_{1-\alpha/2}=Z_{0.975}$,查标准正态分布表知 $u_1=-1.96,u_2=1.96$,即得 μ 的一个置信度为 $1-\alpha=0.95$ 的置信区间 $(32.12,32.48)$.

上面是将置信水平 $\alpha=0.05$ 分成两个相等的部分.若将它分成不等的两部分,如取 $\alpha_1=0.01,\alpha_2=0.04,u_1=Z_{\alpha_1}=Z_{0.01},u_2=Z_{1-\alpha_2}=Z_{0.96}$,可算得 μ 的另一个置信度为 $1-\alpha=0.95$ 的置信区间 $(32.14,32.51)$.

容易看出,不同的置信区间的长度一般不相等.可以证明,假如构造置信区间的样本函数具有对称分布(如正态分布,t 分布等)时,则以样本均值的观察值为中心的对称区间,其长度最短,误差范围小,估计精度高.

9. 如何理解置信区间中提到的概率 $P\{\underline{\theta}(X_1,X_2,\cdots,X_n)<\theta<\overline{\theta}(X_1,X_2,\cdots,X_n)\}=1-\alpha$ 及置信水平 α?

答 首先 $P\{\underline{\theta}<\theta<\overline{\theta}\}=1-\alpha$ 与一般概率 $P\{a<\theta<b\}=1-\alpha$ 的含义有所不同.后者区间 (a,b) 为确定的一个数值区间,θ 为随机变量,它表示 θ 的取值落在区间 (a,b) 内的概率为 $1-\alpha$.而 $P\{\underline{\theta}<\theta<\overline{\theta}\}=1-\alpha$ 式中的区间 $(\underline{\theta},\overline{\theta})$ 是随机区间,θ 是客观存在的一个未知常数值,它的含义是随机区间 $(\underline{\theta},\overline{\theta})$ 包含未知常数 θ 的概率是 $1-\alpha$.换言之,设 $\alpha=0.05$,如果抽取了 1000 个容量为 n 的样本,每一组样本值代入到 $\underline{\theta}(X_1,\cdots,X_n),\overline{\theta}(X_1,\cdots,X_n)$ 中,就得到一个区间,1000 个样本就得到 1000 个区间,那么,在这 1000 个区间里,平均有 950 个包含真值 θ,只有 50 个不包含真值 θ,这就是说可能有 5% 的区间被误认为包含真值 θ 而犯了错误.即当给出参数 θ 的置信度为 0.95 的置信区间 $(\underline{\theta},\overline{\theta})$ 时,可以有 95% 的把握认为区间 $(\underline{\theta},\overline{\theta})$ 包含真值 θ,犯错误的概率为 0.05.所以,置信度反映的是随机区间 $(\underline{\theta},\overline{\theta})$ 包含真值 θ 的可靠程度,我们当然希望这种可能性越大越好.另一方面,我们还希望估计的精确度高.例如估计某产品的次品率在 $(0,0.99)$ 内,这个估计虽然有很高的可能性,但其精确度太差,以至于这种估计毫无实际意义.

三、典型例题与解题方法综述

1. 利用矩估计法估计参数

用矩估计法对总体参数进行估计时应注意:(1) 样本矩与总体矩应保持一致,如用样本一阶矩估计总体一阶矩,样本二阶矩估计总体二阶矩等.(2) 有 n 个参数要估计,就要列 n 个方程.(3) 最常用的矩估计是用样本均值 $\overline{X}$ 估计总体均值 $\mathrm{E}(X)$;用样本方差 S^2 估计总体方差 $\mathrm{D}(X)$,即 $\widehat{\mathrm{E}(X)}=\overline{X},\widehat{\mathrm{D}(X)}=S^2$.

例1 设总体 X 在 $[a,b]$ 上服从均匀分布,其概率密度为

$$f(x)=\begin{cases}\dfrac{1}{b-a}, & a\leqslant x\leqslant b,\\[2mm] 0, & \text{其他},\end{cases}$$

其中 $b>a$，试求 a,b 的矩估计量.

解 由 X 服从 $[a,b]$ 上的均匀分布得

$$E(X) = \frac{a+b}{2}, \quad D(X) = \frac{(b-a)^2}{12},$$

$$E(X^2) = D(X) + [E(X)]^2 = \frac{(b-a)^2}{12} + \frac{(a+b)^2}{4}$$

设 $X_1, X_2, \cdots, X_n$ 为来自总体 X 的样本，并令

$$\begin{cases} \dfrac{1}{n}\sum_{i=1}^{n} X_i = E(X) = \dfrac{1}{2}(a+b), \\ \dfrac{1}{n}\sum_{i=1}^{n} X_i^2 = E(X^2) = \dfrac{1}{12}(b-a)^2 + \dfrac{1}{4}(a+b)^2, \end{cases}$$

整理得

$$\begin{cases} \overline{X} = \dfrac{1}{2}(a+b), \\ \dfrac{n-1}{n}S^2 = \dfrac{1}{12}(b-a)^2, \end{cases}$$

其中 S^2 是样本方差. 于是解得 a,b 的矩估计量如下:

$$\begin{cases} \hat{a} = \overline{X} - \sqrt{\dfrac{3(n-1)}{n}S^2}, \\ \hat{b} = \overline{X} + \sqrt{\dfrac{3(n-1)}{n}S^2}. \end{cases}$$

2. 利用极大似然估计法估计参数

用极大似然估计法估计总体未知参数 θ 时，首先要根据总体的概率分布或概率密度构造似然函数 $L(\theta)$. 由于 $L(\theta)$ 是连乘积的形式，不便于求导数 $\dfrac{dL(\theta)}{d\theta}$，因此取 $L(\theta)$ 的对数 $\ln L(\theta)$，它是和的形式，从而便于求导数. 一般，方程 $\dfrac{d\ln L(\theta)}{d\theta}=0$ 的解即为 θ 的极大似然估计. 如果有两个未知参数 θ_1, θ_2，则似然函数是 θ_1, θ_2 的函数 $L(\theta_1, \theta_2)$，方程组

$$\begin{cases} \dfrac{\partial\ln L(\theta_1, \theta_2)}{\partial\theta_1} = 0, \\ \dfrac{\partial\ln L(\theta_1, \theta_2)}{\partial\theta_2} = 0 \end{cases}$$

的解即为 θ_1, θ_2 的极大似然估计.

求未知参数的极大似然估计的步骤是固定的，困难在于构造似然函数 $L(\theta)$ 和形成对数似然函数 $\ln L(\theta)$. 求导数、解方程，比较多地用到高等数学的知识.

例 2 设 $X_1, X_2, \cdots, X_n$ 是总体 X 的样本，$X\sim B(10,p)$，p 未知，求 p 的极大似然估计

量.

解 由 $X \sim B(10, p)$，得其概率分布为

$$P\{X = x\} = C_{10}^x p^x (1-p)^{10-x} \quad (x = 0, 1, \cdots, 10),$$

于是对于样本值 $x_1, \cdots, x_n$，似然函数为

$$L(p) = \prod_{i=1}^n P\{X_i = x_i\} = \prod_{i=1}^n \left[C_{10}^{x_i} p^{x_i} (1-p)^{10-x_i} \right]$$

$$= \prod_{i=1}^n C_{10}^{x_i} \left[p^{\sum_{i=1}^n x_i} (1-p)^{\sum_{i=1}^n (10-x_i)} \right].$$

对似然函数取对数得

$$\ln L(p) = \ln \sum_{i=1}^n C_{10}^{x_i} + \ln p^{\sum_{i=1}^n x_i} + \ln(1-p)^{\sum_{i=1}^n (10-x_i)}$$

$$= \ln \sum_{i=1}^n C_{10}^{x_i} + \left(\sum_{i=1}^n x_i \right) \ln p + \left[\sum_{i=1}^n (10-x_i) \right] \ln(1-p),$$

求导数，并令导数等于 0 得

$$\frac{\mathrm{d}\ln L(p)}{\mathrm{d}p} = \left(\sum_{i=1}^n x_i \right) \frac{1}{p} - \left[\sum_{i=1}^n (10-x_i) \right] \frac{1}{1-p} = 0,$$

即

$$(1-p) \sum_{i=1}^n x_i = p \sum_{i=1}^n (10-x_i),$$

亦即

$$\sum_{i=1}^n x_i - p \sum_{i=1}^n x_i = p \left(10n - \sum_{i=1}^n x_i \right),$$

解得

$$p = \frac{1}{10n} \sum_{i=1}^n x_i.$$

从而 p 的极大似然估计量为

$$\hat{p} = \frac{1}{10n} \sum_{i=1}^n X_i = \frac{\overline{X}}{10}.$$

例 3 设随机变量 X 的概率密度为

$$f(x) = \begin{cases} \lambda \mathrm{e}^{-\lambda x}, & x > 0, \\ 0, & x \leqslant 0, \end{cases}$$

其中 $\lambda > 0$ 为未知参数；又设 $X_1, X_2, \cdots, X_n$ 是来自总体 X 的样本.

(1) 求 λ 的矩估计量 $\hat{\lambda}$；

(2) 求 λ 的极大似然估计量 λ^*.

解 (1) $\mathrm{E}(X) = \int_{-\infty}^{+\infty} x f(x) \mathrm{d}x = \int_0^{+\infty} x \lambda \mathrm{e}^{-\lambda x} \mathrm{d}x = \frac{1}{\lambda}$.

令 $\frac{1}{\lambda} = \overline{X}$，解得 λ 的矩估计量为 $\hat{\lambda} = \frac{1}{\overline{X}}$.

(2) 设 $x_1, \cdots, x_n$ 为样本值，则似然函数为

$$L(\lambda) = \prod_{i=1}^{n} f(x_i) = \prod_{i=1}^{n} \lambda e^{-\lambda x_i} = \lambda^n e^{-\lambda \sum\limits_{i=1}^{n} x_i} \quad (x_i > 0, i = 1, 2, \cdots, n),$$

取对数得
$$\ln L(\lambda) = n \ln\lambda - \lambda \sum_{i=1}^{n} x_i.$$

由 $\dfrac{\partial \ln L(\lambda)}{\partial \lambda} = n \dfrac{1}{\lambda} - \sum\limits_{i=1}^{n} x_i \xrightarrow{\text{令}} 0$, 得 $\dfrac{n}{\lambda} = \sum\limits_{i=1}^{n} x_i$, 即 $\lambda = \dfrac{n}{\sum\limits_{i=1}^{n} x_i}$, 于是 λ 的极大似然估计量

为

$$\lambda^* = \frac{n}{\sum\limits_{i=1}^{n} X_i} = \frac{1}{\overline{X}}.$$

3. 有关估计量评价的问题

无偏性和有效性是评价估计量的两个重要标准. 有关无偏性的问题本质上是关于期望的计算, 而有关有效性的问题本质上是关于方差的计算. 这时常要应用到期望和方差的性质. 另外还要注意, 在无偏性得到满足的基础上, 才可以讨论有效性.

对任何总体 X, 样本平均值 $\overline{X}$ 是总体期望 $E(X)$ 的无偏估计, 样本方差 S^2 是总体方差 $D(X)$ 的无偏估计, 而 $\dfrac{1}{n} \sum\limits_{i=1}^{n} (X_i - \overline{X})^2$ 则不是 $D(X)$ 的无偏估计.

例 4 设随机变量 X 的概率密度为
$$f(x) = \frac{1}{2\sigma} e^{-\frac{|x|}{\sigma}}, \quad -\infty < x < +\infty,$$

其中 $\sigma > 0$ 为未知参数; 又设 $X_1, X_2, \cdots, X_n$ 是来自总体 X 的样本.

(1) 求 σ 的极大似然估计量 $\hat{\sigma}$;　　(2) 判断 $\hat{\sigma}$ 是否为 σ 的无偏估计.

解　(1) 对于样本值 $x_1, \cdots, x_n$, 似然函数为
$$L(\sigma) = \prod_{i=1}^{n} f(x_i) = \left(\frac{1}{2\sigma}\right)^n e^{-\frac{1}{\sigma} \sum\limits_{i=1}^{n} |x_i|},$$

$$\ln L(\sigma) = -n\ln 2 - n\ln\sigma - \frac{1}{\sigma} \sum_{i=1}^{n} |x_i|.$$

由 $\dfrac{\partial \ln L(\sigma)}{\partial \sigma} = -\dfrac{n}{\sigma} + \dfrac{1}{\sigma^2} \sum\limits_{i=1}^{n} |x_i| \xrightarrow{\text{令}} 0$ 解得 $\sigma = \dfrac{1}{n} \sum\limits_{i=1}^{n} |x_i|$. 故 σ 的极大似然估计量为

$$\hat{\sigma} = \frac{1}{n} \sum_{i=1}^{n} |X_i|.$$

(2) 因为

$$E(\hat{\sigma}) = \frac{1}{n} \sum_{i=1}^{n} E(|X_i|) = E(|X|) = \int_{-\infty}^{+\infty} |x| f(x) \mathrm{d}x$$

$$= \int_{-\infty}^{+\infty} |x| \frac{1}{2\sigma} e^{-\frac{|x|}{\sigma}} dx = 2 \int_{0}^{+\infty} x \frac{1}{2\sigma} e^{-\frac{x}{\sigma}} dx = \sigma,$$

故 $\hat{\sigma}$ 为 σ 的无偏估计.

例 5　设 $X_1, X_2, \cdots, X_n$ 和 $Y_1, Y_2, \cdots, Y_m$ 分别是来自总体 $X \sim N(\mu, 1)$ 和 $Y \sim N(\mu, 2^2)$ 的两个样本,且 X 和 Y 相互独立,μ 的一个无偏估计具有形式 $T = a \sum\limits_{i=1}^{n} X_i + b \sum\limits_{i=1}^{m} Y_i$,则 a, b 应满足什么条件时,T 是 μ 的最小方差无偏估计?

解　要使 T 是 μ 的无偏估计,应有 $\mathrm{E}(T) = \mu$. 因

$$\mathrm{E}(T) = \mathrm{E}\Big(a \sum_{i=1}^{n} X_i + b \sum_{i=1}^{m} Y_i \Big)$$

$$= a \sum_{i=1}^{n} \mathrm{E}(X_i) + b \sum_{i=1}^{m} \mathrm{E}(Y_i)$$

$$= an\mu + bm\mu = (an + bm)\mu,$$

故当 $an + bm = 1$ 时,$\mathrm{E}(T) = \mu$. 又

$$\mathrm{D}(T) = \mathrm{D}\Big(a \sum_{i=1}^{n} X_i + b \sum_{i=1}^{m} Y_i \Big)$$

$$= a^2 \sum_{i=1}^{n} \mathrm{D}(X_i) + b^2 \sum_{i=1}^{m} \mathrm{D}(Y_i)$$

$$= na^2 + 4mb^2,$$

由 $an + bm = 1$ 得 $a = \dfrac{1-bm}{n}$,把它代入 $\mathrm{D}(T)$ 中得

$$\mathrm{D}(T) = \frac{(1 - bm)^2}{n} + 4mb^2.$$

这是一个只含有未知数 b 的方程,为求得使 $\mathrm{D}(T)$ 最小值的条件 b,只需求解方程

$$\frac{\mathrm{dD}(T)}{\mathrm{d}b} = \frac{2(1 - bm)}{n}(-m) + 8mb = 0.$$

求解以上方程得 $b = \dfrac{1}{4n+m}$,从而 $a = \dfrac{1-bm}{n} = \dfrac{4}{4n+m}$. 由极值判定定理及解的唯一性知 $b = \dfrac{1}{4n+m}$ 是使 $\mathrm{D}(T)$ 达到最小值的点. 所以当 $b = \dfrac{1}{4n+m}$,$a = \dfrac{4}{4n+m}$ 时,$\mathrm{D}(T)$ 取得最小值,此时 T 即是 μ 的具有所给形式的最小方差无偏估计.

例 6　设 $\hat{\theta}_1$ 及 $\hat{\theta}_2$ 是 θ 的两个独立的无偏估计,且 $\mathrm{D}(\hat{\theta}_1) = 2\mathrm{D}(\hat{\theta}_2)$,求常数 C_1 及 C_2,使 $\hat{\theta} = C_1 \hat{\theta}_1 + C_2 \hat{\theta}_2$ 为 θ 的无偏估计,并使 $\mathrm{D}(\hat{\theta})$ 达到最小.

解　常数 C_1 及 C_2,使 $\hat{\theta} = C_1 \hat{\theta}_1 + C_2 \hat{\theta}_2$ 为 θ 的无偏估计,即

$$\mathrm{E}(\hat{\theta}) = C_1 \mathrm{E}(\hat{\theta}_1) + C_2 \mathrm{E}(\hat{\theta}_2) = (C_1 + C_2)\theta = \theta,$$

所以 $$C_1 + C_2 = 1. \hfill \text{①}$$

又 $$\mathrm{D}(\hat{\theta}) = C_1^2 \mathrm{D}(\hat{\theta}_1) + C_2^2 \mathrm{D}(\hat{\theta}_2) = (2C_1^2 + C_2^2)\mathrm{D}(\hat{\theta}_2) \triangleq Z, \hfill \text{②}$$

所以问题归结为在条件 $C_1+C_2=1$ 下,求 C_1,C_2 使
$$Z = (2C_1^2 + C_2^2)\mathrm{D}(\hat{\theta}_2)$$
达到最小的问题.

方法 1　由①式得 $C_2=1-C_1$,代入②式得
$$Z = [2C_1^2 + (1 - C_1)^2]\mathrm{D}(\hat{\theta}_2).$$
由
$$\frac{\partial Z}{\partial C_1} = [4C_1 - 2(1 - C_1)]\mathrm{D}(\hat{\theta}_2) \xlongequal{\text{令}} 0,$$
解得 $C_1=\frac{1}{3}$.易判定 $C_1=\frac{1}{3}$ 是
$$Z = [2C_1^2 + (1 - C_1)^2]\mathrm{D}(\hat{\theta}_2)$$
的极小值点,亦为最小值点. 故 $C_1=\frac{1}{3}$,$C_2=1-C_1=\frac{2}{3}$ 即为所求.

方法 2　用拉格朗日乘数法求解.

设 $z=(2C_1^2+C_2^2)\mathrm{D}(\hat{\theta}_2)+\lambda(C_1+C_2-1)$. 由
$$\begin{cases} \frac{\partial z}{\partial C_1} = 4C_1\mathrm{D}(\hat{\theta}_1) + \lambda = 0, \\ \frac{\partial z}{\partial C_2} = 2C_2\mathrm{D}(\hat{\theta}_2) + \lambda = 0, \\ \frac{\partial z}{\partial \lambda} = C_1 + C_2 - 1 = 0 \end{cases}$$
解得 $C_1=\frac{1}{3}$,$C_2=\frac{2}{3}$. 易知 $C_1=\frac{1}{3}$,$C_2=\frac{2}{3}$ 即是所求.

4. 求双侧置信区间

求置信区间,应先明确总体的分布是什么类型,样本容量的大小,是求总体期望的置信区间还是求总体方差的置信区间,是一个总体还是两个总体,总体其他参数是已知还是未知,置信水平是多少;然后再分别情况,逐步求出置信区间.

例 7　已知某车间生产的滚珠,其直径 X(单位：mm)服从正态分布 $N(\mu,0.06)$,现从中随机地抽取 6 个,测得直径(单位：mm)如下：

$$14.6, \quad 15.1, \quad 14.9, \quad 14.8, \quad 15.2, \quad 15.1.$$

试求直径平均值的 95% 置信区间.

分析　本例是单个正态总体方差已知时,求期望的 0.05 置信水平下的置信区间问题.

解　依题意,$1-\alpha=0.95$,$\alpha=0.05$,$n=6$,$\sigma=\sqrt{0.06}$.查标准正态分布表得对应的 $Z_{\alpha/2}=1.96$.

按样本观察值求出 $\bar{x}$:
$$\bar{x} = \frac{1}{6}(14.6 + 15.1 + 14.9 + 14.8 + 15.2 + 15.1) = 14.95,$$

则可计算

$$\bar{x} - \frac{Z_{\alpha/2}\sigma}{\sqrt{n}} = 14.95 - 1.96\sqrt{\frac{0.06}{6}} = 14.75,$$

$$\bar{x} + \frac{Z_{\alpha/2}\sigma}{\sqrt{n}} = 14.95 + 1.96\sqrt{\frac{0.06}{6}} = 15.15,$$

所以置信区间为(14.75,15.15).

有些求置信区间的问题,题中未明确指出总体分布类型,但由概率论知识可知,测量误差,产品的长度、抗拉强度,电子管中噪声电流或电压,人的身高,合金材料的疲劳应力,最大飞行速度等都相当准确地服从正态分布,因此尽管题中未指明总体分布类型,只要是类似上述一类的问题,都可按正态总体处理.

例 8 某商店为了解居民对某种商品的需求,调查了 100 户居民,得出每户每月平均需求量为 10 kg,标准差为 3 kg. 如果这种商品供应 1 万户,试就居民对该种商品的平均需求量进行区间估计(取 $\alpha = 0.01$),并依此考虑最少要准备多少商品才能以 0.99 的概率满足需求.

分析 题中未明确总体的分布类型,但视实际情况,居民对某种商品的需求量一般服从正态分布.另外,当 n 很大($n > 50$)时,$\bar{X}$ 渐近服从正态分布. 故认为题中总体为正态分布.

解 已知 $\bar{x} = 10, s^2 = 9, n = 100$,且 $\alpha = 0.01$.查自由度为 99 的 t 分布表,得 $t_{\alpha/2}(100-1) = 2.63$.因此,居民对该商品平均需求量 μ 的置信度为 0.99 的置信区间是

$$\left(10 - 2.63 \times \sqrt{\frac{9}{100}}, \ 10 + 2.63 \times \sqrt{\frac{9}{100}}\right), \quad 即 \quad (9.211, 10.789).$$

可见,对于 1 万户居民,最少要准备 9.211 kg × 10000 = 92110 kg 这种商品,才能以 0.99 的概率满足需要.

有些参数估计问题,初看似乎是点估计问题,但若注意到题中给出的置信水平 α 或置信度 $1 - \alpha$,便可判定是区间估计问题.

例 9 假定初生男婴的体重服从正态分布,随机抽取 12 名新生男婴,测得其体重(单位:g)为 3100, 2510, 3000, 3000, 3600, 3160, 3560, 3320, 2880, 2600, 3400, 2540.试以 0.95 的置信度估计新生男婴的平均体重.

分析 此例是单个正态总体(新生男婴体重)方差未知时,求总体期望的置信度为 0.95 的置信区间问题,样本容量为 12,要按小样本问题处理.

解 已知 $\alpha = 0.05, n = 12$,查自由度为 11 的 t 分布表,得

$$t_{\alpha/2}(12 - 1) = 2.201.$$

由已给样本观察值计算 $\bar{x}, s$ 的值:

$$\bar{x} = \frac{1}{12}(3100 + \cdots + 2540) = 3057,$$

$$s = \sqrt{\frac{1}{11}\sum_{i=1}^{12}(x_i - 3057)^2} = 375.3,$$

于是

$$\bar{x} - \frac{t_{\alpha/2}s}{\sqrt{n}} = 3057 - \frac{375.3 \times 2.201}{\sqrt{12}} = 2820,$$

$$\bar{x} + \frac{t_{\alpha/2}s}{\sqrt{n}} = 3057 + \frac{375.3 \times 2.201}{\sqrt{12}} = 3300,$$

故新生男婴平均体重的置信度为 0.95 的置信区间为(2820,3300).

例 10　某农场试验磷肥和氮肥对提高水稻收获量的影响,在同类农场中选定面积为 $\frac{1}{10}$ 亩的试验田若干块. 试验结果表明,在播种前施加磷肥,播种后又分三期施加氮肥的 8 块试验田其收获量(单位:kg)分别为 12.6,10.2,11.7,12.3,11.1,10.5,10.6,12.2;另外 10 块未施肥的试验田收获量(单位:kg)分别是 8.6,7.9,9.3,10.7,11.2,11.4,9.8,9.5,10.1, 8.5.假定水稻收获量服从正态分布,且未施肥与施过肥的方差相同. 试以 95% 的可靠性估计施肥后水稻收获量提高多少.

解　将施过肥的水稻收获量作为第一个总体 X,未施肥的水稻收获量作为第二个总体 Y,则从这两个总体抽得的样本指标如下:

$$n_1 = 8, \quad \bar{x} = 11.4, \quad s_1^2 = 0.851,$$

$$n_2 = 10, \quad \bar{y} = 9.7, \quad s_2^2 = 1.378.$$

因总体方差未知,故 $\mu_1 - \mu_2$ 的置信度为 $1 - \alpha$ 的置信区间为

$$\left((\bar{x} - \bar{y}) \pm t_{\alpha/2}(n_1 + n_2 - 2)s_w\sqrt{\frac{1}{n_1} + \frac{1}{n_2}} \right),$$

而

$$s_w = \sqrt{\frac{(n_1 - 1)s_1^2 + (n_2 - 1)s_2^2}{n_1 + n_2 - 2}} \cdot \sqrt{\frac{1}{n_1} + \frac{1}{n_2}}$$

$$= \sqrt{\frac{7 \times 0.851 + 9 \times 1.378}{8 + 10 - 2}} \cdot \sqrt{\frac{1}{8} + \frac{1}{10}} = 0.508,$$

又 $\alpha = 0.05, \alpha/2 = 0.025$,自由度 $n_1 + n_2 - 2 = 16$,查 t 分布表得 $t_{0.025}(16) = 2.12$,故

$$(11.4 - 9.7) - 2.12 \times 0.508 < \mu_1 - \mu_2 < (11.4 - 9.7) + 2.12 \times 0.508.$$

因此,$\mu_1 - \mu_2$ 的 95% 置信区间为(0.6,2.8),即施肥后比未施肥每 $\frac{1}{10}$ 亩的水稻收获量要提高 0.6 至 2.8 kg,而作这种估计的可靠性为 95%.

由例 10 可见,在对两个总体期望差 $\mu_1 - \mu_2$ 的置信区间作判断时,如果 $\mu_1 - \mu_2$ 的置信区间的上、下限同号,则可推断哪个总体的期望大;如果 $\mu_1 - \mu_2$ 的置信区间的上、下限异号,则无法判定哪个总体的期望大,而要用假设检验来处理.

5. 求单侧置信区间

求单侧置信区间的原理和步骤与求双侧置信区间一样,只是查表找临界值时略有不同.

在实际中,常遇到如某设备要求元件使用寿命至少为多少小时,水坝至少要承受多少压力等问题,这类"至少…而多则不限的问题"都是只求置信下限的问题. 此外也常遇到误差不得超过几毫米等问题,这类"不超过…而小则不限的问题"都是只求置信上限的问题. 这些都是求单侧置信区间的问题.

例 11　设从某批灯泡中随机抽取 5 个做寿命试验,测得其寿命(单位:h)如下:

$$1050,\quad 1100,\quad 1100,\quad 1250,\quad 1280.$$

又设寿命服从正态分布,问以 95% 的置信度可以判定平均寿命至少为多少小时?

分析　这是一个单个正态总体方差未知时求总体期望 μ 的单侧置信区间问题,需查 t 分布表. 若是求期望 μ 的双侧置信区间 $\left(\overline{X}-\dfrac{t_{a/2}(n-1)S}{\sqrt{n}},\overline{X}+\dfrac{t_{a/2}(n-1)S}{\sqrt{n}}\right)$,应按自由度 $n-1$ 和概率 $\dfrac{\alpha}{2}$ 查出对应的临界值 $t_{a/2}(n-1)$,使满足

$$P\{|T|\leqslant t_{a/2}(n-1)\}=1-\alpha\quad\left(\text{其中 } T=\frac{\overline{X}-\mu}{\sqrt{S^2/n}}\right),$$

亦即

$$P\left\{\overline{X}-\frac{t_{a/2}(n-1)S}{\sqrt{n}}<\mu<\overline{X}+\frac{t_{a/2}(n-1)S}{\sqrt{n}}\right\}=1-\alpha.$$

如果是求期望 μ 的单侧置信区间 $\left(\overline{X}-\dfrac{t_a(n-1)S}{\sqrt{n}},+\infty\right)$,同样的置信水平 α,查表就不同了. 此时不是按概率 $\dfrac{\alpha}{2}$,而是要按概率 α 和自由度 $n-1$ 去查对应的临界值 $t_a(n-1)$,使满足

$$P\left\{\frac{\overline{X}-\mu}{\sqrt{S^2/n}}>t_a(n-1)\right\}=\alpha,\quad\text{即}\quad P\left\{\mu<\overline{X}-\frac{t_a(n-1)S}{\sqrt{n}}\right\}=\alpha,$$

亦即

$$P\left\{\overline{X}-\frac{t_a(n-1)S}{\sqrt{n}}<\mu<+\infty\right\}=1-\alpha,$$

而上式正说明 μ 的置信度为 $1-\alpha$ 的单侧置信区间是 $\left(\overline{X}-\dfrac{t_a(n-1)S}{\sqrt{n}},+\infty\right)$.

解　在 t 分布表中按自由度 $n-1=5-1=4$,概率 $\alpha=0.05$,查出 $t_a(n-1)=t_{0.05}(4)=2.132$.

由样本观察值可算出

$$\overline{x}=\frac{1}{5}(1050+\cdots+1280)=1160,$$

$$s^2=\frac{1}{5-1}\sum_{i=1}^{5}(x_i-1160)^2=9950,$$

$$\overline{x}-\frac{t_a(n-1)s}{\sqrt{n}}=1160-\frac{2.132}{\sqrt{5}}\cdot\sqrt{9950}=1065.$$

故以置信度 95% 可以判定平均寿命至少为 1065 h.

四、考研重点题剖析

1. 设总体 X 的概率密度为

$$f(x;\lambda) = \begin{cases} \lambda\alpha x^{\alpha-1}\mathrm{e}^{-\lambda x^{\alpha}}, & x > 0, \\ 0, & x \leqslant 0, \end{cases}$$

其中 $\lambda > 0$ 是未知参数,$\alpha > 0$ 是已知常数. 试根据来自总体 X 的样本 $X_1, X_2, \cdots, X_n$,求 λ 的极大似然估计量 $\hat{\lambda}$.

解 设 $x_1, x_2, \cdots, x_n$ 是相应于样本 $X_1, X_2, \cdots, X_n$ 的样本值,则似然函数为

$$L(\lambda) = (\lambda\alpha)^n \mathrm{e}^{-\lambda\sum_{i=1}^n x_i^{\alpha}} \prod_{i=1}^n x_i^{\alpha-1},$$

$$\ln L(\lambda) = n\ln\lambda + n\ln\alpha - \lambda\sum_{i=1}^n x_i^{\alpha} + (\alpha-1)\sum_{i=1}^n \ln x_i.$$

令 $\dfrac{\mathrm{d}\ln L(\lambda)}{\mathrm{d}\lambda} = \dfrac{n}{\lambda} - \sum_{i=1}^n x_i^{\alpha} = 0$,得 $\lambda = \dfrac{n}{\sum\limits_{i=1}^n x_i^{\alpha}}$. 于是得到 λ 的极大似然估计量为

$$\hat{\lambda} = \dfrac{n}{\sum\limits_{i=1}^n X_i^{\alpha}}.$$

2. 设总体 X 的概率密度为

$$f(x) = \begin{cases} (\theta+1)x^{\theta}, & 0 < x < 1, \\ 0, & \text{其他}, \end{cases}$$

其中 $\theta > -1$ 是未知参数,$X_1, X_2, \cdots, X_n$ 是来自总体 X 的样本. 分别用矩估计法和极大似然法求 θ 的估计量.

解 总体 X 含有一个未知数 θ,先用矩估计法求 θ 的估计量. 总体一阶原点矩为

$$\mu_1 = E(X) = \int_{-\infty}^{+\infty} xf(x)\mathrm{d}x = \int_0^1 (\theta+1)x^{\theta+1}\mathrm{d}x = \dfrac{\theta+1}{\theta+2}.$$

令 $\mu_1 = \overline{X}$,即有 $\dfrac{\theta+1}{\theta+2} = \overline{X}$,解得未知参数 θ 的矩估计量为

$$\hat{\theta} = \dfrac{2\overline{X}-1}{1-\overline{X}}.$$

下面用极大似然估计法求 θ 的估计量.

设 $x_1, \cdots, x_n$ 是相应于样本 $X_1, \cdots, X_n$ 的样本值,则似然函数为

$$L(\theta) = \begin{cases} (\theta+1)^n \Big(\prod_{k=1}^n x_k\Big)^{\theta}, & 0 < x_k < 1 (k=1,2,\cdots,n), \\ 0, & \text{其他}, \end{cases}$$

当 $0 < x_k < 1(k=1,2,\cdots,n)$ 时，$L(\theta) > 0$，并且

$$\ln L(\theta) = n\ln(\theta+1) + \theta\sum_{i=1}^{n}\ln x_i.$$

令 $\dfrac{\mathrm{d}\ln L(\theta)}{\mathrm{d}\theta} = \dfrac{n}{\theta+1} + \sum_{i=1}^{n}\ln x_i = 0$，解得 $\theta = -1 - \dfrac{n}{\sum\limits_{i=1}^{n}\ln x_i}$. 故 θ 的极大似然估计量为

$$\hat{\theta} = -1 - \dfrac{n}{\sum\limits_{i=1}^{n}\ln X_i}.$$

3. 设总体 X 的概率密度为

$$f(x) = \begin{cases} \dfrac{6x}{\theta^3}(\theta-x), & 0 < x < \theta, \\ 0, & \text{其他}, \end{cases}$$

$X_1, X_2, \cdots, X_n$ 是来自总体 X 的样本.

(1) 求 θ 的矩估计量 $\hat{\theta}$;　　(2) 求 $\hat{\theta}$ 的方差 $\mathrm{D}(\hat{\theta})$.

解　(1) $\mathrm{E}(X) = \displaystyle\int_{-\infty}^{+\infty} xf(x)\mathrm{d}x = \int_0^\theta \dfrac{6x^2}{\theta^3}(\theta-x)\mathrm{d}x = \dfrac{\theta}{2}.$

令 $\mathrm{E}(X) = \overline{X}$，即 $\dfrac{\theta}{2} = \overline{X}$，得 θ 的矩估计量为 $\hat{\theta} = 2\overline{X}$.

(2) 由于

$$\mathrm{E}(X^2) = \int_{-\infty}^{+\infty} x^2 f(x)\mathrm{d}x = \int_0^\theta \dfrac{6x^3}{\theta^3}(\theta-x)\mathrm{d}x = \dfrac{3\theta^2}{10},$$

$$\mathrm{D}(X) = \mathrm{E}(X^2) - [\mathrm{E}(X)]^2 = \dfrac{3\theta^2}{10} - \left(\dfrac{\theta}{2}\right)^2 = \dfrac{\theta^2}{20},$$

所以 $\hat{\theta} = 2\overline{X}$ 的方差为

$$\mathrm{D}(\hat{\theta}) = \mathrm{D}(2\overline{X}) = 4\mathrm{D}(\overline{X}) = \dfrac{4}{n}\mathrm{D}(X) = \dfrac{\theta^2}{5n}.$$

4. 设某种元素的使用寿命 X 的概率密度为

$$f(x;\theta) = \begin{cases} 2\mathrm{e}^{-2(x-\theta)}, & x > \theta, \\ 0, & x \leqslant \theta, \end{cases}$$

其中 $\theta > 0$ 为未知参数;又设 $x_1, x_2, \cdots, x_n$ 是 X 的一组样本观察值. 求参数 θ 的极大似然估计值.

解　由题设,似然函数为

$$L(\theta) = \begin{cases} 2^n \mathrm{e}^{-2\sum\limits_{i=1}^{n}(x_i-\theta)}, & x_i > \theta\ (i=1,2,\cdots,n), \\ 0, & \text{其他}. \end{cases}$$

当 $x_i > \theta(i=1,2,\cdots,n)$ 时，$L(\theta) > 0$，取对数得

$$\ln L(\theta) = n\ln 2 - 2\sum_{i=1}^{n}(x_i - \theta).$$

又因为 $\dfrac{\mathrm{d}\ln L(\theta)}{\mathrm{d}\theta} = 2n > 0$，所以 $L(\theta)$ 单调增加. 注意到 θ 必须满足 $\theta < x_i(i=1,2,\cdots,n)$，取 $x_1, x_2, \cdots, x_n$ 中的最小值时，$L(\theta)$ 取最大值，所以 θ 极大似然估计值为

$$\hat{\theta} = \min\{x_1, x_2, \cdots, x_n\}.$$

5. 设总体 X 的概率密度为

$$f(x;\theta) = \begin{cases} \theta, & 0 < x < 1, \\ 1-\theta, & 1 \leqslant x < 2, \\ 0, & \text{其他}, \end{cases}$$

其中 θ 是未知参数$(0<\theta<1)$；又设 $X_1, X_2, \cdots, X_n$ 为来自总体 X 的简单随机样本，记 N 为相应样本值 $x_1, x_2, \cdots, x_n$ 中小于 1 的个数. 求：

(1) θ 的矩估计；　　(2) θ 的最大似然估计.

解　(1) $\mathrm{E}(X) = \displaystyle\int_{-\infty}^{+\infty} xf(x;\theta)\mathrm{d}x = \int_0^1 \theta x\mathrm{d}x + \int_1^2 (1-\theta)x\mathrm{d}x = \dfrac{1}{2}\theta + \dfrac{3}{2}(1-\theta) = \dfrac{3}{2} - \theta.$

令 $\mathrm{E}(X) = \overline{X}$，即 $\dfrac{3}{2} - \theta = \overline{X}$，解得 $\theta = \dfrac{3}{2} - \overline{X}$，所以参数 θ 的矩估计为 $\hat{\theta} = \dfrac{3}{2} - \overline{X}.$

(2) 似然函数为

$$L(\theta) = \prod_{i=1}^{n} f(x_i;\theta) = \theta^N (1-\theta)^{n-N},$$

取对数得

$$\ln L(\theta) = N\ln\theta + (n-N)\ln(1-\theta),$$

再两边对 θ 求导，得

$$\frac{\mathrm{d}\ln L(\theta)}{\mathrm{d}\theta} = \frac{N}{\theta} - \frac{n-N}{1-\theta}.$$

令 $\dfrac{\mathrm{d}\ln L(\theta)}{\mathrm{d}\theta} = 0$，得 $\theta = \dfrac{N}{n}$，所以 θ 的最大似然估计为 $\hat{\theta} = \dfrac{N}{n}.$

6. 假设 $0.50, 1.25, 0.80, 2.00$ 是来自总体 X 的样本值. 已知 $Y = \ln X$ 服从正态分布 $N(\mu, 1)$.

(1) 求 X 的数学期望 $\mathrm{E}(X)$（记 $\mathrm{E}(X)$ 为 b）；

(2) 求 μ 的置信度为 0.95 的置信区间；

(3) 利用上述结果求 b 的置信度为 0.95 的置信区间.

解　(1) 由题设 Y 的概率密度为

$$f(y) = \frac{1}{\sqrt{2\pi}}\mathrm{e}^{-\frac{(y-\mu)^2}{2}}, \quad -\infty < y < +\infty.$$

又 $X = \mathrm{e}^Y$，从而有

$$b = \mathrm{E}(X) = \mathrm{E}(\mathrm{e}^Y) = \frac{1}{\sqrt{2\pi}}\int_{-\infty}^{+\infty} \mathrm{e}^y \mathrm{e}^{-\frac{(y-\mu)^2}{2}}\mathrm{d}y$$

$$= \frac{1}{\sqrt{2\pi}} \int_{-\infty}^{+\infty} e^{t+\mu} e^{-\frac{t^2}{2}} dt = \frac{e^{\mu+\frac{1}{2}}}{\sqrt{2\pi}} \int_{-\infty}^{+\infty} e^{\frac{-(t-1)^2}{2}} dt = e^{\mu+\frac{1}{2}}.$$

（2）当置信度 $1-\alpha=0.95$ 时，$\alpha=0.05$，$Z_{\alpha/2}=Z_{0.025}=1.96$. 由于 $\overline{Y} \sim N\left(\mu, \frac{1}{4}\right)$，可得

$$P\left\{\overline{Y} - 1.96 \times \frac{1}{\sqrt{4}} < \mu < \overline{Y} + 1.96 \times \frac{1}{\sqrt{4}}\right\} = 0.95,$$

而对给定的样本观察值有 $\overline{Y}$ 的值

$$\overline{y} = \frac{1}{4}(\ln 0.5 + \ln 0.8 + \ln 1.25 + \ln 2) = \frac{1}{4}\ln 1 = 0,$$

故 μ 的置信度为 0.95 的置信区间为

$$\left(-1.96 \times \frac{1}{\sqrt{4}}, 1.96 \times \frac{1}{\sqrt{4}}\right) = (-0.98, 0.98).$$

（3）由于 e^x 是单调递增的，从而

$$0.95 = P\left\{-0.48 < \mu + \frac{1}{2} < 1.48\right\} = P\{e^{-0.48} < e^{\mu+\frac{1}{2}} < e^{1.48}\},$$

因此 b 的置信度为 0.95 的置信区间为 $(e^{-0.48}, e^{1.48})$.

自　测　题　六

1. 设随机变量 X 服从参数为 λ 的泊松分布，$\lambda>0$ 未知，$x_1, x_2, \cdots, x_n$ 是样本观察值，试求 λ 的矩估计值.

2. 已知某种白炽灯泡寿命服从正态分布. 在某星期所生产的该种灯泡中随机抽取 10 个，测得其寿命（单位：h）为：1067,919,1196,785,1126,936,918,1156,920,948. 设总体期望与方差均未知，试用极大似然估计来估计该星期生产的灯泡能使用 1300 h 以上的概率.

3. 设随机变量 X 服从参数为 p 的 0-1 分布，p 为未知参数，$x_1, x_2, \cdots, x_n$ 为样本观察值，试求参数 p 的极大似然估计值.

4. 设总体 X 服从参数为 λ 的指数分布，其中 $\lambda>0$ 未知，$x_1, x_2, \cdots, x_n$ 是样本观察值，试求 λ^{-1} 的矩估计值.

5. 设 $x_1, x_2, \cdots, x_n$ 是来自正态总体 $X \sim N(\mu, \sigma^2)$ 的样本观察值，μ 已知，求 σ^2 的极大似然估计值.

6. 设总体 X 服从参数为 n, p 的二项分布，其中 n 已知，而 p 未知（$0<p<1$）；又设 $x_1, x_2, \cdots, x_n$ 为样本观察值. 求参数 p 的极大似然估计值.

7. 设总体 X 的概率密度函数为 $f(x, \theta) = \begin{cases} \sqrt{\theta}\, x^{\sqrt{\theta}-1}, & 0 \leqslant x \leqslant 1, \\ 0, & \text{其他}, \end{cases}$ 又 $X_1, X_2, \cdots, X_n$ 为来自 X 的样本，试求：（1）未知参数 θ 的矩估计；（2）未知参数 θ 的极大似然估计.

8. 设 $X_1, X_2, \cdots, X_n$ 是来自总体 X 的样本，$E(X)=\mu$，μ 是未知参数. 试证明

$$\hat{\mu}_1 = \overline{X} = \frac{1}{n}\sum_{i=1}^{n} X_i,$$

$$\hat{\mu}_2 = \sum_{i=1}^{n} a_i X_i \quad \left(\sum_{i=1}^{n} a_i = 1, a_i \geqslant 0, i = 1, 2, \cdots, n \right)$$

都是 μ 的无偏估计. $\hat{\mu}_1$ 与 $\hat{\mu}_2$ 哪个更有效?

9. 设 $\hat{\theta}_1, \hat{\theta}_2$ 是参数 θ 的两个相互独立的无偏估计量, 且 $D(\hat{\theta}_1) = 2D(\hat{\theta}_2)$. 试求常数 k_1, k_2, 使

$$k_1 \hat{\theta}_1 + k_2 \hat{\theta}_2$$

也是 θ 的无偏估计量, 并且使它在所有这种形状的估计量中方差最小.

10. 设总体 X 服从 $\{1, 2, \cdots, N\}$ 上的均匀分布, 即

$$P\{X = k\} = \frac{1}{N} \quad (k = 1, 2, \cdots, N),$$

其中 N 是未知参数(正整数), 试求 N 的矩估计量.

11. 现有两批导线, 从 A 批导线中随机地抽取 4 根, 从 B 批导线中随机地抽取 5 根, 测得它们的电阻 (单位: Ω) 为:

$$A \text{ 批导线: } 0.143, 0.142, 0.143, 0.137;$$
$$B \text{ 批导线: } 0.140, 0.142, 0.136, 0.138, 0.140.$$

设这两批导线的电阻分别服从正态分布 $N(\mu_1, \sigma^2), N(\mu_2, \sigma^2)$, 并且它们相互独立, μ_1, μ_2, σ^2 均未知, 试求 $\mu_1 - \mu_2$ 的 95% 置信区间.

12. 设总体 $X \sim N(\mu, \sigma^2)$, μ 与 σ^2 均未知. $X_1, X_2, \cdots, X_n$ 是来自总体 X 的样本, $\overline{X} = \frac{1}{n} \sum_{i=1}^{n} X_i$, 试求 $P\{\overline{X} \leqslant t\}$ 的极大似然估计, 这里 t 是给定的数.

13. 设总体 $X \sim N(\mu, 1)$, μ 未知. 由总体 X 得样本观察值 $x_1, x_2, \cdots, x_{100}$, $\overline{x} = \frac{1}{100} \sum_{i=1}^{100} x_i = 5$. 试求总体数学期望 μ 的置信度为 0.95 的置信区间.

14. 设总体 $X \sim N(\mu, \sigma^2)$, μ 与 σ^2 均未知. 由总体 X 得到样本观察值 $x_1, x_2, \cdots, x_{16}$, 算得 $\overline{x} = 503.75$, $s^2 = 6.2022^2$. 试求总体标准差 σ 的置信度为 0.95 的置信区间.

15. 设来自正态总体 $X \sim N(\mu_1, 16)$ 的一容量为 15 的样本均值 $\overline{x} = 14.6$, 来自正态总体 $Y \sim N(\mu_2, 9)$ 的一容量为 20 的样本均值 $\overline{y} = 13.2$, 并且两样本相互独立, 试求 $\mu_1 - \mu_2$ 的 90% 置信区间.

第七章 假 设 检 验

假设检验问题是在对总体的分布形式或分布中的某些未知参数提出某种假设下,利用样本提供的信息选择适当的检验统计量,再根据"小概率事件在一次试验中几乎不可能发生"这一基本原理来判定总体是否具有某种性质的另一类重要的统计推断问题,这也是本课程的重点之一.

一、内容精讲与学习要求

【内容精讲】

1. 假设检验的基本思想

(1) 对总体的分布形式或分布中某些未知参数(如正态总体的均值 μ 与方差 σ^2)作出某种假设,然后根据抽取的样本信息(样本观测值)检验这种假设是否合理,就称为**假设检验**. 其中称总体分布类型已知时,只对分布中的未知参数提出假设的检验为**参数检验**;而称总体分布类型未知,只对总体分布函数提出假设的检验为**分布拟合检验**.

(2) 假设检验的基本原理即"小概率事件在一次试验中几乎不可能发生",这是人们通过大量实践,对小概率事件总结出来的一条广泛使用的原理. 在假设检验时,如果在一次试验(或观察)中,小概率事件发生了,则认为是不合理的,即表明原假设不成立.

(3) 假设检验的基本思想方法是概率性质的反证法. 即首先提出假设,然后根据一次抽样所得的样本观察值进行计算,若导致小概率事件发生,则拒绝原假设,否则接受原假设.

(4) 拒绝或接受原假设,都要承担一定的风险,故假设检验可能犯如下两类错误:

(i) **第一类错误**——原假设 H_0 为真时,却由样本拒绝了 H_0,这类错误称为弃真(或称以真为假)错误,犯这类错误的概率记做 α,即

$$P\{拒绝\ H_0 | H_0\ 为真\} = \alpha.$$

(ii) **第二类错误**——原假设 H_0 不真却由样本接受了 H_0,这类错误称为存伪(或称为以假为真)错误,犯这类错误的概率记做 β,即

$$P\{接受\ H_0 | H_0\ 不真\} = \beta.$$

当样本容量 n 一定时,α 与 β 不能同时减少,减少其中一个,另一个往往就会增大(这说明承担风险是必然的). 要它们同时减少,只有增加样本容量 n. 在实际问题中总是控制犯第一类错误的概率 α,通常取 $\alpha = 0.05, 0.01, 0.005$ 等数值.

2. 显著性水平与拒绝域

显著性水平：犯弃真错误的概率 α 叫做显著性水平.

拒绝域及临界点：拒绝原假设 H_0 的区域叫做检验的拒绝域;拒绝域的边界点叫做临界点.

3. 假设检验的程序

(1) 提出假设：根据实际情况,提出原假设 H_0 与备择假设 H_1;

(2) 选择检验统计量：根据 H_0 选择适当的检验统计量 $S(X_1, X_2, \cdots, X_n)$,并在 H_0 成立的条件下确定其分布;

(3) 确定拒绝域与接受域：若由给定的显著性水平 α,再由统计量 S 的理论分布可得到临界值 λ_1, λ_2,使

$$P\{\lambda_1 < S(X_1, X_2, \cdots, X_n) < \lambda_2\} = 1 - \alpha,$$

则区域 $(-\infty, \lambda_1] \bigcup [\lambda_2, +\infty)$ 为拒绝域,(λ_1, λ_2) 为接受域;

(4) 判断：若检验统计量的观察值 $S(x_1, x_2, \cdots, x_n) \in (\lambda_1, \lambda_2)$,则接受 H_0,否则拒绝 H_0.

4. 假设检验的主要方法

假设检验方法,是数理统计学中最重要的方法之一,它与上章的参数估计构成了统计推断的两个基本内容.

4.1 单个正态总体参数的假设检验

对于总体 $X \sim N(\mu, \sigma^2)$ 通常进行以下四种检验：

(1) 方差 σ^2 已知,检验 μ 的假设;

(2) 方差 σ^2 未知,检验 μ 的假设;

(3) 均值 μ 已知,检验 σ^2 的假设;

(4) 均值 μ 未知,检验 σ^2 的假设.

这四种检验对应的原假设、检验统计量及拒绝域等见表 7.1.

表 7.1 单个正态总体参数的假设检验表

序号	条件	H_0	H_1	H_0 成立时检验统计量及其分布	拒绝域
1	σ^2 已知	$\mu = \mu_0$	$\mu \neq \mu_0$	$U = \dfrac{\overline{X} - \mu_0}{\sigma/\sqrt{n}} \sim N(0,1)$	$|U| \geqslant Z_{\alpha/2}$
		$\mu \leqslant \mu_0$	$\mu > \mu_0$		$U \geqslant Z_\alpha$
		$\mu \geqslant \mu_0$	$\mu < \mu_0$		$U \leqslant -Z_\alpha$
2	σ^2 未知	$\mu = \mu_0$	$\mu \neq \mu_0$	$T = \dfrac{\overline{X} - \mu_0}{S/\sqrt{n}} \sim t(n-1)$	$|T| \geqslant t_{\alpha/2}(n-1)$
		$\mu \leqslant \mu_0$	$\mu > \mu_0$		$T \geqslant t_\alpha(n-1)$
		$\mu \geqslant \mu_0$	$\mu < \mu_0$		$T \leqslant -t_\alpha(n-1)$

（续表）

序号	条件	H_0	H_1	H_0 成立时检验统计量及其分布	拒绝域
3	μ 已知	$\sigma^2=\sigma_0^2$	$\sigma^2\neq\sigma_0^2$	$\chi^2=\dfrac{\sum\limits_{i=1}^{n}(X_i-\mu)^2}{\sigma_0^2}\sim\chi^2(n)$	$\chi^2\geqslant\chi_{\alpha/2}^2(n)$ 或 $\chi^2\leqslant\chi_{1-\alpha/2}^2(n)$
		$\sigma^2\leqslant\sigma_0^2$	$\sigma^2>\sigma_0^2$		$\chi^2\geqslant\chi_{\alpha}^2(n)$
		$\sigma^2\geqslant\sigma_0^2$	$\sigma^2<\sigma_0^2$		$\chi^2\leqslant\chi_{1-\alpha}^2(n)$
4	μ 未知	$\sigma^2=\sigma_0^2$	$\sigma^2\neq\sigma_0^2$	$\chi^2=\dfrac{(n-1)S^2}{\sigma_0^2}\sim\chi^2(n-1)$	$\chi^2\geqslant\chi_{\alpha/2}^2(n-1)$ 或 $\chi^2\leqslant\chi_{1-\alpha/2}^2(n-1)$
		$\sigma^2\leqslant\sigma_0^2$	$\sigma^2>\sigma_0^2$		$\chi^2\geqslant\chi_{\alpha}^2(n-1)$
		$\sigma^2\geqslant\sigma_0^2$	$\sigma^2<\sigma_0^2$		$\chi^2\leqslant\chi_{1-\alpha}^2(n-1)$

注：表中 $\overline{X}$ 为样本均值，S^2 为样本方差，n 是样本容量.

4.2　两个正态总体参数的假设检验

对于两个正态总体 $X\sim N(\mu_1,\sigma_1^2)$，$Y\sim N(\mu_2,\sigma_2^2)$，通常检验以下两个均值或两个方差间的关系：

（1）已知 σ_1^2,σ_2^2，检验假设"$\mu_1=\mu_2$"；

（2）未知 σ_1^2,σ_2^2，但知 $\sigma_1^2=\sigma_2^2$，检验假设"$\mu_1=\mu_2$"；

（3）μ_1,μ_2 未知，检验假设"$\sigma_1^2=\sigma_2^2$".

以上三种检验对应的原假设、检验统计量、拒绝域等见表 7.2.

表 7.2　两个正态总体参数的假设检验表

序号	条件	H_0	H_1	H_0 成立时检验统计量及其分布	拒绝域
1	σ_1^2,σ_2^2 已知	$\mu_1=\mu_2$	$\mu_1\neq\mu_2$	$U=\dfrac{\overline{X}-\overline{Y}}{\sqrt{\dfrac{\sigma_1^2}{n_1}+\dfrac{\sigma_2^2}{n_2}}}\sim N(0,1)$	$\lvert U\rvert\geqslant Z_{\alpha/2}$
			$\mu_1>\mu_2$		$U\geqslant Z_{\alpha}$
			$\mu_1<\mu_2$		$U\leqslant -Z_{\alpha}$
2	$\sigma_1^2=\sigma_2^2$ 未知	$\mu_1=\mu_2$	$\mu_1\neq\mu_2$	$T=\dfrac{\overline{X}-\overline{Y}}{S_w\sqrt{\dfrac{1}{n_1}+\dfrac{1}{n_2}}}\sim t(n_1+n_2-2)$	$\lvert T\rvert\geqslant t_{\alpha/2}(n_1+n_2-2)$
			$\mu_1>\mu_2$		$T\geqslant t_{\alpha}(n_1+n_2-2)$
			$\mu_1<\mu_2$		$T\leqslant -t_{\alpha}(n_1+n_2-2)$
3	μ_1,μ_2 未知	$\sigma_1^2=\sigma_2^2$	$\sigma_1^2\neq\sigma_2^2$	$F=\dfrac{S_1^2}{S_2^2}\sim F(n_1-1,n_2-1)$	$F\leqslant F_{1-\alpha/2}(n_1-1,n_2-1)$ 或 $F\geqslant F_{\alpha/2}(n_1-1,n_2-1)$
			$\sigma_1^2>\sigma_2^2$		$F\geqslant F_{\alpha}(n_1-1,n_2-1)$
			$\sigma_1^2<\sigma_2^2$		$F\leqslant F_{1-\alpha}(n_1-1,n_2-1)$

注：表中 $\overline{X},\overline{Y},S_1^2,S_2^2,n_1,n_2$ 分别是来自两个总体的样本均值、样本方差和样本容量，

$$S_w^2=\frac{(n_1-1)S_1^2+(n_2-1)S_2^2}{n_1+n_2-2}$$

是合并样本方差.

4.3　成对数据的 T 检验法

若两个样本 $X_1,X_2,\cdots,X_n$；$Y_1,Y_2,\cdots,Y_n$ 是来自同一个总体的重复测量，它们是成对出

现并且是相关的,则可将 $d_i = X_i - Y_i (i = 1, 2, \cdots, n)$ 看成来自正态总体 $N(\mu_d, \sigma^2)$ 的样本,对 "$H_0: \mu_d = 0; H_1: \mu_d \neq 0$" 做检验. 相应的方法相当于对一个正态总体均值的检验:记 $\bar{d} = \frac{1}{n} \sum_{i=1}^{n} d_i$,$S_d^2 = \frac{1}{n-1} \sum_{i=1}^{n} (d_i - \bar{d})^2$,对给定的显著性水平 α,检验的拒绝域 $W = \left\{ |\bar{d}| \geqslant \frac{S_d}{\sqrt{n}} t_{\alpha/2}(n-1) \right\}$. 称上述检验方法为**成对 T 检验法**.

4.4 关于总体分布的检验——χ^2 检验法

首先通过对观察资料的分析或通过直方图猜想总体服从某种分布,猜想是否正确,需要假设检验来判断. 具体检验办法为:

建立原假设 H_0:总体 X 服从某分布 $F(x, \theta)$,其中可能含有若干未知参数 $\theta = (\theta_1, \theta_2, \cdots, \theta_r)$(对未知参数可用极大似然估计法求出其估计值). 当 H_0 成立时,近似有统计量

$$\chi^2 = \sum_{i=1}^{k} \frac{(f_i - n\hat{p}_i)^2}{n\hat{p}_i} \sim \chi^2(k - r - 1),$$

其中 n 是样本容量(一般要求 $n \geqslant 50$),k 是分组数,f_i 是样本观察值落在各组内的频数(一般要求 $f_i \geqslant 5$,否则应将相邻的组适当合并),$\hat{p}_i$ 是当 H_0 成立时,X 落在各组内的概率的估计值,r 是原假设分布中需要估计的未知参数的个数. 对总体分布的检验,其备择假设 H_1 就是原假设 H_0 的对立面,故通常将 H_1 省略不写.

对于给定的显著性水平 α,当 $\chi^2 > \chi_\alpha^2(k - r - 1)$ 时,拒绝原假设 H_0;否则,接受原假设 H_0.

【学习要求】

1. 理解假设检验的基本思想.
2. 理解显著性水平、拒绝域、临界值的概念;理解第一类错误与第二类错误及其两者之间的关系.
3. 掌握假设检验的一般程序及 U 检验法、T 检验法、χ^2 检验法和 F 检验法.
4. 熟练掌握单个或两个正态总体的期望与方差的假设检验及总体分布函数的 χ^2 检验法.
5. 了解成对数据的均值差检验法(成对 T 检验法).

重点 关于正态总体参数的检验,并用于解决实际问题.

难点 正确选用检验统计量,区分检验的单、双侧;总体分布的假设检验.

二、释 疑 解 难

1. 在统计假设检验中,如何确定零假设 H_0 和备择假设 H_1?
答 在实际问题中,通常把那些需要着重考虑的假设视为零假设. 例如,如果问题是要

决定新提出的方法是否比原方法好，往往将原方法取为零假设 H_0，而将新方法取为备择假设 H_1；再如，若提出一个假设，检验的目的仅仅是为了判别这个假设是否成立，此时直接取此假设为零假设 H_0 即可.

从数学上看，原假设 H_0 与备择假设 H_1 的地位是平等的. 但在实际问题中，如果提出的假设检验仅仅控制了犯第一类错误的概率，那么选用哪个假设作为原假设 H_0，要依具体问题的目的与要求而定. 它取决于犯两类错误将会带来的后果，一般地可根据以下三个原则选择哪个作为原假设 H_0：(1) 当目的是希望从样本观察值取得对某一论断强有力的支持时，把这一论断的否定作为原假设 H_0；(2) 尽量使后果严重的一类错误成为第一类错误；(3) 把由过去资料所提供的论断作为原假设 H_0，这样当检验后的最终结论为拒绝 H_0 时，由于犯第一类错误的概率被控制而显得有说服力或危害较小.

2. 假设检验中犯第一类错误的概率 α 与犯第二类错误的概率 β 之间的关系如何？$\alpha+\beta=1$ 吗？

答　先作一个直观的说明：

以均值的检验为例. 当 H_0：$\mu=\mu_0$ 正确时，样本均值 $\overline{X}$ 可能来自 $\overline{X}\sim N(\mu_0,\sigma^2)$，其中 $\mu=\mu_0$——真值；也可能来自 $\overline{X}\sim N(\mu_1,\sigma^2)$，其中 $\mu=\mu_1$——伪值（为方便起见，假设 $\mu_0<\mu_1$）. 设临界值为 L，若 $\overline{X}$ 来自均值为 μ_0 的总体，当 $|\overline{X}|>L$ 时就否定 H_0，这时可能犯第一类错误，其概率为 α，如图 7-1 中的阴影斜线部分；若 $\overline{X}$ 来自均值为 μ_1 的总体，当 $|\overline{X}|<L$ 时就接受 H_0，这时可能犯第二类错误，其概率为 β，如图 7-1 中的阴影网格部分.

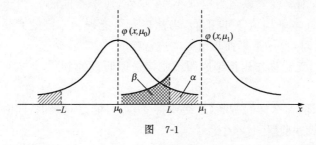

图　7-1

可见，α 增大，β 就减少；α 减少，则 β 增大. 也就是说，两类错误相互制约. 但一般 $\alpha+\beta\neq1$. 事实上，α 与 β 并不是对立事件的概率，而都是条件概率，α 是 H_0 正确的条件下拒绝 H_0 的概率，β 是 H_0 不正确的条件下接受 H_0 的概率，它们是在不同条件下的条件概率，所以一般 $\alpha+\beta\neq1$. 要使犯两类错误的概率都小（即要同时减少 α，β），只有增大样本容量.

3. 在参数的假设检验中，为什么要控制 α（犯第一类错误的概率）？

答　第一，因为犯两类错误所造成的影响常常很不一样. 例如，请医生检查某人是否患有某种疾病，若取 H_0 为"此人患有这种疾病"，则医生犯第二类错误（无病认为有病），将会造成由于使用不必要的药品而引起此人的痛苦和经济上的浪费；但犯第一类错误（有病认为无病）就有可能导致病人死亡. 可见，第一类错误较第二类错误影响大. 在两类错误不能同时减少的情况下，自然应该把影响大的第一类错误加以控制，即控制犯第一类错误的概率 α.

第二,原假设 H_0 的确常常是根据以往经验(对假设的信息了解较多)经过周密慎重的研究之后才作出的,没有充分的依据,不能轻易拒绝 H_0(接受 H_1),控制 α 就是为了保护 H_0.

4. 在假设检验中,如何确定双边检验与单边检验?

答　在假设检验中,有双边检验与单边检验之分,且当是双边时,对给定的显著性水平 α,总按概率 $\frac{\alpha}{2}$ 查表,当是单边时,总按概率 α 查表.从假设形式与拒绝域看,双边检验的原假设形式都是由等式给出的,如 $\mu=\mu_0$,$\mu_1=\mu_2$,$\sigma^2=\sigma_0^2$,$\sigma_1^2=\sigma_2^2$ 等,拒绝域在数轴的两端.单边检验的原假设形式是由不等式给出的,如 $\mu\leqslant\mu_0$,$\sigma^2\leqslant\sigma_0^2$ 等,拒绝域或者在数轴的左端,或者在数轴的右端.

给出一个假设检验问题,何时用单边检验或双边检验要根据实际问题具体情况而定.例如,某化合物中,某种成分的平均量不能低于某个已知数,这就是 $\mu\geqslant\mu_0$ 形式的单边检验;再如某类零件的标准差不能超过某个已知数,这就是形如 $\sigma^2\leqslant\sigma_0^2$ 的单边检验.如果只笼统地问有无显著性差异或某包装机该天包装工作是否正常,则是双边检验问题.

单、双边检验的原则、步骤都是一样的,只是查表找临界值时,所依据的概率不同而已.

5. 在一个确定的假设检验问题中,判断结果与哪些因素有关?

答　判断结果不但与显著性水平有关,而且与样本的抽取(包括样本观察值及样本容量)也有关.不难验证,对于不同的显著性水平 α,可能作出不同的判断结果.在显著性水平 α 较大时,拒绝域范围就较大,在此情况下犯"弃真"错误的概率就较大.故若要求犯第一类错误的概率尽量小些,则 α 就应该适当地取小些.此外,对于相同的 α,由于抽取的样本不同,因而样本容量 n 与样本平均值 $\bar{X}$ 也不同,当然也就可能得出不同的判断结果.为了提高判断的准确性,有条件时,可尽量多抽几组样本进行检验.

6. 假设检验中,无论你作出拒绝原假设或接受原假设的判断,都有可能犯错误,是这样的吗?

答　是.无论采取什么样的判断(拒绝或接受)都可能是正确的,同时又都可能犯错误.既然如此,还要"假设检验"干什么?

我们注意到:概率论本身就是研究随机现象的,因此它的结论无不带有随机性.正如我们说"小概率事件在一次试验中几乎不可能发生",这个"几乎"就带有随机性.我们对原假设做出拒绝或接受的判断,都是根据"小概率事件原理",因此犯错误和不犯错误的可能性都是存在的,若二者的可能各占一半(都是 50%),那么"假设检验"确实没有任何价值.事实上,可控制犯错误的概率很小,这样,"假设检验"便成为检验某种估计(或猜想)可靠程度的一种优良方法.

7. 怎样合理地选取显著性水平 α?

答　如果原假设 H_0 成立,但由于样本的随机性,仍有作出拒绝 H_0 的结论,即犯第一类错误.显著性水平的一个意义是给出了犯第一类错误的概率,即 H_0 成立,α 相应的临界值为 C,则检验统计量 T 满足不等式 $|T|>C$ 的概率为 α.另一方面,α 的选定又是对小概率事件

小到什么程度的一种抉择.α越小,而事件发生了,则拒绝H_0的可信程度越高.所谓显著性即是指实际情况与H_0的判断之间存在显著差异.

α的选定通常取较小的值,如$0.05,0.01$等,但在某些实际问题中,如药品检验将不合格视为合格,即犯第二类错误的后果更严重时,通常取α较大(如0.10),而使犯第二类错误的概率变小,因为犯这两类错误的概率在样本容量固定时有此增彼减的关系.

8. 检验原假设H_0时,对于相同的检验统计量及相同的显著性水平α,其拒绝域是否一定唯一?

答　不一定.例如,设总体$X\sim N(\mu,\sigma_0^2)$,σ_0^2已知,$(X_1,X_2,\cdots,X_n)$为样本,要检验H_0:$\mu=\mu_0$,给定显著水平$\alpha=0.05$.若H_0为真,注意到$\overline{X}\sim N(\mu,\sigma_0^2/n)$,则有

$$P\{|\overline{X}-\mu_0|>1.96\sigma_0/\sqrt{n}\}=0.05.$$

对于检验统计量$\overline{X}$,此时拒绝域为

$$(-\infty,\mu_0-1.96\sigma_0/\sqrt{n})\bigcup(\mu_0+1.96\sigma_0/\sqrt{n},+\infty).$$

又因

$$P\{\overline{X}-\mu_0>1.65\sigma_0/\sqrt{n}\}=0.05,\quad P\{\overline{X}-\mu_0<-1.65\sigma_0/\sqrt{n}\}=0.05,$$

故拒绝域可选为

$$(\mu_0+1.65\sigma_0/\sqrt{n},+\infty)\quad\text{或}\quad(-\infty,\mu_0-1.65\sigma_0/\sqrt{n}).$$

由于拒绝域不唯一,取哪一个作为拒绝域就需要按实际问题来定.比如检验H_0:$\mu=\mu_0$,μ是指某批日光灯管的平均使用时间,显然$\mu\geqslant\mu_0$都合标准,于是拒绝域取为$(-\infty,\mu_0-1.65\sigma_0/\sqrt{n})$较好,此时相当于取备择假设为$H_1$:$\mu<\mu_0$.

9. 假设检验与区间估计有何异同?

答　假设检验与区间估计对问题提法虽不相同,但解决问题的途径是相通的.现以正态总体$N(\mu,\sigma_0^2)$的方差σ_0^2已知,关于期望的假设检验和区间估计为例来说明.

假设H_0:$\mu=\mu_0$,若H_0为真,则$U=\dfrac{\overline{X}-\mu_0}{\sigma_0/\sqrt{n}}\sim N(0,1)$.对给定的显著水平$\alpha$,有

$$P\{|U|>Z_{\alpha/2}\}=\alpha,\quad\text{而}\quad P\{|U|\leqslant Z_{\alpha/2}\}=1-\alpha.$$

由此得H_0的接受域为$\left(\overline{X}-Z_{\alpha/2}\dfrac{\sigma}{\sqrt{n}},\overline{X}+Z_{\alpha/2}\dfrac{\sigma}{\sqrt{n}}\right)$.而这个假设检验的接受域正是$\mu$的置信度为$1-\alpha$的置信区间.

可见它们两者解决问题的途径是相同的.参数的假设检验和参数的区间估计是从不同角度回答同一问题,参数的假设检验是要求以一定的检验水平判断结论是否成立,而参数估计则要求以一定的置信度给出未知参数的所在范围,前者得到的是定性结论,后者得到的是定量结论.

其次,参数的假设检验与参数的区间估计对问题的了解程度也是不同的,前者对未知参数有所了解,但无确切把握,而后者对未知参数一无所知.

因此,如果已知一个标准 μ_0 就可进行假设检验,如果没有给出标准就只能考虑参数的区间估计.

10. 举例说明假设检验的基本原理.

答 以 $H_0: \mu = \mu_0, H_1: \mu \neq \mu_0 (\sigma^2$ 已知, $\alpha = 0.05)$ 为例说明假设检验的基本原理.

选择合适的检验统计量

$$U = \frac{\overline{X} - \mu}{\sigma / \sqrt{n}}.$$

选择统计量应遵循这样的两条原则:一是当原假设 H_0 为真时可以确定检验统计量的概率分布;二是给定了样本观察值能够计算检验统计量的值. 显然 U 符合以上两条原则. 由抽样分布的结果可知

$$U = \frac{\overline{X} - \mu}{\sigma / \sqrt{n}} \sim N(0,1).$$

当 $\alpha = 0.05$ 时,查标准正态分布表(附表 1)得 $Z_{\alpha/2} = Z_{0.025} = 1.96$,则有

$$P\left\{\left|\frac{\overline{X} - \mu_0}{\sigma / \sqrt{n}}\right| > Z_{\alpha/2} = 1.96\right\} = 0.05.$$

如果由样本观察值算得 $\overline{X}$ 的值使

$$\left|\frac{\overline{X} - \mu_0}{\sigma / \sqrt{n}}\right| > 1.96 \quad \text{或} \quad |\overline{X} - \mu_0| > 1.96 \frac{\sigma}{\sqrt{n}}$$

成立,则概率为 0.05 的事件就在一次抽样中发生了,这与"小概率事件原理"产生了矛盾. 若小概率事件在一次抽样中居然发生,则表明原假设 H_0 不能成立,从而拒绝原假设 H_0,即由样本得到的信息不支持我们接受原假设 $H_0: \mu = \mu_0$.

如果由样本观察值求出的 $\overline{X}$ 的值使

$$\left|\frac{\overline{X} - \mu_0}{\sigma / \sqrt{n}}\right| < 1.96 \quad \text{或} \quad |\overline{X} - \mu_0| < 1.96 \frac{\sigma}{\sqrt{n}}$$

成立,则表明原假设 H_0 与实际情况没有矛盾,即由样本提供的信息支持我们接受原假设 $H_0: \mu = \mu_0$.

假设检验中包含了反证法的思想,但它又不同于一般的反证法. 一般的反证法要求在原假设下导出的结论是绝对成立的,若事实与之矛盾,则完全绝对地推翻原假设. 而假设检验中的反证法却带有概率的性质,小概率事件并非是绝对不发生的,只是发生的概率很小.

三、典型例题与解题方法综述

1. 假设检验问题类别的判断及假设形式、检验方法的选取

处理假设检验问题的关键是如何准确判断问题类别及寻求解决问题的方法. 为此,则应

首先判明问题是否属于参数的假设检验. 若是, 再看总体的参数个数是多少, 是哪个参数的假设检验, 另一些参数情况如何, 进而决定假设形式、检验方法等. 如果是非参数的假设检验, 则看检验总体服从什么分布, 还有若有两个样本, 它们是否来自同分布总体, 数据成对否, 进而决定解题方法.

例 1　指出下列各假设检验问题的类别、方法、条件与原假设形式以及需查何种分布表, 是参数假设检验还是非参数假设检验.

(1) 某厂安装一部新仪器, 希望元件尺寸的均值保持原有仪器水平. 设原有仪器元件尺寸均值为 3.278 寸, 均方差 0.002 寸. 现测量 10 个新元件的尺寸得 $x_1, x_2, \cdots, x_{10}$, 问新旧仪器元件均值有无显著差异?

(2) 某纺织厂生产维尼纶, 在稳定生产状况下维尼纶的纤度服从正态分布 $N(\mu, 0.048^2)$. 现在从一批产品中抽 5 根测得纤度 $x_1, \cdots, x_5$, 试问这批产品纤度的方差有无变化?

(3) 某林场造丰产林若干亩, 五年后抽测 50 株树高的平均为 9.2 m, 样本均方差的观察值为 1.6 m. 设树高服从正态分布, 问丰产林的平均树高与 10 m 差异是否显著?

(4) 某工厂生产的灯泡其光通量服从正态分布, 正确吗?

(5) 设某砖瓦厂有两座砖窑, 某日分别从两砖窑中各取砖 7 块与 10 块, 测得抗折强度分别为 $x_1, \cdots, x_7$ 和 $y_1, \cdots, y_{10}$. 试问两砖窑所产砖的抗折强度的均方差有没有差异?

(6) 设某电工器材厂生产一批保险丝, 现抽取 10 根试验其熔化时间, 得数据 $x_1, \cdots, x_{10}$. 问是否可认为整批保险丝的熔化时间的方差不超过 8?(熔化时间服从正态分布).

解　(1) 本题原有仪器元件尺寸的均值就是总体的期望, 它是单个总体方差已知时关于总体期望的假设检验问题. 题中虽未指明为正态总体, 但由概率论知识可知, 一般零件尺寸是服从正态分布的. 原假设形式为 $H_0: \mu = 3.278$, 查标准正态分布表, 用 U 检验法.

(2) 本题未讲总体期望为多少, 因此是单个正态总体期望未知时的方差检验. 原假设形式为 $H_0: \sigma^2 = 0.048^2$, 查 χ^2 分布表, 用 χ^2 检验法.

(3) 题中问"丰产林的平均树高与 10 m 差异是否显著", 平均树高是总体(树高)的期望, 因此本题是参数的假设检验问题. 总体方差没告诉我们, 所以是单个正态总体方差未知时期望的假设检验, 应该用 T 检验法. 原假设形式为 $H_0: \mu = 10$, 需查 t 分布表.

(4) 本题是非参数的假设检验, 检验总体(光通量)是否服从正态分布. 原假设形式为 H_0: 总体 X 的概率密度为 $f(x) = \dfrac{1}{\sqrt{2\pi}\sigma} e^{-\frac{(x-\mu)^2}{2\sigma^2}}$, 需查 χ^2 分布表.

(5) 本题是参数的假设检验. 由概率论可知抗折强度服从正态分布, 所以本题是两个正态总体期望未知时的方差比较的假设检验, 用 F 检验法, 原假设形式为 $H_0: \sigma_1^2 = \sigma_2^2$, 需查 F 分布表.

(6) 本题是参数的假设检验, 属单个正态总体期望未知时的方差的单边检验, 用 χ^2 检验法, 原假设形式为 $H_0: \sigma^2 \leqslant 8$, 需查 χ^2 分布表.

2. 单个正态总体参数的假设检验

例2 设某厂所生产的某种细纱每缕支数的标准差为 1.2. 现从该厂某日生产的一批产品中,随机抽 16 缕进行支数测量,求得样本标准差为 2.1. 设每缕细纱的支数服从正态分布,问纱的均匀度有无显著变化?($\alpha=0.05$)

分析 据题意,纱的均匀度是否有显著变化,即检验 $H_0: \sigma^2=1.2^2$. 由于均值 μ 未知,可用 χ^2 检验.

解 (1)建立待检假设 $H_0: \sigma^2=1.2^2$;$H_1: \sigma^2 \neq 1.2^2$.

(2)选取检验统计量 χ^2,并确定其分布:

$$\chi^2 = \frac{(16-1)S^2}{1.2^2} \sim \chi^2(15) \quad (H_0 \text{ 成立时}).$$

(3)对于给定的显著性水平 $\alpha=0.05$,由

$$P\{\chi^2 < \chi_1^2\} = 1 - \frac{\alpha}{2} = 0.975, \quad P\{\chi^2 > \chi_2^2\} = \frac{\alpha}{2} = 0.025$$

查自由度为 15 的 χ^2 分布表,得临界值

$$\chi_1^2 = \chi_{0.975}^2(15) = 6.26, \quad \chi_2^2 = \chi_{0.025}^2(15) = 27.5.$$

(4)由样本观察值计算检验统计量的观察值得

$$\chi^2 = \frac{15 \times 2.1^2}{1.44} = 45.9.$$

(5)由于 $45.9 > 27.5$,即 $\chi^2 > \chi_2^2$,所以应否定 H_0,即纱的均匀度有显著变化.

注 题中似乎 $\chi_1^2 = \chi_{0.975}^2(15) = 6.26$ 没有用,是不是临界值 χ_1^2, χ_2^2 只需要一个就可以呢?不是的. 本题结论是拒绝 H_0,而其拒绝域是:$\chi^2 > \chi_2^2$ 或 $\chi^2 < \chi_1^2$,只要这两者之一发生就可以了. 现在 $45.9 > 27.5$,当然也就不必再与 6.26 比较了. 但如果结论是接受 H_0,则必须 $\chi_1^2 < \chi^2 < \chi_2^2$,而不能仅由 $\chi^2 < \chi_2^2$ 来判断,所以临界值 χ_1^2, χ_2^2 都是有用的.

在假设检验中,根据不同条件构造不同的统计量,是选用不同检验法的关键. 同时,根据实际问题的具体情况,正确使用双边检验或单边检验,也是至关重要的.

例3 用机器包装食盐,假设每袋盐的净重服从正态分布,规定每袋标准净重为 1 kg,标准差不能超过 0.02 kg. 某天开工后,为检验其机器工作是否正常,从装好的食盐中随机抽取 9 袋,测其净重(单位:kg)为:

$$0.994, 1.014, 1.02, 0.95, 1.03, 0.968, 0.976, 1.048, 0.982.$$

问这天包装机工作是否正常?($\alpha=0.05$)

分析 题中问"这天包装机工作是否正常",即需对这天包装的每袋食盐净重的期望与方差分别做假设检验,亦即分别检验假设 $H_{01}: \mu=1$ 及 $H_{02}: \sigma^2 \leqslant 0.02^2$. 如果检验结果对两个假设都接受,则可认为这天包装机工作正常;否则就认为不正常.

解 设 X 为一袋食盐的净重,依题意 $X \sim N(\mu, \sigma^2)$.

(1) 检验假设 H_{01}：$\mu = \mu_0(=1)$；H_{11}：$\mu \neq \mu_0$.

取检验统计量

$$T = \frac{\overline{X} - \mu_0}{S/\sqrt{n}} \sim t(n-1) \quad (H_0 \text{ 成立时}).$$

按自由度 $n-1=8$，显著性水平 $\alpha=0.05$，查 t 分布表得对应的临界值 $t_{\alpha/2}(n-1)=2.306$.

由

$$\overline{x} = \frac{1}{9}\sum_{i=1}^{9} x_i = 0.998, \quad s = \sqrt{\frac{1}{8}\sum_{i=1}^{9}(x_i - \overline{x})^2} = 0.032$$

计算得检验统计量的观察值 $t = \dfrac{\overline{x} - \mu_0}{s}\sqrt{n} = 0.1875$. 因为

$$|t| = 0.1875 < 2.306 = t_{\alpha/2}(n-1),$$

所以接受 H_{01}.

(2) 检验假设 H_{02}：$\sigma^2 \leqslant \sigma_0^2(=0.02^2)$；$H_{12}$：$\sigma^2 > \sigma_0^2$.

取检验统计量

$$\chi^2 = \frac{(n-1)S^2}{\sigma_0^2} \sim \chi^2(n-1) \quad (H_0 \text{ 成立时}).$$

按自由度 $n-1=8$，显著性水平 $\alpha=0.05$，查 χ^2 分布表得对应的临界值 $\chi_\alpha^2(n-1)=15.5$. 计算检验统计量的观察值：

$$\chi^2 = \frac{(n-1)s^2}{\sigma_0^2} = \frac{1}{\sigma_0^2}\sum_{i=1}^{n}(x_i - \overline{x})^2 = \frac{8 \times 0.032^2}{0.02^2} = 20.48.$$

因为 $\chi^2 = 20.48 > 15.5 = \chi_\alpha^2(n-1)$，所以拒绝 H_{02}.

综合(1)，(2)可以认为，该天包装机工作是不正常的.

3. 两个正态总体参数的假设检验

3.1　两个正态总体期望比较的假设检验

在方差相等的条件下，检验两个正态总体的期望是否相等的问题，实质上也可以看成是检验两个样本是否来自同一总体的问题. 这种假设检验的方法应用范围较广. 例如对新买来的仪器、材料要检验是否达到规定的标准，比较两种材料的质量的异同，比较材料通过不同方法处理之后的异同等都可以归结为上述问题处理.

例4　设某种物品在处理前与处理后取样分析其含脂率如下：

处理前：0.19, 0.18, 0.21, 0.30, 0.66, 0.42, 0.08, 0.12, 0.30, 0.27；

处理后：0.15, 0.13, 0.00, 0.07, 0.24, 0.24, 0.19, 0.04, 0.08, 0.20, 0.12.

假定处理前、后含脂率都服从正态分布，且均方差不变，问处理后含脂率总体期望有无显著变化？$(\alpha=0.05)$.

分析 本题是两个正态总体方差相同(但未知)时,期望的比较,应用 T 检验法.如果题中未说明方差不变,则先需用 F 检验法对两方差是否相等做检验.当认为方差前后相等时,才能进一步做期望的检验.

解 检验假设 $H_0: \mu_1 = \mu_2; H_1: \mu_1 \neq \mu_2$,其中 μ_1, μ_2 分别为处理前与处理后含脂率总体的期望.

设 X, Y 分别表示处理前和处理后的含脂率.

取检验统计量

$$T = \frac{\overline{X} - \overline{Y}}{S_w \sqrt{\frac{1}{n_1} + \frac{1}{n_2}}} \sim t(n_1 + n_2 - 2) \quad (H_0 \text{成立时}),$$

其中 $S_w = \frac{(n_1-1)S_1^2 + (n_2-1)S_2^2}{n_1 + n_2 - 2}$.

按自由度 $n_1 + n_2 - 2 = 19$,显著性水平 $\alpha = 0.05$,查 t 分布表得对应的临界值 $t_{\alpha/2}(n_1 + n_2 - 2) = 2.09$.

再计算 $\overline{x}, \overline{y}, s_1^2, s_2^2$,进而可求得检验统计量的观察值为

$$t = \frac{\overline{x} - \overline{y}}{\sqrt{\frac{(n_1 - 1)s_1^2 + (n_2 - 1)s_2^2}{n_1 + n_2 - 2}} \sqrt{\frac{1}{n_1} + \frac{1}{n_2}}} = 2.49.$$

因为 $|t| = 2.49 > 2.09 = t_{\alpha/2}(n_1 + n_2 - 2)$,所以拒绝 H_0,即处理后含脂率总体期望有显著变化.

3.2 两个正态总体方差比较的假设检验

通常利用 F 检验法来检验两个正态总体的方差是否相等(或小于或大于).利用 F 检验法时,并不需要预先知道两个总体的期望是否相等,这是它的优越之处.

例5 为比较不同季节出生的女婴体重的方差,从某年 12 月、6 月的女婴中分别随机抽取 6 名及 10 名,测其体重如下(单位:g):

12 月:3520,2960,2560,2960,3260,3960;

6 月:3220,3220,3760,3000,2920,3740,3060,3080,2940,3060.

假定新生女婴体重服从正态分布,问新生女婴体重的方差是否冬季的比夏季的小?($\alpha = 0.05$)

分析 设 X, Y 分别表示冬、夏两季新生女婴的体重,显然 X, Y 相互独立,且 $X \sim N(\mu_1, \sigma_1^2), Y \sim N(\mu_2, \sigma_2^2)$.本例是两个正态总体期望未知时,方差的单边检验,用 F 检验法.

解 待检验假设为 $H_0: \sigma_1^2 \geqslant \sigma_2^2; H_1: \sigma_1^2 < \sigma_2^2$.

按第一个自由度 $n_1 - 1 = 6 - 1 = 5$,第二个自由度 $n_2 - 1 = 10 - 1 = 9$,显著性水平 $\alpha = 0.05$,查 F 分布表得对应临界值 $F_\alpha(n_1 - 1, n_2 - 1) = 3.48$.

计算得 $s_1^2 = 505667, s_2^2 = 93956$,于是可得检验统计量的观察值

$$F = \frac{s_1^2}{s_2^2} = \frac{505667}{93956} = 5.382,$$

因为 $F=5.382>3.48=F_\alpha(n_1-1,n_2-1)$，所以拒绝 H_0，即认为新女婴体重的方差冬季比夏季小.

4. 总体分布的假设检验

对于总体分布的假设检验，一般都是使用以分布函数作为假设形式的 χ^2 检验法，这种方法应用范围很广，不论对于任何类型的分布，都可采用此法. 但当总体分布是连续型时，计算比较麻烦，不过如果对检验分布要求精度不高，可以用"正态概率纸"大致判断其总体分布是否正态. 另外检验总体分布是否为正态分布，还可用偏峰态检验法.

尽管对连续型分布函数，上法使用不便，但对于总体分布是离散型时，χ^2 检验法还是方便可行的.

例6　设抛掷一枚硬币 100 次，正面出现了 60 次，问这硬币是否匀称？（$\alpha=0.05$）

分析　若用随机变量 X 描述抛掷一枚硬币的试验，"$X=1$"表示出现"正面"，"$X=0$"表示出现"反面"，则 X 服从 0-1 分布. 若硬币是匀称的，则"正面"与"反面"出现的概率各应等于 $\frac{1}{2}$. 故本例是检验总体是否为服从参数 $p=\frac{1}{2}$ 的 0-1 分布.

解　待检假设为 $H_0: P\{X=1\}=P\{X=0\}=\frac{1}{2}$. 取一个分点 0.5，将实轴分为两部分 $(-\infty,0.5],(0.5,+\infty)$.

计算理论概率：

$$p_1 = P\{X \leqslant 0.5\} = P\{X = 0\} = \frac{1}{2},$$
$$p_2 = P\{X > 0.5\} = P\{X = 1\} = \frac{1}{2}.$$

求得频数 $f_1=60,f_2=40$.

计算检验统计量 χ^2 的观察值：

$$\chi^2 = \sum_{i=1}^2 \frac{(f_i - np_i)^2}{np_i} = \frac{(60-50)^2}{100 \times 0.5} + \frac{(40-50)^2}{100 \times 0.5} = 4.$$

由于在计算概率 p_i 时没有估计参数，故按自由度 $k-r-1=2-0-1=1$，显著性水平 $\alpha=0.05$，查 χ^2 分布表得对应的临界值 $\chi_\alpha^2(k-r-1)=3.84$.

因为 $\chi^2=4>3.84=\chi_\alpha^2(k-r-1)$，所以拒绝 H_0，即认为这枚硬币不是匀称的.

5. 典型题分析

例7　设某地区 10 年前普查时曾经得到 12 岁女孩的平均身高为 1.50 m. 现从该地区随机抽查 200 名 12 岁女孩，身高的平均值为 1.53 m，样本标准差 $s=0.069$ m. 问 10 年来该地区女孩的平均身高 μ 是否有显著变化？（$\alpha=0.05$）

解   由于 10 年来生活水平的提高,经验是孩子们的身高一般会增高而不会减少,因此用单侧检验,待检验假设

$$H_0: \mu = 1.50; \quad H_1: \mu > 1.50.$$

由于身高服从正态分布,且方差未知,所以用 T 检验法.假若 H_0 成立,则统计量

$$T = \frac{\overline{X} - \mu_0}{S/\sqrt{n}} \sim t(n-1) \quad (\mu_0 = 1.50).$$

已知 $\overline{x} = 1.53, s = 0.069, n = 200$,得检验统计量 T 的观测值

$$t = \frac{1.53 - 1.50}{0.069/\sqrt{200}} = 6.148.$$

对 $\alpha = 0.05$,查 t 分布表得 $t_\alpha(n-1) = t_{0.05}(199) = 1.653$.因为 $t = 6.148 > 1.653$,所以拒绝 H_0,认为 10 年来该地区 12 岁女孩的平均身高有明显增长.

例8   设用甲、乙两种方法生产同一种药品,其成品得率的方差分别为 $\sigma_1^2 = 0.46, \sigma_2^2 = 0.37$.现测得甲方法生产的药品得率的 25 个数据,得 $\overline{x} = 3.81$;乙方法生产的药品得率的 30 个数据,得 $\overline{y} = 3.56$(单位:g/L).设药品得率服从正态分布.问甲、乙两种方法的药品平均得率是否有显著的差异?($\alpha = 0.05$)

解   由题意方差已知,需检验两正态总体的均值是否相等,即检验假设

$$H_0: \mu_1 = \mu_2; \quad H_1: \mu_1 \neq \mu_2.$$

当 H_0 成立时,统计量

$$U = \frac{\overline{X} - \overline{Y}}{\sqrt{\dfrac{\sigma_1^2}{n_1} + \dfrac{\sigma_2^2}{n_2}}} \sim N(0,1).$$

已知 $\overline{x} = 3.81, n_1 = 25, \overline{y} = 3.56, n_2 = 30, \sigma_1^2 = 0.46, \sigma_2^2 = 0.37$,得检验统计量 U 的观测值

$$u = \frac{3.81 - 3.56}{\sqrt{\dfrac{0.46}{25} + \dfrac{0.37}{30}}} = 1.426.$$

对 $\alpha = 0.05$,查标准正态分布表得 $Z_{\alpha/2} = Z_{0.025} = 1.960$.因为 $|u| = 1.426 < 1.960$,所以接受 H_0,认为两种方法的药品平均得率没有显著差异.

例9   用两种不同的饲料喂养鸭子,60 天后观测鸭子体重分别列于下表中.设两种饲料喂养下鸭子体重均服从正态分布,问两种饲料的效果是否有显著差异?($\alpha = 0.05$)

(单位: kg)

x	2.89	2.58	2.76	2.89	2.56	2.73	2.93	2.41	2.57	2.87	2.46
y	2.85	3.03	2.89	3.12	3.10	2.87	2.72	3.01	2.96	2.86	

解   (1) 先检验两总体的方差是否相等,即检验假设

$$H_0: \sigma_1^2 = \sigma_2^2; \quad H_1: \sigma_1^2 \neq \sigma_2^2.$$

当 H_0 成立时,统计量

$$F = \frac{S_1^2}{S_2^2} \sim F(n_1 - 1, n_2 - 1).$$

代入样本观测值得

$$\bar{x} = 2.6955, \quad s_1^2 = 0.0351, \quad n_1 = 11,$$

$$\bar{y} = 2.9410, \quad s_2^2 = 0.0157, \quad n_2 = 10,$$

并得到检验统计量 F 的观测值

$$F = \frac{0.0351}{0.0157} = 2.2357.$$

对 $\alpha = 0.05$,查 F 分布表得 $F_{\alpha/2}(n_1 - 1, n_2 - 1) = F_{0.025}(10, 9) = 3.9639$,$F_{1-\alpha/2}(n_1 - 1,$ $n_2 - 1) = F_{0.975}(10, 9) = \dfrac{1}{F_{0.025}(9, 10)} = \dfrac{1}{3.78} = 0.2646$. 因为 $0.2646 < F < 3.9639$,所以接受 H_0,可以认为方差相等.

(2) 检验均值是否相等,即检验假设

$$H_0: \mu_1 = \mu_2; \quad H_1: \mu_1 \neq \mu_2.$$

当 H_0 成立时,统计量

$$T = \frac{\bar{X} - \bar{Y}}{S_w \sqrt{\dfrac{1}{n_1} + \dfrac{1}{n_2}}} \sim t(n_1 + n_2 - 2).$$

代入样本观测值得

$$s_w^2 = \frac{(n_1 - 1)s_1^2 + (n_2 - 1)s_2^2}{n_1 + n_2 - 2}$$

$$= \frac{10 \times 0.0351 + 9 \times 0.0157}{19} = 0.02591,$$

$$s_w = 0.1610,$$

并得到检验统计量 T 的观测值

$$t = \frac{2.6955 - 2.9410}{0.1610 \times \sqrt{\dfrac{1}{11} + \dfrac{1}{10}}} = -3.4899.$$

对 $\alpha = 0.05$,查 t 分布表得 $t_{\alpha/2}(n_1 + n_2 - 2) = t_{0.025}(19) = 2.0930$,因为 $|t| = 3.4899 > 2.0930$,所以拒绝 H_0,认为两种饲料喂养的鸭子的平均重量有显著差异.

例 10　设 10 名患者服用某种中药前后血红蛋白的含量数据如下:

（单位：g/L）

服药前 x_i	113	150	150	135	128	100	110	120	130	123
服药后 y_i	140	138	140	135	135	120	147	114	138	120
$d_i = x_i - y_i$	−27	12	10	0	−7	−20	−37	6	−8	3

问该药是否引起血红蛋白含量的显著变化? ($\alpha = 0.05$)

解 由于测量的每对数据(x_i, y_i)是同一病人服药前后血红蛋白的含量,它们是相关的,两个总体不独立,因此应采用成对T检验,即将$d_i = X_i - Y_i (i = 1, 2, \cdots, n)$看做来自正态总体$N(\mu_d, \sigma^2)$的样本,$\sigma^2$未知,待检验:

$$H_0: \mu_d = 0; \quad H_1: \mu_d \neq 0.$$

当H_0成立时,统计量

$$T = \frac{\overline{d}}{S_d / \sqrt{n}} \sim t(n-1).$$

已知$n = 10$,代入观测值计算得$\overline{d} = -6.8, s_d^2 = 270.8, s_d = 16.457$,并得到检验统计量$T$的观测值

$$t = \frac{-6.8}{16.457 / \sqrt{10}} = -1.307,$$

对$\alpha = 0.05$,查t分布表得$t_{\alpha/2}(n-1) = t_{0.025}(9) = 2.262$. 由于$|t| = 1.307 < 2.262$,所以接受$H_0$,认为该药对血红蛋白含量无显著影响.

例 11 在数$\pi = 3.1415926\cdots$的前800位小数中,数字$0, 1, 2, 3, \cdots, 9$各出现的次数记录如下:

数字	0	1	2	3	4	5	6	7	8	9
频数	74	92	83	79	80	73	77	75	76	91

问这10个数字的出现是否是等概率的? ($\alpha = 0.05$)

解 依题意,考虑假设检验:

$$H_0: F(x) = F_0(x),$$

其中F_0为等概率分布,其分布律为

$$P\{X = k\} = \frac{1}{10}, \quad k = 0, 1, 2, \cdots, 9.$$

由观测数据得$n = 800, np_i = 80, i = 0, 1, 2, \cdots, 9$. 计算检验统计量的观测值:

$$\chi^2 = \sum_{i=0}^{9} \frac{(f_i - np_i)^2}{np_i} = \sum_{i=0}^{9} \frac{(f_i - 80)^2}{80}$$

$$= \frac{1}{80}(36 + 144 + 9 + 1 + 0 + 49 + 9 + 25 + 16 + 121)$$

$$= \frac{410}{80} = 5.125.$$

对$\alpha = 0.05$,查χ^2分布表得$\chi^2_\alpha(9) = \chi^2_{0.05}(9) = 16.919$,此处选择$\chi^2$分布的自由度为9,是由于我们将观测数据分成了10组,在计算概率p_i时没有估计参数,故χ^2分布的自由度为$10 - 1 = 9$. 因为$\chi^2 = 5.125 < 16.919$,所以接受H_0,认为X服从等概率分布.

例 12　设测量 50 个零件的直径数据（单位：mm）如下：

15.0	15.8	15.2	15.1	15.9	14.7	14.8	15.5	15.6	15.3
15.1	15.3	15.0	15.6	15.7	14.8	14.5	14.2	14.9	14.9
15.2	15.0	15.3	15.6	15.1	14.9	14.2	14.6	15.8	15.2
15.9	15.2	15.0	14.9	14.8	14.5	15.1	15.5	15.5	15.1
15.1	15.0	15.3	14.7	14.5	15.5	15.0	14.7	14.6	14.2

问零件的直径是否服从正态分布？（$\alpha = 0.05$）

解　依题意需检验假设 $H_0: F(x) = F_0(x)$，其中 F_0 为正态分布函数. 因正态分布中参数 μ, σ^2 未知，所以先对它们做极大似然估计，分别为 $\hat{\mu} = \bar{x} = 15.1, \hat{\sigma}^2 = s^2 = 0.4325^2$. 以 $\hat{\mu}, \hat{\sigma}^2$ 代替分布中的参数 μ 和 σ^2，即需检验假设

$$H_0: \text{零件直径 } X \sim N(15.1, 0.4325^2).$$

现将实数轴划分成 7 个小区间，计算列表如下：

分组区间	f_i	$\hat{p}_i$	$n\hat{p}_i$	$(f_i - n\hat{p}_i)^2$	$\dfrac{(f_i - n\hat{p}_i)^2}{n\hat{p}_i}$
$(-\infty, 14.35)$	3	0.0414	2.071	0.2970	0.0398
$[14.35, 14.65)$	5	0.1077	5.385		
$[14.65, 14.95)$	10	0.2154	10.770	0.5925	0.0551
$[14.95, 15.25)$	16	0.2710	13.550	6.0025	0.4430
$[15.25, 15.55)$	8	0.2154	10.770	7.6729	0.7124
$[15.55, 15.85)$	6	0.1077	5.385	0.2970	0.0398
$[15.85, +\infty)$	2	0.0414	2.070		

表中 $\hat{p}_i$ 为 X 落入第 i 个子区间的概率，例如

$$\hat{p}_3 = P\{14.65 \leqslant X \leqslant 14.95\}$$

$$= \Phi\left(\frac{14.95 - 15.1}{0.4325}\right) - \Phi\left(\frac{14.65 - 15.1}{0.4325}\right)$$

$$= \Phi(-0.3468) - \Phi(-1.0405) = 0.2154.$$

其中 $n\hat{p}_i$ 小于 5 的区间和邻近区间合并，于是检验统计量的观察值为

$$\chi^2 = \sum_{i=1}^{5} \frac{(f_i - n\hat{p}_i)^2}{n\hat{p}_i} = 1.2901.$$

对 $\alpha = 0.05$，查 χ^2 分布表得 $\chi_\alpha^2(5-2-1) = \chi_{0.05}^2(2) = 5.991$，此处选择 χ^2 分布的自由度为 2，是由于我们将观测数据分成了 5 组，在计算概率 $\hat{p}_i$ 时估计了两个参数 μ 和 λ，故 χ^2 分布的自由度为 $5-2-1=2$. 由于 $\chi^2 = 1.2901 < 5.991$，所以接受 H_0，即认为总体服从正态分布 $N(15.1, 0.4325^2)$.

四、考研重点题剖析

1. 设 $X_1, \cdots, X_n$ 是来自正态总体 $N(\mu, \sigma^2)$ 的简单随机样本,其中参数 μ 和 σ^2 未知,记

$$\overline{X} = \frac{1}{n} \sum_{i=1}^{n} X_i, \quad Q^2 = \sum_{i=1}^{n} (X_i - \overline{X})^2,$$

则假设 $H_0: \mu = 0$ 的 T 检验使用统计量 $T = \underline{\qquad}$.

解 由题设总体 $X \sim N(\mu, \sigma^2)$, σ 未知.

当 $H_0: \mu = \mu_0 = 0$ 成立时,依正态总体样本均值与样本方差的分布定理可知

$$T = \frac{\overline{X} - \mu_0}{S/\sqrt{n}} \sim t(n-1),$$

而

$$S^2 = \frac{1}{n-1} \sum_{i=1}^{n} (X_i - \overline{X})^2 = \frac{1}{n-1} Q^2$$

即

$$T = \frac{\overline{X} - 0}{Q/\sqrt{n(n-1)}} = \frac{\overline{X}}{Q} \sqrt{n(n-1)}$$

故填上 $T = \dfrac{\overline{X}}{Q} \sqrt{n(n-1)}$.

2. 设某次考试的学生成绩服从正态分布. 从中随机抽取 36 位考生的成绩,算得平均成绩为 66.5 分,样本标准差为 15 分. 问在显著性水平 0.05 下,是否可以认为这次考试全体考生的平均成绩为 70 分? ($\alpha = 0.05$)

解 设考生成绩为 X, $X \sim N(\mu, \sigma^2)$,方差 σ^2 未知,待检验假设

$$H_0: \mu = 70; \quad H_1: \mu \neq 70.$$

当 H_0 成立时,统计量

$$T = \frac{\overline{X} - \mu_0}{S/\sqrt{n}} \sim t(n-1) \quad (\mu_0 = 70),$$

已知 $\overline{x} = 66.5$, $s = 15$, $n = 36$,得检验统计量 T 的观察值

$$t = \frac{66.5 - 70}{15/\sqrt{36}} = -1.4.$$

对 $\alpha = 0.05$,查 t 分布表得 $t_{\alpha/2}(n-1) = t_{0.025}(35) = 2.0301$. 因为 $|t| = 1.4 < 2.0301$,所以接受 H_0,可以认为这次考试全体考生的平均成绩为 70 分.

自测题七

1. 设某厂所生产的零件重量 $X \sim N(\mu, \sigma^2)$,其中 $\mu = 15$, $\sigma^2 = 0.05$. 已知采用新工艺后,该厂所生产的零件重量的方差不变. 为考查均值是否变化,随机抽取 6 个样品,测得重量(单位: kg)如下:

$$14.7, \quad 15.1, \quad 14.8, \quad 15.0, \quad 15.2, \quad 14.6.$$

问平均重量是否仍可以认为是 15？（$\alpha=0.05$）

2. 正常人的脉搏平均为 72 次/分,某医生测得 10 例慢性中毒患者的脉搏(单位:次/分)为:

$$54,67,68,78,70,66,67,70,65,69.$$

已知慢性中毒患者的脉搏仍从正态分布,问慢性中毒患者与正常人的脉搏有无显著差异？（$\alpha=0.05$）

3. 某轮胎厂宣称所生产的汽车轮胎的平均使用寿命不低于 5×10^4 km. 假设轮胎的寿命服从正态分布,并随机地抽取 12 只轮胎试用,它们的寿命为(单位:10^4 km)

$$4.61,5.02,4.38,5.2,4.85,4.6,4.58,4.7,5.1,4.68,4.72,4.32.$$

问从中能得出什么结论？（$\alpha=0.05$）

4. 为了比较甲、乙两种安眠药的疗效,将 20 位患者分成两组,每组 10 人,甲组病人服用甲种安眠药,乙组病人服用乙种安眠药.已知服药后延长睡眠时间近似服从正态分布,延长睡眠时间如表中所示,并且可以认为它们的方差相等.问这两种安眠药的疗效有无显著性差异？（$\alpha=0.05$）

(单位：h)

序号	1	2	3	4	5	6	7	8	9	10
安眠药甲	1.9	0.8	1.1	0.1	−0.1	4.4	5.5	1.6	4.6	3.4
安眠药乙	0.7	−1.6	−0.2	1.2	−0.1	3.4	3.7	0.8	0	2.0

5. 已知某种作物有甲、乙两个品种.为了比较它们的优劣,两个品种各种 10 亩.假设亩产量服从正态分布.收获后测得甲品种亩产量均值为 530.97 kg,标准差为 26.7 kg;乙品种亩产量均值为 521.79 kg,标准差为 12.1 kg.取显著性水平为 $\alpha=0.01$,问能否认为两个品种的产量没有显著差异？

6. 测量某溶液中的水分,得 10 个测量值 $x_1,x_2,\cdots,x_{10}$,由它们得出

$$\bar{x}=\frac{1}{10}\sum_{i=1}^{10}x_i=0.452\%,$$

$$s^2=\frac{1}{10-1}\sum_{i=1}^{10}(x_i-\bar{x})^2=(0.037\%)^2.$$

设测量值总体服从正态分布:$X\sim N(\mu,\sigma^2)$,σ^2 与 μ 未知.对于显著性水平 $\alpha=0.05$,试检验 $H_0:\mu\geqslant0.5\%$;$H_1:\mu<0.5\%$.

7. 要求某种导线电阻标准差不超过 $0.005\,\Omega$. 今在所生产的导线中随机抽取 9 根,测得电阻(单位:Ω)为 $x_1,x_2,\cdots,x_9$,经计算得

$$\bar{x}=\frac{1}{9}\sum_{i=1}^{9}x_i,$$

$$s^2=\frac{1}{9-1}\sum_{i=1}^{9}(x_i-\bar{x})^2=0.007^2.$$

设电阻总体服从正态分布,问在显著性水平 $\alpha=0.05$ 下,能认为这批导线电阻的标准差显著偏大吗？

8. 检查部门从甲、乙两灯泡厂各取 30 个灯泡进行抽检,测得甲厂灯泡平均寿命为 1500 h,样本标准差为 80 h;乙厂灯泡平均寿命为 1450 h,样本标准差为 94 h.设各厂灯泡寿命都服从正态分布.问是否可断定甲厂灯泡比乙厂的好？（$\alpha=0.05$）

9. 根据 1963 年的观察资料,某地每年夏季(5～9 月)发生暴雨天数的记录如下:

暴雨天数	0	1	2	3	4	5	6	7	8	≥9
年数	4	8	14	19	10	4	2	1	1	0

问能否由此表明该地夏季发生暴雨的天数服从泊松分布?($\alpha=0.05$)

10. 按孟德尔遗传定律,让开粉红花的豌豆随机交配,子代可分成开红花、粉红花和白花三类,比例为 $1:2:1$. 为检验这个理论进行了试验,结果是:100 株豌豆中开红花 30 株,开粉红花 48 株,开白花 22 株. 问这些数据与孟德尔遗传定律是否符合?($\alpha=0.05$)

第八章　方差分析与回归分析

方差分析是分析处理试验数据的一种重要方法,是研究一种或多种因素的变化对试验结果的观测值是否有明显影响,从而找出较优的试验条件或生产条件的一种数理统计方法.可见方差分析也是小样本统计推断理论的推广应用.

回归分析是处理变量间相关关系的一种重要的数理统计方法,其主要任务是寻求变量间的恰当表达式来表示现象之间的某种相关关系,即建立回归模型,以便由一个变量说明另一个变量,进而由一个变量预测或控制另一个变量.处理多个变量间的相关关系的回归分析称为多元回归分析;处理两个变量的相关关系的回归分析称为一元回归分析.在回归分析中,若两个变量(或多个变量)间具有线性关系,则称为一元(或多元)线性回归分析;若变量之间不具有线性关系,就称为非线性回归分析.

方差分析与回归分析都是国民经济和科学技术中具有广泛应用的统计分析方法.

一、内容精讲与学习要求

【内容精讲】

1. 方差分析

方差分析的内容较多,现着重将单因素试验、双因素试验以及有交错作用的双因素试验的三种常用的方差分析与方法归纳如下:

1.1　方差分析的基本思想

方差分析实际上是一个假设检验问题.它所研究的对象都是假定遵从正态分布,即以数据来自方差相同的互相独立的正态总体这一条件为前提.但如果条件不满足,则应将原始数据进行变换.常用的数据变换手段有平方根变换、反正弦变换、对数变换等.只要变换后的数据满足正态、等方差的条件,便可对其进行方差分析.

现以单因素试验为例,说明方差分析的基本思想.设考察因素为 A,取 m 个水平:A_1,A_2,$\cdots$,A_m,在每个水平下重复做 r 次试验,得到观测值列表,见表 8.1.

假定:

(1) 各列样本观测值具有随机性;

(2) 各列样本间相互独立;

表   8.1

试验序号 ＼ A 的水平	A_1	A_2	⋯	A_j	⋯	A_m
1	x_{11}	x_{12}	⋯	x_{1j}	⋯	x_{1m}
2	x_{21}	x_{22}	⋯	x_{2j}	⋯	x_{2m}
⋮	⋮	⋮	⋮	⋮		⋮
i	x_{i1}	x_{i2}	⋯	x_{ij}	⋯	x_{im}
⋮	⋮	⋮	⋮	⋮		⋮
r	x_{r1}	x_{r2}	⋯	x_{rj}		x_{rm}

（3）各列样本分别服从正态分布 $N(\mu_j, \sigma_j^2)\,(j=1,2,\cdots,m)$；

（4）各列的方差具有齐性，即

$$\sigma_1^2 = \sigma_2^2 = \cdots = \sigma_m^2.$$

通过 m 列样本观测值检验假设

$$H_0: \mu_1 = \mu_2 = \cdots = \mu_m,$$

即检验 m 个正态分布总体的均值是否有显著差异. 基本思想是利用方差的可分解性，把要检验的因素影响分析出来，看它是否作为一种系统性因素在起作用.

1.2   方差分析的基本依据

方差分析的方法是建立在平方和分解公式与自由度分解公式的基础上的方法.

1.2.1   单因素试验

平方和分解公式为

$$S = S_A + S_E,$$

其中 $S = \sum\limits_{i=1}^{r} \sum\limits_{j=1}^{m} (x_{ij} - \bar{x})^2$ 叫做**总离差平方和**，它是全部试验数据 x_{ij} 对其总体平均数 $\bar{x} = \dfrac{1}{mr} \sum\limits_{i=1}^{r} \sum\limits_{j=1}^{m} x_{ij}$ 的离差平方总和，是描述所有数据离散程度的一个指标；

$$S_A = r \sum\limits_{j=1}^{m} (\bar{x}_{\cdot j} - \bar{x})^2$$

$$\left(\bar{x}_{\cdot j} = \frac{1}{r} \sum\limits_{i=1}^{r} x_{ij}, \ j = 1, 2, \cdots, m \right)$$

叫做**组间平方和**（或**效应平方和**），是每列平均值与总平均值的差异的平方和，它反映了各正态总体均值 μ_j 之间的差异程度，S_A 是由于因素 A 的不同水平引起的离差；

$$S_E = \sum\limits_{i=1}^{r} \sum\limits_{j=1}^{m} (x_{ij} - \bar{x}_{\cdot j})^2$$

叫做**组内平方和**（或**误差平方和**），它是每个数据与其所在列平均值的差异的平方和，它反映了试验中的随机误差.

自由度分解公式为

$$f = f_A + f_E,$$

其中 $f=mr-1, f_A=m-1, f_E=m(r-1)$，$f$ 是总离差平方和 S 的自由度，f_A 是组间平方和 S_A 的自由度，f_E 是组内平方和 S_E 的自由度.

1.2.2　无交互作用的双因素试验

双因素试验方差分析是单因素试验方差分析的推广. 所谓双因素试验，就是把两个变异因素各分成若干个"水平"，互相交错地进行一次全面试验. 对试验进行方差分析的要求是，检验两个变异因素或其中任意一个因素是否对试验结果有显著影响. 设 A, B 表示两个变异因素，A 有 m 个水平 $A_j(j=1,2,\cdots,m)$，B 有 r 个水平 $B_i(i=1,2,\cdots,r)$，所有 A_j 与 B_i 相互交错下的试验的观测值 x_{ij} 可列成类似于单因素试验方差分析的列表，见表 8.2.

表　8.2

因素 A 因素 B	A_1	A_2	$\cdots$	A_j	$\cdots$	A_m	$\sum\limits_{j}$	平均值
B_1	x_{11}	x_{12}	$\cdots$	x_{1j}	$\cdots$	x_{1m}	$\sum\limits_{j=1}^{m} x_{1j}$	$\bar{x}_1.$
B_2	x_{21}	x_{22}	$\cdots$	x_{2j}	$\cdots$	x_{2m}	$\sum\limits_{j=1}^{m} x_{2j}$	$\bar{x}_2.$
$\vdots$	$\vdots$	$\vdots$		$\vdots$		$\vdots$	$\vdots$	$\vdots$
B_i	x_{i1}	x_{i2}		x_{ij}	$\cdots$	x_{im}	$\sum\limits_{j=1}^{m} x_{ij}$	$\bar{x}_i.$
$\vdots$	$\vdots$	$\vdots$		$\vdots$		$\vdots$	$\vdots$	$\vdots$
B_r	x_{r1}	x_{r2}		x_{rj}	$\cdots$	x_{rm}	$\sum\limits_{j=1}^{m} x_{rj}$	$\bar{x}_r.$
$\sum\limits_{i=1}^{r}$	$\sum\limits_{i=1}^{r} x_{i1}$	$\sum\limits_{i=1}^{r} x_{i2}$	$\cdots$	$\sum\limits_{i=1}^{r} x_{ij}$	$\cdots$	$\sum\limits_{i=1}^{r} x_{im}$	$\sum\limits_{i=1}^{r}\sum\limits_{j=1}^{m} x_{ij}$	
平均值	$\bar{x}._1$	$\bar{x}._2$	$\cdots$	$\bar{x}._j$	$\cdots$	$\bar{x}._m$		$\bar{x}$

类似于单因素试验方差分析的计算程序，双因素试验的各观测值 x_{ij} 对总平均数 $\bar{x}$ 的总离差**平方和的分解公式**为

$$S = S_A + S_B + S_E,$$

其中总离差平方和

$$S = \sum_{i=1}^{r} \sum_{j=1}^{m} (x_{ij} - \bar{x})^2$$
$$= \sum_{i=1}^{r} \sum_{j=1}^{m} x_{ij}^2 - \frac{1}{mr} \Big(\sum_{i=1}^{r} \sum_{j=1}^{m} x_{ij} \Big)^2;$$

由因素 A 的不同水平引起的离差平方和

$$S_A = r \sum_{j=1}^{m} (\bar{x}_{\cdot j} - \bar{x})^2 = \frac{1}{r} \sum_{j=1}^{m} \Big(\sum_{i=1}^{r} x_{ij} \Big)^2 - \frac{1}{mr} \Big(\sum_{i=1}^{r} \sum_{j=1}^{m} x_{ij} \Big)^2;$$

由因素 B 的不同水平引起的离差平方和

$$S_B = m \sum_{i=1}^{r} (\bar{x}_{i \cdot} - \bar{x})^2 = \frac{1}{m} \sum_{i=1}^{r} \Big(\sum_{j=1}^{m} x_{ij} \Big)^2 - \frac{1}{mr} \Big(\sum_{i=1}^{r} \sum_{j=1}^{m} x_{ij} \Big)^2;$$

而
$$S_E = \sum_{i=1}^{r} \sum_{j=1}^{m} (x_{ij} - \bar{x}_{i \cdot} - \bar{x}_{\cdot j} + \bar{x})^2 = S - S_A - S_B$$

反映了试验中的随机误差.

自由度分解公式为

$$f = f_A + f_B + f_E,$$

其中 $f=mr-1$ 是 S 的自由度, $f_A=m-1$ 是 S_A 的自由度, $f_B=r-1$ 是 S_B 的自由度, $f_E=(m-1)(r-1)$ 是 S_E 的自由度.

1.2.3 有交互作用的双因素试验

在双因素试验方差分析符号和格式的基础上,进一步假定各交错试验都重复 c 次,用 $x_{ijk}(k=1,2,\cdots,c)$ 表示在因素 A_j 和 B_i 交错下第 k 次试验的观测值,如前所述,**总离差平方和分解**公式为

$$S = S_A + S_A + S_{A \times B} + S_E,$$

其中
$$S = \sum_{i=1}^{r} \sum_{j=1}^{m} \sum_{k=1}^{c} x_{ijk}^2 - \frac{1}{rmc} \Big(\sum_{i=1}^{r} \sum_{j=1}^{m} \sum_{k=1}^{c} x_{ijk} \Big)^2$$

为总离差平方和;

$$S_A = \frac{1}{rc} \sum_{j=1}^{m} \Big(\sum_{i=1}^{r} \sum_{k=1}^{c} x_{ijk} \Big)^2 - \frac{1}{rmc} \Big(\sum_{i=1}^{r} \sum_{j=1}^{m} \sum_{k=1}^{c} x_{ijk} \Big)^2$$

为由 A 的不同水平引起的离差平方和;

$$S_B = \frac{1}{mc} \sum_{i=1}^{r} \Big(\sum_{j=1}^{m} \sum_{k=1}^{c} x_{ijk} \Big)^2 - \frac{1}{rmc} \Big(\sum_{i=1}^{r} \sum_{j=1}^{m} \sum_{k=1}^{c} x_{ijk} \Big)^2$$

为由 B 的不同水平引起的离差水平和;

$$S_{A \times B} = S - S_A - S_B - S_E$$

是 A 与 B 的交错作用产生的离差平方和;

$$S_E = \sum_{i=1}^{r} \sum_{j=1}^{m} \sum_{k=1}^{c} x_{ijk}^2 - \frac{1}{c} \sum_{j=1}^{m} \sum_{i=1}^{r} \Big(\sum_{k=1}^{c} x_{ijk} \Big)^2$$

为试验中的随机误差.

自由度分解公式为

$$f = f_A + f_B + f_{A \times B} + f_E,$$

其中 $f=mrc-1$ 是 S 的自由度, $f_A=m-1$ 是 S_A 的自由度, $f_B=r-1$ 是 S_B 的自由度, $f_{A \times B}$

$=(m-1)(r-1)$ 是 $S_{A\times B}$ 的自由度, $f_E=mr(c-1)$ 是 S_E 的自由度.

1.3　列方差分析表,进行 F 检验的具体方法

(1) 单因素试验方差分析表:

方差来源	平方和	自由度	均方	F 值	临界值	显著性
组间	S_A	$m-1$	$\overline{S}_A=\dfrac{S_A}{m-1}$	$F=\dfrac{\overline{S}_A}{\overline{S}_E}$	$F_\alpha(m-1,m(r-1))$	
组内	S_E	$m(r-1)$	$\overline{S}_E=\dfrac{S_E}{m(r-1)}$			
总和	S					

(2) 无交互作用的双因素试验方差分析表:

方差来源	平方和	自由度	均方	F 值	临界值	显著性
A	S_A	$m-1$	$\overline{S}_A=\dfrac{S_A}{m-1}$	$F_A=\dfrac{\overline{S}_A}{\overline{S}_E}$	$F_\alpha(m-1,(m-1)(r-1))$	
B	S_B	$r-1$	$\overline{S}_B=\dfrac{S_B}{r-1}$	$F_B=\dfrac{\overline{S}_B}{\overline{S}_E}$	$F_\alpha(r-1,(m-1)(r-1))$	
误差	S_E	$(m-1)(r-1)$	$\overline{S}_E=\dfrac{S_E}{(m-1)(r-1)}$			
总和	S	$mr-1$				

(3) 有交互作用的双因素试验方差分析表:

方差来源	平方和	自由度	均方	F 值	临界值	显著性
A	S_A	$m-1$	$\overline{S}_A=\dfrac{S_A}{m-1}$	$F_A=\dfrac{\overline{S}_A}{\overline{S}_E}$	$F_\alpha(m-1,mr(c-1))$	
B	S_B	$r-1$	$\overline{S}_B=\dfrac{S_B}{r-1}$	$F_B=\dfrac{\overline{S}_B}{\overline{S}_E}$	$F_\alpha(r-1,mr(c-1))$	
$A\times B$	$S_{A\times B}$	$(m-1)(r-1)$	$\overline{S}_{A\times B}=\dfrac{S_{A\times B}}{(m-1)(r-1)}$	$F_{A\times B}=\dfrac{\overline{S}_{A\times B}}{\overline{S}_E}$	$F_\alpha((m-1)(r-1),$ $mr(c-1))$	
误差	S_E	$mr(c-1)$	$\overline{S}_E=\dfrac{S_E}{mr(c-1)}$			
总和	S	$mrc-1$				

2.　回归分析

回归分析有着非常广泛的应用,一元线性回归是回归分析中最基本的内容,应重点掌握.

2.1 散点图

为了减少建立回归模型过程中的盲目性,在建立一元回归模型之前,可先将取得的数据在坐标系中描出其所对应的散点图,再根据散点图所呈现的关系建立与之对应的回归模型.

2.2 最小二乘法与回归模型的建立

最小二乘法的基本思想,就是使回归值与实际观察值之差的平方和为最小,即要求 $\delta = \sum_{i=1}^{n}(y_i - \hat{y}_i)^2$ 取得最小值.

最小二乘法的理论依据是函数的极值原理. 最小二乘法可以用于建立回归模型.

2.2.1 一元线性回归模型的建立

设试验观测值为 $(x_1, y_1), (x_2, y_2), \cdots, (x_n, y_n)$ 并假定随机变量 y 与普通变量 x 之间存在线性相关关系,即 $E(y)$ 大致具有线性函数 $a+bx$ 的形式. 由于随机因素的影响,实际上对每个 x_i 有 $y_i = a + bx_i + \varepsilon_i$,其中 ε_i 是随机误差项,一般认为 $\varepsilon_i \sim N(0, \sigma^2)$.

利用最小二乘原理,要使

$$\delta = \sum_{i=1}^{n}(y_i - \hat{y}_i)^2 = \sum_{i=1}^{n}(y_i - a - bx_i)^2 = \sum_{i=1}^{n}\varepsilon_i^2$$

取得最小,可令 $\dfrac{\partial \delta}{\partial a} = 0, \dfrac{\partial \delta}{\partial b} = 0$, 解得

$$\begin{cases} b = \hat{b} \triangleq \dfrac{S_{xy}}{S_{xx}} = \dfrac{\sum\limits_{i=1}^{n}(x_i - \bar{x})(y_i - \bar{y})}{\sum\limits_{i=1}^{n}(x_i - \bar{x})^2} = \dfrac{\sum\limits_{i=1}^{n}x_i y_i - n\bar{x}\bar{y}}{\sum\limits_{i=1}^{n}x_i^2 - n\bar{x}^2}, \\[4mm] a = \hat{a} \triangleq \bar{y} - \hat{b}\bar{x}. \end{cases}$$

$\hat{a}, \hat{b}$ 是 a, b 的最小二乘无偏估计,于是所求回归方程为 $\hat{y} = \hat{a} + \hat{b}x$.

2.2.2 一元非线性回归模型的建立

建立一元非线性回归模型的关键,是采用适当的变量替换,将一元非线性问题化成一元线性回归问题,常见的曲线类型及其变量替换见表 8.3.

表 8.3

曲线类型	函数表达式	化直线型的变量替换	替换式
双曲线	$\dfrac{1}{y} = a + \dfrac{b}{x}$	$u = \dfrac{1}{y}, v = \dfrac{1}{x}$	$u = a + bv$
指数曲线	$y = ae^{bx}(a>0)$	$u = \ln y, c = \ln a$	$u = c + bx$
	$y = ae^{b/x}(a>0)$	$u = \ln y, v = \dfrac{1}{x}, c = \ln a$	$u = c + bv$
幂指数曲线	$y = ax^b(a>0)$	$u = \ln y, v = \ln x, c = \ln a$	$u = c + bv$
对数曲线	$y = a + b\ln x(a>0)$	$v = \ln x$	$y = a + bv$
S 曲线	$y = \dfrac{1}{a + be^{-x}}$	$u = \dfrac{1}{y}, v = e^{-x}$	$u = a + bv$

2.2.3　多元线性回归模型的建立

多元线性回归模型为 $\hat{y} = \hat{b}_0 + \hat{b}_1 x_1 + \cdots + \hat{b}_m x_m$. 对于一组观测值 $(x_{1t}, x_{2t}, \cdots, x_{mt}, y_t)(t = 1, 2, \cdots, n)$，若要使

$$\delta = \sum_{t=1}^{n} (y_t - \hat{y}_t)^2 = \sum_{t=1}^{n} (y_t - b_0 - b_1 x_{1t} - \cdots - b_m x_{mt})^2$$

取得最小值，可令

$$\frac{\partial \delta}{\partial b_i} = 0 \quad (i = 0, 1, 2, \cdots, m),$$

即得

$$\begin{cases} b_0 = \bar{y} - \sum_{i=1}^{m} b_i \bar{x}_i, \\ \sum_{i=1}^{m} S_{ij} b_i = S_{j0} (j = 1, 2, \cdots, m), \end{cases}$$

其中

$$\bar{x}_i = \frac{1}{n} \sum_{t=1}^{n} x_{it} \quad (i = 1, 2, \cdots, m),$$

$$S_{ij} = S_{ji} = \sum_{t=1}^{n} (x_{it} - \bar{x}_i)(x_{jt} - \bar{x}_j) \quad (1 \leqslant i, j \leqslant m),$$

$$S_{i0} = \sum_{t=1}^{n} (x_{it} - \bar{x}_i)(y_t - \bar{y}) \quad (i = 1, 2, \cdots, m).$$

求解上述方程组可得 b_i 的最小二乘估计 $\hat{b}_i(i = 0, 1, 2, \cdots, m)$. 当 m 较大时，计算量很大，必须用电子计算机计算. 特殊地，当 $m = 2$ 时，有

$$\begin{cases} S_{11} b_1 + S_{12} b_2 = S_{10}, \\ S_{21} b_1 + S_{22} b_2 = S_{20}, \end{cases}$$

解得

$$b_1 = \hat{b}_1 \triangleq \frac{\begin{vmatrix} S_{10} & S_{12} \\ S_{20} & S_{22} \end{vmatrix}}{\begin{vmatrix} S_{11} & S_{12} \\ S_{21} & S_{22} \end{vmatrix}} = \frac{S_{10} S_{22} - S_{20} S_{12}}{S_{11} S_{22} - (S_{12})^2},$$

$$b_2 = \hat{b}_2 \triangleq \frac{\begin{vmatrix} S_{11} & S_{10} \\ S_{21} & S_{20} \end{vmatrix}}{\begin{vmatrix} S_{11} & S_{12} \\ S_{21} & S_{22} \end{vmatrix}} = \frac{S_{11} S_{20} - S_{21} S_{10}}{S_{11} S_{22} - (S_{12})^2},$$

$$b_0 = \hat{b}_0 \triangleq \bar{y} - \hat{b}_1 \bar{x}_1 - \hat{b}_2 \bar{x}_2.$$

求出了 b_0, b_1, b_2，回归模型 $\hat{y} = \hat{b}_0 + \hat{b}_1 x_1 + \hat{b}_2 x_2$ 也就唯一地确定了.

2.3　相关系数及其计算

相关系数是用来说明变量间存在的某种相关关系密切程度的数量化指标.

相关系数的基本计算公式:

$$R^2 = \frac{\sum_i (\hat{y}_i - \overline{y})^2}{\sum_i (y_i - \overline{y})^2} = \frac{U}{S_{yy}}$$

或

$$R^2 = 1 - \frac{\sum_i (y_i - \hat{y}_i)^2}{\sum_i (y_i - \overline{y})^2} = 1 - \frac{Q}{S_{yy}},$$

其中 $\sum_i (y_i - \overline{y})^2$ 为**离差平方总和**,用符号 S_{yy} 表示;$\sum_i (\hat{y}_i - \overline{y})^2$ 为**回归平方和**,用 U 表示;$\sum_i (y_i - \hat{y}_i)^2$ 为**剩余平方和**,用 Q 表示. 显然

$$R^2 \leqslant 1, \quad |R| \leqslant 1,$$

$|R|$ 愈接近于 1,回归效果愈好,即 x 与 y 之间的线性相关关系愈显著.

2.3.1　样本相关系数

在一元线性回归情况下,其样本相关系数一般用 R 表示:

$$R = \sqrt{R^2} = \sqrt{\frac{U}{S_{yy}}} = \hat{b} \sqrt{\frac{S_{xx}}{S_{yy}}} = \frac{S_{xy}}{\sqrt{S_{xx} S_{yy}}}$$

或

$$R = \sqrt{R^2} = \sqrt{\frac{U}{S_{yy}}} = \sqrt{1 - \frac{Q}{S_{yy}}},$$

其中称 R^2 为**判定系数**.

如果非线性回归已经转化成线性回归($u = b_0 + b_1 v$)的形式,则样本相关系数也可以表示为

$$R = \frac{S_{vu}}{\sqrt{S_{vv} S_{uu}}}.$$

2.3.2　样本复相关系数

在多元线性回归情况下,总的样本相关系数称为**样本复相关系数**,而对某一个自变量的相关系数称为**偏相关系数**.

样本复相关系数也用 R 表示,且有

$$R = \sqrt{R^2} = \sqrt{\frac{U}{S_{yy}}} = \sqrt{\frac{\sum_{i=1}^{m} b_i S_{i0}}{S_{yy}}}.$$

这里 $U = \sum_{i=1}^{m} b_i S_{i0}$. 实际上,这个公式也适用于一元线性回归的回归平方和.

2.3.3　样本相关系数的显著性检验

在很多场合下,样本相关系数介于 0 与 1 之间.样本相关系数的显著性检验,就是根据观察值的个数 n 确定相应的自由度 $n-2$,在一定的显著性水平(如 0.05)下,查相关系数检验表取得临界值,如果计算的样本相关系数大于或等于这个临界值,表明变量间的相关关系是密切的,反之则不密切.

2.4　回归方程显著性检验

回归方程显著性检验的一种常用方法是方差分析.

可以证明:

$$F = \left(\frac{U}{m} \Big/ \frac{Q}{n-m-1} \right) \sim F(m, n-m-1),$$

这里 n 为观察值的个数;$n-1$ 是对应于总平方和的自由度;m 是自变量的个数,是对应于 U 的自由度;$n-m-1$ 是从自由度平衡式 $n-1=m+(n-m-1)$ 而得到的,它是对应于 Q 的自由度.当给定置信度 α 后,就可进行方差分析.方差分析如表 8.4.表中 $F_\alpha(m, n-m-1)$ 可查 F 分布表取得.当 $F>F_\alpha$ 时,回归关系显著;当 $F<F_\alpha$ 时,回归关系不显著.当回归关系不显著时,就应当考虑寻找适当的回归模型.

表　8.4

方差来源	平方和	自由度	均方	F 值	临界值	显著性
回归	$U = \sum_i b_i S_{i0}$	m	$S_1 = \dfrac{U}{m}$	$F = \dfrac{S_1}{S_2}$	$F_\alpha(m, n-m-1)$	$F>F_\alpha$ 时 回归关系 显著
剩余	$Q = S_{yy} U$	$n-m-1$	$S_2 = \dfrac{Q}{n-m-1}$			
总和	S_{yy}	$n-1$				

2.5　一元线性回归的进一步研究

2.5.1　总体回归模型 $y = \beta_0 + \beta_1 x$ 中,y,β_0 和 β_1 的区间估计

它是借助于样本回归直线 $\hat{y} = \hat{b}_0 + \hat{b}_1 x$ 中的 $\hat{y}$,$\hat{b}_0$ 和 $\hat{b}_1$ 对总体回归直线中的 y,β_0 和 β_1 进行统计推断的一种方法,使 y,β_0 和 β_1 以一定的置信度分别落在 $\hat{y}$,$\hat{b}_0$ 和 $\hat{b}_1$ 的某一区间内.可以求得:

y 的置信度是 $1-\alpha$ 的置信区间为 $\left(\hat{y} \pm t_{\alpha/2}(n-2) S \sqrt{\dfrac{1}{n} + \dfrac{(x-\bar{x})^2}{S_{xx}}} \right)$;

β_0 的置信度是 $1-\alpha$ 的置信区间为 $\left(\hat{b}_0 \pm t_{\alpha/2}(n-2) S \sqrt{\dfrac{\sum x^2}{n S_{xx}}} \right)$;

β_1 的置信度是 $1-\alpha$ 的置信区间为 $\left(\hat{b}_1 \pm t_{\alpha/2}(n-2) S \dfrac{1}{\sqrt{S_{xx}}} \right)$.

这里 $t_{\alpha/2}(n-2)$ 可以查 t 分布表得到，$S = \sqrt{\dfrac{\sum (y - \hat{y})^2}{n - 2}}$ 是 σ 的无偏估计量.

2.5.2　预测

预测是根据已经确立的回归模型 $\hat{y} = \hat{b}_0 + \hat{b}_1 x$，当 x 取某一值 x_0，并给定置信度 α 时，推测相应的 y_0 值的变化范围.

可求得 y_0 的置信度是 $1 - \alpha$ 的置信区间为

$$\left(\hat{y}_0 \pm t_{\alpha/2}(n - 2)S \sqrt{1 + \frac{1}{n} + \frac{(x_0 - \overline{x})^2}{S_{xx}}} \right).$$

须注意的是，预测值 $\hat{y}_0$ 的变化范围与某一总体回归值 y_0 的变化范围是两个不同的概念，它们的估计区间也是不同的，两者不能混淆.

当 n 较大（一般大于 30），x_0 又在 $\overline{x}$ 附近时，有 $\sqrt{1 + \frac{1}{n} + \frac{(x_0 - \overline{x})^2}{S_{xx}}} \to 1$，$y_0$ 的置信度为 $1 - \alpha$ 的置信区间可近似表示为 $(\hat{y}_0 \pm t_{\alpha/2}(n-2)S)$.

事实上，n 较大，t 分布与正态分布很相似，所以，临界值 $t_{\alpha/2}(n-2)$ 也可用 $Z_{\alpha/2}$ 代替.

在 $\alpha = 0.05$ 时，$t_{\alpha/2}(n-2)$ 与 $Z_{\alpha/2}$ 都接近于 2，这样上式进而可简化为 $(\hat{y}_0 \pm 2S)$.

2.5.3　控制

控制是预测的反问题，即当要求 y 落在某一区间 (y_1, y_2) 内时，对应的 x 应控制在什么范围内.

在一般情况下，对以下方程组求解就可得到 x 的控制区间 $[x_1, x_2]$，

$$\begin{cases} y_1 = \hat{y} - t_{\alpha/2}(n - 2)S \sqrt{1 + \dfrac{1}{n} + \dfrac{(x - \overline{x})^2}{S_{xx}}}, \\[2mm] y_2 = \hat{y} + t_{\alpha/2}(n - 2)S \sqrt{1 + \dfrac{1}{n} + \dfrac{(x - \overline{x})^2}{S_{xx}}}, \end{cases}$$

而当 n 较大，$\alpha = 0.05$ 时，方程组可简化为

$$\begin{cases} y_1 = \hat{y} - 2S, \\ y_2 = \hat{y} + 2S, \end{cases} \qquad 其中 \qquad \hat{y} = b_2 + b_1 x.$$

【学习要求】

1. 在理解方差分析的基本思想和基本依据的基础上，着重掌握单因素试验和无交错作用双因素试验的方差分析步骤与方法，并了解有交错作用的双因素试验的方差分析法.

2. 回归分析是数理统计学中最常用的一种统计方法，是本课程的重点之一. 学习回归分析的要求是：

(1) 了解回归分析的基本思想与回归分析所要解决的问题；

(2) 在理解最小二乘法的基础上，会建立样本回归直线，计算样本相关系数，进行相关性检验，进行预测与控制；

（3）掌握化非线性回归为线性回归的方法；

（4）了解多元线性回归及其相关性检验问题.

重点　一元线性回归分析的基本思想和基本方法；单因素试验方差分析的基本思想和基本方法.

难点　用回归分析、方差分析的基本思想处理实际问题，利用计算机或应用数学软件做相应的统计计算.

二、释 疑 解 难

1. 如何理解单因素试验方差分析与双因素试验方差分析？

答　实际问题中影响试验结果的因素一般较多，所谓单因素试验方差分析，是人们对这诸多因素中的某一个，试图考查其对试验结果影响显著与否，人为地使该因素以外的其他因素在试验过程中，各处于基本相同的状态，而唯独该因素的状态（水平）变动. 类似地，对双因素试验方差分析也应作相应理解.

2. 在方差分析问题中，若题中没有指明检验水平，我们应该作何处理？

答　方差分析实际上是多总体（正态、等方差、互相独立）期望的假设检验. 有些方差分析问题，题中明确指出检验水平是多少，有些问题则没有明确指出检验水平. 凡明确指出检验水平的，就按指明的检验水平做假设检验. 凡题中没有指明检验水平的，就以 $\alpha = 0.05$ 及 0.01 各查出两个临界值 $F_{0.05}, F_{0.01}$，若统计量观察值 F 小于 $F_{0.05}$，则接受假设，认为该因素对试验结果影响不显著；当 F 在 $F_{0.05}$ 与 $F_{0.01}$ 之间时，拒绝假设，认为该因素对试验结果影响显著；当 F 大于 $F_{0.01}$ 时，认为影响特别显著.

3. 在方差分析中，怎样定量描述试验随机误差？

答　先以测量一个物体长度为例说明. 我们知道，多次测量所得数据，一般会在它们的平均值附近波动，因而物体的长度可用多次测量数据的平均值来近似表示. 而每次试验（测量）的误差，则用测量数据与其平均值之差来近似描述. 为了对整个试验误差有总的认识，则需把各次试验的试验误差汇总起来. 但是，直接将各误差加起来是不行的，因为这些差值有正有负，在相加过程中会在数值上互相抵消. 为了避免这种抵消，一般是将这些差值平方后再加起来，用此差值平方和来描述试验过程中试验随机误差引起的数据波动. 在方差分析中，此平方和称为组内平方和，即试验误差，用字母 S_E 表示：

$$S_E = \sum_{i=1}^{r} \sum_{j=1}^{m} (x_{ij} - \bar{x}_j)^2,$$

其中 $\bar{x}_j = \dfrac{1}{r} \sum_{i=1}^{r} x_{ij} (j = 1, 2, \cdots, m)$. 这就是试验误差的定量估计值.

4. 对单因素不等重复试验的方差分析应如何处理？

答　设因素 A 有 r 个水平 $A_1, A_2, \cdots, A_r$，对每个 A_i 做 n_i 次试验，其值为 $x_{i1}, x_{i2}, \cdots, x_{in_i}$

$(i=1,2,\cdots,r)$. 令

$$T_i = \sum_{j=1}^{n_i} x_{ij}, \quad \bar{x}_i = \frac{1}{n_i}\sum_{j=1}^{n_i} x_{ij}, \quad n = \sum_{i=1}^{r} n_i, \quad T = \sum_{i=1}^{r}\sum_{j=1}^{n_i} x_{ij}, \quad \bar{x} = \frac{1}{n}\sum_{i=1}^{r}\sum_{j=1}^{n_i} x_{ij},$$

$$S_T = \sum_{i=1}^{r}\sum_{j=1}^{n_i}(x_{ij}-\bar{x})^2 = \sum_{i=1}^{r}\sum_{j=1}^{n_i}(x_{ij}-\bar{x}_i)^2 + \sum_{i=1}^{r}\sum_{j=1}^{n_i}(\bar{x}_i-\bar{x})^2 = S_E + S_A.$$

$$S_T = \sum_{i=1}^{r}\sum_{j=1}^{n_i} x_{ij}^2 - \frac{T^2}{n},\text{称为总离差平方和；}$$

$$S_A = \sum_{i=1}^{r}\frac{T_i^2}{n_i} - \frac{T^2}{n},\text{称为组间离差平方和；}$$

$$S_E = S_T - S_A,\text{称为组内离差平方和.}$$

显著性检验仍用统计量 $F = \dfrac{S_A/(r-1)}{S_E/(n-r)} \sim F(r-1,n-r)$.

特别,当 $r=2$ 时,即 A 只有两个水平 A_1, A_2 时,问题就变成两个总体均值比较的假设检验问题(假设前提为 $\sigma_1^2 = \sigma_2^2$, H_0: $\mu_1 = \mu_2 = \mu$). 此时

$$\bar{x} = \frac{1}{n_1+n_2}(n_1\bar{x}_1 + n_2\bar{x}_2),$$

$$\bar{x}_1 - x = x_1 - \frac{1}{n_1+n_2}(n_1\bar{x}_1 + n_2\bar{x}_2) = \frac{n_2}{n_1+n_2}(\bar{x}_1 - \bar{x}_2),$$

$$\bar{x}_2 - \bar{x} = \bar{x}_2 - \frac{1}{n_1+n_2}(n_1\bar{x}_1 + n_2\bar{x}_2) = \frac{n_1}{n_1+n_2}(\bar{x}_2 - \bar{x}_1),$$

所以

$$S_A = n_1(\bar{x}_1 - \bar{x})^2 + n_2(\bar{x}_2 - \bar{x})^2 = \frac{n_1 n_2}{n_1 + n_2}(\bar{x}_1 - \bar{x}_2)^2,$$

$$F = \frac{S_A/(2-1)}{S_E/(n_1+n_2-2)} = \left[\frac{x_1 - x_2}{\sqrt{\dfrac{S_E}{n_1+n_2-2}}\sqrt{\dfrac{1}{n_1}+\dfrac{1}{n_2}}}\right]^2.$$

这里方括号 [ ] 内是两个正态总体均值比较假设检验用的统计量 T,它服从 $t(n_1+n_2-2)$ 分布. F 是 T 的平方,可见两种检验是等价的.

5. 方差分析应注意些什么问题?

答 本章介绍的方差分析,可以通过对试验结果数据变动的分析,把随机变动和非随机变动从混杂状态下区分开来,从而判断受人们控制的因素对试验有无确实的影响. 因此,方差分析是分析试验结果的一个有力工具,也是统计假设检验的一个重要方面.

进行方差分析,应注意以下问题:

(1) 在进行一个变异因素的方差分析时,除该因素分为 n 个等级进行试验外,其他因素则应尽量保持不变,而且对该因素的数量描述的假设条件是很重要也是不可少的;

(2) 变异因素的分级并不一定是数量性的；

(3) 如果对一个变异因素进行方差分析的结果是否定的，那么，在这个因素的各个等级中进行试验所得的观测值，不能认为来自同一正态总体，但这并不排斥另一种可能性，即在变异因素的某几个等级中的观测值是来自同一正态总体的；

(4) 如果变异因素只分为两个等级，那么，方差分析就转化为 t 检验法；

(5) 在总体不服从正态分布而是服从另一确定分布时，可以作适当的变量代换以满足方差分析的各假定条件；

(6) 方差分析的各组试验次数有时是不相等的，为了使每组试验次数都相等，只需对计算公式作适当的修改，分析步骤大致是相同的. 由于不等重复试验比较复杂，精度也差些，故一般不太提倡.

6. 方差分析与数理统计其他内容有何联系？

答　方差分析属于假设检验范畴，它与数理统计其他内容有着紧密的联系. 例如单因素两个水平的方差分析，就是两个正态总体期望的假设检验. 又如方差分析得出结论：某因素的不同水平对试验结果有显著影响，也就是各水平（总体）的期望至少有两个不等. 这时往往需要求出不等的两个期望差的置信区间，这就是区间估计问题. 又如方差分析可以通过线性模型建立，这又与回归分析建立起一定的联系. 并且，做回归方程的显著性检验时，方差分析是检验方法中的一种. 正交试验结果的分析，可用直观分析法，也可以用方差分析的方法，这就是所谓的正交试验方差分析. 总之，我们在学习方差分析这一章时，要注意方差分析与数理统计其他内容的联系与区别.

7. 如何理解回归分析？

答　变量之间有确定性关系，即函数关系；还有不确定性关系，即相关关系. 回归分析主要研究的是后者，由一个或一组非随机变量来估计或预测某一随机变量的观察值，建立数学模型并进行统计分析. 回归分析以数学模型分类可分为线性和非线性的，以非随机变量（自变量）的多少分类可分为一元回归分析和多元回归分析.

8. 如何理解回归方程 $\hat{y} = \hat{a} + \hat{b}x$ 中的 $\hat{a}, \hat{b}$？

答　回归方程 $\hat{y} = \hat{a} + \hat{b}x$ 是根据观察值 $(x_1, y_1), (x_2, y_2), \cdots, (x_n, y_n)$，利用最小二乘原理得到的数学模型. 若变量 x 和 y 之间的真正关系是：

$$y = a + bx + \varepsilon$$

其中随机项 $\varepsilon \sim N(0, \sigma^2)$，则 a 和 b 的估计量 $\hat{a}$ 和 $\hat{b}$ 是随机变量，$\hat{a}, \hat{b}$ 都是随机变量 $Y = (Y_1, Y_2, \cdots, Y_n)$ 的线性函数，其中 Y_i 是当 x 取 $x_i (i = 1, 2, \cdots, n)$ 时，y 对应的随机变量. 可以证明：$\hat{a}$ 和 $\hat{b}$ 分别是 a 和 b 的最小二乘的无偏估计，且

$$\hat{a} \sim N\left(a, \frac{\sum\limits_i x_i^2}{n S_{xx}} \sigma^2\right), \quad \hat{b} \sim N\left(b, \frac{\sigma^2}{S_{xx}}\right),$$

这样对 a 和 b 可以给出置信区间.

9. 给出散点 $(x_1,y_1),(x_2,y_2),\cdots,(x_n,y_n)$，由最小二乘原理得出的

$$\hat{b}=\frac{S_{xy}}{S_{xx}}, \quad \hat{a}=\overline{y}-\frac{S_{xy}}{S_{xx}}\cdot\overline{x}$$

所确定的直线(经验公式)$\hat{y}=\hat{a}x+\hat{b}$，一定反映原 n 个散点呈良好的线性关系吗？

答 不一定. 由最小二乘原理所确定的回归直线 $\hat{y}=\hat{a}x+\hat{b}$，并不依赖原 n 个散点是否具有线性关系，它只依赖散点的 n 对数据 $(x_1,y_1)(x_2,y_2),\cdots,(x_n,y_n)$. 由此可知，即使 n 个散点呈曲线性，仍然可以由最小二乘原理得到一条回归直线. 正因为存在这个问题，才有所谓回归直线的相关性检验问题.

事实上，对于某些根本不近似呈直线的散点图，只要我们经过适当的变量替换，就可以将非线性关系变为线性关系来处理.

10. 为什么要进行相关性检验？是否有与 F 检验相通的检验？

答 对于散点图呈近似直线分布的情况，可建立数学模型，确定 $\hat{y}=\hat{a}+\hat{b}x$，而对散点图是非直线分布或杂乱无章的情况，用同样方法也能得到一个回归直线. 前者线性关系显著，而后者线性关系不显著或根本就不存在线性关系. 因此要进行相关性检验. 一般先经检验认为线性相关性显著后，再求回归直线方程.

通常选用统计量 F 进行相关性检验. 但

$$F=\frac{U}{Q/(n-2)}=(n-2)\cdot\frac{U/(U+Q)}{Q/(U+Q)}$$

$$=(n-2)\frac{U/S_{yy}}{1-U/S_{yy}}=(n-2)\frac{R^2}{1-R^2}, \quad |R|\leqslant 1,$$

而

$$U=\sum_i(\hat{y}_i-\overline{y})^2=\sum_i(\hat{a}+\hat{b}x_i-\hat{a}-\hat{b}\overline{x})^2$$

$$=\hat{b}^2\sum_i(x_i-\overline{x})^2,$$

所以

$$R^2=\frac{U}{S_{yy}}=\left[\frac{\sum_i(x_i-\overline{x})(y_i-\overline{y})}{\sqrt{\sum_i(x_i-\overline{x})^2\cdot\sum_i(y_i-\overline{y})^2}}\right]^2,$$

R 称为相关系数. 若 R^2 表示相关的程度，则 $1-R^2$ 就表示不相关的程度. $|R|$ 接近于 1，说明线性关系显著；$|R|$ 接近 0，说明线性关系不显著；$|R|=0$ 说明线性无关. 因此可用 R 代替 F 做相关性检验. 计算 $|R|$ 的值，并对给定的 α，查相关系数检查临界值表得 R_a. 若 $|R|<R_{0.05}$，则认为线性相关性不显著；若 $R_{0.05}<|R|<R_{0.01}$，则认为线性相关性显著；若 $|R|>R_{0.01}$，则认为线性相关性特别显著. 由此可知，F 检验与 R 检验是等价的.

11. 回归分析应注意什么问题？

答 (1)回归模型是根据一定变量的观察值建立起来的. 因此，不能任意增加或减少变量及其观察值的个数. 一般说来，变量和观察值数量发生变化，回归模型也会改变.

（2）建立回归模型，应具有一定的观察值资料，资料太少，有可能使所建立的回归模型缺乏代表性，产生所谓的失似问题．对于因 n 过少而造成的失似，应增大 n 或再做重复试验．

（3）对变量既要看其理论的相关程度，又要注意看其实际的相关程度．从理论和实际两个方面互相验证，而不能把相关系数作为唯一的根据，以防止某些"假相关"的现象出现．

（4）回归模型的建立是以具有一般相关趋势的变量为基础的．所以，在遇到个别偏离很远的异常值时，应具体分析其原因，以排除异常现象的影响．排除影响的办法有两种：一是撇开异常值；二是重新获得观察值．

（5）回归分析时，一般计算量较大．为了减少计算量，可以进行适当的变量替换．基本替换办法如下：

令 $u=d_1(x-c_1),v=d_2(y-c_2)$，则

$$\bar{x}=c_1+\frac{1}{d_1}\bar{u},\quad \bar{y}=c_2+\frac{1}{d_2}\bar{v},\quad \sigma_x=\frac{\sigma_u}{d_1^2},\quad \sigma_y=\frac{\sigma_v}{d_2^2},$$

$$S_{xx}=\frac{1}{d_1^2}S_{uu},\quad S_{yy}=\frac{1}{d_2^2}S_{vv},\quad S_{xy}=\frac{1}{d_1 d_2}S_{uv}.$$

三、典型例题与解题方法综述

1. 单因素等重复试验的方差分析

在方差分析中，为使计算简便起见，可先对观测值作变换，即加上或减去某个数再乘以或除以另一非零数，而方差分析的结果不受影响．另外若题中未给出 α，这时我们可查表找出 $\alpha=0.05$ 与 $\alpha=0.01$ 的临界值 $F_{0.05}$ 与 $F_{0.01}$，再同 F 的值作比较后得出结论．

例 1　把大片条件相同的土地分成 20 个小区，播种 4 种不同品种的小麦，进行产量对比试验，每一品种播种在 5 个小区的地块上，共得 20 个小区产量的独立观测值如表 8.5 所示．试问不同品种小麦的小区产量有无显著差异？

表　8.5

品种因素　小区产量 x_{ij}/kg　试验序号	1	2	3	4	5
A_1	32.3	34.9	34.3	35.0	36.5
A_2	33.3	33.0	36.3	36.9	34.5
A_3	30.3	34.3	35.3	32.3	35.8
A_4	29.3	34.1	29.8	28.0	28.8

分析　此题为单因素等重复试验方差分析问题．品种因素共有 4 个水平，即 4 种不同品种的小麦，而每个品种分种于 5 小区地块．可以认为对同一品种播种在条件相同的 5 个小区地块的产量服从正态分布 $N(\mu_i,\sigma_i^2),i=1,2,3,4$．而 20 个小区地块的条件相同，即有 $\sigma_1^2=\sigma_2^2$

$=\sigma_3^2=\sigma_4^2=\sigma^2$,问题就变为不同品种的小麦产量 $\mu_i(i=1,2,3,4)$,是否因品种不同而有显著差异,这是方差分析问题.

解 (1) 先将每个观测数据减去 35,列出方差计算表如下(为了方便,变换后数据仍记为 x_{ij},相应的平方和仍分别记为 S_A,S_T,S_E. 表中括号内的值为 x_{ij}^2):

品种因素 \\ 小区产量 x_{ij}/kg \\ 试验序号	1	2	3	4	5	$T_i=\sum\limits_{j=1}^{5}x_{ij}$	T_i^2
A_1	-2.7 (7.29)	-0.1 (0.01)	-0.7 (0.49)	0 (0)	1.5 (2.25)	-2	4
A_2	-1.7 (2.89)	-2 (4)	1.3 (1.69)	1.9 (3.61)	-0.5 (0.25)	-1	1
A_3	-4.7 (22.09)	-0.7 (0.49)	0.3 (0.09)	-2.7 (7.29)	0.8 (0.64)	-7	49
A_4	-5.7 (32.49)	-0.9 (0.81)	-5.2 (27.04)	-7 (49)	-6.2 (38.44)	-25	625

(2) 计算 S_A,S_T,S_E:

$$T=\sum_{i=1}^{4}T_i=-35,\quad T^2=1225,\quad S_A=\sum_{i=1}^{4}\frac{T_i^2}{5}-\frac{T^2}{20}=74.55,$$

$$S_T=\sum_{i=1}^{4}\sum_{j=1}^{5}x_{ij}^2-\frac{T^2}{20}=120.77,\quad S_E=S_T-S_A=46.22.$$

(3) 列出方差分析表如下:

方差来源	离差平方和	自由度	F 值	临界值
组间	$S_A=74.55$	3		
组内	$S_E=46.22$	16	$F=\dfrac{74.55/3}{46.22/16}=8.602$	$F_{0.05}(3,16)=3.24$ $F_{0.01}(3,16)=5.29$
总和	$S_T=120.77$	19		

(4) 结论:由于 $F=8.602>5.29=F_{0.01}(3,16)$,所以不同品种小麦的小区产量有特别显著的差异.

2. 单因素不等重复试验的方差分析

单因素不等重复试验的方差分析过程与单因素等重复试验的方差分析过程一致,仅在计算上稍有差别.

例 2 设某灯泡厂用 4 种不同材料制成灯丝,检验灯丝材料这一因素对灯泡寿命的影响. 如果检验水平 $\alpha=0.05$,并且灯泡寿命服从正态分布,试根据表 8.6 中试验结果记录,判断灯泡寿命是否因灯丝不同而有显著差异(假定不同材料灯丝制成的灯泡的寿命方差相同).

表 8.6

灯丝水平 ＼ 试验序号 寿命 x_{ij}/h	1	2	3	4	5	6	7	8
A_1	1600	1610	1650	1680	1700	1720	1800	
A_2	1580	1640	1640	1700	1750			
A_3	1460	1550	1600	1620	1640	1660	1740	1820
A_4	1510	1520	1530	1570	1600	1680		

分析　本题题设条件为已知灯泡寿命服从正态分布,且不同材料灯丝制成的灯泡的寿命方差相同,仅推断灯泡寿命是否因灯丝材料的不同而不同. 这正是方差分析要解决的问题,且本题是单因素不等重复试验的方差分析问题.

解　(1) 将表 8.6 中每个数据减去 1640 再除以 10(仍记为 x_{ij}),列出方差计算表如下:

灯丝水平 ＼ 试验序号 寿命 x_{ij}/h	1	2	3	4	5	6	7	8	$T_i = \sum\limits_{j=1}^{8} x_{ij}$	$\dfrac{T_i^2}{n_i}$
A_1	−4 (16)	−3 (9)	1 (1)	4 (16)	6 (36)	8 (64)	16 (256)		28	112
A_2	−6 (36)	0 (0)	0 (0)	6 (36)	11 (121)				11	24.2
A_3	−18 (324)	−9 (81)	−4 (16)	−2 (4)	0 (0)	2 (4)	10 (100)	18 (324)	−3	1.125
A_4	−13 (169)	−12 (144)	−11 (121)	−7 (49)	−4 (16)	4 (16)			−43	308.167

(2) 计算 S_T, S_A, S_E:

$$T = \sum_{i=1}^{4} T_i = -7, \quad T^2 = 49,$$

$$\sum_{i=1}^{4}\sum_{j=1}^{n_i} x_{ij}^2 = 1959, \quad \sum_{i=1}^{4} \frac{T_i^2}{n_i} = 445.492,$$

$$S_T = \sum_{i=1}^{4}\sum_{j=1}^{n_i} x_{ij}^2 - \frac{T^2}{26} = 1959 - 1.885 = 1957.115,$$

$$S_A = \sum_{i=1}^{4} \frac{T_i^2}{n_i} - \frac{T^2}{26} = 445.492 - 1.885 = 443.607,$$

$$S_E = S_T - S_A = 1957.115 - 443.607 = 1513.508.$$

(3) 列出方差分析表如下：

方差来源	离差平方和	自由度	F 值	临界值
组间	$S_A = 443.607$	3		
组内	$S_E = 1513.508$	22	$F = \dfrac{S_A/3}{S_E/22} = 2.15$	$F_{0.05}(3,22) = 3.05$
总和	$S_T = 1957.115$	25		

(4) 结论：由于 $F = 2.15 < 3.05 = F_{0.05}(3,22)$，所以可认为灯泡的寿命不会因灯丝材料不同而有显著差异.

3. 无交互作用的双因素试验方差分析

例 3 在某橡胶配方中，考虑了 3 种不同的促进剂，4 种不同份量的氧化锌，每种配方各做一次试验，测得 300% 定强数据如表 8.7 所示.试检验促进剂、氧化剂对定强有无显著影响？

表 8.7

定强 x_{ij}/Nm^{-2} 促进剂 A 氧化锌 B	A_1	A_2	A_3
B_1	31	33	35
B_2	34	36	37
B_3	35	37	39
B_4	39	38	42

分析 促进剂、氧化剂是要考查的两个因素，促进剂 A 取 3 个水平，氧化锌 B 取 4 个水平，各个水平搭配下各做一次试验，故本题是个双因素（无交互作用）试验的方差分析问题.

解 (1) 列出方差分析计算表如下：

定强 x_{ij}/Nm^{-2} 促进剂 A 氧化锌 B	A_1	A_2	A_3	$\sum\limits_{j=1}^{3} x_{ij}$	$\left(\sum\limits_{j=1}^{3} x_{ij}\right)^2$
B_1	31	33	35	99	9801
B_2	34	36	37	107	11449
B_3	35	37	39	111	12321
B_4	39	38	42	119	14161
$\sum\limits_{i=1}^{4} x_{ij}$	139	144	153	436	47732
$\left(\sum\limits_{i=1}^{4} x_{ij}\right)^2$	19321	20736	23409	63466	
$\sum\limits_{i=1}^{4} x_{ij}^2$	4863	5198	5879	15940	

（2）由上表算出：

$$P = \frac{1}{mr}\Big(\sum_{i=1}^{r} \sum_{j=1}^{m} x_{ij} \Big)^2 = \frac{1}{3 \times 4} \times (436)^2 = 15841.33,$$

$$\theta_A = \frac{1}{r} \sum_{j=1}^{m} \Big(\sum_{i=1}^{r} x_{ij} \Big)^2 = \frac{1}{4} \times 63466 = 15866.5,$$

$$\theta_B = \frac{1}{m} \sum_{i=1}^{r} \Big(\sum_{j=1}^{m} x_{ij} \Big)^2 = \frac{1}{3} \times 47732 = 15910.67,$$

$$R = \sum_{i=1}^{r} \sum_{j=1}^{m} x_{ij}^2 = 15940,$$

$$S_A = \theta_A - P = 15866.5 - 15841.33 = 25.17,$$

$$S_B = \theta_B - P = 15910.67 - 15841.33 = 69.34,$$

$$S = R - P = 15940 - 15841.33 = 98.67,$$

$$S_E = S - S_A - S_B = 98.67 - 25.17 - 69.34 = 4.16.$$

（3）列出方差分析表如下：

方差来源	平方和	自由度	均方	F 值	显著性
A	25.17	2	12.585	$F_A = 18.16$	＊＊
B	69.34	3	23.113	$F_B = 33.35$	＊＊
误差	4.16	6	0.693		
总和	98.67	11			

查 F 分布表得

$$F_{0.05}(2,6) = 5.14, \quad F_{0.05}(3,6) = 4.76,$$

$$F_{0.01}(2,6) = 10.92, \quad F_{0.01}(3,6) = 9.78.$$

（4）结论：因为 $F_A = 18.16 > 10.92 = F_{0.01}(2,6)$，$F_B = 33.35 > 9.78 = F_{0.01}(3,6)$，所以，促进剂、氧化锌两个因素对定强的影响都是高度显著的.

4. 有交互作用的双因素试验方差分析

例 4　下表记录了 3 位操作工分别在 4 台不同机器上操作 3 天的日产量：

机器 ＼ 日产量/件 ＼ 操作工	A_1	A_2	A_3
B_1	15,15,17	19,19,16	16,18,21
B_2	17,17,17	15,15,15	19,22,22
B_3	15,17,16	18,17,16	18,18,18
B_4	18,20,22	15,16,17	17,17,17

问：（1）操作工之间的差异是否显著？

（2）机器之间的差异是否显著？

（3）交互作用是否显著？

分析　操作工与机器分别是要考查的两个因素,每种搭配下各做了 3 次试验,需要考查两个因素的交互作用.因此本题是一个有交互作用的双因素试验.这里 $m=3,r=4,c=3$.

解　（1）列出方差分析的计算表如下：

	计算指标	A_1	A_2	A_3	$\sum_{j=1}^{m}$	
B_1	$\sum_{k=1}^{c} x_{ijk}$	47	54	55	$\sum_{j=1}^{m}\sum_{k=1}^{c} x_{ijk}=156$	
	$\left(\sum_{k=1}^{c} x_{ijk}\right)^2$	2209	2916	3025	$\sum_{j=1}^{m}\left(\sum_{k=1}^{c} x_{ijk}\right)^2=8150$	$\left(\sum_{j=1}^{m}\sum_{k=1}^{c} x_{ijk}\right)^2$ $=24336$
	$\sum_{k=1}^{c} x_{ijk}^2$	739	978	1021	$\sum_{j=1}^{m}\sum_{k=1}^{c} x_{ijk}^2=2738$	
B_2	$\sum_{k=1}^{c} x_{ijk}$	51	45	63	$\sum_{j=1}^{m}\sum_{k=1}^{c} x_{ijk}=159$	
	$\left(\sum_{k=1}^{c} x_{ijk}\right)^2$	2601	2025	3969	$\sum_{j=1}^{m}\left(\sum_{k=1}^{c} x_{ijk}\right)^2=8596$	$\left(\sum_{j=1}^{m}\sum_{k=1}^{c} x_{ijk}\right)^2$ $=25281$
	$\sum_{k=1}^{c} x_{ijk}^2$	867	675	1329	$\sum_{j=1}^{m}\sum_{k=1}^{c} x_{ijk}^2=2871$	
B_3	$\sum_{k=1}^{c} x_{ijk}$	48	51	54	$\sum_{j=1}^{m}\sum_{k=1}^{c} x_{ijk}=153$	
	$\left(\sum_{k=1}^{c} x_{ijk}\right)^2$	2304	2601	2916	$\sum_{j=1}^{m}\left(\sum_{k=1}^{c} x_{ijk}\right)^2=7821$	$\left(\sum_{j=1}^{m}\sum_{k=1}^{c} x_{ijk}\right)^2$ $=23409$
	$\sum_{k=1}^{c} x_{ijk}^2$	770	869	972	$\sum_{j=1}^{m}\sum_{k=1}^{c} x_{ijk}^2=2611$	
B_4	$\sum_{k=1}^{c} x_{ijk}$	60	48	51	$\sum_{j=1}^{m}\sum_{k=1}^{c} x_{ijk}=159$	
	$\left(\sum_{k=1}^{c} x_{ijk}\right)^2$	3600	2304	2601	$\sum_{j=1}^{m}\left(\sum_{k=1}^{c} x_{ijk}\right)^2=8505$	$\left(\sum_{j=1}^{m}\sum_{k=1}^{c} x_{ijk}\right)^2$ $=25281$
	$\sum_{k=1}^{c} x_{ijk}^2$	1208	770	867	$\sum_{j=1}^{m}\sum_{k=1}^{c} x_{ijk}^2=2845$	
$\sum_{i=1}^{r}$	$\sum_{i=1}^{r}\sum_{k=1}^{c} x_{ijk}$	206	198	223	$\sum_{j=1}^{m}\sum_{i=1}^{r}\sum_{k=1}^{c} x_{ijk}=627$	
	$\left(\sum_{i=1}^{r}\sum_{k=1}^{c} x_{ijk}\right)^2$	42436	39204	49729	$\sum_{j=1}^{m}\left(\sum_{i=1}^{r}\sum_{k=1}^{c} x_{ijk}\right)^2=13169$	$\sum_{i=1}^{r}\left(\sum_{j=1}^{m}\sum_{k=1}^{c} x_{ijk}\right)^2$ $=98307$
	$\sum_{i=1}^{r}\left(\sum_{k=1}^{c} x_{ijk}\right)^2$	10714	9846	12511	$\sum_{j=1}^{m}\sum_{i=1}^{r}\left(\sum_{k=1}^{c} x_{ijk}\right)^2=33071$	
	$\sum_{i=1}^{r}\sum_{k=1}^{c} x_{ijk}^2$	3584	3292	4189	$\sum_{j=1}^{m}\sum_{i=1}^{r}\sum_{k=1}^{c} x_{ijk}^2=11065$	

(2) 由上表算出:

$$P = \frac{1}{mrc}\Big(\sum_{j=1}^{m}\sum_{i=1}^{r}\sum_{k=1}^{c}x_{ijk}\Big)^2 = \frac{1}{3\times4\times3}\times627^2 = 10920.25,$$

$$\theta_A = \frac{1}{rc}\sum_{j=1}^{m}\Big(\sum_{i=1}^{r}\sum_{k=1}^{c}x_{ijk}\Big)^2 = \frac{1}{4\times3}\times131369 = 10947.4167,$$

$$\theta_B = \frac{1}{mc}\sum_{i=1}^{r}\Big(\sum_{j=1}^{m}\sum_{k=1}^{c}x_{ijk}\Big)^2 = \frac{1}{3\times3}\times98307 = 10923,$$

$$W = \sum_{j=1}^{m}\sum_{i=1}^{r}\sum_{k=1}^{c}x_{ijk}^2 = 11065,$$

$$R = \frac{1}{c}\sum_{j=1}^{m}\sum_{i=1}^{r}\Big(\sum_{k=1}^{c}x_{ijk}\Big)^2 = \frac{1}{3}\times33071 = 11023.6667,$$

$$S_A = \theta_A - P = 10947.4167 - 10920.25 = 27.1667,$$

$$S_B = \theta_B - P = 10920.25 = 2.75,$$

$$S_E = W - R = 11065 - 11023.6667 = 41.3333,$$

$$S = W - P = 11065 - 10920.25 = 144.75,$$

$$S_{A\times B} = S - S_A - S_B - S_E = 144.75 - 27.1667 - 2.75 - 41.3333 = 73.5.$$

(3) 列出方差分析表如下:

方差来源	平方和	自由度	均方	F 值	显著性
A	27.1667	2	13.583	$F_A = 7.888$	＊＊
B	2.75	3	0.533	$F_B = 0.3095$	
$A\times B$	73.5	6	7.114	$F_{A\times B} = 4.13$	＊＊
E	41.3333	24			
总和	144.75	35			

查 F 分布表得

$$F_{0.05}(2,24) = 3.40, \quad F_{0.05}(3,24) = 3.01, \quad F_{0.05}(6,24) = 2.51,$$

$$F_{0.01}(2,24) = 5.61, \quad F_{0.01}(3,24) = 4.72, \quad F_{0.01}(6,24) = 3.67.$$

(4) 结论: 因为 $F_A > 5.61 = F_{0.01}(2,24)$, $F_B < 3.01 = F_{0.05}(3,24)$, $F_{A\times B} > 3.67 = F_{0.01}(6,24)$, 所以可以判定操作工之间的差异高度显著, 机器之间的差异不显著, 两个因素交互作用影响是高度显著的.

5. 一元线性回归分析

根据散点图呈现状态, 推测并建立与之对应的回归模型是减少回归分析盲目性的一种有效手段. 其主要做法是: 先根据散点图大体呈现的状态推测问题属一元线性回归分析, 然后进行回归方程的显著性检验. 如果 y 与 x 确有线性相关关系, 则建立经验回归方程, 进而预测与控制.

例5 对某种产品表面进行腐蚀刻线试验,得到腐蚀时间 x 与腐蚀深度 y 间的一组数据如表 8.8 所示.试建立 y 对 x 的经验回归方程,判断回归方程的有效性.若有效,对腐蚀时间为 75 秒时,预测腐蚀深度的范围.若腐蚀深度在 $10 \sim 20\,\mu m$ 之间,腐蚀时间应如何控制?

表 8.8

腐蚀时间 x/秒	5	5	10	20	30	40	50	60	65	90	120
腐蚀深度 y/μm	4	6	8	13	16	17	19	25	25	29	46

分析 本例的腐蚀时间 x 增加,腐蚀深度 y 有随之增加的趋势,但两者的关系又不是确定的.例如,对于同一腐蚀时间 5 秒,腐蚀深度有 $4\,\mu m$ 与 $6\,\mu m$ 之分,而深度同为 $25\,\mu m$,但所用腐蚀时间并不相等,可见腐蚀深度 y 与腐蚀时间 x 不是函数关系,而是相关关系.其中腐蚀时间 x 容易控制,可视为普通变量,y 视为随机变量,显然这是一个回归分析问题.现以腐蚀时间 x 为横坐标,腐蚀深度 y 为纵坐标,做出表 8.8 中 11 对数据的散点图如图 8-1 所示.可直观看出 y 与 x 之间大致成线性关系,故推测本例为一元线性回归问题.

解 列表计算如下:

序号	x_i	y_i	x_i^2	y_i^2	$x_i y_i$
1	5	4	25	16	20
2	5	6	25	36	30
3	10	8	100	64	80
4	20	13	400	160	260
5	30	16	900	256	480
6	40	17	1600	289	680
7	50	19	2500	361	950
8	60	25	3600	625	1500
9	65	25	4225	625	1625
10	90	29	8100	841	2610
11	120	46	14400	2116	5520
$\sum$	$\sum\limits_{i=1}^{11} x_i = 495$	$\sum\limits_{i=1}^{11} y_i = 208$	$\sum\limits_{i=1}^{11} x_i^2 = 35875$	$\sum\limits_{i=1}^{11} y_i^2 = 5398$	$\sum\limits_{i=1}^{11} x_i y_i = 13755$
			$\left(\sum\limits_{i=1}^{11} x_i\right)^2$ $= 245025$	$\left(\sum\limits_{i=1}^{11} y_i\right)^2$ $= 43264$	$\left(\sum\limits_{i=1}^{11} x_i\right)\left(\sum\limits_{i=1}^{11} y_i\right)$ $= 102960$
$\dfrac{1}{n}\sum$	$\dfrac{1}{11}\sum\limits_{i=1}^{11} x_i = 45$	$\dfrac{1}{11}\sum\limits_{i=1}^{11} y_i = 18.91$	$\dfrac{1}{11}\left(\sum\limits_{i=1}^{11} x_i\right)^2$ $= 22275$	$\dfrac{1}{11}\left(\sum\limits_{i=1}^{11} y_i\right)^2$ $= 3933.09$	$\dfrac{1}{11}\left(\sum\limits_{i=1}^{11} x_i\right)\left(\sum\limits_{i=1}^{11} y_i\right)$ $= 9360$
记号	$\bar{x} = 45$	$\bar{y} = 18.91$	$S_{xx} = 13600$	$S_{yy} = 1464.91$	$S_{xy} = 4395$

（1）回归方程的显著性检验.

用相关系数检验法：

$$r = \frac{S_{xy}}{\sqrt{S_{xx} \cdot S_{yy}}} = \frac{4395}{\sqrt{13600 \times 1464.91}} = 0.98,$$

故 y 对 x 的线性相关关系是高度显著的.

（2）建立经验回归方程.

因为 $\hat{b} = \dfrac{S_{xy}}{S_{xx}} = \dfrac{4395}{13600} = 0.323$,

$\hat{a} = \bar{y} - \hat{b}\bar{x} = 18.91 - 0.323 \times 45 = 4.37$,

故经验回归方程为

$$\hat{y} = 4.37 + 0.323x.$$

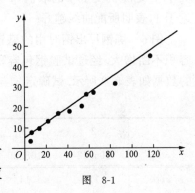

图 8-1

（3）预测.

现求腐蚀时间为 $x_0 = 75$ 秒,预测腐蚀深度的范围.对检验水平 $\alpha = 0.05$,自由度 $n - 2 = 9$ 查 t 分布表得临界值 $t_{\alpha/2}(n-2) = 2.262.$ 而

$$Q = S_{yy} - \hat{b}S_{xy} = 1464.91 - 0.323 \times 4395 \approx 45.33,$$

$$\sqrt{\frac{Q}{n-2}} = 2.24,$$

$$\hat{y}_0 = 4.37 + 0.323 \times 75 = 28.6\,\mu,$$

$$\hat{y}_0 - t_{\alpha/2}(n-2)\sqrt{\frac{Q}{n-2}} = 28.6 - 2.262 \times 2.24 = 23.53,$$

$$\hat{y}_0 + t_{\alpha/2}(n-2)\sqrt{\frac{Q}{n-2}} = 28.6 + 2.26 \times 2.24 = 33.67,$$

故当 $x_0 = 75$ 秒时,腐蚀深度界于 $23.53\,\mu m$ 到 $33.67\,\mu m$ 之间.

（4）控制.

令

$$\begin{cases} 4.37 + 0.323x_1 - 2.262 \times 2.24 = 10, \\ 4.37 + 0.323x_2 + 2.262 \times 2.24 = 20, \end{cases}$$

解出 $x_1 = 28.79, x_2 = 32.70$. 所以如果要求深度在 $10 \sim 20\,\mu m$ 之间,则需要控制腐蚀时间在 $29 \sim 33$ 秒之间.

6. 一元非线性回归分析

在回归分析中,若散点图近似某类曲线,则要按非线性回归处理.其具体办法是：参照可线性化的常用曲线类型表（表 8.3）,找出相近的曲线,并化为线性回归处理.有时散点图与若干种曲线都相似,则需判别哪种曲线回归更好,此时,我们可以利用"相关系数"来比较.

相关系数 R^2 定义为

$$R^2 = 1 - \frac{\sum\limits_{i=1}^{n}(y_i - \hat{y}_i)^2}{\sum\limits_{i=1}^{n}(y_i - \overline{y})^2},$$

其中 y_i 是随机变量 y 的取值,$\overline{y}$ 是算术平均值,$\hat{y}_i$ 是相应于 x_i 的所配曲线纵坐标. R^2 越接近于 1,表明所配曲线越好.

例 6 炼钢厂出钢时用的盛钢水的钢包,由于钢液及炉碴对包衬耐火材料的侵蚀,使其容积不断增大.经过试验钢包容积 y(以钢包盛满钢水的重量来表示)与相应的使用次数 x 的数据如表 8.9 所示.试确定 x 与 y 之间的关系.

表 8.9

x/次	2	3	4	5	7	8	10
y/kg	106.42	108.20	109.54	109.54	110.00	109.93	110.49

x/次	11	14	15	16	18	19
y/kg	110.59	110.60	110.90	110.76	111.00	111.20

分析 从表 8.9 中的数据可见,随着使用次数增加,钢包容积 y 有增大趋势,但两者又并非确定性关系,如第 5 次的容积与第 4 次的容积一样,第 8 次的容积反而比第 7 次的小,因此两者是相关关系.显然应以使用次数 x 为自变量,y 为随机变量.现以 x 为横坐标,y 为纵坐标,做出 13 对数据的散点图如图 8-2 所示.可以看出,散点图呈某曲线状态,应按非线性回归处理.

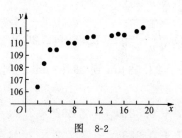

图 8-2

解 做出散点图,见图 8-2.对比可线性化的常用曲线类型表,推测 y 与 x 的关系近似于指数曲线 $y = c e^{\frac{b}{x}}$ ($b < 0$) 型.

令 $u = \ln y, v = \frac{1}{x}, a = \ln c$,则 $u = a + bv$.将原数据 (x_i, y_i) 作相应代换得新数据 (v_i, u_i),然后按一元线性回归步骤,计算出 $\hat{a} = 4.71, \hat{b} = -0.09$,进而算出 $c = e^{\hat{a}} = 111.51$.故可得指数型回归方程

$$\hat{y} = 111.51 e^{-\frac{0.09}{x}}.$$

讨论　本例的散点图也可看成近似双曲线 $\dfrac{1}{y}=a+\dfrac{b}{x}$ 型,作变换:令 $u=\dfrac{1}{y}$, $v=\dfrac{1}{x}$,则 $u=a+bv$.把原数据作相应代换,按一元线性回归计算得

$$\hat{a}=0.008966,\quad \hat{b}=0.0008302.$$

于是双曲线型经验回归方程为

$$\frac{1}{\hat{y}}=0.008966+0.0008302\frac{1}{x}.$$

本例的散点图还可看成对数曲线型 $y=a+b\ln x$.令 $u=y$, $v=\ln x$,则 $u=a+bv$.把原数据作相应代换,按一元线性回归计算可得

$$\hat{a}=106.02,\quad \hat{b}=1.85.$$

于是对数曲线型经验回归方程为 $\hat{y}=106.02+1.85\ln x$.

以上三种情况,究竟哪种回归最好呢?

为此,我们求出每种回归下的相关系数:

指数曲线型时,相关系数

$$R^2=\frac{\sum\limits_{i=1}^{13}(y_i-\hat{y}_i)^2}{\sum\limits_{i=1}^{13}(y_i-\overline{y})^2}=0.9735,\quad \text{其中}\quad \hat{y}_i=111.51\mathrm{e}^{-\frac{0.09}{x_i}};$$

双曲线型时,相关系数

$$R^2=\frac{\sum\limits_{i=1}^{13}(y_i-\hat{y}_i)^2}{\sum\limits_{i=1}^{13}(y_i-\overline{y})^2}=0.9729,\quad \text{其中}\quad \hat{y}_i=\frac{x_i}{0.008966x_i+0.0008302};$$

对数曲线型时,相关系数

$$R^2=\frac{\sum\limits_{i=1}^{13}(y_i-\hat{y}_i)^2}{\sum\limits_{i=1}^{13}(y_i-\overline{y})^2}=0.8472,\quad \text{其中}\quad \hat{y}_i=106.02+1.85\ln x.$$

可见所配曲线以指数曲线型为最优.

7. 多元线性回归分析

多元回归分析不能像一元回归分析那样先做出散点图,大致推测用直线或某种曲线来拟合,然后建立回归方程等.在多元回归分析中,只能根据经验,大致断定是否为多元线性回归,然后再作相应处理.

例 7　在无芽酶试验中,发现吸氨量 y 与底水 x_1 及吸氨时间 x_2 都有关系.试根据表8.10 中的数据进行回归分析(水温 $17℃±1℃$)(底水:100 克大麦经水浸一定时间后的重量;吸氨量:在底水的基础上再浸泡氨水后增加的重量).

表 8.10

编号	吸氨量 y/克	底水 x_1/克	吸氨时间 x_2/分钟	编号	吸氨量 y/克	底水 x_1/克	吸氨时间 x_2/分钟
1	6.2	136.5	215	7	2.8	140.5	180
2	7.5	136.5	250	8	3.1	140.5	215
3	4.8	136.5	180	9	4.3	140.5	250
4	5.1	138.5	250	10	4.9	138.5	215
5	4.6	138.5	180	11	4.1	138.5	215
6	4.6	138.5	215				

分析 根据经验,认为 y 与 x_1, x_2 可能是线性相关关系,为此按多元线性回归处理,建立经验回归方程后,并对其进行显著性检验.

解 (1) 建立回归方程.

为简化计算,令 $x_1' = x_1 - 138.5$,$x_2' = x_2 - 215$,并将有关数据列表计算如下:

编号	x_1'	x_2'	y	$(x_1')^2$	$(x_2')^2$	y^2	$x_1' x_2'$	$x_1' y$	$x_2' y$
1	−2	0	6.2	4	0	38.44	0	−12.4	0
2	−2	35	7.5	4	1225	56.25	−70	−15.0	262.5
3	−2	−35	4.8	4	1225	23.04	70	−9.6	−168.0
4	0	35	5.1	0	1225	26.01	0	0	178.5
5	0	−35	4.6	0	1225	21.16	0	0	−161.0
6	0	0	4.6	0	0	21.16	0	0	0
7	2	−35	2.8	4	1225	7.84	−70	5.6	−98
8	2	0	3.1	4	0	9.61	0	6.2	0
9	2	35	4.3	4	1225	18.49	70	8.6	150.5
10	0	0	4.9	0	0	24.01	0	0	0
11	0	0	4.1	0	0	16.81	0	0	0
$\sum$	0	0	52.0	24	7350	262.82	0	−16.6	164.5

$$\overline{x}_1' = 0, \quad \overline{x}_1 = 138.5,$$

$$\overline{x}_2' = 0, \quad \overline{x}_2 = 215,$$

$$\overline{y} = \frac{52}{11} = 4.73,$$

$$S_{11} = \sum (x_1' - \overline{x}_1')^2 = \sum (x_1')^2 - \frac{\left(\sum x_1'\right)^2}{n} = 24 - 0 = 24,$$

$$S_{12} = S_{21} = \sum (x_1' - \overline{x}_1')(x_2' - \overline{x}_2')$$

$$= \sum x_1' x_2' - \frac{\left(\sum x_1'\right)\left(\sum x_2'\right)}{n} = 0,$$

$$S_{22} = \sum (x_2' - \bar{x}_2')^2 = \sum (x_2')^2 - \frac{\left(\sum x_2'\right)^2}{n} = 7350 - 0 = 7350,$$

$$S_{10} = \sum (x_1' - \bar{x}_1')(y - \bar{y}) = \sum (x_1' y) - \frac{\left(\sum x'\right)\left(\sum y\right)}{n}$$

$$= -16.6 - 0 = -16.6,$$

$$S_{20} = \sum (x_2' - \bar{x}_2')(y - \bar{y}) = \sum (x_2' y) - \frac{\left(\sum x_2'\right)\left(\sum y\right)}{n}$$

$$= 164.5 - 0 = 164.5,$$

$$S_{yy} = \sum (y - \bar{y})^2 = \sum y^2 - \frac{\left(\sum y\right)^2}{n} = 262.8 - \frac{52^2}{11} = 17.0,$$

故

$$\begin{cases} 24b_1 + 0b_2 = -16.6, \\ 0b_1 + 7350b_2 = 164.5. \end{cases}$$

解得

$$\hat{b}_1 = -\frac{16.6}{24} = -0.69, \quad \hat{b}_2 = \frac{164.5}{7350} = 0.022.$$

又

$$\hat{b}_0 = \bar{y} - \hat{b}_1 \bar{x}_1 - \hat{b}_2 \bar{x}_2 = 4.73 - (-0.69) \times 138.5 - 0.022 \times 215 = 95.57,$$

所以得回归方程　　　　$\hat{y} = 95.57 - 0.69x_1 + 0.022x_2.$

（2）检验回归方程显著性. 取显著性水平 $\alpha = 0.05$.

先用相关系数检验：

$$U = \sum_{i=1}^{2} b_i S_{i0} = -0.69 \times (-16.6) + 0.022 \times 164.5 = 15.073,$$

$$Q = S_{yy} - U = 17 - 15.073 = 1.927,$$

$$R = \sqrt{\frac{U}{S_{00}}} = \sqrt{\frac{15.073}{17}} = 0.94.$$

查相关系数显著性检验表（附表 6）得 $R_\alpha(n-m-1) = R_{0.05}(8) = 0.632$. 因为 $R_{0.05}(8) = 0.632 < 0.94 = R$，所以回归关系显著.

下面作方差分析. 方差分析表见表 8.11. 可见 $F > F_{0.05}$，即回归关系是显著的，与上述结论一致.

表 8.11   方差分析表

方差来源	平方和	自由度	均方	F 值	临界值	显著性
回归	15.073	2	7.5365		$F_{0.05}(2,11-2-1)$	$F>F_{0.05}$
剩余	1.927	8	0.2409	31.28	$=4.46$	
总和		17	10			回归关系显著

注   因为

$$S=\sqrt{\frac{Q}{n-m-1}}=\sqrt{\frac{1.927}{8}}=\sqrt{0.2409}=0.49,$$

所以 $2S=0.98$.

如果用 y 进行预测,95%的误差不会超过 0.98,这个精度已经能够满足要求了.

自 测 题 八

1. 利用 4 种不同配方的材料 A_1,A_2,A_3,A_4 生产出来的元件,测得其使用寿命如下表所示.问 4 种不同配方下元件的使用寿命有无显著的差异? ($\alpha=0.05$)

元件寿命数据表

(单位:h)

材料	使 用 寿 命							
A_1	1600	1610	1650	1680	1700	1700	1780	
A_2	1500	1640	1400	1700	1750			
A_3	1640	1550	1600	1620	1640	1600	1740	1800
A_4	1510	1520	1530	1570	1640	1600		

2. 设小白鼠在接种了 3 种不同菌型的伤寒杆菌后的存活天数如下表所示.判断小白鼠被注射 3 种菌型后的平均存活天数有无显著差异. ($\alpha=0.01$)

白鼠试验数据表

菌型	存 活 天 数										
1	2	4	3	2	4	7	7	2	2	5	4
2	5	6	8	5	10	7	12	12	6	6	
3	7	11	6	6	7	9	5	5	10	6	3	10

3. 在一个农业试验中,考虑 4 种不同的种子品种 A_1,A_2,A_3,A_4 和 3 种不同的施肥方法 B_1,B_2,B_3 得到产量数据如下表所示.试分析种子与施肥对产量有无显著影响.($\alpha=0.05$)

农业试验数据表 (单位：kg)

A ＼ B	B_1	B_2	B_3
A_1	325	292	316
A_2	317	310	318
A_3	310	320	318
A_4	330	370	365

4. 研究树种与地理位置对松树生长的影响,对 4 个地区的 3 种同龄松树的直径进行测量得到数据如下表所示,其中 A_1,A_2,A_3 表示 3 个不同树种,B_1,B_2,B_3,B_4 表示 4 个不同地区. 对每一种水平组合,进行了 5 次测量,对此试验结果进行方差分析.

松树直径数据表 (单位：cm)

树种 A ＼ 地区 B	B_1	B_2	B_3	B_4
A_1	23	25	21	14
	15	20	17	11
	26	21	16	19
	13	16	24	20
	21	18	27	24
A_2	28	30	19	17
	22	26	24	21
	25	26	19	18
	19	20	25	26
	26	28	29	23
A_3	18	15	23	18
	10	21	25	12
	12	22	19	23
	22	14	13	22
	13	12	22	19

5. 现有 10 组观测数据,由下表给出:

x	0.5	−0.8	0.9	−2.8	6.5	2.3	1.6	5.1	−1.9	−1.5
y	−0.3	−1.2	1.1	−3.5	4.6	1.8	0.5	3.8	−2.8	0.5

(1) 求 y 对 x 的线性回归方程;

(2) 检验回归方程的显著性. ($\alpha=0.05$)

6. 设

$$y_1 = \beta_1 + e_1,$$
$$y_2 = 2\beta_1 - \beta_2 + e_2,$$
$$y_3 = \beta_1 + 2\beta_2 + e_3,$$

其中 e_1, e_2, e_3 相互独立,且有 $E(e_i) = 0, \mathrm{var}(e_i) = \sigma^2, i = 1, 2, 3$,求 β_1, β_2 的最小二乘估计.

7. 根据经验知,在人的身高相等的条件下,其血压的收缩压 y 与体重 x_1、年龄 x_2 有关. 现收集了 13 名男子的血压测量数据见下表. 试建立 y 关于 x_1, x_2 的线性回归方程.

血压数据表

体重 x_1/kg	76	91.5	85.5	82.5	79	80.5	74.5	79	85	76.5	82	95	92.5
年龄 x_2/岁	50	20	20	30	30	50	60	50	40	55	40	40	20
收缩压 y /mmHg	120	141	124	126	117	125	123	125	132	123	132	155	147

自测题参考解答

自 测 题 一

1. (1) "从 12 个球中任取 2 个"包含 C_{12}^2 个基本事件. 设 $A=$"从 12 个球中任取 2 个均为白球", A 包含 C_8^2 个基本事件, 所以 $P(A)=\dfrac{C_8^2}{C_{12}^2}=\dfrac{14}{33}$.

(2) 设 $B=$"从 12 个球中任取 2 个, 其中一个是白球, 另一个是黑球", B 包含 $C_8^1 C_4^1$ 个基本事件, 所以

$$P(B)=\frac{C_8^1 C_4^1}{C_{12}^2}=\frac{16}{33}.$$

(3) 设 $C=$"至少有 1 个黑球", 而 $\bar{C}$ 为"2 个球均为白球", 即 $\bar{C}=A$, 所以

$$P(C)=1-P(\bar{C})=1-P(A)=1-\frac{14}{33}=\frac{19}{33}.$$

2. 基本事件总数是 10!. 设 $A=$"指定的 5 本书排在一起". 5 本书排成一列共有 5! 种排法, 将这 5 本书当做一个元素与另外 5 本书在一起有 6! 种排法, 所以事件 A 含有 5!6! 个基本事件, 从而

$$P(A)=\frac{5!6!}{10!}=\frac{1}{42}.$$

3. 设 $A=$"碰到甲班同学", $B=$"碰到女同学", 则所求的是 $P(B|A)$. 由题设知 $P(AB)=\dfrac{15}{70}$, $P(A)=\dfrac{30}{70}$. 所以, 得

$$P(B|A)=\frac{P(AB)}{P(A)}=\frac{15/70}{30/70}=\frac{1}{2}.$$

4. 设 $B=$"取得产品为正品", $A_1=$"取得甲厂的产品", $A_2=$"取得乙厂的产品", $A_3=$"取得丙厂的产品", 则 A_1, A_2, A_3 构成完备事件组. 由题设知

$$P(A_1)=\frac{5}{10}, \quad P(A_2)=\frac{3}{10}, \quad P(A_3)=\frac{2}{10},$$
$$P(B|A_1)=0.9, \quad P(B|A_2)=0.8, \quad P(B|A_3)=0.7.$$

由全概率公式, 得

$$P(B)=\sum_{i=1}^3 P(A_i)P(B|A_i)=\frac{5}{10}\times\frac{9}{10}+\frac{3}{10}\times\frac{8}{10}+\frac{2}{10}\times\frac{7}{10}=\frac{82}{100}.$$

5. 设 $A_1=$"任取一螺钉是甲车间生产的", $A_2=$"任取一螺钉是乙车间生产的", $A_3=$"任取一螺钉是丙车间生产的", $B=$"任取一螺钉是次品", 则 A_1, A_2, A_3 构成完备事件组. 由题设知

$$P(A_1)=0.25, \qquad P(A_2)=0.35, \qquad P(A_3)=0.40,$$
$$P(B|A_1)=0.05, \quad P(B|A_2)=0.04, \quad P(B|A_3)=0.02.$$

由逆概率公式, 得

$$P(A_1|B) = \frac{P(A_1)P(B|A_1)}{\sum\limits_{j=1}^{3} P(A_j)P(B|A_j)} = \frac{0.25 \times 0.05}{0.25 \times 0.05 + 0.35 \times 0.04 + 0.40 \times 0.02} = \frac{25}{69},$$

$$P(A_2|B) = \frac{P(A_2)P(B|A_2)}{\sum\limits_{j=1}^{3} P(A_j)P(B|A_j)} = \frac{0.35 \times 0.40}{0.25 \times 0.05 + 0.35 \times 0.04 + 0.40 \times 0.02} = \frac{28}{69},$$

$$P(A_3|B) = \frac{P(A_3)P(B|A_3)}{\sum\limits_{j=1}^{3} P(A_j)P(B|A_j)} = \frac{0.40 \times 0.02}{0.25 \times 0.05 + 0.35 \times 0.04 + 0.40 \times 0.02} = \frac{16}{69}.$$

6. 设 $A=$"取 3 件产品至少有 1 件次品",则有

$$P(A) = 1 - P(\overline{A}) = 1 - \frac{C_{90}^3}{C_{100}^3} = 1 - \frac{90 \times 89 \times 88}{100 \times 99 \times 98} \approx 0.2735.$$

7. 设 $A=$"数学不及格",$B=$"物理不及格",$C=$"化学不及格",则 $A \cup B \cup C=$"数理化至少一科不及格". 由加法公式,有

$$P(A \cup B \cup C) = P(A) + P(B) + P(C) - P(AB) - P(AC) - P(BC) + P(ABC)$$

$$= 0.10 + 0.09 + 0.08 - 0.05 - 0.04 - 0.04 + 0.02 = 0.16,$$

从而 $$P(\overline{A \cup B \cup C}) = 1 - P(A \cup B \cup C) = 1 - 0.16 = 0.84.$$

全合格人数为 $$100 \times 0.84 = 84.$$

8. 设 $A_1=$"取出的零件是由机器甲加工的",$A_2=$"取出的零件是由机器乙加工的",$B=$"取出的零件是次品",则由题设知

$$P(A_1) = \frac{2}{3}, \quad P(A_2) = \frac{1}{3}, \quad P(B|A_1) = 0.05, \quad P(B|A_2) = 0.02.$$

A_1, A_2 构成完备事件组,由全概率公式,得

$$P(B) = P(A_1)P(B|A_1) + P(A_2)P(B|A_2) = \frac{2}{3} \times 0.05 + \frac{1}{3} \times 0.02 = \frac{0.12}{3} = 0.04,$$

从而,任取一件是合格品的概率为

$$P(\overline{B}) = 1 - P(B) = 1 - 0.04 = 0.96.$$

由逆概率公式,得

$$P(A_2|B) = \frac{P(A_2)P(B|A_2)}{P(B)} = \frac{\frac{1}{3} \times 0.02}{0.04} = \frac{1}{6}.$$

9. 设 $A=$"取出的枪是经校正过的",$B=$"击中靶",则依题设有

$$P(A) = \frac{5}{8}, \quad P(\overline{A}) = \frac{3}{8}, \quad P(B|A) = 0.8, \quad P(B|\overline{A}) = 0.3.$$

由逆概率公式,得

$$P(A|B) = \frac{P(A)P(B|A)}{P(A)P(B|A) + P(\overline{A})P(B|\overline{A})} = \frac{\frac{5}{8} \times 0.8}{\frac{5}{8} \times 0.8 + \frac{3}{8} \times 0.3} = \frac{40}{49}.$$

10. 设 $A_1=$"射 1 发子弹命中 10 环",$A_2=$"射 1 发子弹命中 9 环". 由于 $P(A_1)=0.7, P(A_2)=0.3,$ 所

以,$A_2 = \overline{A}_1$. 设 B_i="射 3 发子弹命中 10 环的有 i 次",则 $P(B_i) = C_3^i (0.7)^i (0.3)^{3-i} (i=0,1,2,3)$. 由于{射 3 发命中环数不小于 29}={射 3 发命中 29 环}$\bigcup${射 3 发命中 30 环},所以,所求的概率是

$$P(B_2 \bigcup B_3) = P(B_2) + P(B_3) = C_3^2 \times (0.7)^2 \times (0.3)^1 + (0.7)^3$$

$$= (0.7)^2 [3 \times 0.3 + 0.7] = 0.784.$$

11. 由于 $A \subset B$,所以

$$AB = A, \quad A \bigcup B = B, \quad P(AB) = P(A) = 0.1, \quad P(A \bigcup B) = P(B) = 0.5.$$

由德·摩根定律:$\overline{A} \bigcup \overline{B} = \overline{AB}$,所以,有

$$P(\overline{A} \bigcup \overline{B}) = P(\overline{AB}) = 1 - P(AB) = 1 - 0.1 = 0.9.$$

由条件概率计算公式,得

$$P(A|B) = \frac{P(AB)}{P(B)} = \frac{0.1}{0.5} = \frac{1}{5} = 0.2.$$

12. 由于 $P(A-B) = P(A\overline{B}) = P(A)P(\overline{B}|A) = P(A)[1-P(B|A)] = 0.7[1-P(B|A)] = 0.3$,所以,得

$$1 - P(B|A) = \frac{0.3}{0.7} = \frac{3}{7}, \quad P(B|A) = 1 - \frac{3}{7} = \frac{4}{7},$$

$$P(\overline{AB}) = 1 - P(AB) = 1 - P(A)P(B|A) = 1 - \frac{7}{10} \times \frac{4}{7} = 0.6.$$

13. 设 A_i="第 i 次打破世界纪录"$(i=1,2,3)$,A="能打破世界纪录". 由题设 $P(A_i)=p$ 知各次试举打破世界纪录是相互独立的,所以,有

$$P(A) = 1 - P(\overline{A}) = 1 - P(\overline{A}_1 \overline{A}_2 \overline{A}_3) = 1 - P(\overline{A}_1)P(\overline{A}_2)P(\overline{A}_3) = 1 - (1-p)^3.$$

14. 设 A_k="任取 n 件产品恰有 k 件一级品"$(k=0,1,2,\cdots,n)$,则依题设有

$$P(A_k) = C_n^k (0.4)^k (0.6)^{n-k} \quad (k=0,1,2,\cdots,n).$$

从而,有

$$P\left(\bigcup_{i=1}^n A_i\right) = 1 - P(A_0) = 1 - (1-0.4)^n \geqslant 0.95,$$

得不等式 $0.05 \geqslant (0.6)^n$. 两边取对数,解得 $n \geqslant 5.91$. 也就是说,至少要取 6 件产品才能使所取的产品中至少有 1 件一级品的概率不小于 95%.

15. 设该单位有 n 个人,A_i="第 i 个人生日在一月份"$(i=1,2,\cdots,n)$,则 $P(A_i) = \frac{1}{12} (i=1,2,\cdots,n)$.

由题设知

$$P(A_1 \bigcup A_2 \bigcup \cdots \bigcup A_n) = 1 - P(\overline{A_1 \bigcup \cdots \bigcup A_n})$$

$$= 1 - P(\overline{A}_1 \overline{A}_2 \cdots \overline{A}_n) = 1 - P(\overline{A}_1)P(\overline{A}_2) \cdots P(\overline{A}_n)$$

$$= 1 - \left(\frac{11}{12}\right)^n \geqslant 0.96,$$

解此不等式,得

$$n \geqslant \frac{\lg 0.04}{\lg(11/12)} = 36.993735.$$

也就是说,该单位至少有 37 个人.

16. 设 A_i="仪器中有 i 个元件损坏"$(i=0,1,2,3)$,B="仪器发生故障". 由题设知

$$P(A_0) = (0.9)^3 = 0.729, \qquad P(A_1) = C_3^1 \times 0.1 \times 0.9^2 = 0.243,$$
$$P(A_2) = C_3^2 \times 0.1^2 \times 0.9 = 0.027, \quad P(A_3) = C_3^3 \times 0.1^3 \times 0.9^0 = 0.001,$$
$$P(B|A_0) = 0, \quad P(B|A_1) = 0.25, \quad P(B|A_2) = 0.6, \quad P(B|A_3) = 0.95.$$

显然，A_0, A_1, A_2, A_3 构成完备事件组. 由全概率公式，得

$$P(B) = \sum_{i=0}^{3} P(A_i)P(B|A_i)$$
$$= 0.729 \times 0 + 0.243 \times 0.25 + 0.027 \times 0.6 + 0.01 \times 0.95$$
$$= 0.0728.$$

17. 设 A_i＝"投圈者是第 i 个人"$(i=1,2,3)$，B＝"投 4 次圈套中一次". 由题设知

$$P(A_1) = P(A_2) = P(A_3) = \frac{1}{3},$$
$$P(B|A_1) = C_4^1 \times 0.1^1 \times 0.9^3 = 0.2916,$$
$$P(B|A_2) = C_4^1 \times 0.2^1 \times 0.8^3 = 0.4096,$$
$$P(B|A_3) = C_4^1 \times 0.3^1 \times 0.7^3 = 0.4116.$$

显然 A_1, A_2, A_3 构成完备事件组. 由全概率公式，得

$$P(B) = P(A_1)P(B|A_1) + P(A_2)P(B|A_2) + P(A_3)P(B|A_3)$$
$$= \frac{1}{3} \times 0.2916 + \frac{1}{3} \times 0.4096 + \frac{1}{3} \times 0.4116 = 0.3709,$$

由逆概率公式，得

$$P(A_1|B) = \frac{P(A_1)P(B|A_1)}{P(B)} = \frac{\frac{1}{3} \times 0.2916}{0.3709} = 0.262,$$

$$P(A_2|B) = \frac{P(A_2)P(B|A_2)}{P(B)} = \frac{\frac{1}{3} \times 0.4049}{0.3709} = 0.368,$$

$$P(A_3|B) = \frac{P(A_3)P(B|A_3)}{P(B)} = \frac{\frac{1}{3} \times 0.4116}{0.3709} = 0.370.$$

可见，丙的可能性最大.

18. 正好查完 22 个零件时，挑全了 8 个次品，这意味着第 22 次查出的是次品，而前 21 次中查出 7 个次品. 设 A＝"逐个不放回检查 21 次查出 7 个次品"，B＝"第 22 次检查出一个次品"，则所求的概率是 $P(AB)$.

事件 A 的检查相当于不放回抽样，依题意知

$$P(A) = \frac{C_8^7 C_{40-8}^{21-7}}{C_{40}^{21}} = 0.028728, \quad P(B|A) = \frac{1}{19}.$$

所以 $P(AB) = P(A)P(B|A) = 0.001512.$

19. 由题设知 $P(A\overline{B}) = \frac{1}{4}$，$P(\overline{A}B) = \frac{1}{4}$，$P(AB) = P(A)P(B)$，而

$$B = B(A \bigcup \overline{A}) = AB + \overline{A}B,$$

所以，有

$$P(B) = P(AB) + P(\overline{A}B) = P(AB) + 1/4.$$

同理，有

$$A = A(B \bigcup \overline{B}) = AB + A\overline{B},$$

$$P(A) = P(AB) + P(A\overline{B}) = P(AB) + 1/4.$$

可见,$P(A) = P(B)$,从而得

$$P(A) = [P(A)]^2 + \frac{1}{4}, \quad 解得 \quad P(A) = \frac{1}{2}, \quad P(B) = \frac{1}{2}.$$

自 测 题 二

1. 由题设知,X 的可能取值是 $0,1,2.X$ 服从超几何分布,X 的概率分布为

$$P\{X = k\} = \frac{C_2^k C_3^{3-k}}{C_5^3} \quad (k = 0,1,2).$$

2. 设 $X=$"射击 30 次打中目标的次数".由题设知,$X \sim B(30, 0.8)$,即

$$P\{X = k\} = C_{30}^k (0.8)^k (0.2)^{30-k} \quad (k = 0,1,2,\cdots,30).$$

至少打中目标两次的概率是

$$
\begin{aligned}
P\{X \geqslant 2\} &= 1 - P\{X = 0\} - P\{X = 1\} \\
&= 1 - C_{30}^0 \times (0.8)^0 \times (0.2)^{30} - C_{30}^1 \times (0.8)^1 \times (0.2)^{29} \\
&= 1 - (0.2 + 30 \times 0.8) \times (0.2)^{29} \\
&= 1 - 24.2 \times (0.2)^{29}.
\end{aligned}
$$

3. 设 $X=$"到第一次击中目标为止所用射击次数",则由题意知

$$P\{X = k\} = pq^{k-1} \quad (k = 1,2,\cdots; p = 0.8, q = 1 - p = 0.2).$$

所求概率为

$$
\begin{aligned}
P\{X \leqslant 5\} &= \sum_{k=1}^{5} pq^{k-1} = p(1 + q + q^2 + q^3 + q^4) \\
&= p \times \frac{1 - q^5}{1 - q} = 1 - q^5 = 1 - 0.2^5 = 0.99968.
\end{aligned}
$$

4. 由于

$$\sum_{i=1}^{\infty} C\left(\frac{1}{3}\right)^i = C\left(\frac{1}{3} + \frac{1}{3^2} + \frac{1}{3^3} + \cdots\right) = C \times \frac{\frac{1}{3}}{1 - \frac{1}{3}} = \frac{C}{2} = 1,$$

所以 $C=2$.

$$
\begin{aligned}
P\left\{\frac{1}{2} < X \leqslant 4\right\} &= P\{X = 1\} + P\{X = 2\} + P\{X = 3\} + P\{X = 4\} \\
&= 2\left(\frac{1}{3} + \frac{1}{9} + \frac{1}{27} + \frac{1}{81}\right) = 2 \times \frac{40}{81} = \frac{80}{81}.
\end{aligned}
$$

5. (1) 对一切 $i, p_i \geqslant 0$,且 $\sum_i p_i = 0.5 + 0.3 + 0.2 = 1$,所以,是某个随机变量的分布律.

(2) $\sum_i p_i = 0.7 + 0.1 + 0.1 \neq 1$,所以,不是随机变量的分布律.

(3) $\sum_{k=0}^{\infty} \frac{1}{2}\left(\frac{1}{3}\right)^k = \frac{1}{2} \times \frac{1}{1 - \frac{1}{3}} = \frac{3}{4} \neq 1$,所以,不是随机变量的分布律.

(4) $\sum\limits_{k=1}^{\infty}\left(\dfrac{1}{2}\right)^{k}=\dfrac{\dfrac{1}{2}}{1-\dfrac{1}{2}}=1$，且 $p_{k}=\left(\dfrac{1}{2}\right)^{k}>0(k=1,2,\cdots)$，所以，是某个随机变量的分布律.

6. 设 $X=$ "此商品月销售件数"，则由题设知

$$P\{X=k\}=\dfrac{7^{k}}{k!}\mathrm{e}^{-7}\quad(k=0,1,2,\cdots).$$

设 $N=$ "月初进货件数"，则不脱销的概率是

$$P\{X\leqslant N\}=\sum\limits_{k=0}^{N}\dfrac{7^{k}}{k!}\mathrm{e}^{-7}\geqslant 0.999.$$

查泊松分布表，要使 $N\geqslant16$，也就是说，月初进货件数不少于 16 件能使不脱销概率大于等于 0.999.

7. 设 $k=k_{0}$ 时 $P\{X=k_{0}\}$ 为最大，则有

$$\dfrac{P\{X=k_{0}\}}{P\{X=k_{0}-1\}}=\dfrac{C_{n}^{k_{0}}p^{k_{0}}q^{n-k_{0}}}{C_{n}^{k_{0}-1}p^{k_{0}-1}q^{n-k_{0}+1}}\geqslant 1, \qquad ①$$

$$\dfrac{P\{X=k_{0}+1\}}{P\{X=k_{0}\}}=\dfrac{C_{n}^{k_{0}+1}p^{k_{0}+1}q^{n-k_{0}-1}}{C_{n}^{k_{0}}p^{k_{0}}q^{n-k_{0}}}\leqslant 1. \qquad ②$$

由①得 $(n-k_{0}+1)p\geqslant k_{0}q$，所以有

$$k_{0}\leqslant np+p;$$

由②得 $k_{0}\geqslant np+p-1$. 综合两者，有

$$(n+1)p-1\leqslant k_{0}\leqslant (n+1)p.$$

所以，一般地，有

$$k_{0}=\begin{cases}(n+1)p \text{ 和 }(n+1)p-1, & \text{当}(n+1)p \text{ 为正整数时,}\\ [(n+1)p], & \text{当}(n+1)p \text{ 为非正整数时,}\end{cases}$$

这里 $[x]$ 表示不超过 x 的整数.

8. X 的可能取值是 $1,2,\cdots$. 在一次投掷中，两骰子都不出现 6 点的概率是

$$q=\left(\dfrac{5}{6}\right)^{2}=\dfrac{25}{36},$$

从而在一次投掷中至少有一颗骰子出现 6 点的概率是

$$p=1-q=1-\dfrac{25}{36}=\dfrac{11}{36}.$$

由题意看出，X 服从几何分布：

$$P\{X=k\}=pq^{k-1}=\dfrac{11}{36}\times\left(\dfrac{25}{36}\right)^{k-1}\quad(k=1,2,\cdots).$$

9. $n=100,p=\dfrac{10}{10000}=0.001$. 设 $X=$ "100 个工作小时内发生故障次数"，则 $X\sim B(100,0.001)$：

$$P\{X=k\}=C_{100}^{k}(0.001)^{k}(0.999)^{100-k}\quad(k=0,1,2,\cdots,100).$$

于是

$$\begin{aligned}P\{X\leqslant 2\}&=P\{X=0\}+P\{X=1\}+P\{X=2\}\\&=(0.999)^{100}+100\times 0.001\times(0.999)^{99}+4950\times(0.001)^{2}\times(0.999)^{98}\\&=[(0.999)^{2}+0.1\times 0.999+4950\times(0.001)^{2}]\times(0.999)^{98}\\&=0.9998496.\end{aligned}$$

10. (1) 由概率密度函数性质,有

$$1 = \int_{-\infty}^{+\infty} f_x(x) \mathrm{d}x = \int_{-1}^{1} \frac{A}{\sqrt{1-x^2}} \mathrm{d}x = 2A \int_{0}^{1} \frac{\mathrm{d}x}{\sqrt{1-x^2}}$$

$$= 2A \arcsin x \Big|_{0}^{1} = 2A \times \frac{\pi}{2} = \pi A \Rightarrow A = \frac{1}{\pi}.$$

(2) $P\left\{ -\frac{1}{2} < X < \frac{1}{2} \right\} = \int_{-\frac{1}{2}}^{\frac{1}{2}} \frac{1}{\pi} \cdot \frac{\mathrm{d}x}{\sqrt{1-x^2}} = \frac{2}{\pi} \int_{0}^{\frac{1}{2}} \frac{\mathrm{d}x}{\sqrt{1-x^2}}$

$$= \frac{2}{\pi} \cdot \arcsin x \Big|_{0}^{\frac{1}{2}} = \frac{1}{3}.$$

(3) $F(x) = \int_{-\infty}^{x} f_X(x) \mathrm{d}x.$

当 $x < -1$ 时,$F(x) = \int_{-\infty}^{x} 0 \mathrm{d}x = 0$;

当 $-1 \leqslant x < 1$ 时,$F(x) = \int_{-1}^{x} \frac{1}{\pi} \cdot \frac{\mathrm{d}x}{\sqrt{1-x^2}} = \frac{1}{\pi} \arcsin x \Big|_{-1}^{x} = \frac{1}{\pi} \arcsin x + \frac{1}{2}$;

当 $x \geqslant 1$ 时,$F(x) = \int_{-1}^{1} \frac{1}{\pi} \cdot \frac{\mathrm{d}x}{\sqrt{1-x^2}} = \frac{1}{\pi} \cdot \arcsin x \Big|_{-1}^{1} = 1.$

所以,X 的分布函数为

$$F(x) = \begin{cases} 0, & x < -1, \\ \frac{1}{2} + \frac{1}{\pi} \arcsin x, & -1 \leqslant x < 1, \\ 1, & x \geqslant 1. \end{cases}$$

11. 由分布函数的右连续性,有

$$\lim_{x \to \frac{\pi}{2}^+} F(x) = 1 = F\left(\frac{\pi}{2} \right) = A \sin \frac{\pi}{2} = A.$$

于是

$$P\left\{ |X| < \frac{\pi}{6} \right\} = P\left\{ -\frac{\pi}{6} < x < \frac{\pi}{6} \right\}$$

$$= P\left\{ -\frac{\pi}{6} < X \leqslant \frac{\pi}{6} \right\} \quad （连续型随机变量）$$

$$= F\left(\frac{\pi}{6} \right) - F\left(-\frac{\pi}{6} \right) = \sin \frac{\pi}{6} - 0 = \frac{1}{2}.$$

12. 由于 $X \sim N(160, \sigma^2)$,所以,有

$$P\{120 < X \leqslant 200\} = P\left\{ \frac{120 - 160}{\sigma} < \frac{X - 160}{\sigma} \leqslant \frac{200 - 160}{\sigma} \right\}$$

$$= \Phi\left(\frac{40}{\sigma} \right) - \Phi\left(\frac{-40}{\sigma} \right) \quad \left(\frac{X - 160}{\sigma} \sim N(0.1) \right)$$

$$= \Phi\left(\frac{40}{\sigma} \right) - \left[1 - \Phi\left(\frac{40}{\sigma} \right) \right] = 2\Phi\left(\frac{40}{\sigma} \right) - 1 \geqslant 0.8,$$

即 $\Phi\left(\frac{40}{\sigma} \right) \geqslant 0.9.$ 查表知,$\frac{40}{\sigma} \geqslant 1.28$,从而

$$\sigma \leqslant \frac{40}{1.28} = 31.25.$$

13. 由给出的概率密度函数看出 $\xi \sim N(2, 40^2)$.

(1) $P\{|\xi|<30\}=P\{-30<\xi<30\}$

$$=P\left\{\frac{-30-2}{40}<\frac{\xi-2}{40}<\frac{30-2}{40}\right\}$$

$$=\Phi(0.7)-\Phi(-0.8)=\Phi(0.7)-[1-\Phi(0.8)]$$

$$=\Phi(0.7)+\Phi(0.8)-1=0.75804+0.78814-1 \quad \text{(查表)}$$

$$=0.54618.$$

(2) 设 $X=$"测量三次误差绝对值不超过 30 的次数",则 $X\sim B(3,0.54618)$. 所求概率是

$$P\{X\geqslant 1\}=1-P\{X=0\}=1-(1-p)^3$$

$$=1-0.45382^3=0.9065345.$$

14. (1) 设 X 服从 $\left[-\dfrac{\pi}{2},\dfrac{\pi}{2}\right]$ 上的均匀分布,则 X 的概率密度函数为

$$f_X(x)=\begin{cases}\dfrac{1}{\pi}, & -\dfrac{\pi}{2}\leqslant x\leqslant\dfrac{\pi}{2}, \\ 0, & \text{其他}.\end{cases}$$

当 $y>1$ 时,$F_Y(y)=P\{\sin X\leqslant y\}=1$;

当 $y<-1$ 时,$F_Y(y)=P\{\sin X\leqslant y\}=0$;

当 $-1\leqslant y\leqslant 1$ 时,

$$F_Y(y)=P\{\sin X\leqslant y\}=P\{X\leqslant\arcsin y\}=\int_{-\frac{\pi}{2}}^{\arcsin y}\frac{1}{\pi}\mathrm{d}x=\frac{\arcsin y}{\pi}+\frac{1}{2}.$$

对 $F_Y(y)$ 求关于 y 的一阶导数,得

$$f_Y(y)=\begin{cases}\dfrac{1}{\pi\sqrt{1-y^2}}, & -1\leqslant y\leqslant 1, \\ 0, & \text{其他}.\end{cases}$$

(2) 设 X 服从 $[0,\pi]$ 上的均匀分布,则 X 的概率密度函数为

$$f_X(x)=\begin{cases}\dfrac{1}{\pi}, & 0\leqslant x\leqslant\pi, \\ 0, & \text{其他}.\end{cases}$$

当 $y>1$ 时,$F_Y(y)=P\{\sin X\leqslant y\}=1$;

当 $y<0$ 时,$F_Y(y)=P\{\sin X\leqslant y\}=0$;

当 $0\leqslant y\leqslant 1$ 时,$F_Y(y)=P\{\sin X\leqslant y\}=\int_0^{\arcsin y}\frac{1}{\pi}\mathrm{d}x+\int_{\pi-\arcsin y}^{\pi}\frac{1}{\pi}\mathrm{d}x.$

对 $F_Y(y)$ 求关于 y 的一阶导数,得

$$f_Y(y)=\begin{cases}\dfrac{2}{\pi\sqrt{1-y^2}}, & 0\leqslant y\leqslant 1, \\ 0, & \text{其他}.\end{cases}$$

15. 由离散型随机变量分布律性质,有

$$1=\sum_{i=1}^{4}p_i=\frac{1}{2C}+\frac{3}{4C}+\frac{5}{8C}+\frac{2}{16C}=\frac{32}{16C},$$

所以,得 $C=2$.

16. (1) X 是连续型随机变量,从而,它的分布函数 $F(x)$ 是 $(-\infty,+\infty)$ 上的连续函数. 特别地在 $x=-a$ 及 $x=a$ 上,有

$$0 = A + B\arcsin\left(\frac{-a}{a}\right) = A + B\left(-\frac{\pi}{2}\right),$$

$$1 = A + B\arcsin\left(\frac{a}{a}\right) = A + B\left(\frac{\pi}{2}\right),$$

解得 $A=1/2, B=1/\pi$.

(2) $P\left\{-\frac{a}{2}<X<\frac{a}{2}\right\}=P\left\{-\frac{a}{2}<X\leqslant\frac{a}{2}\right\}$ （连续型随机变量）

$$=F\left(\frac{a}{2}\right)-F\left(-\frac{a}{2}\right)=\left[\frac{1}{2}+\frac{1}{\pi}\arcsin\left(\frac{1}{2}\right)\right]-\left[\frac{1}{2}+\frac{1}{\pi}\arcsin\left(-\frac{1}{2}\right)\right]$$

$$=\frac{1}{\pi}\left(\frac{\pi}{6}-\left(-\frac{\pi}{6}\right)\right)=\frac{1}{3}.$$

(3) X 的分布函数为

$$F(x)=\begin{cases}0, & x\leqslant -a,\\ \frac{1}{2}+\frac{1}{\pi}\arcsin\frac{x}{a}, & -a<x<a,\\ 1, & x\geqslant a.\end{cases}$$

求 $F(x)$ 的一阶导数,得

$$f_X(x)=\begin{cases}\dfrac{1}{\pi\sqrt{a^2-x^2}}, & -a<x<a,\\ 0, & \text{其他}.\end{cases}$$

17. 设 $A_i=$ "第 i 个邮筒没信" $(i=1,2,3,4)$,则依题意有

$$\{X=1\}=\overline{A_1}, \qquad \{X=2\}=A_1\overline{A_2},$$
$$\{X=3\}=A_1A_2\overline{A_3}, \quad \{X=4\}=A_1A_2A_3,$$

且 $P(A_1)=\frac{3^3}{4^3}=\frac{27}{64}$,所以,有

$$P\{X=1\}=P(\overline{A_1})=1-P(A_1)=1-\frac{27}{64}=\frac{37}{64},$$

$$P\{X=2\}=P(A_1\overline{A_2})=P(A_1)-P(A_1A_2)=\frac{27}{64}-\frac{2^3}{4^3}=\frac{19}{64},$$

$$P\{X=3\}=P(A_1A_2\overline{A_3})=P(A_1A_2)-P(A_1A_2A_3)=\frac{2^3}{4^3}-\frac{1}{64}=\frac{7}{64},$$

$$P\{X=4\}=P(A_1A_2A_3)=\frac{1}{64}.$$

故随机变量 X 的分布律为

X	1	2	3	4
P	37/64	19/64	7/64	1/64

(2) X 的分布函数为

$$F(x)=\begin{cases}0, & x<1,\\ 37/64, & 1\leqslant x<2,\\ 56/64, & 2\leqslant x<3,\\ 63/64, & 3\leqslant x<4,\\ 1, & x\geqslant 4.\end{cases}$$

18. 设 $F_Y(y)$ 为 Y 的分布函数,则

$$F_Y(y) = P\{Y \leqslant y\} = P\left\{\frac{1}{X} \leqslant y\right\} = P\left\{X \geqslant \frac{1}{y}\right\} \quad (y > 0)$$

$$= 1 - P\left\{X < \frac{1}{y}\right\} = 1 - \int_0^{\frac{1}{y}} \frac{2}{\pi(1+x^2)} dx.$$

两边对 y 求导数,得

$$f_Y(y) = \frac{-2}{\pi\left(1 + \left(\frac{1}{y}\right)^2\right)} \times (-1)y^{-2} = \frac{2}{\pi(1+y^2)} \quad (0 < y < +\infty).$$

可见,X 与 Y 的密度函数相同,X 与 Y 服从同一分布.

19. 各炸弹落在铁路两旁 40 米以内的概率为

$$P\{|X| < 40\} = \int_{-40}^{40} f(x)dx = \int_{-40}^{0} \frac{100+x}{10000} dx + \int_{0}^{40} \frac{100-x}{10000} dx$$

$$= \frac{1}{10000}\left\{\left(100x + \frac{x^2}{2}\right)\Big|_{-40}^{0} + \left(100x - \frac{x^2}{2}\right)\Big|_{0}^{40}\right\}$$

$$= \frac{1}{10000}\left\{\left(100 \times 40 - \frac{1}{2} \times 1600\right) + \left(100 \times 40 - \frac{1}{2} \times 1600\right)\right\}$$

$$= 0.64.$$

设 A_i="第 i 颗炸弹落在铁路两旁 40 米内"($i=1,2,3$),A="铁路被破坏",则有 $P(A_i) = 0.64$($i=1, 2,3$),$A = A_1 \bigcup A_2 \bigcup A_3$. 所以

$$P(A) = P(A_1 \bigcup A_2 \bigcup A_3) = 1 - P(\overline{A_1 \bigcup A_2 \bigcup A_3})$$

$$= 1 - P(\overline{A_1}\overline{A_2}\overline{A_3}) = 1 - P(\overline{A_1})P(\overline{A_2})P(\overline{A_3})$$

$$= 1 - (1 - 0.64)^3 = 0.953.$$

20. 由题设知 X 的概率密度函数为

$$f_X(x) = \frac{1}{\sqrt{2\pi}} e^{-\frac{x^2}{2}}, \quad -\infty < x < +\infty.$$

对于 $y \geqslant 1$,有

$$F_Y(y) = P\{Y \leqslant y\} = P\{1 - 2|X| \leqslant y\} = 1;$$

对于 $y < 1$,有

$$F_Y(y) = P\{Y \leqslant y\} = P\{1 - 2|X| \leqslant y\} = P\left\{|X| \geqslant \frac{1-y}{2}\right\}$$

$$= 1 - P\left\{|X| < \frac{1-y}{2}\right\} = 1 - P\left\{-\frac{1-y}{2} < X < \frac{1-y}{2}\right\}$$

$$= 1 - \left[\Phi\left(\frac{1-y}{2}\right) - \Phi\left(-\frac{1-y}{2}\right)\right]$$

$$= 1 - \left[2\Phi\left(\frac{1-y}{2}\right) - 1\right] = 2 - 2\Phi\left(\frac{1-y}{2}\right),$$

所以,由 $F_Y(y)$ 对 y 求导,得

$$f_Y(y) = \begin{cases} \dfrac{1}{\sqrt{2\pi}} e^{-\frac{(1-y)^2}{8}}, & y < 1, \\ 0, & y \geqslant 1. \end{cases}$$

21. 抛物线 $y=x^2$ 与直线 $y=x$ 的交点应满足

$$\begin{cases} y=x^2, \\ y=x, \end{cases} \quad \text{解得} \quad \begin{cases} x_1=0, \\ y_1=0, \end{cases} \quad \begin{cases} x_2=1, \\ y_2=1. \end{cases}$$

设 G 的面积为 A,则

$$A=\int_0^1 (x-x^2)\mathrm{d}x=\frac{1}{6}.$$

所以 (X,Y) 的联合概率密度为

$$f(x,y)=\begin{cases} 6, & (x,y)\in G, \\ 0, & (x,y)\overline{\in}G. \end{cases}$$

当 $0\leqslant x\leqslant 1$ 时,

$$f_X(x)=\int_{-\infty}^{+\infty} f(x,y)\mathrm{d}y=\int_{x^2}^x 6\mathrm{d}y=6(x-x^2),$$

即对于其他 $x,f_X(x)=0$,所以 X 的边缘概率密度函数为

$$f_X(x)=\begin{cases} 6(x-x^2), & 0\leqslant x\leqslant 1, \\ 0, & \text{其他}. \end{cases}$$

类似地,Y 的边缘概率密度函数为

$$f_Y(y)=\begin{cases} 6(\sqrt{y}-y), & 0\leqslant y\leqslant 1, \\ 0, & \text{其他}. \end{cases}$$

由于 $f(x,y)\neq f_X(x)f_Y(y)$,所以,X 与 Y 不独立.

22. X 的边缘分布律:

$$P\{X=0\}=0.627, \quad P\{X=1\}=0.260,$$
$$P\{X=2\}=0.095, \quad P\{X=3\}=0.018.$$

Y 的边缘分布律:

$$P\{Y=0\}=0.202, \quad P\{Y=1\}=0.273, \quad P\{Y=2\}=0.208,$$
$$P\{Y=3\}=0.128, \quad P\{Y=4\}=0.100, \quad P\{Y=5\}=0.060,$$
$$P\{Y=6\}=0.029.$$

由于 $P\{X=3,Y=0\}=0\neq P\{X=3\}P\{Y=0\}=0.018\times 0.202$,所以,$X$ 与 Y 不相互独立.

23. $1=\displaystyle\int_{-\infty}^{+\infty}\int_{-\infty}^{+\infty} f(x,y)\mathrm{d}x\mathrm{d}y=\iint\limits_{\substack{0<x<2 \\ -x<y<x}} kx(x-y)\mathrm{d}x\mathrm{d}y$

$=k\displaystyle\int_0^2\left[\int_{-x}^x (x^2-xy)\mathrm{d}y\right]\mathrm{d}x=k\int_0^2\left(x^2y-x\times\frac{y^2}{2}\right)\Big|_{-x}^x \mathrm{d}x$

$=2k\displaystyle\int_0^2 x^3\mathrm{d}x=2k\times\frac{x^4}{4}\Big|_0^2=8k\Rightarrow k=\frac{1}{8}.$

当 $0<x<2$ 时,$f_X(x)=\displaystyle\int_{-x}^x \frac{1}{8}x(x-y)\mathrm{d}y=\frac{1}{4}x^3$;

当 $x\leqslant 0$ 或 $x\geqslant 2$ 时,$f_X(x)=0.$

所以
$$f_X(x)=\begin{cases} \dfrac{1}{4}x^3, & 0<x<2, \\ 0, & \text{其他}. \end{cases}$$

当 $0 < y \leqslant 2$ 时, $f_Y(y) = \int_y^2 \frac{1}{8} x(x-y) \mathrm{d}x = \frac{1}{3} - \frac{y}{4} + \frac{y^3}{48}$;

当 $-2 \leqslant y \leqslant 0$ 时, $f_Y(y) = \int_{-y}^2 \frac{1}{8}(x^2 - xy)\mathrm{d}x = \frac{1}{3} - \frac{y}{4} + \frac{5y^3}{48}$;

当 $y < -2$ 或 $y > 2$ 时, $f_Y(y) = 0$.

所以

$$f_Y(y) = \begin{cases} \dfrac{1}{3} - \dfrac{y}{4} + \dfrac{y^3}{48}, & 0 < y \leqslant 2, \\[2mm] \dfrac{1}{3} - \dfrac{y}{4} + \dfrac{5y^3}{48}, & -2 \leqslant y \leqslant 0, \\[2mm] 0, & \text{其他}. \end{cases}$$

显然, $f(x,y) \neq f_X(x)f_Y(y)$, 所以, X 与 Y 不相互独立.

24. 随机变量 X 和 Y 的概率密度函数分别为

$$f_X(x) = \begin{cases} \dfrac{1}{2}, & 0 \leqslant x \leqslant 2, \\[2mm] 0, & \text{其他}, \end{cases} \qquad f_Y(y) = \begin{cases} 2\mathrm{e}^{-2y}, & y > 0, \\ 0, & y \leqslant 0. \end{cases}$$

由于 X 与 Y 相互独立, 故 (X,Y) 的联合概率密度为

$$f(x,y) = f_X(x)f_Y(y) = \begin{cases} \mathrm{e}^{-2y}, & 0 \leqslant x \leqslant 2, \ y > 0, \\ 0, & \text{其他}, \end{cases}$$

于是

$$P\{Y \leqslant X\} = \iint\limits_{y \leqslant x} f(x,y)\mathrm{d}x\mathrm{d}y = \int_0^2 \left[\int_0^x \mathrm{e}^{-2y}\mathrm{d}y \right]\mathrm{d}x$$

$$= \frac{1}{2} \int_0^2 (1 - \mathrm{e}^{-2x})\mathrm{d}x = \frac{1}{4}(3 + \mathrm{e}^{-4}).$$

25. 随机变量 X 和 Y 的概率密度函数分别为

$$f_X(x) = \begin{cases} 1, & 0 \leqslant x \leqslant 1, \\ 0, & \text{其他}, \end{cases} \qquad f_Y(y) = \begin{cases} \mathrm{e}^{-y}, & y > 0, \\ 0, & y \leqslant 0. \end{cases}$$

由于 X 与 Y 相互独立, 所以 (X,Y) 的联合概率密度为

$$f(x,y) = f_X(x)f_Y(y) = \begin{cases} \mathrm{e}^{-y}, & 0 \leqslant x \leqslant 1, \ y > 0, \\ 0, & \text{其他}. \end{cases}$$

于是

$$f(x, z-x) = \begin{cases} \mathrm{e}^{-(z-x)}, & 0 \leqslant x \leqslant 1, \ z-x > 0, \\ 0, & \text{其他}. \end{cases}$$

当 $0 \leqslant z < 1$ 时, $f_Z(z) = \int_{-\infty}^{+\infty} f(x, z-x)\mathrm{d}x = \int_0^z \mathrm{e}^{-(z-x)}\mathrm{d}x = 1 - \mathrm{e}^{-z}$;

当 $z \geqslant 1$ 时, $f_Z(z) = \int_{-\infty}^{+\infty} f(x, z-x)\mathrm{d}x = \int_0^1 \mathrm{e}^{-(z-x)}\mathrm{d}x = \mathrm{e}^{-z}(\mathrm{e}-1)$;

当 $z < 0$ 时, $f_Z(z) = \int_{-\infty}^{+\infty} f(x, z-x)\mathrm{d}x = 0$,

所以

$$f_Z(z) = \begin{cases} 0, & z < 0, \\ 1 - \mathrm{e}^{-z}, & 0 \leqslant z < 1, \\ \mathrm{e}^{-z}(\mathrm{e}-1), & z \geqslant 1. \end{cases}$$

26. 由于

$$\int_{-\infty}^{+\infty}\int_{-\infty}^{+\infty}\frac{A}{\pi^2(16+x^2)(25+y^2)}\mathrm{d}x\mathrm{d}y=\frac{4A}{\pi^2}\int_0^{+\infty}\frac{\mathrm{d}x}{16+x^2}\int_0^{+\infty}\frac{\mathrm{d}y}{25+y^2}$$

$$=\frac{4A}{\pi^2}\times\left(\frac{1}{4}\arctan\frac{x}{4}\right)\Big|_0^{+\infty}\times\left(\frac{1}{5}\arctan\frac{y}{5}\right)\Big|_0^{+\infty}=\frac{A}{20}=1.$$

所以 $A=20$. 故 (X,Y) 的分布函数为

$$F(x,y)=\int_{-\infty}^y\int_{-\infty}^x f(t,s)\mathrm{d}t\mathrm{d}s=\frac{20}{\pi^2}\int_{-\infty}^y\int_{-\infty}^x\frac{\mathrm{d}t\mathrm{d}s}{(16+t^2)(25+s^2)}$$

$$=\frac{20}{\pi^2}\left(\int_{-\infty}^y\frac{\mathrm{d}s}{25+s^2}\right)\left(\int_{-\infty}^x\frac{\mathrm{d}t}{16+t^2}\right)$$

$$=\frac{20}{\pi^2}\left(\arctan\frac{y}{5}+\frac{\pi}{2}\right)\left(\arctan\frac{x}{4}+\frac{\pi}{2}\right).$$

27. 由于 X 与 Y 相互独立, 并且都服从标准正态分布, 所以 (X,Y) 的联合概率密度为

$$f(x,y)=f_X(x)f_Y(y)=\frac{1}{2\pi}\mathrm{e}^{-\frac{x^2+y^2}{2}},$$

于是 $\quad P\{Y\geqslant\sqrt{3}\,X\}=\iint\limits_{y\geqslant\sqrt{3}\,x}\frac{1}{2\pi}\mathrm{e}^{-\frac{x^2+y^2}{2}}\mathrm{d}x\mathrm{d}y=\int_{\frac{\pi}{3}}^{\frac{4\pi}{3}}\int_0^{+\infty}\frac{1}{2\pi}\mathrm{e}^{-\frac{r^2}{2}}\cdot r\mathrm{d}r\mathrm{d}\theta\quad\begin{pmatrix}x=r\cos\theta\\y=r\sin\theta\end{pmatrix}$

$$=\left(\int_{\frac{\pi}{3}}^{\frac{4\pi}{3}}\frac{1}{2\pi}\mathrm{d}\theta\right)\left(\int_0^{+\infty}r\mathrm{e}^{-\frac{r^2}{2}}\mathrm{d}r\right)=\frac{1}{2}\int_0^{+\infty}\mathrm{e}^{-\frac{r^2}{2}}\mathrm{d}\left(\frac{r^2}{2}\right)=\frac{1}{2}\int_0^{+\infty}\mathrm{e}^{-u}\mathrm{d}u=\frac{1}{2}.$$

28. 设随机变量 X 只取一个值 a, 则 X 的分布函数为

$$F_X(x)=P\{X\leqslant x\}=\begin{cases}0,&x<a,\\1,&x\geqslant a.\end{cases}$$

设 Y 的分布函数为 $F_Y(y)$.

(1) 当 $x<a$ 时, (X,Y) 的联合分布函数为

$$F(x,y)=P\{X\leqslant x,Y\leqslant y\}=P\{(X\leqslant x)\bigcap(Y\leqslant y)\}$$

$$=P\{\Phi\bigcap(Y\leqslant y)\}=P(\Phi)=0,$$

所以, 有 $F(x,y)=0=F_X(x)F_Y(y)$.

(2) 当 $x\geqslant a$ 时,

$$F(x,y)=P\{X\leqslant x,Y\leqslant y\}=P\{(X\leqslant x)\bigcap(Y\leqslant y)\}$$

$$=P\{\Omega\bigcap(Y\leqslant y)\}=P\{Y\leqslant y\},$$

$$F_X(x)F_Y(y)=P\{X\leqslant x\}P\{Y\leqslant y\}=1\times P\{Y\leqslant y\},$$

所以, 有 $F(x,y)=F_X(x)F_Y(y)$.

综上, 对任何实数 x,y, 都有

$$F(x,y)=F_X(x)F_Y(y),$$

即 X 与 Y 相互独立.

29. (1) $\int_{-\infty}^{+\infty}\int_{-\infty}^{+\infty}f(x,y)\mathrm{d}x\mathrm{d}y=\int_0^1\int_0^1 Cx^2y^3\mathrm{d}x\mathrm{d}y=C\left(\int_0^1 x^2\mathrm{d}x\right)\left(\int_0^1 y^3\mathrm{d}y\right)$

$$=C\times\left(\frac{x^3}{3}\Big|_0^1\right)\times\left(\frac{y^4}{4}\Big|_0^1\right)=\frac{C}{12}=1\Rightarrow C=12.$$

(2) 当 $0<x<1$ 时, $f_X(x)=\int_0^1 12x^2y^3\mathrm{d}y=12x^2\times\left(\frac{y^4}{4}\Big|_0^1\right)=3x^2;$

当 $x \leqslant 0$ 或 $x \geqslant 1$ 时，$f_X(x) = 0$.

所以

$$f_X(x) = \begin{cases} 3x^2, & 0 < x < 1, \\ 0, & \text{其他}. \end{cases}$$

当 $0 < y < 1$ 时，$f_Y(y) = \int_0^1 12x^2 y^3 \mathrm{d}x = 4y^3 \int_0^1 3x^2 \mathrm{d}x = 4y^3 \times \left(x^3 \Big|_0^1 \right) = 4y^3$;

当 $y \leqslant 0$ 或 $y \geqslant 1$ 时，$f_Y(y) = 0$.

所以

$$f_Y(y) = \begin{cases} 4y^3, & 0 < y < 1, \\ 0, & \text{其他}, \end{cases}$$

由于

$$f(x,y) = \begin{cases} 12x^2 y^3, & 0 < x < 1, 0 < y < 1, \\ 0, & \text{其他} \end{cases} = f_X(x) f_Y(y),$$

所以，X 与 Y 相互独立.

30. X 及 Y 各取两个值 0 与 1，它们共有 4 个组合，由乘法公式知

$$P\{X=0, Y=0\} = P\{X=0\} P\{Y=0|X=0\} = \frac{a}{a+b} \times \frac{a-1}{a+b-1},$$

$$P\{X=0, Y=1\} = P\{X=0\} P\{Y=1|X=0\} = \frac{a}{a+b} \times \frac{b}{a+b-1},$$

$$P\{X=1, Y=0\} = P\{X=1\} P\{Y=0|X=1\} = \frac{b}{a+b} \times \frac{a}{a+b-1},$$

$$P\{X=1, Y=1\} = P\{X=1\} P\{Y=1|X=1\} = \frac{b}{a+b} \times \frac{b-1}{a+b-1}.$$

X 的边缘分布为

$$P\{X=0\} = P\{X=0, Y=0\} + P\{X=0, Y=1\}$$
$$= \frac{a}{a+b} \times \frac{a-1}{a+b-1} + \frac{a}{a+b} \times \frac{b}{a+b-1} = \frac{a}{a+b},$$

$$P\{X=1\} = P\{X=1, Y=0\} + P\{X=1, Y=1\}$$
$$= \frac{b}{a+b} \times \frac{a}{a+b-1} + \frac{b}{a+b} \times \frac{b-1}{a+b-1} = \frac{b}{a+b}.$$

Y 的边缘分布为

$$P\{Y=0\} = P\{X=0, Y=0\} + P\{X=1, Y=0\}$$
$$= \frac{a}{a+b} \times \frac{a-1}{a+b-1} + \frac{b}{a+b} \times \frac{a}{a+b-1} = \frac{a}{a+b},$$

$$P\{Y=1\} = P\{X=0, Y=1\} + P\{X=1, Y=1\}$$
$$= \frac{a}{a+b} \times \frac{b}{a+b-1} + \frac{b}{a+b} \times \frac{b-1}{a+b-1} = \frac{b}{a+b}.$$

由于

$$P\{X=0, Y=0\} = \frac{a(a-1)}{(a+b)(a+b-1)},$$

而

$$P\{X=0\} P\{Y=0\} = \left(\frac{a}{a+b} \right)^2,$$

一般情况下,两者不相等,所以,X 与 Y 不相互独立.

31. X 和 Y 可能的取值都是 $1 \sim 6$,事件 $\{X=1, Y=1\}$ 是第一颗骰子 1 点,第二颗骰子也是 1 点的事件,所以

$$p_{11} = P\{X=1, Y=1\} = \frac{1}{6} \times \frac{1}{6} = \frac{1}{36}.$$

同理 $\{X=1, Y=i\}$ $(2 \leqslant i \leqslant 6)$ 是第一颗骰子 1 点,第二颗骰子 i 点的事件,所以

$$p_{1i} = P\{X=1, Y=i\} = \frac{1}{6} \times \frac{1}{6} = \frac{1}{36} \quad (i=2,3,\cdots,6).$$

事件 $\{X=2, Y=1\}$ 是不可能事件,所以,$p_{21} = P\{X=2, Y=1\} = 0$,事件 $\{X=2, Y=2\}$ 是第一颗骰子 2 点,第二颗骰子 1 点或 2 点的事件,所以

$$p_{22} = P\{X=2, Y=2\} = \frac{2}{36}.$$

事件 $\{X=2, Y=i\}$ $(3 \leqslant i \leqslant 6)$ 是第一颗骰子 2 点,第二颗骰子 i 点的事件,所以

$$p_{2i} = P(X=2, Y=i) = \frac{1}{36} \quad (i=3,4,5,6).$$

$\cdots\cdots\cdots\cdots$

$\{X=6, Y=1\}, \{X=6, Y=2\}, \cdots, \{X=6, Y=5\}$ 都是不可能事件,所以 $p_{61} = p_{62} = \cdots = p_{65} = 0$. 事件 $\{X=6, Y=6\}$ 是第一颗骰子 6 点,第二颗骰子 1 点或 2 点…或 6 点的事件,所以

$$P\{X=6, Y=6\} = p_{66} = \frac{6}{36}.$$

所以二维随机变量 (X, Y) 的联合分布及关于 Y 的边缘分布如下:

X＼Y	1	2	3	4	5	6	$p_i.$
1	$\frac{1}{36}$	$\frac{1}{36}$	$\frac{1}{36}$	$\frac{1}{36}$	$\frac{1}{36}$	$\frac{1}{36}$	$\frac{6}{36}$
2	0	$\frac{2}{36}$	$\frac{1}{36}$	$\frac{1}{36}$	$\frac{1}{36}$	$\frac{1}{36}$	$\frac{6}{36}$
3	0	0	$\frac{3}{36}$	$\frac{1}{36}$	$\frac{1}{36}$	$\frac{1}{36}$	$\frac{6}{36}$
4	0	0	0	$\frac{4}{36}$	$\frac{1}{36}$	$\frac{1}{36}$	$\frac{6}{36}$
5	0	0	0	0	$\frac{5}{36}$	$\frac{1}{36}$	$\frac{6}{36}$
6	0	0	0	0	0	$\frac{6}{36}$	$\frac{6}{36}$
$p._j$	$\frac{1}{36}$	$\frac{3}{36}$	$\frac{5}{36}$	$\frac{7}{36}$	$\frac{9}{36}$	$\frac{11}{36}$	1

32. (1) 有放回抽样.

设每次抽得红、白、黑球的概率分别为 p_1, p_2, p_3. 由于是有放回抽样,所以

$$p_1 = \frac{a}{N}, \quad p_2 = \frac{b}{N}, \quad p_3 = \frac{c}{N}.$$

设按某一次序取出的 n 个球中,红、白、黑球的个数分别是 i,j,k,出现 i 个红球的概率为 $\left(\dfrac{a}{N}\right)^i$,出现 j 个白球的概率为 $\left(\dfrac{b}{N}\right)^j$,出现 k 个黑球的概率为 $\left(\dfrac{c}{N}\right)^k$,则出现 i 个红球、j 个白球、k 个黑球的概率为 $\left(\dfrac{a}{N}\right)^i\left(\dfrac{b}{N}\right)^j\left(\dfrac{c}{N}\right)^k$. 要随意改变取球的次序,则相当于对 n 个球进行全排列. 但这里有 i 个相同的红球,j 个相同的白球,k 个相同的黑球,所以,取球的次序总共有 $\dfrac{n!}{i!\,j!\,k!}$ 种,而 $k=n-i-j$,故随机变量 (X,Y) 的联合分布为

$$P\{X=i,Y=j\}=\frac{n!}{i!j!(n-i-j)!}\left(\frac{a}{N}\right)^i\left(\frac{b}{N}\right)^j\left(\frac{c}{N}\right)^{n-i-j}$$
$$(i,j=1,2,\cdots,n;i+j\leqslant n).$$

(2) 无放回抽样.

每次抽一个球,不放回抽 n 次,相当于一次抓出 n 个球,样本点总数为 C_N^n. n 个球中有 i 个红的,j 个白的,k 个黑的,这个事件包含 $\mathrm{C}_a^i\mathrm{C}_b^j\mathrm{C}_c^k=\mathrm{C}_a^i\mathrm{C}_b^j\mathrm{C}_c^{n-i-j}$ 个样本点,所以 (X,Y) 的联合分布为

$$P\{X=i,Y=j\}=\frac{\mathrm{C}_a^i\mathrm{C}_b^j\mathrm{C}_c^{n-i-j}}{\mathrm{C}_N^n}$$
$$(i=0,1,\cdots,\min\{a,n\};j=0,1,2,\cdots,\min\{b,n\};n-c\leqslant i+j\leqslant n).$$

33. $P\{X=m\}=\displaystyle\sum_{n=0}^{m}\frac{\mathrm{e}^{-14}\times(7.14)^n\times(6.86)^{m-n}}{n!\,(m-n)!}=\frac{\mathrm{e}^{-14}}{m!}\sum_{n=0}^{m}\mathrm{C}_m^n(7.14)^n(6.86)^{m-n}$

$\qquad\qquad =\dfrac{14^m}{m!}\mathrm{e}^{-14}\quad(m=0,1,2,\cdots),$

$\quad P\{Y=n\}=\displaystyle\sum_{m=n}^{\infty}\frac{\mathrm{e}^{-14}\times(7.14)^n\times(6.86)^{m-n}}{n!(m-n)!}=\frac{(7.14)^n}{n!}\mathrm{e}^{-14}\sum_{m=n}^{\infty}\frac{(6.86)^{m-n}}{(m-n)!}$

$\qquad\qquad =\dfrac{(7.14)^n}{n!}\mathrm{e}^{-14}\displaystyle\sum_{k=0}^{\infty}\frac{(6.86)^k}{k!}\quad(k=m-n)$

$\qquad\qquad =\dfrac{(7.14)^n}{n!}\times\mathrm{e}^{-14}\times\mathrm{e}^{6.86}=\dfrac{(7.14)^n}{n!}\mathrm{e}^{-7.14}.$

34. 设随机变量 Z 的分布函数为 $F_Z(z)$,则

$$F_Z(z)=P\{Z\leqslant z\}=P\left\{\frac{X}{Y}\leqslant z\right\}=\iint\limits_{\frac{x}{y}\leqslant z}p(x,y)\mathrm{d}x\mathrm{d}y.$$

在 Oxy 平面上画出满足 $\dfrac{x}{y}\leqslant z$ 的区域示意图(略),则由此图知,上述二重积分可表达成如下形式:

$$F_Z(z)=\iint\limits_{\frac{x}{y}\leqslant z}f(x,y)\mathrm{d}x\mathrm{d}y=\int_{-\infty}^{0}\left[\int_{yz}^{+\infty}f(x,y)\mathrm{d}x\right]\mathrm{d}y+\int_{0}^{+\infty}\left[\int_{-\infty}^{yz}f(x,y)\mathrm{d}x\right]\mathrm{d}y.$$

上式两边求关于 z 的一阶导数,得

$$f_Z(z)=\frac{\mathrm{d}}{\mathrm{d}z}F_Z(z)=\int_{-\infty}^{0}-yf(yz,y)\mathrm{d}y+\int_{0}^{+\infty}yf(yz,y)\mathrm{d}y=\int_{-\infty}^{+\infty}|y|f(yz,y)\mathrm{d}y.$$

35. 设 Z 的分布函数为 $F_Z(z)$,则

$$F_Z(z)=P\{Z\leqslant z\}=P\{XY\leqslant z\}=\iint\limits_{xy\leqslant z}f(x,y)\mathrm{d}x\mathrm{d}y.$$

在 Oxy 平面上画出满足 $xy\leqslant z$ 的示意图(略),则由此图知,上述二重积分可表达成如下的形式:

$$F_Z(z) = \int_{-\infty}^{0} \int_{\frac{z}{x}}^{+\infty} f(x,y)\mathrm{d}y\mathrm{d}x + \int_{0}^{+\infty} \int_{-\infty}^{\frac{z}{x}} f(x,y)\mathrm{d}y\mathrm{d}x,$$

上式两边求关于 z 的一阶导数，得

$$f_Z(z) = \frac{\mathrm{d}}{\mathrm{d}z}F_Z(z) = \int_{-\infty}^{0} -\frac{1}{x}f\left(x,\frac{z}{x}\right)\mathrm{d}x + \int_{0}^{+\infty}\frac{1}{x}f\left(x,\frac{z}{x}\right)\mathrm{d}x$$

$$= \int_{-\infty}^{+\infty}\frac{1}{|x|}f\left(x,\frac{z}{x}\right)\mathrm{d}x.$$

36. 由于 X 与 Y 相互独立，所以，它们的联合概率密度为

$$f(x,y) = f_X(x)f_Y(y) = \frac{1}{4a^2}\mathrm{e}^{-\frac{|x|+|y|}{a}}.$$

由卷积公式，一般地，有

$$f_Z(z) = \int_{-\infty}^{+\infty} f(x,z-x)\mathrm{d}x = \int_{-\infty}^{+\infty}\frac{1}{4a^2}\mathrm{e}^{-\frac{|x|+|z-x|}{a}}\mathrm{d}x.$$

当 $z \geqslant 0$ 时，

$$f_Z(z) = \frac{1}{4a^2}\left[\int_{-\infty}^{0}\mathrm{e}^{-\frac{z-x-x}{a}}\mathrm{d}x + \int_{0}^{z}\mathrm{e}^{-\frac{z-x+x}{a}}\mathrm{d}x + \int_{z}^{\infty}\mathrm{e}^{-\frac{-z+x+x}{a}}\mathrm{d}x\right]$$

$$= \frac{1}{4a^2}\left[\int_{-\infty}^{0}\mathrm{e}^{-\frac{z-2x}{a}}\mathrm{d}x + \int_{0}^{z}\mathrm{e}^{-\frac{z}{a}}\mathrm{d}x + \int_{z}^{\infty}\mathrm{e}^{-\frac{-z+2x}{a}}\mathrm{d}x\right]$$

$$= \frac{1}{4a}\left(1+\frac{z}{a}\right)\mathrm{e}^{-\frac{z}{a}} = \frac{1}{4a^2}(a+z)\mathrm{e}^{-\frac{z}{a}};$$

当 $z < 0$ 时，

$$f_Z(z) = \frac{1}{4a^2}\left[\int_{-\infty}^{z}\mathrm{e}^{-\frac{z-x-x}{a}}\mathrm{d}x + \int_{z}^{0}\mathrm{e}^{-\frac{z-z-x}{a}}\mathrm{d}x + \int_{0}^{+\infty}\mathrm{e}^{-\frac{x-z+x}{a}}\mathrm{d}x\right] = \frac{1}{4a^2}(a-z)\mathrm{e}^{-\frac{z}{a}}.$$

所以，统一地，有

$$f_Z(z) = \frac{1}{4a^2}(a+|z|)\mathrm{e}^{-\frac{z}{a}} \quad (-\infty < z < +\infty).$$

37. 由卷积公式，$Z = X_1 + X_2$ 的概率密度为

$$f_Z(z) = \frac{1}{2\pi\sigma_1\sigma_2}\int_{-\infty}^{+\infty}\mathrm{e}^{-\left(\frac{(x_1-\mu_1)^2}{2\sigma_1^2}+\frac{(z-x_1-\mu_2)^2}{2\sigma_2^2}\right)}\mathrm{d}x_1.$$

对被积式中的指数进行配方：

$$\left(\frac{x_1-\mu_1}{\sigma_1}\right)^2 + \left(\frac{z-x_1-\mu_2}{\sigma_2}\right)^2 = \frac{(x_1-\mu_1)^2}{\sigma_1^2} + \frac{1}{\sigma_2^2}[(z-\mu_1-\mu_2)-(x_1-\mu_1)]^2$$

$$= \frac{(x_1-\mu_1)^2}{\sigma_1^2} + \frac{1}{\sigma_2^2}[(z-\mu_1-\mu_2)^2 + (x_1-\mu_1)^2 - 2(x_1-\mu_1)(z-\mu_1-\mu_2)]$$

$$= \left(\frac{\sigma_1^2+\sigma_2^2}{\sigma_1^2\sigma_2^2}\right)(x_1-\mu_1)^2 - \frac{2}{\sigma_2^2}(x_1-\mu_1)(z-\mu_1-\mu_2) + \frac{1}{\sigma_2^2}(z-\mu_1-\mu_2)^2$$

$$= \left[\frac{\sqrt{\sigma_1^2+\sigma_2^2}}{\sigma_1\sigma_2}(x_1-\mu_1)^2 - \frac{\sigma_1(z-\mu_1-\mu_2)}{\sigma_2\sqrt{\sigma_1^2+\sigma_2^2}}\right]^2 + \frac{(z-\mu_1-\mu_2)^2}{\sigma_1^2+\sigma_2^2}.$$

所以，有

$$f_Z(z)=\int_{-\infty}^{+\infty}f(x_1,z-x_1)\mathrm{d}x_1=\frac{1}{2\pi\sigma_1\sigma_2}\int_{-\infty}^{+\infty}\mathrm{e}^{-\frac{[z-(\mu_1+\mu_2)]^2}{2(\sigma_1^2+\sigma_2^2)}}\cdot\mathrm{e}^{-\frac{1}{2}\left[\frac{\sqrt{\sigma_1^2+\sigma_2^2}}{\sigma_1\sigma_2}(x_1-\mu_1)-\frac{\sigma_1(z-\mu_1-\mu_2)}{\sigma_2\sqrt{\sigma_1^2+\sigma_2^2}}\right]^2}\mathrm{d}x_1.$$

设

$$t=\frac{\sqrt{\sigma_1^2+\sigma_2^2}}{\sigma_1\sigma_2}(x_1-\mu_1)-\frac{\sigma_1(z-\mu_1-\mu_2)}{\sigma_2\sqrt{\sigma_1^2+\sigma_2^2}},$$

则有

$$f_Z(z)=\frac{1}{\sqrt{2\pi}\sqrt{\sigma_1^2+\sigma_2^2}}\mathrm{e}^{-\frac{(z-\mu_1-\mu_2)^2}{2(\sigma_1^2+\sigma_2^2)}}\int_{-\infty}^{+\infty}\frac{\sqrt{\sigma_1^2+\sigma_2^2}}{\sqrt{2\pi}\sigma_1\sigma_2}\mathrm{e}^{-\frac{t^2}{2}}\times\frac{\sigma_1\sigma_2}{\sqrt{\sigma_1^2+\sigma_2^2}}\mathrm{d}t$$

$$=\frac{1}{\sqrt{2\pi}\sqrt{\sigma_1^2+\sigma_2^2}}\mathrm{e}^{-\frac{[z-(\mu_1+\mu_2)]^2}{2(\sigma_1^2+\sigma_2^2)}}\int_{-\infty}^{+\infty}\frac{1}{\sqrt{2\pi}}\mathrm{e}^{-\frac{t^2}{2}}\mathrm{d}t$$

$$=\frac{1}{\sqrt{2\pi}\sqrt{\sigma_1^2+\sigma_2^2}}\mathrm{e}^{-\frac{[z-(\mu_1+\mu_2)]^2}{2(\sigma_1^2+\sigma_2^2)}}.$$

可见,$Z=X_1+X_2\sim N(\mu_1+\mu_2,\sigma_1^2+\sigma_2^2)$.

38. 由于 X 与 Y 相互独立,都服从$[0,1]$上均匀分布,所以,(X,Y)的联合概率密度为

$$f(x,y)=\begin{cases}1,&0\leqslant x\leqslant 1,0\leqslant y\leqslant 1,\\0,&\text{其他}.\end{cases}$$

Z 的分布函数

$$F_Z(z)=P\{Z\leqslant z\}=P\{|X-Y|\leqslant z\}.$$

当 $z<0$ 时,$F_Z(z)=0$;

当 $0\leqslant z<1$ 时,

$$F_Z(z)=\iint\limits_{|x-y|\leqslant z}f(x,y)\mathrm{d}x\mathrm{d}y=\iint\limits_{\substack{0\leqslant x,y\leqslant 1\\|x-y|\leqslant z}}\mathrm{d}x\mathrm{d}y$$

$$=1-(1-z)^2=2z-z^2;$$

当 $z>1$ 时,$F_Z(z)=1$.

所以

$$F_Z(z)=\begin{cases}0,&z<0,\\2z-z^2,&0\leqslant z<1,\\1,&z\geqslant 1,\end{cases}\quad f_Z(z)=\begin{cases}2(1-z),&0\leqslant z<1,\\0,&\text{其他}.\end{cases}$$

39. 由于 X 与 Y 相互独立,而

$$f_X(x)=\begin{cases}\dfrac{1}{2a},&-a\leqslant x\leqslant a,\\0,&\text{其他},\end{cases}\quad f_Y(y)=\begin{cases}\dfrac{1}{2a},&-a\leqslant y\leqslant a,\\0,&\text{其他}.\end{cases}$$

所以,(X,Y)的联合概率密度为

$$f(x,y) = \begin{cases} \dfrac{1}{4a^2}, & -a \leqslant x \leqslant a, \ -a \leqslant y \leqslant a, \\ 0, & \text{其他}. \end{cases}$$

Z 的分布函数

$$F_Z(z) = P\{Z \leqslant z\} = P\{XY \leqslant z\}.$$

(1) 当 $z \geqslant a^2$ 时，$F_Z(z) = 1$；

(2) 当 $0 < z < a^2$ 时，

$$F_Z(z) = \iint\limits_{\substack{-a \leqslant x, y \leqslant a \\ xy \leqslant z}} \frac{1}{4a^2} \mathrm{d}x \mathrm{d}y$$

$$= \frac{1}{4a^2} \left[\int_{-a}^{\frac{z}{a}} \left[\int_{-\frac{z}{a}}^{a} \mathrm{d}y \right] \mathrm{d}x + \int_{-\frac{z}{a}}^{\frac{z}{a}} \left[\int_{-a}^{a} \mathrm{d}y \right] \mathrm{d}x + \int_{\frac{z}{a}}^{a} \left[\int_{-a}^{\frac{z}{x}} \mathrm{d}y \right] \mathrm{d}x \right]$$

$$= \frac{1}{2} + \frac{z}{2a^2}(1 + 2\ln a - \ln z);$$

(3) 当 $z = 0$ 时，$F_Z(z) = \iint\limits_{\substack{-a \leqslant x, y \leqslant a \\ xy \leqslant 0}} \frac{1}{4a^2} \mathrm{d}x \mathrm{d}y = \frac{1}{2}$；

(4) 当 $-a^2 < z < 0$ 时，积分区域是(2)中的积分区域转 $\dfrac{\pi}{2}$ 角的余集，所以

$$F_Z(z) = \frac{1}{2} + \frac{z}{2a^2}(1 + 2\ln a - \ln(-z));$$

(5) 当 $z \leqslant -a^2$ 时，$F_Z(z) = \iint\limits_{\substack{-a \leqslant x, y \leqslant a \\ xy \leqslant -a^2}} f(x,y)\mathrm{d}x \mathrm{d}y = 0.$

所以

$$F_Z(z) = \begin{cases} 1, & z \geqslant a^2, \\ \dfrac{1}{2} + \dfrac{z}{2a^2}(1 + 2\ln a - \ln z), & 0 < z < a^2, \\ \dfrac{1}{2}, & z = 0, \\ \dfrac{1}{2} + \dfrac{z}{2a^2}(1 + 2\ln a - \ln(-z)), & -a^2 < z < 0, \\ 0, & z \leqslant -a^2. \end{cases}$$

$F_Z(z)$ 对 z 求一阶导数，得

$$f_Z(z) = \begin{cases} \dfrac{1}{2a^2}(2\ln a - \ln|z|), & |z| \leqslant a^2, \\ 0, & \text{其他}. \end{cases}$$

40. (X,Y) 的联合概率密度为

$$f(x,y) = \begin{cases} \mathrm{e}^{-(x+y)}, & x > 0, y > 0, \\ 0, & \text{其他}. \end{cases}$$

$Z = \dfrac{X}{Y}$ 的分布函数为

$$F_Z(z) = P\left\{\frac{X}{Y} \leqslant z\right\} = \iint\limits_{\frac{x}{y} \leqslant z} f(x,y)\mathrm{d}x\mathrm{d}y.$$

(1) 当 $z \leqslant 0$ 时,显然有 $F_Z(z) = 0$;

(2) 当 $z > 0$ 时,

$$F_Z(z) = \iint\limits_{\substack{x,y>0 \\ \frac{x}{y} \leqslant z}} \mathrm{e}^{-(x+y)}\mathrm{d}x\mathrm{d}y = \int_0^{+\infty}\left[\int_{\frac{x}{z}}^{+\infty} \mathrm{e}^{-(x+y)}\mathrm{d}y\right]\mathrm{d}x$$

$$= \int_0^{+\infty} \mathrm{e}^{-x\left(1+\frac{1}{z}\right)}\mathrm{d}x = \frac{z}{1+z}.$$

所以

$$F_Z(z) = \begin{cases} \dfrac{z}{1+z}, & z > 0, \\ 0, & z \leqslant 0. \end{cases}$$

两边求导数,得

$$f_Z(z) = \begin{cases} \dfrac{1}{(1+z)^2}, & z > 0, \\ 0, & z \leqslant 0. \end{cases}$$

自测题三

1. 设 X 表示在取得合格品前已取出的次品的个数,则由题设知 X 的可能取值是 $0,1,2,3$,而其分布律为

X	0	1	2	3
P	$\dfrac{9}{12}$	$\dfrac{3}{12} \times \dfrac{9}{11}$	$\dfrac{3}{12} \times \dfrac{2}{11} \times \dfrac{9}{10}$	$\dfrac{3}{12} \times \dfrac{2}{11} \times \dfrac{1}{10} \times \dfrac{9}{9}$

$$E(X) = 0 \times \frac{9}{12} + 1 \times \frac{9}{44} + 2 \times \frac{18}{440} + 3 \times \frac{2}{440} = \frac{132}{440} = 0.3,$$

$$E(X^2) = 0^2 \times \frac{9}{12} + 1^2 \times \frac{9}{44} + 2^2 \times \frac{18}{440} + 3^2 \times \frac{2}{440} = \frac{180}{440},$$

$$D(X) = E(X^2) - [E(X)]^2 = \frac{180}{440} - (0.3)^2 \approx 0.319.$$

2. $E(X) = \displaystyle\int_0^{+\infty} x \cdot \frac{4x^2}{a^3\sqrt{\pi}} \mathrm{e}^{-\frac{x^2}{a^2}}\mathrm{d}x = \int_0^{+\infty} \frac{4a}{\sqrt{\pi}} t^3 \mathrm{e}^{-t^2}\mathrm{d}t \quad (x = at)$

$$= \frac{2a}{\sqrt{\pi}}\int_0^{+\infty}(-t^2)\mathrm{d}\mathrm{e}^{-t^2} = \frac{2a}{\sqrt{\pi}}\left(-t^2\mathrm{e}^{-t^2}\Big|_0^{+\infty} + \int_0^{+\infty}\mathrm{e}^{-t^2}\mathrm{d}t^2\right)$$

$$= \frac{2a}{\sqrt{\pi}}\int_0^{+\infty}\mathrm{e}^{-u}\mathrm{d}u = \frac{2a}{\sqrt{\pi}},$$

$$E(X^2) = \int_0^{+\infty} x^2 \cdot \frac{4x^2}{a^3\sqrt{\pi}}\mathrm{e}^{-\frac{x^2}{a^2}}\mathrm{d}x = \int_0^{+\infty} \frac{4a^2}{\sqrt{\pi}} t^4 \mathrm{e}^{-t^2}\mathrm{d}t \quad (x = at)$$

$$= \frac{4a^2}{\sqrt{\pi}} \int_0^{+\infty} \frac{1}{2}(-t^3) \mathrm{d}e^{-t^2} = \frac{3}{2}a^2,$$

$$\mathrm{D}(X) = \frac{3}{2}a^2 - \left(\frac{2}{\sqrt{\pi}}a\right)^2 = \left(\frac{3}{2} - \frac{4}{\pi}\right)a^2.$$

3. 设 X 表示两次调整之间生产的合格品个数,则 X 可能取值为 $0,1,2,\cdots$,其分布律为

$$P\{X=k\} = pq^k, \quad k = 0,1,2,\cdots.$$

X 的数学期望为

$$\mathrm{E}(X) = \sum_{k=0}^{\infty} k \cdot pq^k = pq \sum_{k=0}^{\infty} kq^{k-1} = pq \times \frac{1}{(1-q)^2} = \frac{q}{p},$$

这里由于

$$\sum_{k=0}^{\infty} kx^{k-1} = \sum_{k=0}^{\infty} \frac{\mathrm{d}}{\mathrm{d}x}(x^k) = \frac{\mathrm{d}}{\mathrm{d}x}\left(\sum_{k=0}^{\infty} x^k\right) = \frac{\mathrm{d}}{\mathrm{d}x}\left(\frac{1}{1-x}\right) = \frac{1}{(1-x)^2},$$

代入 $x=q$,得

$$\sum_{k=0}^{\infty} kq^{k-1} = \frac{1}{(1-q)^2}.$$

又因

$$\mathrm{E}(X^2) = \sum_{k=0}^{\infty} k^2 \cdot pq^k = \sum_{k=0}^{\infty} [k(k-1) + k]pq^k$$

$$= \sum_{k=0}^{\infty} k(k-1)pq^k + \sum_{k=0}^{\infty} kpq^k = pq^2 \sum_{k=0}^{\infty} k(k-1)q^{k-2} + \frac{q}{p}$$

$$= pq^2 \times \frac{2}{(1-q)^3} + \frac{q}{1-q} = \frac{q(q+1)}{p^2} = \frac{(1-p)(2-p)}{p^2},$$

这里由于

$$\sum_{k=0}^{\infty} k(k-1)x^{k-2} = \sum_{k=0}^{\infty} \frac{\mathrm{d}^2}{\mathrm{d}x^2}(x^k) = \frac{\mathrm{d}^2}{\mathrm{d}x^2} \sum_{k=0}^{\infty} x^k = \frac{\mathrm{d}^2}{\mathrm{d}x^2}\left(\frac{1}{1-x}\right) = \frac{2}{(1-x)^3},$$

从而,得

$$\mathrm{D}(X) = \mathrm{E}(X^2) - [\mathrm{E}(X)]^2 = \frac{(1-p)(2-p)}{p^2} - \left(\frac{1-p}{p}\right)^2 = \frac{1-p}{p^2}.$$

4. X 的概率密度

$$f(x) = \frac{1}{\sqrt{\pi}} e^{-x^2+2x+1} = \frac{1}{\sqrt{2\pi}\sqrt{1/2}} e^{-\frac{(x-1)^2}{2\times\frac{1}{2}}},$$

可见,$X \sim N\left(1, \frac{1}{2}\right)$. 所以 $\mathrm{E}(X)=1$,$\mathrm{D}(X)=\frac{1}{2}$.

5. 设 $\mathrm{E}(X)=\mu$,则

$$\mathrm{E}(X-C)^2 = \mathrm{E}[(X-\mu)-(C-\mu)]^2 = \mathrm{E}[(X-\mu)^2 + (C-\mu)^2 - 2(C-\mu)(X-\mu)]$$

$$= \mathrm{E}(X-\mu)^2 + \mathrm{E}(C-\mu)^2 - 2(C-\mu)\mathrm{E}(X-\mu)$$

$$= \mathrm{E}(X-\mu)^2 + (C-\mu)^2 = \mathrm{D}(X) + (C-\mu)^2,$$

因为 $(C-\mu)^2 > 0$,所以,得 $\mathrm{E}(X-C)^2 > \mathrm{D}(X)$.

6. 记

$$X_i = \begin{cases} 0, & \text{第 } i \text{ 车站无人下车}, \\ 1, & \text{第 } i \text{ 车站有人下车} \end{cases} \quad (i = 1,2,\cdots,10),$$

由题设知

$$P\{X_i = 0\} = \left(\frac{9}{10}\right)^{50}, \quad P\{X_i = 1\} = 1 - \left(\frac{9}{10}\right)^{50} \quad (i = 1, 2, \cdots, 10).$$

又知 $X = \sum_{i=1}^{10} X_i$，所以

$$E(X) = E\left(\sum_{i=1}^{10} X_i\right) = \sum_{i=1}^{10} E(X_i) = 10\left[1 - \left(\frac{9}{10}\right)^{50}\right].$$

7. $f_X(x) = \frac{1}{\sqrt{2\pi}\sigma} e^{-\frac{x^2}{2\sigma^2}}, f_Y(y) = \frac{1}{\sqrt{2\pi}\sigma} e^{-\frac{y^2}{2\sigma^2}}$. 由于 X 与 Y 相互独立，所以，(X, Y) 的联合概率密度

$$f(x, y) = f_X(x) f_Y(y) = \frac{1}{2\pi\sigma^2} e^{-\frac{x^2+y^2}{2\sigma^2}}.$$

于是

$$E(\sqrt{X^2 + Y^2}) = \int_{-\infty}^{+\infty}\int_{-\infty}^{+\infty} \sqrt{x^2 + y^2} \cdot \frac{1}{2\pi\sigma^2} e^{-\frac{x^2+y^2}{2\sigma^2}} \mathrm{d}x\mathrm{d}y$$

$$= \int_0^{2\pi}\int_0^{+\infty} r \cdot \frac{1}{\sigma^2 \cdot 2\pi} e^{-\frac{r^2}{2\sigma^2}} \cdot r\mathrm{d}r\mathrm{d}\theta \quad \left(\begin{matrix} x = r\cos\theta \\ y = r\sin\theta \end{matrix}\right)$$

$$= \int_0^{+\infty} \frac{1}{\sigma^2} \cdot r^2 e^{-\frac{r^2}{2\sigma^2}} \mathrm{d}r = \sigma \int_0^{+\infty} t^2 e^{-\frac{t^2}{2}} \mathrm{d}t \quad (r = \sigma t)$$

$$= \sqrt{2\pi}\sigma \int_0^{+\infty} t^2 \cdot \frac{1}{\sqrt{2\pi}} e^{-\frac{t^2}{2}} \mathrm{d}t = \sqrt{2\pi}\sigma \times \frac{1}{2} = \sqrt{\frac{\pi}{2}}\sigma,$$

$$E\left[(\sqrt{X^2 + Y^2})^2\right] = E(X^2 + Y^2) = \int_{-\infty}^{+\infty}\int_{-\infty}^{+\infty} (x^2 + y^2) \cdot \frac{1}{2\pi\sigma^2} e^{-\frac{x^2+y^2}{2\sigma^2}} \mathrm{d}x\mathrm{d}y$$

$$= \int_0^{2\pi}\int_0^{+\infty} r^2 \cdot \frac{1}{2\pi\sigma^2} \cdot e^{-\frac{r^2}{2\sigma^2}} \cdot r\mathrm{d}r\mathrm{d}\theta = 2\sigma^2 \int_0^{+\infty} \left(\frac{r^2}{2\sigma^2}\right) e^{-\frac{r^2}{2\sigma^2}} \mathrm{d}\left(\frac{r^2}{2\sigma^2}\right)$$

$$= 2\sigma^2 \int_0^{+\infty} u e^{-u} \mathrm{d}u = 2\sigma^2 \quad \left(u = \frac{r^2}{2\sigma^2}\right),$$

所以，$\sqrt{X^2 + Y^2}$ 的方差为

$$D(\sqrt{X^2 + Y^2}) = E\left[(\sqrt{X^2 + Y^2})^2\right] - \left[E(\sqrt{X^2 + Y^2})\right]^2$$

$$= 2\sigma^2 - \left(\sqrt{\frac{\pi}{2}}\sigma\right)^2 = \left(2 - \frac{\pi}{2}\right)\sigma^2.$$

8. 由概率密度函数性质，有

$$1 = \int_{-\infty}^{+\infty} f(x)\mathrm{d}x = \int_0^1 (ax^2 + bx + c)\mathrm{d}x = \frac{a}{3} + \frac{b}{2} + c,$$

又

$$E(X) = \int_{-\infty}^{+\infty} xf(x)\mathrm{d}x = \int_0^1 x(ax^2 + bx + c)\mathrm{d}x = \frac{a}{4} + \frac{b}{3} + \frac{c}{2} = 0.5,$$

$$E(X^2) = D(X) + [E(X)]^2 = 0.15 + 0.5^2 = 0.4,$$

而

$$E(X^2) = \int_{-\infty}^{+\infty} x^2 f(x)\mathrm{d}x = \int_0^1 x^2(ax^2 + bx + c)\mathrm{d}x = \frac{a}{5} + \frac{b}{4} + \frac{c}{3},$$

于是有解线性方程组

$$\begin{cases} \dfrac{a}{3} + \dfrac{b}{2} + c = 1, \\[2mm] \dfrac{a}{4} + \dfrac{b}{3} + \dfrac{c}{2} = 0.5, \\[2mm] \dfrac{a}{5} + \dfrac{b}{4} + \dfrac{c}{3} = 0.4. \end{cases}$$

解得 $a=12, b=-12, c=3$.

9. 设 $X_i=$ "第 i 颗骰子的点数"$(i=1,2)$, 则

$$P\{X_i = k\} = \frac{1}{6} \quad (i=1,2; k=1,2,3,4,5,6),$$

而 $X=X_1$, 所以

$$\mathrm{E}(X) = \mathrm{E}(X_1) = (1+2+3+4+5+6) \times \frac{1}{6} = \frac{7}{2},$$

$$\mathrm{E}(X^2) = (1^2+2^2+3^2+4^2+5^2+6^2) \times \frac{1}{6} = \frac{91}{6},$$

$$\mathrm{D}(X) = \mathrm{E}(X^2) - [\mathrm{E}(X)]^2 = \frac{91}{6} - \left(\frac{7}{2}\right)^2 = \frac{35}{12}.$$

事件 $\{Y=k\} = \left(\bigcup_{i=1}^{k-1}\{X_1=k, X_2=k-i\}\right) \cup \left(\bigcup_{j=1}^{k-1}\{X_1=k-j, X_2=k\}\right) \cup \{X_1=k, X_2=k\}$

$(k=1,2,3,4,5,6)$, 而且这些事件是不相容的, 并且

$$P\{X_1=k, X_2=k-i\} = P\{X_1=k\}P\{X_2=k-i\} = \frac{1}{6} \times \frac{1}{6} = \frac{1}{36},$$

$$P\{X_1=k-j, X_2=k\} = \frac{1}{36}, \quad P\{X_1=k, X_2=k\} = \frac{1}{36},$$

从而, 有

$$P\{Y=k\} = \frac{2k-1}{36} \quad (k=1,2,3,4,5,6),$$

于是

$$\mathrm{E}(Y) = 1 \times \frac{1}{36} + 2 \times \frac{3}{36} + 3 \times \frac{5}{36} + 4 \times \frac{7}{36} + 5 \times \frac{9}{36} + 6 \times \frac{11}{36} = \frac{161}{36},$$

$$\mathrm{E}(Y^2) = 1^2 \times \frac{1}{36} + 2^2 \times \frac{3}{36} + 3^2 \times \frac{5}{36} + 4^2 \times \frac{7}{36} + 5^2 \times \frac{9}{36} + 6^2 \times \frac{11}{36} = \frac{791}{36},$$

$$\mathrm{D}(Y) = \mathrm{E}(Y^2) - [\mathrm{E}(Y)]^2 = \frac{791}{36} - \left(\frac{161}{36}\right)^2 = \frac{2555}{36^2} \approx 1.97.$$

10. 由于随机变量 X 与 Y 相互独立, 所以, 随机变量 (X,Y) 的联合密度函数为

$$f(x,y) = f_X(x)f_Y(y) = \begin{cases} 4xy\mathrm{e}^{-(x^2+y^2)}, & x>0, y>0, \\ 0, & \text{其他}. \end{cases}$$

故

$$\mathrm{E}(\sqrt{X^2+Y^2}) = \int_{-\infty}^{+\infty}\int_{-\infty}^{+\infty} \sqrt{x^2+y^2}\, p(x,y)\mathrm{d}x\mathrm{d}y$$

$$= \int_0^{+\infty}\int_0^{+\infty}\sqrt{x^2+y^2}\cdot 4xy\mathrm{e}^{-(x^2+y^2)}\mathrm{d}x\mathrm{d}y = \int_0^{\frac{\pi}{2}}\int_0^{+\infty}4r^4\cos\theta\sin\theta\mathrm{d}r\mathrm{d}\theta$$

$$= \left(\int_0^{\frac{\pi}{2}}4\cos\theta\sin\theta\mathrm{d}\theta\right)\left(\int_0^{+\infty}r^4\mathrm{e}^{-r^2}\mathrm{d}r\right) = 2\times\frac{3}{8}\sqrt{\pi} = \frac{3}{4}\sqrt{\pi},$$

这是因为

$$\int_0^{\frac{\pi}{2}}4\cos\theta\sin\theta\mathrm{d}\theta = \int_0^{\frac{\pi}{2}}\sin(2\theta)\mathrm{d}(2\theta) = \int_0^{\pi}\sin t\mathrm{d}t = (-\cos t)\Big|_0^{\pi} = 2,$$

$$\int_0^{+\infty}r^4\mathrm{e}^{-r^2}\mathrm{d}r = \int_0^{+\infty}\left(\frac{-1}{2}r^3\right)\mathrm{d}\mathrm{e}^{-r^2} = \left(-\frac{1}{2}r^3\mathrm{e}^{-r^2}\right)\Big|_0^{+\infty} + \frac{1}{2}\int_0^{+\infty}\mathrm{e}^{-r^2}\cdot 3r^2\mathrm{d}r$$

$$= \frac{3}{2}\int_0^{+\infty}r^2\cdot\frac{\sqrt{2\pi}\sqrt{\frac{1}{2}}}{\sqrt{2\pi}\sqrt{\frac{1}{2}}}\mathrm{e}^{-\frac{r^2}{2\times\frac{1}{2}}}\mathrm{d}r = \frac{3}{2}\sqrt{\pi}\int_0^{+\infty}r^2\times\frac{1}{\sqrt{2\pi}\sqrt{\frac{1}{2}}}\mathrm{e}^{-\frac{r^2}{2\times\frac{1}{2}}}\mathrm{d}r$$

$$= \frac{3}{2}\sqrt{\pi}\times\frac{1}{2}\times\frac{1}{2} = \frac{3}{8}\sqrt{\pi}.$$

11. 由于 X 与 Y 相互独立,所以 $\mathrm{E}(XY)=\mathrm{E}(X)\mathrm{E}(Y)$. 而

$$\mathrm{E}(X) = \int_0^1 x\cdot 2x\mathrm{d}x = \left(\frac{2}{3}x^3\right)\Big|_0^1 = \frac{2}{3},$$

$$\mathrm{E}(Y) = \int_5^{+\infty}y\mathrm{e}^{-(y-5)}\mathrm{d}y \xrightarrow{y-5=t} \int_0^{+\infty}(5+t)\mathrm{e}^{-t}\mathrm{d}t$$

$$= 5\int_0^{+\infty}\mathrm{e}^{-t}\mathrm{d}t + \int_0^{+\infty}t\mathrm{e}^{-t}\mathrm{d}t = 5+1 = 6,$$

所以,得 $\mathrm{E}(XY)=\dfrac{2}{3}\times 6=4$.

12. 由相关系数的定义

$$\rho_{X,Y} = \frac{\mathrm{cov}(X,Y)}{\sqrt{\mathrm{D}(X)}\sqrt{\mathrm{D}(Y)}},$$

知 $\mathrm{cov}(X,Y)=\rho_{XY}\sqrt{\mathrm{D}(X)}\sqrt{\mathrm{D}(Y)}$,所以,得

$$\mathrm{D}(X+Y) = \mathrm{D}(X)+\mathrm{D}(Y)+2\mathrm{cov}(X,Y) = 25+36+2\times 0.4\times 5\times 6 = 85,$$

$$\mathrm{D}(X-Y) = \mathrm{D}(X)+\mathrm{D}(Y)-2\mathrm{cov}(X,Y) = 25+36-2\times 0.4\times 5\times 6 = 37.$$

13. 因为

$$\mathrm{E}(Y) = \mathrm{E}(a+bX) = a+b\mathrm{E}(X), \quad \mathrm{D}(Y) = \mathrm{D}(a+bX) = b^2\mathrm{D}(X),$$

$$\mathrm{cov}(X,Y) = \mathrm{E}[(X-\mathrm{E}(X))(Y-\mathrm{E}(Y))]$$

$$= \mathrm{E}[(X-\mathrm{E}(X))(a+bX-\mathrm{E}(a+bX))]$$

$$= \mathrm{E}[(X-\mathrm{E}(X))b(X-\mathrm{E}(X))]$$

$$= b\mathrm{E}[(X-\mathrm{E}(X))]^2 = b\mathrm{D}(X),$$

所以

$$\rho_{XY}=\frac{\mathrm{cov}(X,Y)}{\sqrt{\mathrm{D}(X)}\sqrt{\mathrm{D}(Y)}}=\frac{b\mathrm{D}(X)}{\sqrt{\mathrm{D}(X)}\sqrt{b^2\mathrm{D}(X)}}=\frac{b}{|b|}=\begin{cases}1,&\text{若}\ b>0,\\-1,&\text{若}\ b<0.\end{cases}$$

14. $\mathrm{E}[(X+Y)^2]=\mathrm{D}(X+Y)+[\mathrm{E}(X+Y)]^2.$ 由于

$$\mathrm{E}(X+Y)=\mathrm{E}(X)+\mathrm{E}(Y)=0,$$

而且 X 与 Y 相互独立,所以

$$\mathrm{D}(X+Y)=\mathrm{D}(X)+\mathrm{D}(Y)=1+1=2,$$

从而 $\mathrm{E}[(X+Y)^2]=2+0^2=2.$

15. 由于

$$\mathrm{E}(\xi)=\mathrm{E}(aX+bY)=a\mathrm{E}(X)+b\mathrm{E}(Y)=\mu(a+b),$$
$$\mathrm{D}(\xi)=\mathrm{D}(aX+bY)=a^2\mathrm{D}(X)+b^2\mathrm{D}(Y)=(a^2+b^2)\sigma^2.$$
$$\mathrm{E}(\eta)=\mathrm{E}(aX-bY)=\mu(a-b),$$
$$\mathrm{D}(\eta)=\mathrm{D}(aX-bY)=(a^2+b^2)\sigma^2,$$

$$\mathrm{E}(\xi\eta)=\mathrm{E}[(aX+bY)(aX-bY)]=\mathrm{E}[a^2X^2-b^2Y^2]$$
$$=a^2\mathrm{E}(X^2)-b^2\mathrm{E}(Y^2)=a^2[\mathrm{D}(X)+\mathrm{E}^2(X)]-b^2[\mathrm{D}(Y)+\mathrm{E}^2(Y)]$$
$$=a^2[\sigma^2+\mu^2]-b^2[\sigma^2+\mu^2]=(a^2-b^2)(\sigma^2+\mu^2),$$

从而

$$\mathrm{cov}(\xi,\eta)=\mathrm{E}(\xi\eta)-\mathrm{E}(\xi)\mathrm{E}(\eta)$$
$$=(a^2-b^2)(\sigma^2+\mu^2)-\mu(a+b)\mu(a-b)$$
$$=(a^2-b^2)(\sigma^2+\mu^2)-\mu^2(a^2-b^2)=(a^2-b^2)\sigma^2,$$

于是
$$\rho_{\xi\eta}=\frac{\mathrm{cov}(\xi,\eta)}{\sqrt{\mathrm{D}(\xi)}\sqrt{\mathrm{D}(\eta)}}=\frac{(a^2-b^2)\sigma^2}{\sqrt{(a^2+b^2)\sigma^2}\sqrt{(a^2+b^2)\sigma^2}}=\frac{a^2-b^2}{a^2+b^2}.$$

16. $P\{X=1,Y=1\}=P\{X=1\}P\{Y=1|X=1\}=\dfrac{1}{4}\times\dfrac{1}{4}=\dfrac{1}{16},$

$P\{X=1,Y=2\}=P\{X=1\}P\{Y=2|X=1\}=\dfrac{1}{4}\times\dfrac{1}{4}=\dfrac{1}{16},$

$P\{X=1,Y=3\}=P\{X=1,Y=4\}=\dfrac{1}{16},$

$P\{X=2,Y=1\}=P\{X=2\}P\{Y=1|X=2\}=\dfrac{1}{4}\times0=0,$

$P\{X=2,Y=2\}=P\{X=2,Y=3\}=P\{X=2,Y=4\}=\dfrac{1}{4}\times\dfrac{1}{3}=\dfrac{1}{12},$

$P\{X=3,Y=1\}=P\{X=3,Y=2\}=\dfrac{1}{4}\times0=0,$

$P\{X=3,Y=3\}=P\{X=3\}P\{Y=3|X=3\}=\dfrac{1}{4}\times\dfrac{1}{2}=\dfrac{1}{8},$

$P\{X=3,Y=4\}=\dfrac{1}{8},$

$P\{X=4,Y=1\}=P\{X=4,Y=2\}=P\{X=4,Y=3\}=0,$

$P\{X=4,Y=4\}=P\{X=4\}P\{Y=4|X=4\}=\dfrac{1}{4}\times1=\dfrac{1}{4},$

所以(X,Y)的联合分布及关于X和Y的边缘分布如下表所示：

X \ Y	1	2	3	4	$p_i.$
1	1/16	1/16	1/16	1/16	1/4
2	0	1/12	1/12	1/12	1/4
3	0	0	1/8	1/8	1/4
4	0	0	0	1/4	1/4
$p._j$	1/16	7/48	13/48	25/48	1

可见

$$E(X) = (1 + 2 + 3 + 4) \times \frac{1}{4} = \frac{10}{4} = 2.5,$$

$$E(Y) = 1 \times \frac{3}{48} + 2 \times \frac{7}{48} + 3 \times \frac{13}{48} + 4 \times \frac{25}{48} = \frac{156}{48} = 3.25,$$

$$E(X^2) = (1^2 + 2^2 + 3^2 + 4^2) \times \frac{1}{4} = \frac{30}{4} = \frac{15}{2},$$

$$D(X) = E(X^2) - E^2(X) = \frac{15}{2} - \left(\frac{5}{2}\right)^2 = \frac{5}{4} = 1.25,$$

$$E(Y^2) = 1^2 \times \frac{3}{48} + 2^2 \times \frac{7}{48} + 3^2 \times \frac{13}{48} + 4^2 \times \frac{25}{48} = \frac{548}{48},$$

$$D(Y) = E(Y^2) - E^2(Y) = \frac{548}{48} - \left(\frac{156}{48}\right)^2 = \frac{41}{48},$$

$$E(XY) = (1 \times 1 + 1 \times 2 + 1 \times 3 + 1 \times 4) \times \frac{1}{16} + (2 \times 2 + 2 \times 3 + 2 \times 4) \times \frac{1}{12}$$

$$+ (3 \times 3 + 3 \times 4) \times \frac{1}{8} + 4 \times 4 \times \frac{1}{4} = \frac{10}{16} + \frac{3}{2} + \frac{21}{8} + 4 = \frac{140}{16},$$

$$\mathrm{cov}(X,Y) = E(XY) - E(X)E(Y) = \frac{140}{16} - \frac{5}{2} \times \frac{13}{4} = \frac{10}{16} = \frac{5}{8},$$

$$\rho_{XY} = \frac{\mathrm{cov}(X,Y)}{\sqrt{D(X)} \sqrt{D(Y)}} = \frac{\frac{5}{8}}{\sqrt{\frac{5}{4}} \sqrt{\frac{41}{48}}} = \sqrt{\frac{15}{41}}.$$

17. 设X_1表示事件A第一次发生时已进行的试验次数，X_2表示事件A在第一次发生后到第二次发生时所进行的试验次数. 一般地，设X_i表示事件A在第$i-1$次发生后到第i次发生时所进行的试验次数$(i=1,2,\cdots,n)$，则事件A发生n次时已进行的试验次数为

$$X = \sum_{i=1}^{n} X_i.$$

而每个$X_i(i=1,2,\cdots,n)$都服从相同的几何分布

$$P\{X_i = m\} = q^{m-1}p \quad (i = 1,2,\cdots,n; m = 1,2,\cdots),$$

其中$q=1-p$，所以

$$E(X_i) = \sum_{m=1}^{\infty} mpq^{m-1} = \frac{p}{(1-q)^2} = \frac{1}{p} \quad (i = 1,2,\cdots,n),$$

从而,得
$$E(X) = E\Big(\sum_{i=1}^{n} X_i \Big) = \sum_{i=1}^{n} E(X_i) = \frac{n}{p}.$$

18. 按从左到右的顺序分别将各机床记上号码 $1,2,\cdots,n.$ 设 X 表示工人已检修完毕的机床的号码,Y 表示工人将要去检修的机床的号码,则由题设有

$$P\{X = i\} = \frac{1}{n} \quad (i = 1,2,\cdots,n),$$

$$P\{Y = j\} = \frac{1}{n} \quad (j = 1,2,\cdots,n),$$

$$P\{X = i, Y = j\} = P\{X = i\}P\{Y = j\} = \frac{1}{n^2} \quad (i,j = 1,2,\cdots,n).$$

设 Z 表示工人走的距离,则

$$Z = |i - j|a = \begin{cases} (i-j)a, & i \geqslant j, \\ (j-i)a, & i < j. \end{cases}$$

$$\begin{aligned} E(Z) &= \sum_{i=1}^{n} \sum_{j=1}^{n} \frac{1}{n^2} |i-j|a = \frac{a}{n^2} \sum_{i=1}^{n} \sum_{j=1}^{n} |i-j| \\ &= \frac{a}{n^2} \sum_{i=1}^{n} \Big(\sum_{j=1}^{i} (i-j) + \sum_{j=i+1}^{n} (j-i) \Big) \\ &= \frac{a}{n^2} \sum_{i=1}^{n} \Big(\frac{i(i-1)}{2} + \frac{(n-i)(n-i+1)}{2} \Big) \\ &= \frac{a}{2n^2} \Big(\sum_{i=1}^{n} (2i^2) - \sum_{i=1}^{n} 2(n+1)i + \sum_{i=1}^{n} n(n+1) \Big) \\ &= \frac{a}{2n^2} \Big(2 \times \frac{n(n+1)(2n+1)}{6} - 2(n+1) \frac{n(n+1)}{2} + n^2(n+1) \Big) \\ &= \frac{(n^2-1)a}{3n}. \end{aligned}$$

19. X_i 都服从参数为 λ 的指数分布,所以 $X_i(i=1,2,\cdots,5)$ 的分布函数为

$$F_i(x) = \begin{cases} 1 - e^{-\lambda x}, & x > 0, \\ 0, & x \leqslant 0 \end{cases} \quad (i = 1,2,\cdots,5).$$

(1) $\min\{X_1,\cdots,X_5\}$ 的分布函数为

$$\begin{aligned} F_{\min}(x) &= P\{\min\{X_1,X_2,\cdots,X_5\} \leqslant x\} \\ &= 1 - P\{\min\{X_1,X_2,\cdots,X_5\} > x\} \\ &= 1 - P\{X_1 > x, X_2 > x, \cdots, X_5 > x\} = 1 - \prod_{i=1}^{5} P\{X_i > x\} \\ &= 1 - \prod_{i=1}^{5} [1 - F_i(x)] = \begin{cases} 1 - e^{-5\lambda x}, & x > 0, \\ 0, & x \leqslant 0, \end{cases} \end{aligned}$$

所以,$\min\{X_1,\cdots,X_5\}$ 的概率密度函数为

$$f_{\min}(x) = \frac{dF_{\min}(x)}{dx} = \begin{cases} 5\lambda e^{-5\lambda x}, & x > 0, \\ 0, & x \leqslant 0, \end{cases}$$

其数学期望为

$$E(\min\{X_1, X_2, \cdots, X_5\}) = \frac{1}{5\lambda}.$$

(2) $\max\{X_1, \cdots, X_5\}$ 的分布函数为

$$F_{\max}(x) = P\{\max\{X_1, X_2, \cdots, X_5\} \leqslant x\} = P\{X_1 \leqslant x, X_2 \leqslant x, \cdots, X_5 \leqslant x\}$$

$$= \prod_{i=1}^{n} P\{X_i \leqslant x\} = \prod_{i=1}^{n} F_i(x) = \begin{cases} (1 - e^{-\lambda x})^5, & x > 0, \\ 0, & x \leqslant 0, \end{cases}$$

所以，$\max\{X_1, \cdots, X_5\}$ 的概率密度函数为

$$f_{\max}(x) = \frac{dF_{\max}(x)}{dx} = \begin{cases} 5\lambda e^{-\lambda x}(1 - e^{-\lambda x})^4, & x > 0, \\ 0, & x \leqslant 0, \end{cases}$$

其数学期望为

$$E(\max\{X_1, \cdots, X_5\}) = \int_0^{+\infty} x \cdot 5\lambda e^{-\lambda x}(1 - e^{-\lambda x})^4 dx$$

$$= \int_0^{+\infty} 5y e^{-y}(1 - e^{-y})^4 \times \frac{1}{\lambda} dy \quad (y = \lambda x)$$

$$= \frac{5}{\lambda} \int_0^{+\infty} (y e^{-y} - 4y e^{-2y} + 6y e^{-3y} - 4y e^{-4y} + y e^{-5y}) dy$$

$$= \frac{5}{\lambda}\left[1 - 1 + \frac{2}{3} - 4 \times \frac{1}{16} + \frac{1}{25}\right] = \frac{5}{\lambda}\left(\frac{2}{3} - \frac{1}{4} + \frac{1}{25}\right) = \frac{137}{60\lambda}.$$

自 测 题 四

1. 由切比雪夫不等式知 $P\{|X - E(X)| \geqslant 1.4\} \leqslant \dfrac{D(X)}{1.4^2}$，而

$$E(X) = 1 \times 0.5 + 2 \times 0.3 + 3 \times 0.2 = 1.7,$$

$$D(X) = E(X^2) - [E(X)]^2$$

$$= 1^2 \times 0.5 + 2^2 \times 0.3 + 3^2 \times 0.2 - 1.7^2 = 0.61,$$

所以

$$P\{|X - E(X)| < 1.4\} = 1 - P\{|X - E(X)| \geqslant 1.4\} \geqslant 1 - \frac{0.61}{1.4^2} = 0.69.$$

2. 因为 $X_1, X_2, \cdots, X_n, \cdots$ 两两互不相关，所以由方差的性质得

$$D\left(\frac{1}{n}\sum_{i=1}^{n} X_i\right) = \frac{1}{n^2}\sum_{i=1}^{n} D(X_i) \leqslant \frac{C}{n}.$$

再由切比雪夫不等式可得

$$P\left\{\left|\frac{1}{n}\sum_{i=1}^{n} X_i - \frac{1}{n}\sum_{i=1}^{n} E(X_i)\right| \geqslant \varepsilon\right\} \leqslant \frac{D\left(\frac{1}{n}\sum_{i=1}^{n} X_i\right)}{\varepsilon^2} \leqslant \frac{C}{n\varepsilon^2},$$

于是，当 $n \to \infty$ 时，得所要结论.

3. 由于 $X_i(i = 1, 2, \cdots, 100)$ 都服从参数为 1 的泊松分布，有

$$E(X_i) = 1, \quad D(X_i) = 1 \quad (i = 1, 2, \cdots, 100),$$

而

$$P\left\{\sum_{i=1}^{100} X_i < 120\right\} = P\left\{\frac{\sum\limits_{i=1}^{100} X_i - 100}{\sqrt{100 \times 1}} < \frac{120 - 100}{\sqrt{100 \times 1}}\right\} = P\left\{\frac{\sum\limits_{i=1}^{100} X_i - 100}{10} < 2\right\},$$

由独立同分布中心极限定理,得

$$P\left\{\sum_{i=1}^{100} X_i < 120\right\} = P\left\{\frac{\sum\limits_{i=1}^{100} X_i - 100}{10} < 2\right\} \approx \Phi(2) = 0.9972.$$

4. 将船舶每遭受一次波浪冲击看做一次试验,其结果只有两种:纵摇角大于 6°(事件 A 发生)或纵摇角不大于 6°(事件 $\overline{A}$ 发生). 假定试验是独立的,并且令 X 表示在 90000 次波浪冲击中纵摇角大于 6°的次数,则 X 是一个随机变量,服从二项分布 $B\left(90000, \dfrac{1}{3}\right)$:

$$P\{X = k\} = C_{90000}^k \left(\frac{1}{3}\right)^k \left(\frac{2}{3}\right)^{90000-k} \qquad (k = 0, 1, \cdots, 90000).$$

所需求的概率为

$$P\{29500 \leqslant X \leqslant 30500\} = \sum_{k=29500}^{30500} C_{90000}^k \left(\frac{1}{3}\right)^k \left(\frac{2}{3}\right)^{90000-k}.$$

此概率直接计算很困难,我们可用德莫弗—拉普拉斯中心极限定理计算它:

$$E(X) = np = 90000 \times \frac{1}{3} = 30000,$$

$$D(X) = np(1-p) = 90000 \times \frac{1}{3} \times \frac{2}{3} = 20000,$$

$$P\{29500 \leqslant X \leqslant 30500\}$$

$$= P\left\{\frac{29500 - 30000}{\sqrt{20000}} \leqslant \frac{X - 30000}{\sqrt{20000}} \leqslant \frac{30500 - 30000}{\sqrt{20000}}\right\}$$

$$= P\left\{\frac{-5\sqrt{2}}{2} \leqslant \frac{X - 30000}{\sqrt{20000}} \leqslant \frac{5\sqrt{2}}{2}\right\}$$

$$\approx \Phi\left(\frac{5\sqrt{2}}{2}\right) - \Phi\left(\frac{-5\sqrt{2}}{2}\right) = 2\Phi\left(\frac{5\sqrt{2}}{2}\right) - 1 = 0.9995.$$

5. 设 $X_i =$ "第 i 袋茶叶净重"($i = 1, 2, \cdots, 200$),$X =$ "一大盒茶叶净重",则有 $X = \sum\limits_{i=1}^{200} X_i$.

由题设知 $E(X_i) = 0.1$,$\sqrt{D(X_i)} = 0.01$($i = 1, 2, \cdots, 200$),由于 $X_1, X_2, \cdots, X_{200}$ 相互独立,所以

$$E(X) = E\left(\sum_{i=1}^{200} X_i\right) = \sum_{i=1}^{200} E(X_i) = 200 \times 0.1 = 20,$$

$$D(X) = D\left(\sum_{i=1}^{200} X_i\right) = \sum_{i=1}^{200} D(X_i) = 200 \times (0.01)^2,$$

$$\sqrt{D(X)} = \sqrt{2} \times 10 \times 0.01 = \sqrt{2} \times 0.1.$$

所需求的概率为

$$P\{X > 20.5\} = P\left\{\frac{X - 20}{\sqrt{2} \times 0.1} > \frac{20.5 - 20}{\sqrt{2} \times 0.1}\right\}$$

$$= 1 - P\left\{\frac{X - 20}{\sqrt{2} \times 0.1} \leqslant \frac{5}{\sqrt{2}}\right\} \approx 1 - \Phi(3.5356)$$

$$= 1 - 0.99977 = 0.00023.$$

6. 设 $X_i =$ "第 i 台寿命" $(i = 1, 2, \cdots, 1000)$，由题设知 $E(X_i) = 10, X_i \sim E\left(\frac{1}{10}\right)$，即 X_i 的密度函数为

$$f_i(x) = \begin{cases} \dfrac{1}{10}\mathrm{e}^{-\frac{x}{10}}, & x > 0, \\ 0, & x \leqslant 0 \end{cases} \quad (i = 1, 2, \cdots, 1000),$$

于是

$$P\{X_i < 10\} = \int_0^{10} \frac{1}{10}\mathrm{e}^{-\frac{x}{10}}\mathrm{d}x = 1 - \mathrm{e}^{-1} \quad (i = 1, 2, \cdots, 1000).$$

设 $Y =$ "1000 台冰箱中 10 年内出故障台数"，则 $Y \sim B(1000, 1 - \mathrm{e}^{-1})$. 10 年内出故障冰箱台数小于 600 的概率为

$$P\{Y < 600\} = P\left\{\frac{Y - 1000(1 - \mathrm{e}^{-1})}{\sqrt{1000(1 - \mathrm{e}^{-1})\mathrm{e}^{-1}}} < \frac{600 - 1000(1 - \mathrm{e}^{-1})}{\sqrt{1000(1 - \mathrm{e}^{-1})\mathrm{e}^{-1}}}\right\}$$

$$= P\left\{\frac{Y - 1000(1 - \mathrm{e}^{-1})}{\sqrt{1000(1 - \mathrm{e}^{-1})\mathrm{e}^{-1}}} < -2.106\right\}$$

$$\approx \Phi(-2.106) = 1 - \Phi(2.106) = 1 - 0.98257 = 0.01743.$$

7. 引入随机变量

$$X_i = \begin{cases} 1, & \text{第 } i \text{ 个婴儿是男婴}, \\ 0, & \text{第 } i \text{ 个婴儿是女婴} \end{cases} \quad (i = 1, 2, \cdots, 10000),$$

则 10000 个婴儿中男婴数为 $\sum\limits_{i=1}^{10000} X_i$，这里所有 X_i 服从参数 $p = 0.515$ 的两点分布. 10000 个婴儿中女婴不少于男婴，即 $\sum\limits_{i=1}^{10000} X_i < 5000$，故所求概率为 $P\left\{\sum\limits_{i=1}^{10000} X_i < 5000\right\}$. 由德莫佛-拉普拉斯定理，有

$$P\left\{\sum_{i=1}^{10000} X_i < 5000\right\} = P\left\{\frac{\sum\limits_{i=1}^{10000} X_i - np}{\sqrt{np(1-p)}} < \frac{5000 - np}{\sqrt{np(1-p)}}\right\}$$

$$\approx \Phi\left(\frac{5000 - np}{\sqrt{np(1-p)}}\right) = \Phi\left(\frac{5000 - 5150}{\sqrt{5150 \times 0.485}}\right)$$

$$= \Phi(-3) = 0.00135.$$

8. 设每箱中第 i 袋奶粉重量为 X_i，则

$$\mu = E(X_i) = 1000,$$
$$\sigma^2 = D(X_i) = 30^2 = 900, \quad i = 1, 2, \cdots, 100.$$

一箱奶粉重量为 $X = \sum\limits_{i=1}^{100} X_i$，故所求概率为 $P\{X < 99400\}$. 由独立同分布中心极限定理，有

$$P\{X < 99400\} = P\left\{\sum_{i=1}^{100} X_i < 99400\right\} = P\left\{\frac{\sum\limits_{i=1}^{100} X_i - n\mu}{\sqrt{n}\,\sigma} < \frac{99400 - n\mu}{\sqrt{n}\,\sigma}\right\}$$

$$\approx \Phi\left(\frac{99400 - n\mu}{\sqrt{n}\,\sigma}\right) = \Phi\left(\frac{99400 - 100 \times 1000}{\sqrt{100} \times 30}\right) = \Phi(-2) = 0.0228.$$

自 测 题 五

1. 由于 X_1, X_2, X_3, X_4, X_5 相互独立，并且都服从标准正态分布，所以

$$X_1 + X_2 \sim N(0,2), \quad X_3^2 + X_4^2 + X_5^2 \sim \chi^2(3),$$

从而

$$\frac{X_1 + X_2}{\sqrt{2}} \bigg/ \sqrt{\frac{X_3^2 + X_4^2 + X_5^2}{3}} = \frac{X_1 + X_2}{\sqrt{X_3^2 + X_4^2 + X_5^2}} \cdot \sqrt{\frac{3}{2}} \sim t(3).$$

这样，当 $C = \sqrt{\dfrac{3}{2}}$ 时服从 t 分布，自由度是 3.

2. $X_1 + X_2$ 与 $X_1 - X_2$ 相互独立，且 $X_1 + X_2 \sim N(0,2)$，$X_1 - X_2 \sim N(0,2)$，所以

$$\frac{X_1 + X_2}{\sqrt{2}} \sim N(0,1), \quad \frac{X_1 - X_2}{\sqrt{2}} \sim N(0,1),$$

$$\frac{(X_1 + X_2)^2}{2} \sim \chi^2(1), \quad \frac{(X_1 - X_2)^2}{2} \sim \chi^2(1),$$

$$\frac{(X_1 + X_2)^2 + (X_1 - X_2)^2}{2} \sim \chi^2(2),$$

$$\frac{(X_1 + X_2)^2/2}{[(X_1 + X_2)^2 + (X_1 - X_2)^2]/2} = \frac{(X_1 + X_2)^2}{(X_1 + X_2)^2 + (X_1 - X_2)^2} \sim F(1,2),$$

从而

$$P\left\{\frac{(X_1 + X_2)^2}{(X_1 + X_2)^2 + (X_1 - X_2)^2} > C\right\} = P\{F(1,2) > C\} = 0.10.$$

查 F 分布表，得 $C = 8.53$.

3. 不失一般性，可令 $i=1, j=2$，则

$$\operatorname{cov}(X_i - \overline{X}, X_j - \overline{X}) = \operatorname{cov}(X_1 - \overline{X}, X_2 - \overline{X})$$

$$= E[(X_1 - \overline{X})(X_2 - \overline{X})] = E(X_1 X_2 - X_1 \overline{X} - \overline{X} X_2 + \overline{X}^2)$$

$$= E(X_1 X_2) - 2E(X_1 \overline{X}) - E(\overline{X}^2).$$

令 $E(X) = \mu$，$D(X) = \sigma^2$，则

$$E(X_1 X_2) = E(X_1)E(X_2) = \mu^2,$$

$$E(X_1 \overline{X}) = E\left(X_1 \cdot \frac{1}{n}\sum_{i=1}^{n} X_i\right) = \frac{1}{n}E(X_1^2 + X_1 X_2 + \cdots + X_1 X_n)$$

$$= \frac{1}{n}[\sigma^2 + \mu^2 + (n-1)\mu^2] = \frac{1}{n}(\sigma^2 + n\mu^2) = \frac{\sigma^2}{n} + \mu^2$$

$$E(\overline{X}^2) = D(\overline{X}) + E^2(\overline{X}) = \frac{\sigma^2}{n} + \mu^2.$$

所以

$$\text{cov}(X_i - \overline{X}, X_j - \overline{X}) = \mu^2 - 2\left(\frac{\sigma^2}{n} + \mu^2\right) + \frac{\sigma^2}{n} + \mu^2 = -\frac{\sigma^2}{n}$$

$$\text{D}(X_i - \overline{X}) = \text{D}(X_1 - \overline{X}) = \text{D}\left(X_1 - \frac{1}{n}(X_1 + X_2 + \cdots + X_n)\right)$$

$$= \text{D}\left(\frac{n-1}{n}X_1 - \frac{1}{n}X_2 - \frac{1}{n}X_3 - \cdots - \frac{1}{n}X_n\right)$$

$$= \frac{(n-1)^2}{n^2}\sigma^2 + \frac{n-1}{n^2}\sigma^2 = \frac{(n-1)n}{n^2}\sigma^2 = \frac{n-1}{n}\sigma^2,$$

$$\rho((X_i - \overline{X}), (X_j - \overline{X})) = \frac{-\dfrac{\sigma^2}{n}}{\dfrac{n-1}{n}\sigma^2} = -\frac{1}{n-1}.$$

4. 由于 $X \sim N(52, 6.3^2)$，所以，X 的容量为 36 的样本均值 $\overline{X} \sim N\left(52, \dfrac{6.3^2}{36}\right)$，即 $\overline{X} \sim N(52, 1.05^2)$.

$$P\{50.8 < \overline{X} < 53.8\} = P\left\{\frac{50.8 - 52}{1.05} < \frac{\overline{X} - 52}{1.05} < \frac{53.8 - 52}{1.05}\right\}$$

$$= \Phi(1.71) - \Phi(-1.14) = \Phi(1.71) + \Phi(1.14) - 1$$

$$= 0.9564 + 0.8729 - 1 = 0.8293.$$

5. 设 $\overline{X}$ 表示容量为 10 的样本均值，$\overline{Y}$ 表示容量为 15 的样本均值，则 $\overline{X}$ 与 $\overline{Y}$ 相互独立，且

$$\overline{X} \sim N\left(20, \frac{3}{10}\right), \quad \overline{Y} \sim N\left(20, \frac{3}{15}\right),$$

从而，有

$$\overline{X} - \overline{Y} \sim N\left(0, \frac{3}{10} + \frac{3}{15}\right) = N\left(0, \frac{1}{2}\right),$$

于是

$$P\{|\overline{X} - \overline{Y}| > 0.3\} = P\left\{\left|\frac{\overline{X} - \overline{Y}}{\sqrt{1/2}}\right| > \frac{0.3}{\sqrt{1/2}}\right\} = 2(1 - \Phi(0.3\sqrt{2}))$$

$$= 2(1 - \Phi(0.42)) = 0.6744.$$

自 测 题 六

1. 设 $X_1, X_2, \cdots, X_n$ 为来自总体 X 的容量为 n 的样本，$\overline{X} = \dfrac{1}{n}\sum_{i=1}^{n} X_i$. 由于 $E(X) = \lambda$，令 $E(X) = \lambda = \overline{X} = \dfrac{1}{n}\sum_{i=1}^{n} X_i$，得矩估计量为 $\hat{\lambda} = \overline{X} = \dfrac{1}{n}\sum_{i=1}^{n} X_i$，从而 λ 的矩估计值为

$$\hat{\lambda} = \overline{x} = \frac{1}{n}\sum_{i=1}^{n} x_i.$$

2. 总体期望与方差的极大似然估计分别为

$$\hat{\mu} = \overline{x} = \frac{1}{n}\sum_{i=1}^{n} x_i = \frac{1}{10}(1067 + 919 + 1196 + 785 + 1126 + 936 + 918 + 1156 + 920 + 948) = 997.1,$$

$$\hat{\sigma}^2 = \frac{1}{10}\sum_{i=1}^{n}(x_i - \overline{x})^2 = \frac{1}{10}\sum_{i=1}^{10}(x_i^2 - 10\overline{x}^2) = 15574.29,$$

$$\hat{\sigma}=\sqrt{15574.29}\approx124.80,$$

于是所要估计的概率为

$$P\{X>1300\}=P\left\{\frac{X-997.1}{124.80}>\frac{1300-997.1}{124.80}\right\}$$

$$\approx1-\varPhi(2.43)=1-0.99245=0.00755.$$

3. 参数为 p 的 0-1 分布为

$$P\{X=x\}=p^x(1-p)^{1-x}\quad(x=0,1),$$

从而似然函数为

$$L_n=\prod_{i=1}^{n}\left[p^{x_i}(1-p)^{1-x_i}\right]=p^{\sum_{i=1}^{n}x_i}(1-p)^{n-\sum_{i=1}^{n}x_i}$$

$$=p^{n\bar{x}}(1-p)^{n-n\bar{x}}\quad\left(\bar{x}=\frac{1}{n}\sum_{i=1}^{n}x_i\right),$$

取对数得

$$\ln L_n=n\bar{x}\ln p+n(1-\bar{x})\ln(1-p).$$

令 $\dfrac{\mathrm{d}\ln L_n}{\mathrm{d}p}=\dfrac{n\bar{x}}{p}-\dfrac{n(1-\bar{x})}{1-p}=0$，由此解得 p 的极大似然估计值为 $\hat{p}=\bar{x}.$

4. 设 $X_1,X_2,\cdots,X_n$ 为来自总体 X 的样本，$\overline{X}=\dfrac{1}{n}\sum_{i=1}^{n}X_i.$ 因 $E(X)=\lambda^{-1}$，令

$$E(X)=\frac{1}{n}\sum_{i=1}^{n}X_i,$$

解得 λ^{-1} 的矩估计量为 $\widehat{\lambda^{-1}}=\overline{X}$，从而 λ^{-1} 的矩估计值为 $\widehat{\lambda^{-1}}=\bar{x}=\dfrac{1}{n}\sum_{i=1}^{n}x_i.$

5. X 的概率密度函数是 $f(x)=\dfrac{1}{\sqrt{2\pi}\sigma}\mathrm{e}^{-\frac{(x-\mu)^2}{2\sigma^2}}$，从而似然函数为

$$L_n=\prod_{i=1}^{n}\left[\left(\frac{1}{2\pi\sigma^2}\right)^{\frac{1}{2}}\mathrm{e}^{-\frac{(x_i-\mu)^2}{2\sigma^2}}\right]=(2\pi\sigma^2)^{-\frac{n}{2}}\mathrm{e}^{-\frac{1}{2\sigma^2}\sum_{i=1}^{n}(x_i-\mu)^2},$$

取对数得

$$\ln L_n=-\frac{n}{2}\left[\ln(2\pi)+\ln(\sigma^2)\right]-\frac{1}{2\sigma^2}\sum_{i=1}^{n}(x_i-\mu)^2.$$

令

$$\frac{\mathrm{d}\ln L_n}{\mathrm{d}\sigma^2}=-\frac{n}{2}\times\frac{1}{\sigma^2}+\frac{1}{2(\sigma^2)^2}\sum_{i=1}^{n}(x_i-\mu)^2=0,$$

解得 σ^2 的极大似然估计值为

$$\hat{\sigma}^2=\frac{1}{n}\sum_{i=1}^{n}(x_i-\mu)^2.$$

6. X 的分布律为

$$P\{X=x\}=\mathrm{C}_n^x p^x(1-p)^{n-x}\quad(x=1,2,\cdots,n),$$

从而似然函数为

$$L_n=\prod_{i=1}^{n}\left[\mathrm{C}_n^{x_i}p^{x_i}(1-p)^{n-x_i}\right]=\left(\prod_{i=1}^{n}\mathrm{C}_n^{x_i}\right)p^{\sum_{i=1}^{n}x_i}(1-p)^{n^2-\sum_{i=1}^{n}x_i}=\left(\prod_{i=1}^{n}\mathrm{C}_n^{x_i}\right)p^{n\bar{x}}(1-p)^{n(n-\bar{x})},$$

取对数得

$$\ln L_n=\ln\left(\prod_{i=1}^{n}\mathrm{C}_n^{x_i}\right)+n\bar{x}\ln p+n(n-\bar{x})\ln(1-p).$$

令
$$\frac{\mathrm{d}\ln L_n}{\mathrm{d}p} = \frac{n\overline{x}}{p} - \frac{n(n - \overline{x})}{1 - p} = 0,$$

解得参数 p 的极大似然估计值为 $\hat{p} = \dfrac{\overline{x}}{n}$.

7. $\mathrm{E}(X) = \displaystyle\int_0^1 x \cdot \sqrt{\theta}\, x^{\sqrt{\theta}-1}\mathrm{d}x = \int_0^1 \sqrt{\theta}\, x^{\sqrt{\theta}}\mathrm{d}x = \dfrac{\sqrt{\theta}}{\sqrt{\theta}+1}$. 设 $\overline{X} = \dfrac{1}{n}\displaystyle\sum_{i=1}^n X_i$, 令 $\mathrm{E}(X) = \overline{X}$,

解得 θ 的矩估计量为

$$\hat{\theta} = \frac{\overline{X}^2}{(1 - \overline{X})^2},$$

设 $x_1, x_2, \cdots, x_n$ 为样本观测值, 似然函数为

$$L_n = \prod_{i=1}^n \left[\sqrt{\theta}\, x_i^{\sqrt{\theta}-1}\right] = \theta^{\frac{n}{2}}(x_1 x_2 \cdots x_n)^{\sqrt{\theta}-1},$$

取对数得
$$\ln L_n = \frac{n}{2}\ln\theta + (\sqrt{\theta} - 1)\sum_{i=1}^n (\ln x_i).$$

令
$$\frac{\mathrm{d}\ln L_n}{\mathrm{d}\theta} = \frac{n}{2\theta} + \frac{1}{2}\theta^{-\frac{1}{2}}\sum_{i=1}^n (\ln x_i) = 0,$$

解得参数 θ 的极大似然估计值为

$$\hat{\theta} = \frac{n^2}{\left(\displaystyle\sum_{i=1}^n \ln x_i\right)^2},$$

从而 θ 的极大似然估计量为

$$\hat{\theta} = \frac{n^2}{\left(\displaystyle\sum_{i=1}^n \ln X_i\right)^2}.$$

8. 因为

$$\mathrm{E}(\hat{\mu}_1) = \mathrm{E}(\overline{X}) = \mathrm{E}\left(\frac{1}{n}\sum_{i=1}^n X_i\right) = \frac{1}{n}\sum_{i=1}^n \mathrm{E}(X_i) = \frac{1}{n}\sum_{i=1}^n \mu = \mu,$$

$$\mathrm{E}(\hat{\mu}_2) = \mathrm{E}\left(\sum_{i=1}^n a_i X_i\right) = \sum_{i=1}^n a_i \mathrm{E}(X_i) = \mu\left(\sum_{i=1}^n a_i\right) = \mu,$$

所以, $\hat{\mu}_1$ 与 $\hat{\mu}_2$ 都是 μ 的无偏估计. 又因为

$$\mathrm{D}(\hat{\mu}_1) = \mathrm{D}(\overline{X}) = \frac{\mathrm{D}(X)}{n},$$

$$\mathrm{D}(\hat{\mu}_2) = \mathrm{D}\left(\sum_{i=1}^n a_i X_i\right) = \sum_{i=1}^n a_i^2 \mathrm{D}(X_i) = \sum_{i=1}^n a_i^2 \mathrm{D}(X)$$

$$= \mathrm{D}(X)\sum_{i=1}^n a_i^2 \geqslant \mathrm{D}(X) \cdot \frac{1}{n}\left(\sum_{i=1}^n a_i\right)^2 = \frac{\mathrm{D}(X)}{n},$$

所以, $\hat{\mu}_1 = \overline{X}$ 比 $\hat{\mu}_2 = \displaystyle\sum_{i=1}^n a_i X_i$ 有效.

9. $\mathrm{E}[k_1\hat{\theta}_1 + k_2\hat{\theta}_2] = k_1\mathrm{E}(\hat{\theta}_1) + k_2\mathrm{E}(\hat{\theta}_2) = (k_1 + k_2)\theta = \theta$, 所以, 有 $k_1 + k_2 = 1$. 又

$$\mathrm{D}(k_1\hat{\theta}_1 + k_2\hat{\theta}_2) = k_1^2\mathrm{D}(\hat{\theta}_1) + k_2^2\mathrm{D}(\hat{\theta}_2) = 2k_1^2\mathrm{D}(\hat{\theta}_2) + k_2^2\mathrm{D}(\hat{\theta}_2)$$

$$= (2k_1^2 + k_2^2)\mathrm{D}(\hat{\theta}_2),$$

得条件极小值问题：

$$\begin{cases} k_1 + k_2 = 1, \\ \min\{2k_1^2 + k_2^2\}, \end{cases}$$

解得 $k_1 = \dfrac{1}{3}, k_2 = \dfrac{2}{3}$.

10. 设 $X_1, X_2, \cdots, X_n$ 为来自 X 的样本. 因

$$\mathrm{E}(X) = \sum_{i=1}^{N} k \cdot \frac{1}{N} = \frac{1}{N} \times \frac{1+N}{2} \times N = \frac{N+1}{2},$$

令 $\mathrm{E}(X) = \dfrac{1}{n} \sum_{i=1}^{n} X_i = \overline{X}$, 即 $\dfrac{N+1}{2} = \overline{X}$, 解得 N 的矩估计量为

$$\hat{N} = 2\overline{X} - 1.$$

11. 经计算得 $\overline{x}_A = 0.14125, s_A^2 = 7.84 \times 10^{-6}, \overline{x}_B = 0.1392, s_B^2 = 5.29 \times 10^{-6}$. 又 $n_A = 4, n_B = 5$, 对于 $\alpha = 0.05$, 查 t 分布表, 知

$$t_{\alpha/2}(n_A + n_B - 2) = t_{0.025}(7) = 2.3646.$$

由题设, 得

$$s_w = \sqrt{\frac{(n_A - 1)s_A^2 + (n_B - 1)s_B^2}{n_A + n_B - 2}}$$

$$= \sqrt{\frac{(4-1) \times 7.84 \times 10^{-6} + (5-1) \times 5.29 \times 10^{-6}}{4 + 5 - 2}} = 0.0025,$$

所以, $\mu_1 - \mu_2$ 的置信度为 95% 的置信区间为

$$\left(\overline{x}_A - \overline{x}_B - t_{\alpha/2}(n_A + n_B - 2)s_w \sqrt{\frac{1}{n_A} + \frac{1}{n_B}}, \overline{x}_A - \overline{x}_B + t_{\alpha/2}(n_A + n_B - 2)s_w \sqrt{\frac{1}{n_A} + \frac{1}{n_B}} \right)$$

$$= \left(0.14125 - 0.1392 \pm 2.3646 \times 0.00252 \times \sqrt{\frac{1}{4} + \frac{1}{5}} \right) = (-0.002, 0.006).$$

12. 由于 $X \sim N(\mu, \sigma^2)$, 所以 $\overline{X} \sim N\left(\mu, \dfrac{\sigma^2}{n} \right)$, 从而有

$$P\{\overline{X} \leqslant t\} = P\left\{ \frac{\overline{X} - \mu}{\sigma / \sqrt{n}} \leqslant \frac{t - \mu}{\sigma / \sqrt{n}} \right\} = \Phi\left(\frac{t - \mu}{\sigma} \sqrt{n} \right).$$

这里, $\Phi(x) = \displaystyle\int_{-\infty}^{x} \dfrac{1}{\sqrt{2\pi}} \mathrm{e}^{-\frac{t^2}{2}} \mathrm{d}t$ 是标准正态分布的分布函数.

由于 μ 的极大似然估计 $\hat{\mu} = \overline{X}, \sigma$ 的极大似然估计为

$$\hat{\sigma} = \sqrt{\frac{1}{n} \sum_{i=1}^{n} (X_i - \overline{X})^2},$$

所以, $P\{\overline{X} \leqslant t\}$ 的极大似然估计为 $\Phi\left(\dfrac{t - \overline{X}}{\hat{\sigma}} \sqrt{n} \right)$.

13. μ 的置信度为 0.95 的置信区间为

$$\left(\overline{x} - Z_{0.025} \times \frac{\sigma}{\sqrt{n}}, \overline{x} + Z_{0.025} \times \frac{\sigma}{\sqrt{n}} \right) = \left(5 - 1.96 \times \frac{1}{\sqrt{100}}, 5 + 1.96 \times \frac{1}{\sqrt{100}} \right)$$

$$= (5 - 0.196, 5 + 0.196) = (4.804, 5.196).$$

14. $\alpha = 0.05$, 查 χ^2 分布表, 得

$$\chi^2_{\alpha/2}(n-1) = \chi^2_{0.025}(15) = 27.488,$$

$$\chi^2_{1-\alpha/2}(n-1) = \chi^2_{0.975}(15) = 6.262.$$

总体标准差 σ 的置信度为 0.95 的置信区间为

$$\left(\sqrt{\frac{(n-1)s^2}{\chi^2_{\alpha/2}(n-1)}}, \sqrt{\frac{(n-1)s^2}{\chi^2_{1-\alpha/2}(n-1)}} \right) = \left(\sqrt{\frac{15}{27.488} \times 6.2022}, \sqrt{\frac{15}{6.262} \times 6.2022} \right)$$

$$= (4.58, 9.60).$$

15. $\alpha/2 = 0.05$，查标准正态分布表，得 $Z_{\alpha/2} = Z_{0.05} = 1.65$。$\mu_1 - \mu_2$ 的置信度为 0.90 的置信区间为

$$\left(\overline{x} - \overline{y} - Z_{\alpha/2} \times \sqrt{\frac{\sigma_1^2}{n_1} + \frac{\sigma_2^2}{n_2}}, \overline{x} - \overline{y} + Z_{\alpha/2} \times \sqrt{\frac{\sigma_1^2}{n_1} + \frac{\sigma_2^2}{n_2}} \right)$$

$$= \left(14.6 - 13.2 - 1.65 \sqrt{\frac{16}{15} + \frac{9}{20}}, 14.6 - 13.2 + 1.65 \sqrt{\frac{16}{15} + \frac{9}{20}} \right)$$

$$= (-0.63, 3.43).$$

自 测 题 七

1. 检验假设 $H_0: \mu = \mu_0 = 15; H_1: \mu \neq \mu_0 = 15$。

对于 $\alpha = 0.05$，查标准正态分布表，得 $Z_{\alpha/2} = Z_{0.025} = 1.96$。

计算检验统计量的观测值：

$$\overline{x} = \frac{1}{n} \sum_{i=1}^{6} x_i = \frac{1}{6}(14.7 + 15.1 + \cdots + 15.2 + 14.6) = 14.9,$$

$$u = \left| \frac{\overline{x} - \mu_0}{\sigma/\sqrt{n}} \right| = \left| \frac{14.9 - 15}{\sqrt{0.05}/\sqrt{6}} \right| = 1.096 < 1.96 = Z_{0.025}.$$

所以，接受原假设 $H_0: \mu = 15$，即可以认为新工艺生产的零件重量均值仍为 15。

2. 这是方差未知的正态总体均值检验问题。检验假设

$$H_0: \mu = 72; \quad H_1: \mu \neq 72.$$

对于 $\alpha = 0.05$，查 t 分布表，得

$$t_{\alpha/2}(n-1) = t_{0.025}(9) = 2.26,$$

计算检验统计量的观测值：

$$\overline{x} = \frac{1}{10}(54 + 67 + \cdots + 65 + 69) = 67.4,$$

$$s^2 = \frac{1}{10-1} \sum_{i=1}^{10} (x_i - \overline{x})^2$$

$$= \frac{1}{9}((54 - 67.4)^2 + (67 - 67.4)^2 + \cdots + (65 - 67.4)^2 + (69 - 67.4)^2)$$

$$= 5.93^2,$$

$$|t| = \left| \frac{\overline{x} - \mu_0}{s/\sqrt{n}} \right| = \left| \frac{67.4 - 72}{5.93/\sqrt{10}} \right| = 2.45 > 2.26 = t_{0.025}(9).$$

所以，拒绝原假设 $H_0: \mu = 72$，认为中毒患者脉搏与正常人有显著差异。

3. 某轮胎厂轮胎寿命 $X\sim N(\mu,\sigma^2)$，其中 μ 与 σ^2 均未知，样本容量 $n=12$. 检验假设

$$H_0:\ \mu\geqslant 5;\quad H_1:\ \mu < 5.$$

对于 $\alpha=0.05$，查 t 分布表，得 $t_\alpha(n-1)=t_{0.05}(11)=1.7959$.

计算检验统计量的观测值：

$$\overline{x}=\frac{1}{12}\sum_{i=1}^{12}x_i=4.73,\quad s^2=\frac{1}{12}\sum_{i=1}^{12}(x_i-\overline{x})^2=0.0731,$$

$$t=\frac{\overline{x}-\mu_0}{s/\sqrt{n}}=\frac{4.73-5}{\sqrt{0.0731}/\sqrt{12}}=-3.4591<-1.795=-t_{0.05}(11).$$

所以，拒绝原假设 $H_0:\ \mu\geqslant 5$，认为轮胎平均寿命低于 5×10^4 km.

4. 设 $X=$"药甲延长睡眠时间"，$Y=$"药乙延长睡眠时间"，$X\sim N(\mu_1,\sigma^2)$，$Y\sim N(\mu_2,\sigma^2)$，但 σ 未知. 已知 $n_1=10,n_2=10,\alpha=0.05$. 检验假设

$$H_0:\ \mu_1-\mu_2=0;\quad H_1:\ \mu_1-\mu_2\neq 0.$$

对于 $\alpha=0.05$，查 t 分布表，知

$$t_{\alpha/2}(n_1+n_2-2)=t_{0.025}(18)=2.10.$$

计算检验统计量的观测值：

$$\overline{x}=\frac{1}{10}\sum_{i=1}^{10}x_i=2.33,\quad s_1^2=\frac{1}{10-1}\sum_{i=1}^{10}(x_i-\overline{x})^2=4.009,$$

$$\overline{y}=\frac{1}{10}\sum_{i=1}^{10}y_i=0.75,\quad s_2^2=\frac{1}{10-1}\sum_{i=1}^{10}(y_i-\overline{y})^2=3.206,$$

$$s_w^2=\frac{(n_1-1)s_1^2+(n_2-1)s_2^2}{n_1+n_2-2}=\frac{9\times4.009+9\times3.206}{10+10-2}=1.8987^2,$$

$$|t|=\left|\frac{\overline{x}-\overline{y}}{s_w\sqrt{\frac{1}{n_1}+\frac{1}{n_2}}}\right|=\left|\frac{2.33-0.75}{1.8987\sqrt{\frac{1}{10}+\frac{1}{10}}}\right|=2.33>2.10=t_{0.025}(18).$$

所以，拒绝原假设 $H_0:\ \mu_1-\mu_2=0$，认为这两种安眠药有显著性差异.

5. (1) 检验假设 $H_0:\ \sigma_1^2=\sigma_2^2;H_1:\ \sigma_1^2\neq\sigma_2^2$.

做 F 检验，对于 $\alpha=0.01$，查 F 分布表，得 $F_{\alpha/2}(n_1-1,n_2-1)=F_{0.005}(9,9)=6.54$，从而

$$F_{1-\alpha/2}(n_1-1,n_2-1)=\frac{1}{F_{\alpha/2}(n_2-1,n_1-1)}=\frac{1}{F_{0.005}(9,9)}=\frac{1}{6.54}.$$

计算检验统计量的观测值：

$$F=\frac{s_1^2}{s_2^2}=\frac{26.7^2}{(12.12)^2}=4.87.$$

因为 $F_{1-\alpha/2}(n_1-1,n_2-1)=\frac{1}{6.54}<F=4.87<F_{\alpha/2}(n_1-1,n_2-1)=6.54$，

所以，接受 $H_0:\ \sigma_1^2=\sigma_2^2$.

(2) 检验假设 $H_0:\ \mu_1-\mu_2=0;H_1:\ \mu_1-\mu_2\neq 0$.

对于 $\alpha=0.01$，查 t 分布表，得

$$t_{\alpha/2}(n_1+n_2-2)=t_{0.005}(18)=2.8784.$$

计算检验统计量的观测值：

$$|t| = \left| \frac{\bar{x} - \bar{y}}{s_w \sqrt{\frac{1}{n_1} + \frac{1}{n_2}}} \right| = \left| \frac{530.97 - 521.79}{20.728 \sqrt{\frac{1}{10} + \frac{1}{10}}} \right| = 0.99 < 2.8784,$$

这里

$$s_w^2 = \frac{(n_1 - 1)s_1^2 + (n_2 - 1)s_2^2}{n_1 + n_2 - 2} = \frac{9 \times 26.7^2 + 9 \times 12.1^2}{10 + 10 - 2} = 20.728^2.$$

所以,接受 H_0: $\mu_1 - \mu_2 = 0$.

综合(1),(2)可见,这两个品种的产量无显著差异.

6. 检验假设 H_0: $\mu \geqslant 0.5\%$; H_1: $\mu < 0.5\%$.

由于 σ^2 未知,要用 T 检验法.对于 $\alpha = 0.05$,查 t 分布表,得 $t_\alpha(n-1) = t_{0.05}(9) = 1.833$.

计算检验统计量的观测值

$$t = \frac{0.452\% - 0.5\%}{0.037\% / \sqrt{10}} = -4.10 < -t_{0.05}(9) = -1.833.$$

所以,拒绝原假设 H_0: $\mu \geqslant 0.5\%$,接受备择假设 H_1: $\mu < 0.5\%$.

7. 检验假设 H_0: $\sigma^2 \leqslant 0.005^2$; H_1: $\sigma^2 > 0.005^2$.

对于 $\alpha = 0.05$,查 χ^2 分布表,得

$$\chi_\alpha^2(n-1) = \chi_{0.05}^2(8) = 15.50\%.$$

计算检验统计量的观测值:

$$\chi^2 = \frac{(n-1)S^2}{\sigma_0^2} = \frac{8 \times 0.007^2}{0.005^2} = 15.68 > \chi_{0.05}^2(8) = 15.507.$$

所以,拒绝原假设 H_0: $\sigma^2 \leqslant 0.005^2$,即电阻标准差显著偏大.

8. 这是检验两正态总体均值是否相等的问题,应先检验方差是否相等.

(1) 检验假设 H_0: $\sigma_1^2 = \sigma_2^2$; H_1: $\sigma_1^2 \neq \sigma_2^2$.

计算检验统计量的观测值:

$$F = \frac{s_1^2}{s_2^2} = \frac{94^2}{80^2} = 1.380.$$

对于 $\alpha = 0.05$,查 F 分布表,得

$$F_{0.025}(29, 29) = 2.1, \quad \text{从而} \quad F_{0.975}(29, 29) = \frac{1}{F_{0.025}(29, 29)} = 0.476,$$

由于 $F_{0.975}(29, 29) = 0.476 < F = 1.380 < 2.1 = F_{0.025}(29, 29)$,所以,接受原假设 H_0: $\sigma_1^2 = \sigma_2^2$.

(2) 检验假设 H_0: $\mu_1 = \mu_2$; H_1: $\mu_1 \neq \mu_2$.

要用 T 检验法.计算检验统计量的观测值:

$$|t| = \frac{|\bar{x}_1 - \bar{x}_2|}{\sqrt{\frac{(n_1 - 1)s_1^2 + (n_2 - 1)s_2^2}{n_1 + n_2 - 2}} \sqrt{\frac{1}{n_1} + \frac{1}{n_2}}}$$

$$= \frac{1500 - 1450}{\sqrt{\frac{29 \times 80^2 + 29 \times 94^2}{30 + 30 - 2}} \sqrt{\frac{1}{30} + \frac{1}{30}}} = 2.22.$$

对于 $\alpha = 0.05$,查 t 分布表,得

$$t_{a/2}(n_1 + n_2 - 2) = t_{0.025}(58) = 2.003,$$

从而知

$$|t| = 2.22 > t_{0.025}(28) = 2.003,$$

所以,拒绝原假设 $H_0: \mu_1 = \mu_2$,即两总体均值不相等,从而可断定甲厂灯泡比乙厂的好.

9. 设 X="夏季发生暴雨的天数",待检验的假设是

$$H_0: X \text{ 服从泊松分布}; \quad H_1: X \text{ 不服从泊松分布}.$$

泊松分布中参数 λ 的极大似然估计值是

$$\hat{\lambda} = \bar{x} = \frac{1}{63}(0 \times 4 + 1 \times 8 + 2 \times 14 + 3 \times 19 + 4 \times 10 + 5 \times 4 + 6 \times 2 + 7 \times 1 + 8 \times 1)$$

$$= 2.8571.$$

将 X 的取值划分成 7 组,并按 $\lambda = 2.8571$ 计算的各组的取值概率、观测频数等如下表所示 $\left(n = \sum_{i=0}^{6} n_i = 63 \right)$:

k	0	1	2	3	4	5	$\geqslant 6$
$\hat{p}_i$	0.0574	0.1641	0.2344	0.2233	0.1595	0.0911	0.0702
n_i	4	8	14	19	10	4	4
$\dfrac{(n_i - n\hat{p}_i)^2}{n\hat{p}_i}$	0.0399	0.5296	0.0401	1.7274	0.0002	0.5275	0.0399

由此算得检验统计量的观测值

$$\chi^2 = \sum_{i=0}^{6} \frac{(n_i - n\hat{p}_i)^2}{n\hat{p}_i} = 2.9046.$$

泊松分布中待估参数个数是 $r = 1$. 对于 $\alpha = 0.05$,查 χ^2 分布表,得 $\chi_a^2(k - r - 1) = \chi_{0.05}^2(7 - 1 - 1) = 11.07$. 这样

$$\chi^2 = 2.9046 < \chi_{0.05}^2(5) = 11.07,$$

因此,接受原假设 H_0,即认为该地夏季暴雨天数服从泊松分布.

10. 设 A_1, A_2, A_3 分别表示豌豆开红花、粉红花及白花. 检验假设

$$H_0: \text{豌豆花色符合孟德尔遗传定律}; \quad H_1: \text{豌豆花色不符合孟德尔遗传定律}.$$

在 H_0 之下,有

$$P(A_1) = \frac{1}{4}, \quad P(A_2) = \frac{2}{4}, \quad P(A_3) = \frac{1}{4}.$$

100 株豌豆中所开花色的观测株数、期望株数如下表所示:

	A_1	A_2	A_3
观测株数 n_i	30	48	22
期望株数 $n p_i$	25	50	25

对于 $\alpha = 0.05$，查 χ^2 分布表，得

$$\chi_\alpha^2(k - r - 1) = \chi_{0.05}^2(3 - 0 - 1) = \chi_{0.05}^2(2) = 5.99.$$

计算检验统计量的观测值：

$$\chi^2 = \frac{(30 - 25)^2}{25} + \frac{(48 - 50)^2}{50} + \frac{(22 - 25)^2}{25}$$

$$= 1.44 < \chi_{0.05}^2(2) = 5.99.$$

所以，接受原假设 H_0，认为即豌豆开花符合孟德尔遗传定律.

自 测 题 八

1. 本题是单因素试验方差分析问题，材料的配方为因素，4 种不同的配方为 4 个水平，4 种不同配方生产出的元件的使用寿命视为 4 个总体，4 个总体的均值为 $\mu_i, i = 1, \cdots, 4$，要检验 4 种不同配方生产出的元件的平均使用寿命是否有显著的差异，即检验：

$$H_0: \mu_1 = \mu_2 = \mu_3 = \mu_4; \quad H_1: \mu_1, \cdots, \mu_4 \text{ 中至少有两个不相等.}$$

如果原假设 H_0 成立，则有

$$F = \frac{S_A/(r - 1)}{S_E/(n - r)} \sim F(r - 1, n - r).$$

本试验中共有 26 个观测数据，$n = 26, r = 4, n_1 = 7, n_2 = 5, n_3 = 8, n_4 = 6$. 全体数据的总平均值为

$$\overline{x} - \frac{1}{26} \sum_{i=1}^{4} \sum_{j=1}^{n_i} x_{ij} = 1625.77,$$

配方 A_i 下的样本均值为

$$\overline{x}_{i.} = \frac{1}{n_i} \sum_{j=1}^{n_i} x_{ij}, \quad i = 1, 2, 3, 4,$$

代入计算得

$$S_E = \sum_{i=1}^{4} \sum_{j=1}^{n_i} (x_{ij} - \overline{x}_{i.})^2 = 166622.26,$$

$$S_A = \sum_{i=1}^{4} n_i (\overline{x}_{i.} - \overline{x})^2 = 49212.35,$$

$$F = \frac{S_A/(r - 1)}{S_E/(n - r)} = \frac{49212.35/3}{166622.26/22} = 2.166.$$

将结果填入以下方差分析表中. 取 $\alpha = 0.05$ 查表得临界值 $F_{0.05}(3, 22) = 3.05$. 因为 $2.166 < 3.05$，所以接受 H_0，认为 4 种材料生产出的元件的平均寿命无显著差异. 另外根据 p 值大于 0.05 也可以说明同样的结论，其中 $p = P\{F(3, 22) > 2.166\} = 0.1208$.

对于利用 p 值来判断，我们可从下图直观理解：这是一张 $F(3, 22)$ 的分布图（曲线为 $F(3, 22)$ 分布的密度曲线），图中阴影部分的面积等于 p 值 0.1208. 直观上看 p 值偏大，所以我们接受 H_0. 许多统计软件包在给出方差分析表的同时也给出了相应的 p 值，且各种分布的图像也很容易得到，比起传统的查表找临界值的方法更加简单直观.

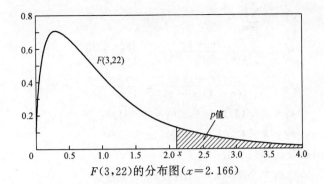

$F(3,22)$ 的分布图 $(x=2.166)$

元件寿命数据的方差分析表

方差来源	平方和	自由度	均方	F 值	p 值
因素 A	49212.35	3	16404.12		
误差	166622.26	22	7573.74	2.166	0.1208
总和	215834.62	25			

2. 本题是单因素试验方差分析问题. 设小白鼠被注射的伤寒杆菌为因素,3 种不同的菌型为 3 个水平,接种后的存活天数看做来自 3 个正态分布总体 $N(\mu_i,\sigma^2)$ 的样本观测值,$i=1,2,3$. 问题归结为检验:

$$H_0: \mu_1=\mu_2=\mu_3; \quad H_1: \mu_1,\mu_2,\mu_3 \text{ 不全相等}.$$

本题中 $n=33,r=3,n_1=11,n_2=10,n_3=12$. 计算得

$$\bar{x}=\frac{1}{33}\sum_{i=1}^{3}\sum_{j=1}^{n_i}x_{ij}=6.18, \qquad S_E=\sum_{i=1}^{3}\sum_{j=1}^{n_i}(x_{ij}-\bar{x}_{i.})^2=166.65,$$

$$S_A=\sum_{i=1}^{3}n_i(\bar{x}_{i.}-\bar{x})^2=94.26, \qquad F=\frac{S_A/(r-1)}{S_E/(n-r)}=\frac{94.26/2}{166.65/30}=8.484,$$

$$p=P\{F(2,30)>8.484\}=0.0012.$$

将结果填入以下方差分析表中. 取 $\alpha=0.01$,p 值远小于 0.01,应拒绝原假设,即认为小白鼠在接种 3 种不同菌型的伤寒杆菌后的存活天数有显著的差异.

白鼠试验的方差分析表

方差来源	平方和	自由度	均方	F 值	p 值
因素 A	94.26	2	47.13		
误差	166.65	30	5.56	8.484	0.0012
总和	260.91	32			

3. 本题是无交互作用的双因素试验方差分析问题,其中 $r=4,s=3$. 计算出方差分析表中相应的数据:

$$S_E=\sum_{i=1}^{r}\sum_{j=1}^{s}(x_{ij}-\bar{x}_{i.}-\bar{x}_{.j}+\bar{x})^2=1463.50,$$

$$S_A=s\sum_{i=1}^{r}(\bar{x}_{i.}-\bar{x})^2=3824.25,$$

$$S_B = r \sum_{j=1}^{s} (\overline{x}_{.j} - \overline{x})^2 = 162.50,$$

$$F_A = \frac{S_A/(r-1)}{S_E/((r-1)(s-1))} = \frac{3824.25/3}{1463.50/6} = 5.226,$$

$$F_B = \frac{S_B/(s-1)}{S_E/((r-1)(s-1))} = \frac{162.50/2}{1463.50/6} = 0.3331,$$

$$p_1 = P\{F(3,6) > 5.226\} = 0.04126,$$

$$p_2 = P\{F(2,6) > 0.3331\} = 0.72915.$$

将结果填入以下方差分析表中. 根据 p 值,

$$p_1 = 0.04126 < 0.05, \quad p_2 = 0.72915 > 0.05,$$

说明不同品种对产量有显著影响, 而没有充分理由说明施肥方法对产量有显著的影响.

农业试验的方差分析表

方差来源	平方和	自由度	均方	F 值	p 值
因素 A(品种)	3824.25	3	1274.75	5.226	0.04126
因素 B(施肥法)	162.50	2	81.25	0.3331	0.72915
误差	1463.50	6	243.90		
总和	5444.75	11			

4. 本题是有交互作用的双因素试验方差分析问题, 其中 $r=3, s=4, t=5$. 计算出方差分析表中相应的数据:

$$S_E = \sum_{i=1}^{r} \sum_{j=1}^{s} \sum_{k=1}^{t} (x_{ijk} - \overline{x}_{ij.})^2 = 926.00,$$

$$S_A = st \sum_{i=1}^{r} (\overline{x}_{i.} - \overline{x})^2 = 352.53.$$

$$S_B = rt \sum_{j=1}^{s} (\overline{x}_{.j} - \overline{x})^2 = 58.05,$$

$$S_{A \times B} = t \sum_{i=1}^{r} \sum_{j=1}^{s} (\overline{x}_{ij.} - \overline{x}_{i..} - \overline{x}_{.j.} + \overline{x})^2 = 119.60,$$

$$F_A = \frac{S_A/(r-1)}{S_E/(rs(t-1))} = \frac{352.53/2}{926.00/48} = 9.1369,$$

$$F_B = \frac{S_B/(s-1)}{S_E/(rs(t-1))} = \frac{58.05/3}{926.00/48} = 1.0030,$$

$$F_{A \times B} = \frac{S_{A \times B}/((r-1)(s-1))}{S_E/(rs(t-1))} = \frac{119.60/6}{926.00/48} = 1.0333,$$

$$p_1 = P\{F(2,48) > 9.1368\} = 0.0004341,$$

$$p_2 = P\{F(3,48) > 1.0030\} = 0.3996,$$

$$p_3 = P\{F(6,48) > 1.0333\} = 0.4156.$$

将计算结果填入以下方差分析表中. 根据 p 值,

$$p_1 = 0.0004341 < 0.05, \quad p_2 = 0.3996 > 0.05, \quad p_3 = 0.4156 > 0.05,$$

可见在显著性水平 $\alpha = 0.05$ 下, 树种(行)效应是高度显著的, 而地区(列)效应及交互效应并不显著.

松树直径数据的双因素方差分析表

方差来源	平方和	自由度	均方	F 值	p 值
因素 A	352.53	2	176.27	9.1369	0.0004341
因素 B	58.05	3	19.35	1.0030	0.3996331
交互效应 $A \times B$	119.60	6	19.93	1.0333	0.4156274
误差	926.00	48	19.29		
总和	1456.18	59			

5. (1) 由观测数据列表如下：

序号	x_i	y_i	x_i^2	y_i^2	$x_i y_i$
1	0.50	-0.30	0.25	0.09	-0.15
2	-0.80	-1.20	0.64	1.44	0.96
3	0.90	1.10	0.81	1.21	0.99
4	-2.80	-3.50	7.84	12.25	9.80
5	6.50	4.60	42.25	21.16	29.90
6	2.30	1.80	5.29	3.24	4.14
7	1.60	0.50	2.56	0.25	0.80
8	5.10	3.80	26.01	14.44	19.38
9	-1.90	-2.80	3.61	7.84	5.32
10	-1.50	0.50	2.25	0.25	-0.75
$\sum$	9.90	4.50	91.51	62.17	70.39

由表中数据计算可得

$$\bar{x} = \frac{1}{n} \sum_{i=1}^{n} x_i = \frac{9.9}{10} = 0.99,$$

$$\bar{y} = \frac{1}{n} \sum_{i=1}^{n} y_i = \frac{4.5}{10} = 0.45,$$

$$S_{xx} = \sum_{i=1}^{n} (x_i - \bar{x})^2 = \sum_{i=1}^{n} x_i^2 - n(\bar{x})^2$$

$$= 91.51 - 10 \times 0.99^2 = 81.71,$$

$$S_{yy} = \sum_{i=1}^{n} (y_i - \bar{y})^2 = \sum_{i=1}^{n} y_i^2 - n(\bar{y})^2$$

$$= 62.17 - 10 \times 0.45^2 = 60.15,$$

$$S_{xy} = \sum_{i=1}^{n} (x_i - \bar{x})(y_i - \bar{y}) = \sum_{i=1}^{n} x_i y_i - n\bar{x}\,\bar{y}$$

$$= 70.4 - 10 \times 0.99 \times 0.45 = 65.94,$$

$$\hat{\beta}_1 = \frac{S_{xy}}{S_{xx}} = \frac{65.94}{81.71} = 0.81,$$

$$\hat{\beta}_0 = \overline{y} - \hat{\beta}_1 \overline{x} = 0.45 - 0.81 \times 0.99 = -0.35,$$

$$\hat{\sigma}^2 = \frac{\sum_{i=1}^{n}(y_i - \hat{\beta}_0 - \hat{\beta}_1)^2}{n-2} = 0.867.$$

经验回归方程为

$$\hat{y} = -0.35 + 0.81x.$$

（2）**方法 1** 利用 F 检验法.计算检验统计量的观测值：

$$F = \frac{\hat{\beta}_1^2 S_{xx}}{\hat{\sigma}^2} = \frac{0.81^2 \times 81.71}{0.87} = 61.61.$$

查 F 分布表得 $F_{0.05}(1,8)=5.32$.因为 $F=61.61>5.32$,所以拒绝 H_0,认为 x 与 y 的线性关系显著.

方法 2 利用相关系数检验法.计算相关系数：

$$R = \frac{S_{xy}}{\sqrt{S_{xx}S_{yy}}} = \frac{65.94}{\sqrt{81.71 \times 60.15}} = 0.94,$$

查相关系数显著性检验表(附表 6)得 $R_{0.05}(8)=0.632$.因为 $R=0.94>0.632$,所以认为 x 与 y 的线性关系显著.

6. 根据题设条件

$$\boldsymbol{X} = \begin{bmatrix} 1 & 0 \\ 2 & -1 \\ 1 & 2 \end{bmatrix}, \quad \boldsymbol{X}^{\mathrm{T}}\boldsymbol{X} = \begin{bmatrix} 6 & 0 \\ 0 & 5 \end{bmatrix},$$

$$\hat{\boldsymbol{\beta}} = (\boldsymbol{X}^{\mathrm{T}}\boldsymbol{X})^{-1}\boldsymbol{X}^{\mathrm{T}}\boldsymbol{y} = \begin{bmatrix} \frac{1}{6} & 0 \\ 0 & \frac{1}{5} \end{bmatrix} \begin{bmatrix} 1 & 2 & 1 \\ 0 & -1 & 2 \end{bmatrix} \begin{bmatrix} y_1 \\ y_2 \\ y_3 \end{bmatrix} = \begin{bmatrix} \frac{1}{6}(y_1 + 2y_2 + y_3) \\ \frac{1}{5}(-y_2 + 2y_3) \end{bmatrix},$$

即 β_1, β_2 的最小二乘估计分别为

$$\hat{\beta}_1 = \frac{1}{6}(y_1 + 2y_2 + y_3), \quad \hat{\beta}_2 = \frac{1}{5}(-y_2 + 2y_3).$$

7. 根据题意：

$$y_1 = \beta_0 + 76\beta_1 + 50\beta_2,$$
$$y_2 = \beta_0 + 91.5\beta_1 + 20\beta_2,$$
$$\cdots\cdots\cdots\cdots\cdots\cdots\cdots\cdots\cdots$$
$$y_{13} = \beta_0 + 92.5\beta_1 + 20\beta_2,$$

$$\boldsymbol{y} = \begin{bmatrix} y_1 \\ y_2 \\ \vdots \\ y_{13} \end{bmatrix}_{13\times 1} = \boldsymbol{X}\boldsymbol{\beta} = \begin{bmatrix} 1 & 76 & 50 \\ 1 & 91.5 & 20 \\ \vdots & \vdots & \vdots \\ 1 & 92.5 & 20 \end{bmatrix}_{13\times 3} \begin{bmatrix} \beta_0 \\ \beta_1 \\ \beta_2 \end{bmatrix}_{3\times 1}.$$

$$\hat{\boldsymbol{\beta}} = (\boldsymbol{X}^{\mathrm{T}}\boldsymbol{X})^{-1}\boldsymbol{X}^{\mathrm{T}}\boldsymbol{y} = \begin{bmatrix} 13 & 1079.5 & 505 \\ 1079.5 & 90159.75 & 41167.5 \\ 505 & 41167.5 & 21925 \end{bmatrix}^{-1} \begin{bmatrix} 1690 \\ 141138.5 \\ 64935 \end{bmatrix} = \begin{bmatrix} -62.9634 \\ 2.1366 \\ 0.4002 \end{bmatrix},$$

得到 y 与 x_1, x_2 的经验回归方程为

$$\hat{y} = -62.9634 + 2.1366x_1 + 0.4002x_2.$$

已知 $n=13, m=2$. 经计算算得到 $U=1430.5699, Q=81.4301$, 因此有

$$F = \frac{U/m}{Q/(n-m-1)} = \frac{1430.5699/2}{81.4301/10} = 87.8404.$$

查 F 分布表得 $F_{0.05}(2,10)=4.1028$. 因为 $F=87.8404>4.1028$, 所以认为回归方程拟合程度良好.

附表 1　标准正态分布表

$$\Phi(z) = \int_{-\infty}^{z} \frac{1}{\sqrt{2\pi}} e^{-u^2/2} du = P\{Z \leqslant z\}$$

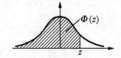

z	0	1	2	3	4	5	6	7	8	9
0.0	0.5000	0.5040	0.5080	0.5120	0.5160	0.5199	0.5239	0.5279	0.5319	0.5359
0.1	0.5398	0.5438	0.5478	0.5517	0.5557	0.5596	0.5636	0.5675	0.5714	0.5753
0.2	0.5793	0.5832	0.5871	0.5910	0.5948	0.5987	0.6026	0.6064	0.6103	0.6141
0.3	0.6179	0.6217	0.6255	0.6293	0.6331	0.6368	0.6406	0.6443	0.6480	0.6517
0.4	0.6554	0.6591	0.6628	0.6664	0.6700	0.6736	0.6772	0.6808	0.6844	0.6879
0.5	0.6915	0.6950	0.6985	0.7019	0.7054	0.7088	0.7123	0.7157	0.7190	0.7224
0.6	0.7257	0.7291	0.7324	0.7357	0.7389	0.7422	0.7454	0.7486	0.7517	0.7549
0.7	0.7580	0.7611	0.7642	0.7673	0.7703	0.7734	0.7764	0.7794	0.7823	0.7852
0.8	0.7881	0.7910	0.7939	0.7967	0.7995	0.8023	0.8051	0.8078	0.8106	0.8133
0.9	0.8159	0.8186	0.8212	0.8238	0.8264	0.8289	0.8315	0.8340	0.8365	0.8389
1.0	0.8413	0.8438	0.8461	0.8485	0.8508	0.8531	0.8554	0.8577	0.8599	0.8621
1.1	0.8643	0.8665	0.8686	0.8708	0.8729	0.8749	0.8770	0.8790	0.8810	0.8830
1.2	0.8849	0.8869	0.8888	0.8907	0.8925	0.8944	0.8962	0.8980	0.8997	0.9015
1.3	0.9032	0.9049	0.9066	0.9082	0.9099	0.9115	0.9131	0.9147	0.9162	0.9177
1.4	0.9192	0.9207	0.9222	0.9236	0.9251	0.9265	0.9278	0.9292	0.9306	0.9319
1.5	0.9332	0.9345	0.9357	0.9370	0.9382	0.9394	0.9406	0.9418	0.9430	0.9441
1.6	0.9452	0.9463	0.9474	0.9484	0.9495	0.9505	0.9515	0.9525	0.9535	0.9545
1.7	0.9554	0.9564	0.9573	0.9582	0.9591	0.9599	0.9608	0.9616	0.9625	0.9633
1.8	0.9641	0.9648	0.9656	0.9664	0.9671	0.9678	0.9686	0.9693	0.9700	0.9706
1.9	0.9713	0.9719	0.9726	0.9732	0.9738	0.9744	0.9750	0.9756	0.9762	0.9767
2.0	0.9772	0.9778	0.9783	0.9788	0.9793	0.9798	0.9803	0.9808	0.9812	0.9817
2.1	0.9821	0.9826	0.9830	0.9834	0.9838	0.9842	0.9846	0.9850	0.9854	0.9857
2.2	0.9861	0.9864	0.9868	0.9871	0.9874	0.9878	0.9881	0.9884	0.9887	0.9890
2.3	0.9893	0.9896	0.9898	0.9901	0.9904	0.9906	0.9909	0.9911	0.9913	0.9916
2.4	0.9918	0.9920	0.9922	0.9925	0.9927	0.9929	0.9931	0.9932	0.9934	0.9936
2.5	0.9938	0.9940	0.9941	0.9943	0.9945	0.9946	0.9948	0.9949	0.9951	0.9952
2.6	0.9953	0.9955	0.9956	0.9957	0.9959	0.9960	0.9961	0.9962	0.9963	0.9964
2.7	0.9965	0.9966	0.9967	0.9968	0.9969	0.9970	0.9971	0.9972	0.9973	0.9974
2.8	0.9974	0.9975	0.9976	0.9977	0.9977	0.9978	0.9979	0.9979	0.9980	0.9981
2.9	0.9981	0.9982	0.9982	0.9983	0.9984	0.9984	0.9985	0.9985	0.9986	0.9986
3.0	0.9987	0.9990	0.9993	0.9995	0.9997	0.9998	0.9998	0.9999	0.9999	1.0000

注：表中末行系函数值 $\Phi(3.0), \Phi(3.1), \cdots, \Phi(3.9)$.

附表 2 泊松分布表

表中列出 $\sum\limits_{i=0}^{k}\dfrac{\lambda^i}{i!}\mathrm{e}^{-\lambda}$ 的值

k \ λ	0.1	0.2	0.3	0.4	0.5	0.6	0.7	0.8
0	0.90484	0.81873	0.74082	0.67032	0.60653	0.54881	0.49659	0.44933
1	0.99532	0.98248	0.96306	0.93845	0.90980	0.87810	0.84420	0.80879
2	0.99985	0.99985	0.99640	0.99207	0.98561	0.97789	0.96586	0.95258
3	1.00000	0.99994	0.99972	0.99922	0.99825	0.99764	0.99425	0.99092
4		1.00000	0.99997	0.99994	0.99983	0.99961	0.99921	0.99859
5			1.00000	1.00000	0.99999	0.99996	0.99991	0.99982
6					1.00000	1.00000	0.99999	0.99998
7							1.00000	1.00000

k \ λ	0.9	1.0	1.2	1.4	1.6	1.8	2.0
0	0.40657	0.36788	0.30119	0.24660	0.20190	0.16530	0.13534
1	0.77248	0.73576	0.66263	0.59183	0.52493	0.46284	0.40601
2	0.93714	0.91970	0.87949	0.83350	0.78336	0.73062	0.67668
3	0.98854	0.98101	0.96623	0.94627	0.92119	0.89129	0.85712
4	0.99766	0.99634	0.99225	0.98575	0.97632	0.96359	0.94735
5	0.99966	0.99941	0.99850	0.99680	0.99396	0.98962	0.98344
6	0.99996	0.99992	0.99975	0.99938	0.99866	0.99743	0.99547
7	1.00000	0.99999	0.99996	0.99989	0.99974	0.99944	0.99890
8		1.00000	0.99999	0.99998	0.99995	0.99989	0.99976
9			1.00000	1.00000	0.99999	0.99998	0.99995
10					1.00000	1.00000	0.99999
11							1.00000

k \ λ	2.5	3.0	3.5	4.0	4.5	5.0
0	0.08208	0.04979	0.03020	0.01832	0.01111	0.00674
1	0.28730	0.19915	0.13589	0.09158	0.06110	0.04043
2	0.54381	0.42319	0.32085	0.23810	0.17358	0.12465
3	0.75758	0.64723	0.53663	0.43347	0.35230	0.26503
4	0.89118	0.81526	0.72544	0.62884	0.54210	0.44049
5	0.95798	0.91608	0.85761	0.78513	0.70293	0.61596
6	0.98581	0.96649	0.93471	0.88933	0.83105	0.76218
7	0.99575	0.98810	0.97326	0.94887	0.91341	0.86663
8	0.99886	0.99620	0.99013	0.97864	0.95974	0.93191
9	0.99972	0.99890	0.99668	0.99187	0.98291	0.96817
10	0.99994	0.99971	0.99898	0.99716	0.99333	0.98630
11	0.99999	0.99993	0.99971	0.99908	0.99760	0.99455
12	1.00000	0.99998	0.99992	0.99973	0.99919	0.99798
13		1.00000	0.99998	0.99992	0.99975	0.99930
14			1.00000	0.99998	0.99993	0.99977
15				1.00000	0.99998	0.99993
16					0.99999	0.99998
17					1.00000	0.99999
18						1.00000

附表 3 t 分布表

$$P\{t(n) > t_\alpha(n)\} = \alpha$$

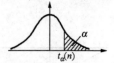

n \ α	0.25	0.10	0.05	0.025	0.01	0.005
1	1.0000	3.0777	6.3138	12.7062	31.8207	63.6574
2	0.8165	1.8856	2.9200	4.3027	6.9646	9.9248
3	0.7649	1.6377	2.3534	3.1824	4.5407	5.8409
4	0.7407	1.5332	2.1318	2.7764	3.7469	4.6041
5	0.7267	1.4759	2.0150	2.5706	3.3649	4.0322
6	0.7176	1.4398	1.9432	2.4469	3.1427	3.7074
7	0.7111	1.4149	1.8946	2.3646	2.9980	3.4995
8	0.7064	1.3968	1.8595	2.3060	2.8965	3.3554
9	0.7027	1.3830	1.8331	2.2622	2.8214	3.2498
10	0.6998	1.3722	1.8125	2.2281	2.7638	3.1693
11	0.6974	1.3634	1.7959	2.2010	2.7181	3.1058
12	0.6955	1.3562	1.7823	2.1788	2.6810	3.0545
13	0.6938	1.3502	1.7709	2.1604	2.6503	3.0123
14	0.6924	1.3450	1.7613	2.1448	2.6245	2.9768
15	0.6912	1.3406	1.7531	2.1315	2.6025	2.9467
16	0.6901	1.3368	1.7459	2.1199	2.5835	2.9208
17	0.6892	1.3334	1.7396	2.1098	2.5669	2.8982
18	0.6884	1.3304	1.7341	2.1009	2.5524	2.8784
19	0.6876	1.3277	1.7291	2.0930	2.5395	2.8609
20	0.6870	1.3253	1.7247	2.0860	2.5280	2.8453
21	0.6864	1.3232	1.7207	2.0796	2.5177	2.8314
22	0.6858	1.3212	1.7171	2.0739	2.5083	2.8188
23	0.6853	1.3195	1.7139	2.0687	2.4999	2.8073
24	0.6848	1.3178	1.7109	2.0639	2.4922	2.7969
25	0.6844	1.3163	1.7081	2.0595	2.4851	2.7874
26	0.6840	1.3150	1.7056	2.0555	2.4786	2.7787
27	0.6837	1.3137	1.7033	2.0518	2.4727	2.7707
28	0.6834	1.3125	1.7011	2.0484	2.4671	2.7633
29	0.6830	1.3114	1.6991	2.0452	2.4620	2.7564
30	0.6828	1.3104	1.6973	2.0423	2.4573	2.7500
31	0.6825	1.3095	1.6955	2.0395	2.4528	2.7440
32	0.6822	1.3086	1.6939	2.0369	2.4487	2.7385
33	0.6820	1.3077	1.6924	2.0345	2.4448	2.7333
34	0.6818	1.3070	1.6909	2.0322	2.4411	2.7284
35	0.6816	1.3062	1.6896	2.0301	2.4377	2.7238
36	0.6814	1.3055	1.6883	2.0281	2.4345	2.7195
37	0.6812	1.3049	1.6871	2.0262	2.4314	2.7154
38	0.6810	1.3042	1.6860	2.0244	2.4286	2.7116
39	0.6808	1.3036	1.6849	2.0227	2.4258	2.7079
40	0.6807	1.3031	1.6839	2.0211	2.4233	2.7045
41	0.6805	1.3025	1.6829	2.0195	2.4208	2.7012
42	0.6804	1.3020	1.6820	2.0181	2.4185	2.6981
43	0.6802	1.3016	1.6811	2.0167	2.4163	2.6951
44	0.6801	1.3011	1.6802	2.0154	2.4141	2.6923
45	0.6800	1.3006	1.6794	2.0141	2.4121	3.6896

附表 4 χ² 分布表

$$P\{\chi^2(n) > \chi^2_\alpha(n)\} = \alpha$$

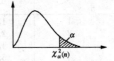

n \ α	0.995	0.99	0.975	0.95	0.90	0.75
1	—	—	0.001	0.004	0.016	0.102
2	0.010	0.020	0.051	0.103	0.211	0.575
3	0.072	0.115	0.216	0.352	0.584	1.213
4	0.207	0.297	0.484	0.711	1.064	1.923
5	0.412	0.554	0.831	1.145	1.610	2.675
6	0.676	0.872	1.237	1.635	2.204	3.455
7	0.989	1.239	1.690	2.167	2.833	4.255
8	1.344	1.646	2.180	2.733	3.490	5.071
9	1.735	2.088	2.700	3.325	4.168	5.899
10	2.156	2.558	3.247	3.940	4.865	6.737
11	2.603	3.053	3.816	4.575	5.578	7.584
12	3.074	3.571	4.404	5.226	6.304	8.438
13	3.565	4.107	5.009	5.892	7.042	9.299
14	4.075	4.660	5.629	6.571	7.790	10.165
15	4.601	5.229	6.262	7.261	8.547	11.037
16	5.142	5.812	6.908	7.962	9.312	11.912
17	5.697	6.408	7.564	8.672	10.085	12.792
18	6.265	7.015	8.231	9.390	10.865	13.675
19	6.844	7.633	8.907	10.117	11.651	14.562
20	7.434	8.260	9.591	10.851	12.443	15.452
21	8.034	8.897	10.283	11.591	13.240	16.344
22	8.643	9.542	10.982	12.338	14.042	17.240
23	9.260	10.196	11.689	13.091	14.848	18.137
24	9.886	10.856	12.401	13.848	15.659	19.037
25	10.520	11.524	13.120	14.611	16.473	19.939
26	11.160	12.198	13.844	15.379	17.292	20.843
27	11.808	12.879	14.573	16.151	18.114	21.749
28	12.461	13.565	15.308	16.928	18.939	22.657
29	13.121	14.257	16.047	17.708	19.768	23.567
30	13.787	14.954	16.791	18.493	20.599	24.478
31	14.458	15.655	17.539	19.281	21.434	25.390
32	15.134	16.362	18.291	20.072	22.271	26.304
33	15.815	17.074	19.047	20.867	23.110	27.219
34	16.501	17.789	19.806	21.664	23.952	28.136
35	17.192	18.509	20.569	22.465	24.797	29.054
36	17.887	19.233	21.336	23.269	25.643	29.973
37	18.586	19.960	22.106	24.075	26.492	30.893
38	19.289	20.691	22.878	24.884	27.343	31.815
39	19.996	21.426	23.654	25.695	28.196	32.737
40	20.707	22.164	24.433	26.509	29.051	33.660
41	21.421	22.906	25.215	27.326	29.907	34.585
42	22.138	23.650	25.999	28.144	30.765	35.510
43	22.859	24.398	26.785	28.965	31.625	36.436
44	23.584	25.148	27.575	29.787	32.487	37.363
45	24.311	25.901	28.366	30.612	33.350	38.291

$\quad\quad\alpha$ n	0. 25	0. 10	0. 05	0. 025	0. 01	0. 005
1	1. 323	2. 706	3. 841	5. 024	6. 635	7. 879
2	2. 773	4. 605	5. 991	7. 378	9. 210	10. 597
3	4. 108	6. 251	7. 815	9. 348	11. 345	12. 838
4	5. 385	7. 779	9. 488	11. 143	13. 277	14. 860
5	6. 626	9. 236	11. 071	12. 833	15. 086	16. 750
6	7. 841	10. 645	12. 592	14. 449	16. 812	18. 548
7	9. 037	12. 017	14. 067	16. 013	18. 475	20. 278
8	10. 219	13. 362	15. 507	17. 535	20. 090	21. 955
9	11. 389	14. 684	16. 919	19. 023	21. 666	23. 589
10	12. 549	15. 987	18. 307	20. 483	23. 209	25. 188
11	13. 701	17. 275	19. 675	21. 920	24. 725	26. 757
12	14. 845	18. 549	21. 026	23. 337	26. 217	28. 299
13	15. 984	19. 812	22. 362	24. 736	27. 688	29. 819
14	17. 117	21. 064	23. 685	26. 119	29. 141	31. 319
15	18. 245	22. 307	24. 996	27. 488	30. 578	32. 801
16	19. 369	23. 542	26. 296	28. 845	32. 000	34. 267
17	20. 489	24. 769	27. 587	30. 191	33. 409	35. 718
18	21. 605	25. 989	28. 869	31. 526	34. 805	37. 156
19	22. 718	27. 204	30. 144	32. 852	36. 191	38. 582
20	23. 828	28. 412	31. 410	34. 170	37. 566	39. 997
21	24. 935	29. 615	32. 671	35. 479	38. 932	41. 401
22	26. 039	30. 813	33. 924	36. 781	40. 289	42. 796
23	27. 141	32. 007	35. 172	38. 076	41. 638	44. 181
24	28. 241	33. 196	36. 415	39. 364	42. 980	45. 559
25	29. 339	34. 382	37. 652	40. 646	44. 314	46. 928
26	30. 435	35. 563	38. 885	41. 923	45. 642	48. 290
27	31. 528	36. 741	40. 113	43. 194	46. 963	49. 645
28	32. 620	37. 916	41. 337	44. 461	48. 278	50. 993
29	33. 711	39. 987	42. 557	45. 722	49. 588	52. 336
30	34. 800	40. 256	43. 773	46. 979	50. 892	53. 672
31	35. 887	41. 422	44. 985	48. 232	52. 191	55. 003
32	36. 973	42. 585	46. 194	49. 480	53. 486	56. 328
33	38. 058	43. 745	47. 400	50. 725	54. 776	57. 648
34	39. 141	44. 903	48. 602	51. 966	56. 061	58. 964
35	40. 223	46. 059	49. 802	53. 203	57. 342	60. 275
36	41. 304	47. 212	50. 998	54. 437	58. 619	61. 581
37	42. 383	48. 363	52. 192	55. 668	59. 892	62. 883
38	43. 462	49. 513	53. 384	56. 896	61. 162	64. 181
39	44. 539	50. 660	54. 572	58. 120	62. 428	65. 476
40	45. 616	51. 805	55. 758	59. 342	63. 691	66. 766
41	46. 692	52. 949	56. 942	60. 561	64. 950	68. 053
42	47. 766	54. 090	58. 124	61. 777	66. 206	69. 336
43	48. 840	55. 230	59. 304	62. 990	67. 459	70. 616
44	49. 913	56. 369	60. 481	64. 201	68. 710	71. 893
45	50. 985	57. 505	61. 656	65. 410	69. 957	73. 166

附表 5　F 分布表

$$P\{F(n_1,n_2) > F_\alpha(n_1,n_2)\} = \alpha$$

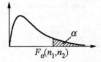

$$\alpha = 0.10$$

n_2\n_1	1	2	3	4	5	6	7	8	9	10	12	15	20	24	30	40	60	120	∞
1	39.86	49.50	53.59	55.83	57.24	58.20	58.91	59.44	59.86	60.19	60.71	61.22	61.74	62.00	62.26	62.53	62.79	63.06	63.33
2	8.53	9.00	9.16	9.24	9.29	9.33	9.35	9.37	9.38	9.39	9.41	9.42	9.44	9.45	9.46	9.47	9.47	9.48	9.49
3	5.54	5.46	5.39	5.34	5.31	5.28	5.27	5.25	5.24	5.23	5.22	5.20	5.18	5.18	5.17	5.16	5.15	5.14	5.13
4	4.54	4.32	4.19	4.11	4.05	4.01	3.98	3.95	3.94	3.92	3.90	3.87	3.84	3.83	3.82	3.80	3.79	3.78	3.76
5	4.06	3.78	3.62	3.52	3.45	3.40	3.37	3.34	3.32	3.30	3.27	3.24	3.21	3.19	3.17	3.16	3.14	3.12	3.10
6	3.78	3.46	3.29	3.18	3.11	3.05	3.01	2.98	2.96	2.94	2.90	2.87	2.84	2.82	2.80	2.78	2.76	2.74	2.72
7	3.59	3.26	3.07	2.96	2.88	2.83	2.78	2.75	2.72	2.70	2.67	2.63	2.59	2.58	2.56	2.54	2.51	2.49	2.47
8	3.46	3.11	2.92	2.81	2.73	2.67	2.62	2.59	2.56	2.54	2.50	2.46	2.42	2.40	2.38	2.36	2.34	2.32	2.29
9	3.36	3.01	2.81	2.69	2.61	2.55	2.51	2.47	2.44	2.42	2.38	2.34	2.30	2.28	2.25	2.23	2.21	2.18	2.16
10	3.29	2.92	2.73	2.61	2.52	2.46	2.41	2.38	2.35	2.32	2.28	2.24	2.20	2.18	2.16	2.13	2.11	2.08	2.06
11	3.23	2.86	2.66	2.54	2.45	2.39	2.34	2.30	2.27	2.25	2.21	2.17	2.12	2.10	2.08	2.05	2.03	2.00	1.97
12	3.18	2.81	2.61	2.48	2.39	2.33	2.28	2.24	2.21	2.19	2.15	2.10	2.06	2.04	2.01	1.99	1.96	1.93	1.90
13	3.14	2.76	2.56	2.43	2.35	2.28	2.23	2.20	2.16	2.14	2.10	2.05	2.01	1.98	1.96	1.93	1.90	1.88	1.85
14	3.10	2.73	2.52	2.39	2.31	2.24	2.19	2.15	2.12	2.10	2.05	2.01	1.96	1.94	1.91	1.89	1.86	1.83	1.80
15	3.07	2.70	2.49	2.36	2.27	2.21	2.16	2.12	2.09	2.06	2.02	1.97	1.92	1.90	1.87	1.85	1.82	1.79	1.76
16	3.05	2.67	2.46	2.33	2.24	2.18	2.13	2.09	2.06	2.03	1.99	1.94	1.89	1.87	1.84	1.81	1.78	1.75	1.72
17	3.03	2.64	2.44	2.31	2.22	2.15	2.10	2.06	2.03	2.00	1.96	1.91	1.86	1.84	1.81	1.78	1.75	1.72	1.69
18	3.01	2.62	2.42	2.29	2.20	2.13	2.08	2.04	2.00	1.98	1.93	1.89	1.84	1.81	1.78	1.75	1.72	1.69	1.66
19	2.99	2.61	2.40	2.27	2.18	2.11	2.06	2.02	1.98	1.96	1.91	1.86	1.81	1.79	1.76	1.73	1.70	1.67	1.63
20	2.97	2.59	2.38	2.25	2.16	2.09	2.04	2.00	1.96	1.94	1.89	1.84	1.79	1.77	1.74	1.71	1.68	1.64	1.61
21	2.96	2.57	2.36	2.23	2.14	2.08	2.02	1.98	1.95	1.92	1.87	1.83	1.78	1.75	1.72	1.69	1.66	1.62	1.59
22	2.95	2.56	2.35	2.22	2.13	2.06	2.01	1.97	1.93	1.90	1.86	1.81	1.76	1.73	1.70	1.67	1.64	1.60	1.57
23	2.94	2.55	2.34	2.21	2.11	2.05	1.99	1.95	1.92	1.89	1.84	1.80	1.74	1.72	1.69	1.66	1.62	1.59	1.55
24	2.93	2.54	2.33	2.19	2.10	2.04	1.98	1.94	1.91	1.88	1.83	1.78	1.73	1.70	1.67	1.64	1.61	1.57	1.53
25	2.92	2.53	2.32	2.18	2.09	2.02	1.97	1.93	1.89	1.87	1.82	1.77	1.72	1.69	1.66	1.63	1.59	1.56	1.52
26	2.91	2.52	2.31	2.17	2.08	2.01	1.96	1.92	1.88	1.86	1.81	1.76	1.71	1.68	1.65	1.61	1.58	1.54	1.50
27	2.90	2.51	2.30	2.17	2.07	2.00	1.95	1.91	1.87	1.85	1.80	1.75	1.70	1.67	1.64	1.60	1.57	1.53	1.49
28	2.89	2.50	2.29	2.16	2.06	2.00	1.94	1.90	1.87	1.84	1.79	1.74	1.69	1.66	1.63	1.59	1.56	1.52	1.48
29	2.89	2.50	2.28	2.15	2.06	1.99	1.93	1.89	1.86	1.83	1.78	1.73	1.68	1.65	1.62	1.58	1.55	1.51	1.47
30	2.88	2.49	2.28	2.14	2.05	1.98	1.93	1.88	1.85	1.82	1.77	1.72	1.67	1.64	1.61	1.57	1.54	1.50	1.46
40	2.84	2.44	2.23	2.09	2.00	1.93	1.87	1.83	1.79	1.76	1.71	1.66	1.61	1.57	1.54	1.51	1.47	1.42	1.38
60	2.79	2.39	2.18	2.04	1.95	1.87	1.82	1.77	1.74	1.71	1.66	1.60	1.54	1.51	1.48	1.44	1.40	1.35	1.29
120	2.75	2.35	2.13	1.99	1.90	1.82	1.77	1.72	1.68	1.65	1.60	1.55	1.48	1.45	1.41	1.37	1.32	1.26	1.19
∞	2.71	2.30	2.08	1.94	1.85	1.77	1.72	1.67	1.63	1.60	1.55	1.49	1.42	1.38	1.34	1.30	1.24	1.17	1.00

α＝0.05

n_2 \ n_1	1	2	3	4	5	6	7	8	9	10	12	15	20	24	30	40	60	120	∞
1	161.4	199.5	215.7	224.6	230.2	234.0	236.8	238.9	240.5	241.9	243.9	245.9	248.0	249.1	250.1	251.1	252.2	253.3	254.3
2	18.51	19.00	19.16	19.25	19.30	19.33	19.35	19.37	19.38	19.40	19.41	19.43	19.45	19.45	19.46	19.47	19.48	19.49	19.50
3	10.13	9.55	9.28	9.12	9.01	8.94	8.89	8.85	8.81	8.79	8.74	8.70	8.66	8.64	8.62	8.59	8.57	8.55	8.53
4	7.71	6.94	6.59	6.39	6.26	6.16	6.09	6.04	6.00	5.96	5.91	5.86	5.80	5.77	5.75	5.72	5.69	5.66	5.63
5	6.61	5.79	5.41	5.19	5.05	4.95	4.88	4.82	4.77	4.74	4.68	4.62	4.56	4.53	4.50	4.46	4.43	4.40	4.36
6	5.99	5.14	4.76	4.53	4.39	4.28	4.21	4.15	4.10	4.06	4.00	3.94	3.87	3.84	3.81	3.77	3.74	3.70	3.67
7	5.59	4.74	4.35	4.12	3.97	3.87	3.79	3.73	3.68	3.64	3.57	3.51	3.44	3.41	3.38	3.34	3.30	3.27	3.23
8	5.32	4.46	4.07	3.84	3.69	3.58	3.50	3.44	3.39	3.35	3.28	3.22	3.15	3.12	3.08	3.04	3.01	2.97	2.93
9	5.12	4.26	3.86	3.63	3.48	3.37	3.29	3.23	3.18	3.14	3.07	3.01	2.94	2.90	2.86	2.83	2.79	2.75	2.71
10	4.96	4.10	3.71	3.48	3.33	3.22	3.14	3.07	3.02	2.98	2.91	2.85	2.77	2.74	2.70	2.66	2.62	2.58	2.54
11	4.84	3.98	3.59	3.36	3.20	3.09	3.01	2.95	2.90	2.85	2.79	2.72	2.65	2.61	2.57	2.53	2.49	2.45	2.40
12	4.75	3.89	3.49	3.26	3.11	3.00	2.91	2.85	2.80	2.75	2.69	2.62	2.54	2.51	2.47	2.43	2.38	2.34	2.30
13	4.67	3.81	3.41	3.18	3.03	2.92	2.83	2.77	2.71	2.67	2.60	2.53	2.46	2.42	2.38	2.34	2.30	2.25	2.21
14	4.60	3.74	3.34	3.11	2.96	2.85	2.76	2.70	2.65	2.60	2.53	2.46	2.39	2.35	2.31	2.27	2.22	2.18	2.13
15	4.54	3.68	3.29	3.06	2.90	2.79	2.71	2.64	2.59	2.54	2.48	2.40	2.33	2.29	2.25	2.20	2.16	2.11	2.07
16	4.49	3.63	3.24	3.01	2.85	2.74	2.66	2.59	2.54	2.49	2.42	2.35	2.28	2.24	2.19	2.15	2.11	2.06	2.01
17	4.45	3.59	3.20	2.96	2.81	2.70	2.61	2.55	2.49	2.45	2.38	2.31	2.23	2.19	2.15	2.10	2.06	2.01	1.96
18	4.41	3.55	3.16	2.93	2.77	2.66	2.58	2.51	2.46	2.41	2.34	2.27	2.19	2.15	2.11	2.06	2.02	1.97	1.92
19	4.38	3.52	3.13	2.90	2.74	2.63	2.54	2.48	2.42	2.38	2.31	2.23	2.16	2.11	2.07	2.03	1.98	1.93	1.88
20	4.35	3.49	3.10	2.87	2.71	2.60	2.51	2.45	2.39	2.35	2.28	2.20	2.12	2.08	2.04	1.99	1.95	1.90	1.84
21	4.32	3.47	3.07	2.84	2.68	2.57	2.49	2.42	2.37	2.32	2.25	2.18	2.10	2.05	2.01	1.96	1.92	1.87	1.81
22	4.30	3.44	3.05	2.82	2.66	2.55	2.46	2.40	2.34	2.30	2.23	2.15	2.07	2.03	1.98	1.94	1.89	1.84	1.78
23	4.28	3.42	3.03	2.80	2.64	2.53	2.44	2.37	2.32	2.27	2.20	2.13	2.05	2.01	1.96	1.91	1.86	1.81	1.76
24	4.26	3.40	3.01	2.78	2.62	2.51	2.42	2.36	2.30	2.25	2.18	2.11	2.03	1.98	1.94	1.89	1.84	1.79	1.73
25	4.24	3.39	2.99	2.76	2.60	2.49	2.40	2.34	2.28	2.24	2.16	2.09	2.01	1.96	1.92	1.87	1.82	1.77	1.71
26	4.23	3.37	2.98	2.74	2.59	2.47	2.39	2.32	2.27	2.22	2.15	2.07	1.99	1.95	1.90	1.85	1.80	1.75	1.69
27	4.21	3.35	2.96	2.73	2.57	2.46	2.37	2.31	2.25	2.20	2.13	2.06	1.97	1.93	1.88	1.84	1.79	1.73	1.67
28	4.20	3.34	2.95	2.71	2.56	2.45	2.36	2.29	2.24	2.19	2.12	2.04	1.96	1.91	1.87	1.82	1.77	1.71	1.65
29	4.18	3.33	2.93	2.70	2.55	2.43	2.35	2.28	2.22	2.18	2.10	2.03	1.94	1.90	1.85	1.81	1.75	1.70	1.64
30	4.17	3.32	2.92	2.69	2.53	2.42	2.33	2.27	2.21	2.16	2.09	2.01	1.93	1.89	1.84	1.79	1.74	1.68	1.62
40	4.08	3.23	2.84	2.61	2.45	2.34	2.25	2.18	2.12	2.08	2.00	1.92	1.84	1.79	1.74	1.69	1.64	1.58	1.51
60	4.00	3.15	2.76	2.53	2.37	2.25	2.17	2.10	2.04	1.99	1.92	1.84	1.75	1.70	1.65	1.59	1.53	1.47	1.39
120	3.92	3.07	2.68	2.45	2.29	2.17	2.09	2.02	1.96	1.91	1.83	1.75	1.66	1.61	1.55	1.50	1.43	1.35	1.25
∞	3.84	3.00	2.60	2.37	2.21	2.10	2.01	1.94	1.88	1.83	1.75	1.67	1.57	1.52	1.46	1.39	1.32	1.22	1.00

$$\alpha = 0.025$$

n_1 / n_2	1	2	3	4	5	6	7	8	9	10	12	15	20	24	30	40	60	120	∞
1	647.8	799.5	664.2	899.6	921.8	937.1	948.2	956.7	963.3	368.6	976.7	984.9	993.1	997.2	1001	1006	1010	1014	1018
2	38.51	39.00	39.17	39.25	39.30	39.33	39.36	39.37	39.39	39.40	39.41	39.43	39.45	39.46	39.46	39.47	39.48	39.49	39.50
3	17.44	16.04	15.44	15.10	14.88	14.73	14.62	14.54	14.47	14.42	14.34	14.25	14.17	14.12	14.08	14.04	13.99	13.95	13.90
4	12.22	10.65	9.98	9.60	9.36	9.20	9.07	8.98	8.90	8.84	8.75	8.66	8.56	8.51	8.46	8.41	8.36	8.31	8.26
5	10.01	8.43	7.76	7.39	7.15	6.98	6.85	6.76	6.68	6.62	6.52	6.43	6.33	6.28	6.23	6.18	6.12	6.07	6.02
6	8.81	7.26	6.60	6.23	5.99	5.82	5.70	5.60	5.52	5.46	5.37	5.27	5.17	5.12	5.07	5.01	4.96	4.90	4.85
7	8.07	6.54	5.89	5.52	5.29	5.12	4.99	4.90	4.82	4.76	4.67	4.57	4.47	4.42	4.36	4.31	4.25	4.20	4.14
8	7.58	6.06	5.42	5.05	4.82	4.65	4.53	4.43	4.36	4.30	4.20	4.10	4.00	3.95	3.89	3.84	3.78	3.73	3.67
9	7.21	5.71	5.08	4.72	4.48	4.23	4.20	4.10	4.03	3.96	3.87	3.77	3.67	3.61	3.56	3.51	3.45	3.39	3.33
10	6.94	5.46	4.83	4.47	4.24	4.07	3.95	3.85	3.78	3.72	3.62	3.52	3.42	3.37	3.31	3.26	3.20	3.14	3.08
11	6.72	5.26	4.63	4.28	4.04	3.88	3.76	3.66	3.59	3.53	3.43	3.33	3.23	3.17	3.12	3.06	3.00	2.94	2.88
12	6.55	5.10	4.47	4.12	3.89	3.73	3.61	3.51	3.44	3.37	3.28	3.18	3.07	3.02	2.96	2.91	2.85	2.79	2.72
13	6.41	4.97	4.35	4.00	3.77	3.60	3.48	3.39	3.31	3.25	3.15	3.05	2.95	2.89	2.84	2.78	2.72	2.66	2.60
14	6.30	4.86	4.24	3.89	3.66	3.50	3.38	3.29	3.21	3.15	3.05	2.95	2.84	2.79	2.73	2.67	2.61	2.55	2.49
15	6.20	4.77	4.15	3.80	3.58	3.41	3.29	3.20	3.12	3.06	2.96	2.86	2.76	2.70	2.64	2.59	2.52	2.46	2.40
16	6.12	4.69	4.08	3.73	3.50	3.34	3.22	3.12	3.05	2.99	2.89	2.79	2.68	2.63	2.57	2.51	2.45	2.38	2.32
17	6.04	4.62	4.01	3.66	3.44	3.28	3.16	3.06	2.98	2.92	2.82	2.72	2.62	2.56	2.50	2.44	2.38	2.32	2.25
18	5.98	4.56	3.95	3.61	3.38	3.22	3.10	3.01	2.93	2.87	2.77	2.67	2.56	2.50	2.44	2.38	2.32	2.26	2.19
19	5.92	4.51	3.90	3.56	3.33	3.17	3.05	2.96	2.88	2.82	2.72	2.62	2.51	2.45	2.39	2.33	2.27	2.20	2.13
20	5.87	4.46	3.86	3.51	3.29	3.13	3.01	2.91	2.84	2.77	2.68	2.57	2.46	2.41	2.35	2.29	2.22	2.16	2.09
21	5.83	4.42	3.82	3.48	3.25	3.09	2.97	2.87	2.80	2.73	2.64	2.53	2.42	2.37	2.31	2.25	2.18	2.11	2.04
22	5.79	4.38	3.78	3.44	3.22	3.05	2.93	2.84	2.76	2.70	2.60	2.50	2.39	2.32	2.27	2.21	2.14	2.08	2.00
23	5.75	4.35	3.75	3.41	3.18	3.02	2.90	2.81	2.73	2.67	2.57	2.47	2.36	2.31	2.24	2.18	2.11	2.04	1.97
24	5.72	4.32	3.72	3.38	3.15	2.99	2.87	2.78	2.70	2.64	2.54	2.44	2.33	2.27	2.21	2.15	2.08	2.01	1.94
25	5.69	4.29	3.60	3.35	3.13	2.97	2.85	3.75	2.68	2.61	2.51	2.41	2.30	2.24	2.18	2.12	2.05	1.98	1.91
26	5.66	4.27	3.67	3.33	3.10	2.94	2.82	2.73	2.65	2.59	2.49	2.39	2.28	2.22	2.16	2.09	2.03	1.95	1.88
27	5.63	4.24	3.65	3.31	3.08	2.92	2.80	2.71	2.63	2.57	2.47	2.36	2.25	2.19	2.13	2.07	2.00	1.93	1.85
28	5.61	4.33	3.63	3.29	3.06	2.90	2.78	2.69	2.61	2.55	2.45	2.34	2.23	2.17	2.11	2.05	1.98	1.91	1.83
29	5.59	4.20	3.61	3.27	3.04	2.88	2.76	2.67	2.59	2.53	2.43	2.32	2.21	2.15	2.09	2.03	1.96	1.89	1.18
30	5.57	4.18	3.59	3.25	3.03	2.87	2.75	2.65	2.57	2.51	2.41	2.31	2.20	2.14	2.07	2.01	1.94	1.87	1.79
40	5.42	4.05	3.46	3.13	2.90	2.74	2.62	2.53	2.45	2.39	2.29	2.18	2.07	2.01	1.94	1.88	1.80	1.72	1.64
60	5.29	3.93	3.34	3.01	2.79	2.63	2.51	2.41	2.33	2.27	2.17	2.06	1.94	1.88	1.82	1.74	1.67	1.58	1.48
120	5.15	3.80	3.23	2.89	2.67	2.52	2.39	2.30	2.22	2.16	2.05	1.94	1.82	1.76	1.69	1.61	1.53	1.43	1.31
∞	5.02	3.69	3.12	2.79	2.57	2.41	2.29	2.19	2.11	2.05	1.94	1.83	1.71	1.64	1.57	1.48	1.39	1.27	1.00

$\alpha=0.01$ 　　　　　　　　　　　　　　　　　　　续表 5

n_1 / n_2	1	2	3	4	5	6	7	8	9	10	12	15	20	24	30	40	60	120	∞
1	4052	4999.5	5403	5625	5764	5859	5928	5982	6022	6056	6106	6157	6209	6235	6261	6287	6313	6339	6366
2	98.50	99.00	99.17	99.25	99.30	99.33	99.36	99.37	99.39	99.40	99.42	99.43	99.45	99.46	99.47	99.47	99.48	99.49	99.50
3	34.12	30.82	29.46	28.71	28.24	27.91	27.67	27.49	27.35	27.23	27.05	26.87	26.69	26.60	26.50	26.41	26.32	26.22	26.13
4	21.20	18.00	16.69	15.98	15.52	15.21	14.98	14.80	14.66	14.55	14.37	14.20	14.02	13.93	13.84	13.75	13.65	13.56	13.46
5	16.26	13.27	12.06	11.39	10.97	10.67	10.46	10.29	10.16	10.05	9.89	9.72	9.55	9.47	9.38	9.29	9.20	9.11	9.02
6	13.75	10.92	9.78	9.15	8.75	8.47	8.26	8.10	7.98	7.87	7.72	7.56	7.40	7.31	7.23	7.14	7.06	6.97	6.88
7	12.25	9.55	8.45	7.85	7.46	7.19	6.99	6.84	6.72	6.62	6.47	6.31	6.16	6.07	5.99	5.91	5.82	5.74	5.65
8	11.26	8.65	7.59	7.01	6.63	6.37	6.18	6.03	5.91	5.81	5.67	5.52	5.36	5.28	5.20	5.12	5.03	4.95	4.86
9	10.56	8.02	6.99	6.42	6.06	5.80	5.61	5.47	5.35	5.26	5.11	4.96	4.81	4.73	4.65	4.57	4.48	4.40	4.31
10	10.04	7.56	6.55	5.99	5.64	5.39	5.20	5.06	4.94	4.85	4.71	4.56	4.41	4.33	4.25	4.17	4.08	4.00	3.91
11	9.65	7.21	6.22	5.67	5.32	5.07	4.89	4.74	4.63	4.54	4.40	4.25	4.10	4.02	3.94	3.86	3.78	3.69	3.60
12	9.33	6.93	5.95	5.41	5.06	4.82	4.64	4.50	4.39	4.30	4.16	4.01	3.86	3.78	3.70	3.62	3.54	3.45	3.36
13	9.07	6.70	5.74	5.21	4.86	4.62	4.44	4.30	4.19	4.10	3.96	3.82	3.66	3.59	3.51	3.43	3.34	3.25	3.17
14	8.86	6.51	5.56	5.04	4.69	4.46	4.28	4.14	4.03	3.94	3.80	3.66	3.51	3.43	3.35	3.27	3.18	3.09	3.00
15	8.68	6.36	5.42	4.89	4.56	4.32	4.14	4.00	3.89	3.80	3.67	3.52	3.37	3.29	3.21	3.13	3.05	2.96	2.87
16	8.53	6.23	5.29	4.77	4.44	4.20	4.03	3.89	3.78	3.69	3.55	3.41	3.26	3.18	3.10	3.02	2.93	2.84	2.75
17	8.40	6.11	5.18	4.67	4.34	4.10	3.93	3.79	3.68	3.59	3.46	3.31	3.16	3.08	3.00	2.92	2.83	2.75	2.65
18	8.29	6.01	5.09	4.58	4.25	4.01	3.84	3.71	3.60	3.51	3.37	3.23	3.08	3.00	2.92	2.84	2.75	2.66	2.57
19	8.18	5.93	5.01	4.50	4.17	3.94	3.77	3.63	3.52	3.43	3.30	3.15	3.00	2.92	2.84	2.76	2.67	2.58	2.49
20	8.10	5.85	4.94	4.43	4.10	3.87	3.70	3.56	3.46	3.37	3.23	3.09	2.94	2.86	2.78	2.69	2.61	2.52	2.42
21	8.02	5.78	4.87	4.37	4.04	3.81	3.64	3.51	3.40	3.31	3.17	3.03	2.88	2.80	2.72	2.64	2.55	2.46	2.36
22	7.95	5.72	4.82	4.31	3.99	3.76	3.59	3.45	3.35	3.26	3.12	2.98	2.83	2.75	2.67	2.58	2.50	2.40	2.31
23	7.88	5.66	4.76	4.26	3.94	3.71	3.54	3.41	3.30	3.21	3.07	2.93	2.78	2.70	2.62	2.54	2.45	2.35	2.26
24	7.82	5.61	4.72	4.22	3.90	3.67	3.50	3.36	3.26	3.17	3.03	2.89	2.74	2.66	2.58	2.49	2.40	2.31	2.21
25	7.77	5.57	4.68	4.18	3.85	3.63	3.46	3.32	3.22	3.13	2.99	2.85	2.70	2.62	2.54	2.45	2.36	2.27	2.17
26	7.72	5.53	4.64	4.14	3.82	3.59	3.42	3.29	3.18	3.09	2.96	2.81	2.66	2.58	2.50	2.42	2.33	2.23	2.13
27	7.68	5.49	4.60	4.11	3.78	3.56	3.39	3.26	3.15	3.06	2.93	2.78	2.63	2.55	2.47	2.38	2.29	2.20	2.10
28	7.64	5.45	4.57	4.07	3.75	3.53	3.36	3.23	3.12	3.03	2.90	2.75	2.60	2.52	2.44	2.35	2.26	2.17	2.06
29	7.60	5.42	4.54	4.04	3.73	3.50	3.33	3.20	3.09	3.00	2.87	2.73	2.57	2.49	2.41	2.33	2.23	2.14	2.03
30	7.56	5.39	4.51	4.02	3.70	3.47	3.30	3.17	3.07	2.98	2.84	2.70	2.55	2.47	2.39	2.30	2.21	2.11	2.01
40	7.31	5.18	4.31	3.83	3.51	3.29	3.12	2.99	2.89	2.80	2.66	2.52	2.37	2.29	2.20	2.11	2.02	1.92	1.80
60	7.08	4.98	4.13	3.65	3.34	3.12	2.95	2.82	2.72	2.63	2.50	2.35	2.20	2.12	2.03	1.94	1.84	1.73	1.60
120	6.85	4.79	3.95	3.48	3.17	2.96	2.79	2.66	2.56	2.47	2.34	2.19	2.03	1.95	1.86	1.76	1.66	1.53	1.38
∞	6.63	4.61	3.78	3.32	3.02	2.80	2.64	2.51	2.41	2.32	2.18	2.04	1.88	1.79	1.70	1.59	1.47	1.32	1.00

$$\alpha = 0.005$$

n_2 \ n_1	1	2	3	4	5	6	7	8	9	10	12	15	20	24	30	40	60	120	∞
1	16211	20000	21615	22500	23056	23487	23715	23925	24091	24224	24426	24630	24836	24940	25044	25148	25253	25359	25465
2	198.5	199.0	199.2	199.2	199.3	199.3	199.4	199.4	199.4	199.4	199.4	199.4	199.4	199.5	199.5	199.5	199.5	199.5	199.5
3	55.55	49.80	47.47	46.19	45.39	44.84	44.43	44.13	43.88	43.69	43.39	43.08	42.78	42.62	42.47	42.31	42.15	41.99	41.83
4	31.33	26.28	24.26	23.15	22.46	21.97	21.62	21.35	21.14	20.97	20.70	20.44	20.17	20.03	19.89	19.75	19.61	19.47	19.32
5	22.78	18.31	16.53	15.56	14.94	14.51	14.20	13.96	13.77	13.62	13.38	13.15	12.90	12.78	12.66	12.53	12.40	12.27	12.14
6	18.63	14.54	12.92	12.03	11.46	11.07	10.79	10.57	10.39	10.25	10.03	9.81	9.59	9.47	9.36	9.24	9.12	9.00	8.88
7	16.24	12.40	10.88	10.05	9.52	9.16	8.89	8.68	8.51	8.38	8.18	7.97	7.75	7.65	7.53	7.42	7.31	7.19	7.08
8	14.69	11.04	9.60	8.81	8.30	7.95	7.69	7.50	7.34	7.21	7.01	6.81	6.61	6.50	6.40	6.29	6.18	6.06	5.95
9	13.61	10.11	8.72	7.96	7.47	7.13	6.88	6.69	6.54	6.42	6.23	6.03	5.83	5.73	5.62	5.52	5.41	5.30	5.19
10	12.83	9.43	8.08	7.34	6.87	6.54	6.30	6.12	5.97	5.85	5.66	5.47	5.27	5.17	5.07	4.97	4.86	4.75	4.64
11	12.23	8.91	7.60	6.88	6.42	6.10	5.86	5.68	5.54	5.42	5.24	5.05	4.86	4.76	4.65	4.55	4.44	4.34	4.23
12	11.75	8.51	7.23	6.52	6.07	5.76	5.52	5.35	5.20	5.09	4.91	4.72	4.53	4.43	4.33	4.23	4.12	4.01	3.90
13	11.37	8.19	6.93	6.23	5.79	5.48	5.25	5.08	4.94	4.82	4.64	4.46	4.27	4.17	4.07	3.97	3.87	3.76	3.65
14	11.06	7.92	6.68	6.00	5.56	5.26	5.03	4.86	4.72	4.60	4.43	4.25	4.06	3.96	3.86	3.76	3.66	3.55	3.44
15	10.80	7.70	6.48	5.80	5.37	5.07	4.85	4.67	4.54	4.42	4.25	4.07	3.88	3.79	3.69	3.58	3.48	3.37	3.26
16	10.58	7.51	6.30	5.64	5.21	4.91	4.69	4.52	4.38	4.27	4.10	3.92	3.73	3.64	3.54	3.44	3.33	3.22	3.11
17	10.38	7.35	6.16	5.50	5.07	4.78	4.56	4.39	4.25	4.14	3.97	3.79	3.61	3.51	3.41	3.31	3.21	3.10	2.98
18	10.22	7.21	6.03	5.37	4.96	4.66	4.44	4.23	4.14	4.03	3.86	3.68	3.50	3.40	3.30	3.20	3.10	2.99	2.87
19	10.07	7.09	5.92	5.27	4.85	4.56	4.34	4.18	4.04	3.93	3.76	3.59	3.40	3.31	3.21	3.11	3.00	2.89	2.78
20	9.94	6.99	5.82	5.17	4.76	4.47	4.26	4.09	3.96	3.85	3.68	3.50	3.32	3.22	3.12	3.02	2.92	2.81	2.69
21	9.83	6.89	5.73	5.09	4.68	4.39	4.18	4.01	3.88	3.77	3.60	3.43	3.24	3.15	3.05	2.95	2.84	2.73	2.61
22	9.73	6.81	5.65	5.02	4.61	4.32	4.11	3.94	3.81	3.70	3.54	3.36	3.18	3.08	2.98	2.88	2.77	2.66	2.55
23	9.63	6.73	5.58	4.95	4.54	4.26	4.05	3.88	3.75	3.64	3.47	3.30	3.12	3.02	2.92	2.82	2.71	2.60	2.48
24	9.55	6.66	5.52	4.89	4.49	4.20	3.99	3.83	3.69	3.59	3.42	3.25	3.06	2.97	2.87	2.77	2.66	2.55	2.43
25	9.48	6.60	5.46	4.84	4.43	4.15	3.94	3.78	3.64	3.54	3.37	3.20	3.01	2.92	2.82	2.72	2.61	2.50	2.38
26	9.41	6.54	5.41	4.79	4.38	4.10	3.89	3.73	3.60	3.49	3.33	3.15	2.97	2.87	2.77	2.67	2.56	2.45	2.33
27	9.34	6.49	5.36	4.74	4.34	4.06	3.85	3.69	3.56	3.45	3.28	3.11	2.93	2.83	2.73	2.63	2.52	2.41	2.29
28	9.28	6.44	5.32	4.70	4.30	4.02	3.81	3.65	3.52	3.41	3.25	3.07	2.89	2.79	2.69	2.59	2.48	2.37	2.25
29	9.23	6.40	5.28	4.66	4.26	3.98	3.77	3.61	3.48	3.38	3.21	3.04	2.86	2.76	2.66	2.56	2.45	2.33	2.21
30	9.18	6.35	5.24	4.62	4.23	3.95	3.74	3.58	3.45	3.34	3.18	3.01	2.82	2.73	2.63	2.52	2.42	2.30	2.18
40	8.83	6.07	4.98	4.37	3.99	3.71	3.51	3.35	3.22	3.12	2.95	2.78	2.60	2.50	2.40	2.30	2.18	2.06	1.93
60	8.49	5.79	4.73	4.14	3.76	3.49	3.29	3.13	3.01	2.90	2.74	2.57	2.39	2.29	2.19	2.08	1.96	1.83	1.69
120	8.18	5.54	4.50	3.92	3.55	3.28	3.09	2.93	2.81	2.71	2.54	2.37	2.19	2.09	1.98	1.87	1.75	1.61	1.43
∞	7.88	5.30	4.28	3.72	3.35	3.09	2.90	2.74	2.62	2.52	2.36	2.19	2.00	1.90	1.79	1.67	1.53	1.36	1.00

$\alpha = 0.001$ 续表 5

n_1 n_2	1	2	3	4	5	6	7	8	9	10	12	15	20	24	30	40	60	120	∞
1	4053†	5000†	5404†	5625†	5764†	5859†	5929†	5981†	6023†	6056†	6107†	6158†	6209†	6235†	6261†	6287†	6313†	6340†	6366†
2	998.5	999.0	999.2	999.2	999.3	999.3	999.4	999.4	999.4	999.4	999.4	999.4	999.4	999.4	999.5	999.5	999.5	999.5	999.5
3	167.0	148.5	141.1	137.1	134.6	132.8	131.6	130.6	129.9	129.2	128.3	127.4	126.4	125.9	125.4	125.0	124.5	124.0	123.5
4	74.14	61.25	56.18	53.44	51.71	50.53	49.66	49.00	48.47	48.05	47.41	46.76	46.10	45.77	45.43	45.09	44.75	44.40	44.05
5	47.18	37.12	33.20	31.09	29.75	28.84	28.16	27.64	27.24	26.92	26.42	25.91	25.39	25.14	24.87	24.60	24.33	24.06	23.79
6	35.51	27.00	23.70	21.92	20.81	20.03	19.46	19.03	18.69	18.41	17.99	17.56	17.12	16.89	16.67	16.44	16.21	15.99	15.75
7	29.25	21.69	18.77	17.19	16.21	15.52	15.02	14.63	14.33	14.08	13.71	13.32	12.93	12.73	12.53	12.33	12.12	11.91	11.70
8	25.42	18.49	15.83	14.39	13.49	12.86	12.40	12.04	11.77	11.54	11.19	10.84	10.48	10.30	10.11	9.92	9.73	9.53	9.33
9	22.86	16.39	13.90	12.56	11.71	11.13	10.70	10.37	10.11	9.89	9.57	9.24	8.90	8.72	8.55	8.37	8.19	8.00	7.81
10	21.04	14.91	12.55	11.28	10.48	9.92	9.52	9.20	8.96	8.75	8.45	8.13	7.80	7.64	7.47	7.30	7.12	6.94	6.76
11	19.69	13.81	11.56	10.35	9.58	9.05	8.66	8.35	8.12	7.92	7.63	7.32	7.01	6.85	6.68	6.52	6.35	6.17	6.00
12	18.64	12.97	10.80	9.63	8.89	8.38	8.00	7.71	7.48	7.29	7.00	6.71	6.40	6.25	6.09	5.93	5.76	5.59	5.42
13	17.81	12.31	10.21	9.07	8.35	7.86	7.49	7.21	6.98	6.80	6.52	6.23	5.93	5.78	5.63	5.47	5.30	5.14	4.97
14	17.14	11.78	9.73	8.62	7.92	7.43	7.08	6.80	6.58	6.40	6.13	5.85	5.56	5.41	5.25	5.10	4.94	4.77	4.60
15	16.59	11.34	9.34	8.25	7.57	7.09	6.74	6.47	6.26	6.08	5.81	5.54	5.25	5.10	4.95	4.80	4.64	4.47	4.31
16	16.12	10.97	9.00	7.94	7.27	6.81	6.46	6.19	5.98	5.81	5.55	5.27	4.99	4.85	4.70	4.54	4.39	4.23	4.06
17	15.72	10.66	8.73	7.68	7.02	7.56	6.22	5.96	5.75	5.58	5.32	5.05	4.78	4.63	4.48	4.33	4.18	4.02	3.85
18	15.38	10.39	8.49	7.46	6.81	6.35	6.02	5.76	5.56	5.39	5.13	4.87	4.59	4.45	4.30	4.15	4.00	3.84	3.67
19	15.08	10.16	8.28	7.26	6.62	6.18	5.85	5.59	5.39	5.22	4.97	4.70	4.43	4.29	4.14	3.99	3.84	3.68	3.51
20	14.82	9.95	8.10	7.10	6.46	6.02	5.69	5.44	5.24	5.08	4.82	4.56	4.29	4.15	4.00	3.86	3.70	3.54	3.38
21	14.59	9.77	7.94	6.95	6.32	5.88	5.56	5.31	5.11	4.95	4.70	4.44	4.17	4.03	3.88	3.74	3.58	3.42	3.26
22	14.38	9.61	7.80	6.81	6.19	5.76	5.44	5.19	4.99	4.83	4.58	4.33	4.06	3.92	3.78	3.63	3.48	3.32	3.15
23	14.19	9.47	7.67	6.69	6.08	5.65	5.33	5.09	4.89	4.73	4.48	4.23	3.96	3.82	3.68	3.53	3.38	3.22	3.05
24	14.03	9.34	7.55	6.59	5.98	5.55	5.23	4.99	4.80	4.64	4.39	4.14	3.87	3.74	3.59	3.45	3.29	3.14	2.97
25	13.88	9.22	7.45	6.49	5.88	5.46	5.15	4.91	4.71	4.56	4.31	4.06	3.79	3.66	3.52	3.37	3.22	3.06	2.89
26	13.74	9.12	7.36	6.41	5.80	5.38	5.07	4.83	4.64	4.48	4.24	3.99	3.72	3.59	3.44	3.30	3.15	2.99	2.82
27	13.61	9.02	7.27	6.33	5.73	5.31	5.00	4.76	4.57	4.41	4.17	3.92	3.66	3.52	3.38	3.23	3.08	2.92	2.75
28	13.50	8.93	7.19	6.25	5.66	5.24	4.93	4.69	4.50	4.35	4.11	3.86	3.60	3.46	3.32	3.18	3.02	2.86	2.69
29	13.39	8.85	7.12	6.19	5.59	5.18	4.87	4.64	4.45	4.29	4.05	3.80	3.54	3.41	3.27	3.12	2.97	2.81	2.64
30	13.29	8.77	7.05	6.12	5.53	5.12	4.82	4.58	4.39	4.24	4.00	3.75	3.49	3.36	3.22	3.07	2.92	2.76	2.59
40	12.61	8.25	6.60	5.70	5.13	4.73	4.44	4.21	4.02	3.87	3.64	3.40	3.15	3.01	2.87	2.73	2.57	2.41	2.23
60	11.97	7.76	6.17	5.31	4.76	4.37	4.09	3.87	3.69	3.54	3.31	3.08	2.83	2.69	2.55	2.41	2.25	2.08	1.89
120	11.38	7.32	5.79	4.95	4.42	4.04	3.77	3.55	3.38	3.24	3.02	2.78	2.53	2.40	2.26	2.11	1.95	1.76	1.54
∞	10.83	6.91	5.42	4.62	4.10	3.74	3.47	3.27	3.10	2.96	2.74	2.51	2.27	2.13	1.99	1.84	1.66	1.45	1.00

注：† 表示要将所列数乘以 100.

附表 6 相关系数显著性检验表

$R_\alpha(\nu)$ \ α / ν	0.05	0.01	$R_\alpha(\nu)$ \ α / ν	0.05	0.01
1	0.997	1.000	21	0.413	0.526
2	0.950	0.990	22	0.404	0.515
3	0.878	0.959	23	0.396	0.505
4	0.811	0.917	24	0.388	0.496
5	0.754	0.874	25	0.381	0.487
6	0.707	0.834	26	0.374	0.478
7	0.666	0.798	27	0.367	0.470
8	0.632	0.765	28	0.361	0.463
9	0.602	0.735	29	0.355	0.456
10	0.576	0.708	30	0.349	0.449
11	0.553	0.684	35	0.325	0.418
12	0.532	0.661	40	0.304	0.393
13	0.514	0.641	45	0.288	0.372
14	0.497	0.623	50	0.273	0.354
15	0.482	0.606	60	0.250	0.325
16	0.468	0.590	70	0.232	0.302
17	0.456	0.575	80	0.217	0.283
18	0.444	0.551	90	0.205	0.267
19	0.433	0.549	100	0.195	0.254
20	0.423	0.537	220	0.138	0.181

注：表中 ν 是自由度.